21世纪全国高职高专机电类规划教材

机械设计基础

闫瑞涛　主编

郑淑玲　辛　莉　副主编

南景富　主审

北京大学出版社
PEKING UNIVERSITY PRESS

内容简介

本书是针对高等职业院校教学实际而编写的一本具有高等职业教育特色的机电类专业基础课教材，充分吸取了高职高专院校近年来在探索培养技术应用型人才方面取得的成功经验和教学成果。主要内容包括工程力学基础、常用机构、机械传动设计、机械设计基础综合实训等四部分。本教材从高等职业教育的角度出发，注重技能性、实用性，突出对学生实践能力和创新能力的培养；贯彻高职理论教学“必需够用为度”的原则，注重精选内容，将力学基本理论分解到机构、机械传动和机械零件的相关章节，在满足教学需要的基础上，做到了真正意义的融合。

本书可作为高等职业技术学院、高等工程专科学校以及成人高等院校机械类、近机类各工科专业机械设计基础课程的教材，也可作为中等专业学校机电类教材、各类培训教材及相关人员的自学参考书。

图书在版编目（CIP）数据

机械设计基础/闫瑞涛主编．—北京：北京大学出版社，2006.4
（21 世纪全国高职高专机电类规划教材）
ISBN 978-7-301-10571-9

I. 机… II. 闫… III. 机械设计－高等学校：技术学校－教材 IV. TH122

中国版本图书馆 CIP 数据核字（2006）第 013197 号

书　　名：机械设计基础
著作责任者：闫瑞涛　主编
责 任 编 辑：桂　春
标 准 书 号：ISBN 978-7-301-10571-9/TH・0057
出　版　者：北京大学出版社
地　　址：北京市海淀区成府路 205 号 100871
电　　话：邮购部 62752015　发行部 62750672　编辑部 62765126　出版部 62754962
网　　址：http://www.pup.cn
电 子 信 箱：xxjs@pup.pku.edu.cn
印　刷　者：河北滦县鑫华书刊印刷厂
发　行　者：北京大学出版社
经　销　者：新华书店
787 毫米×980 毫米　16 开本　20 印张　431 千字
2006 年 4 月第 1 版　2007 年 2 月第 2 次印刷
定　　价：29.00 元

前　言

随着高职高专教育的蓬勃发展和高职高专教学改革的不断深入，贯彻高职高专教育由“重视规模发展”转向“注重提高质量”的工作思路，编写符合高职高专教育特色要求的教材，是促进高职高专教学改革、培养以就业市场为导向的具备职业化特征的高等技术应用性专门人才的一项重要工作。为了适应国家教育部高职高专教育学制从三年逐步调整为两年的发展趋势，并以此带动高职教育人才培养模式、课程体系和教学内容等相关改革的要求，在吸取近几年高职高专教学实践中成功经验的基础上编写了本教材。

本教材参考学时为120学时，主要内容包括构件的静力分析、刚体的基本运动、零件的变形与强度计算、平面机构的结构分析、平面四杆机构、凸轮机构、间歇运动机构、带传动、链传动、齿轮传动、轮系、联接、支承零部件、机械的润滑和密封、机械设计基础综合实训等。

本教材主要有以下4个特点。

1．本教材是根据教育部制定的“高职高专教育机械设计课程教学基本要求”编写而成的，并充分汲取了高职高专和成人高等院校近年来在探索培养技术应用型人才方面取得的成功经验和教学成果。“机械设计基础”是一门集工程力学、机械原理、机械零件等有关内容为一体的综合性课程。本教材的编写意在探索建立一个适合职业教育的新的课程体系，各章节既有相对独立性，又紧密联系、互相渗透、融为一体。

2．本教材在内容组织上注意逻辑性、系统性，突出实践性和实用性，注重理论与实际相结合，突出对学生的创造性思维和创新能力的培养，打破了传统课程的学科性体系，以职业教育的岗位能力确定“课程主线”，以“课程主线”为纲，有机地融合了相关课程的内容。本课程以常用机构的结构分析和通用零件的合理选用以及课程设计为“课程主线”，从中引出受力分析、力系平衡和构件强度等基本概念及计算方法，并在其中直接得到应用，让学生学习基础知识时目标明确、针对性强，使所学的基础知识直接与实践相结合，体现本课程体系的特点。

3．本教材在时代性上尽量反映机械设计方面的新知识和新技能，减少理论推导，注意实例的介绍，对学生加强了实用图表、手册应用能力的培养，体现了本课程实用性的特点。使学生的认识在一定层次上能跟上现代科技发展与职业技术教育的新要求。

4．本教材内容丰富、涉及面广、适用性强。本教材每章之前设有教学目标，章后有总结和一定数量的思考题，便于学生更好地学习、理解和掌握相关内容，有助于读者自学。

本教材可作为高职高专院校机械类及相关各工科专业机械设计基础课程的教材使用，

也可供相关工程技术人员阅读。

参加本书编写工作的有黑龙江农业经济职业学院闫瑞涛（绪论、第4、5、6、7章），鸡西大学郑淑玲（第1、2、3章），黑龙江农业职业技术学院辛莉（第8、9章），黑龙江农业经济职业学院马光全（第10章），绥化学院卢振生（第11、15章），黑龙江林业职业技术学院李亚莉（第12章），黑龙江科技学院刘延斌（第13章），哈尔滨职业技术学院于星胜（第14章）。全书由闫瑞涛任主编，郑淑玲、辛莉任副主编。

黑龙江科技学院南景富副教授任本书主审，对书稿进行了细致、认真的审阅，提出了许多宝贵意见。

本书在编写过程中，参编人员所在学校给予了大力支持和帮助，书中引用和借鉴了国内同类教材不少有益的资料和经验，特此一并致谢。

受编者水平所限，书中难免有不妥之处，恳请读者批评指正。

编　者

2005年11月

目　录

绪论 1
第 1 章　构件的静力分析 5
1.1　静力学的基本概念与公理 5
1.1.1　静力学的基本概念 5
1.1.2　静力学公理 6
1.2　约束与约束力 9
1.3　受力分析与受力图 11
1.4　力矩与力偶 13
1.4.1　力矩及其计算 13
1.4.2　力偶及其性质 15
1.5　平面力系和空间力系 17
1.5.1　平面力系 17
1.5.2　空间力系简介 27
1.6　小结 30
1.7　复习思考题 30
第 2 章　刚体的基本运动 33
2.1　刚体的定轴转动 33
2.1.1　转动方程 33
2.1.2　角速度 34
2.1.3　角加速度 35
2.1.4　匀速定轴转动和匀变速转动 36
2.2　转动刚体上点的速度和加速度 37
2.2.1　点的运动速度、加速度 37
2.2.2　转动刚体上点的速度和加速度 38
2.3　转动惯量、惯性力的概念 41
2.3.1　转动惯量 41
2.3.2　质点的惯性力 42
2.4　小结 43
2.5　复习思考题 44

第 3 章 零件的变形与强度计算 45
3.1 材料力学的基本概念 45
3.1.1 材料力学的基本假设 45
3.1.2 杆件及其变形形式 45
3.2 零件的拉伸与压缩 47
3.2.1 零件的拉伸和压缩的概念 47
3.2.2 拉（压）杆的内力、轴力图 48
3.2.3 轴向拉伸与压缩时横截面上的应力 48
3.2.4 轴向拉伸（压缩）时的强度计算 49
3.3 零件的剪切和挤压 50
3.3.1 剪切的概念和实用计算 50
3.3.2 挤压的概念和实用计算 52
3.4 圆轴的扭转 54
3.4.1 圆轴扭转的概念 54
3.4.2 扭矩与扭矩图 55
3.4.3 圆轴扭转时横截面上的应力 57
3.4.4 圆轴扭转的强度条件 59
3.5 直梁的弯曲 59
3.5.1 弯曲的概念 59
3.5.2 梁弯曲时横截面上的内力——剪力和弯矩 60
3.5.3 弯矩方程与弯矩图 61
3.5.4 纯弯曲时梁横截面上的应力 64
3.5.5 梁的正应力强度计算 66
3.6 零件的组合变形的强度计算 67
3.6.1 弯曲与拉伸（或压缩）组合变形 67
3.6.2 弯曲与扭转的组合作用 69
3.7 小结 70
3.8 复习思考题 71
第 4 章 平面机构的结构分析 73
4.1 构件、运动副和自由度 73
4.1.1 运动副作用与分类 73
4.1.2 构件 74
4.1.3 自由度和约束 76
4.2 平面机构的运动简图 77
4.2.1 机构运动简图的概念 77

4.2.2 平面机构运动简图的绘制 77
4.3 平面机构的自由度 80
4.3.1 平面机构自由度的计算 81
4.3.2 计算平面机构自由度应注意的特殊情况 83
4.4 小结 87
4.5 复习思考题 87
第5章 平面连杆机构 90
5.1 平面四杆机构及其应用 90
5.1.1 铰链四杆机构的形式 90
5.1.2 铰链四杆机构形式的判别 94
5.2 平面四杆机构的演化 95
5.2.1 曲柄滑块机构 95
5.2.2 偏心轮机构 97
5.2.3 导杆机构 97
5.2.4 摇块机构和定块机构 98
5.3 平面四杆机构的基本特性 99
5.3.1 急回特性 99
5.3.2 传力特性 101
5.4 平面四杆机构的运动设计 103
5.4.1 按给定的连杆位置设计平面四杆机构 103
5.4.2 按照行程速度系数设计平面四杆机构 106
5.5 小结 107
5.6 复习思考题 107
第6章 凸轮机构 110
6.1 概述 110
6.1.1 凸轮机构的应用和分类 110
6.1.2 凸轮和滚子的材料 112
6.1.3 凸轮的结构与安装 112
6.2 凸轮机构特性分析 114
6.2.1 凸轮机构的运动分析 114
6.2.2 从动件的常用运动规律 116
6.3 凸轮机构的设计方法 118
6.3.1 图解法设计盘形凸轮轮廓曲线 118
6.3.2 凸轮机构设计中的几个问题 122
6.4 小结 124

6.5 复习思考题 124
第 7 章 间歇运动机构 127
7.1 棘轮机构 127
7.1.1 棘轮机构的工作原理及应用 127
7.1.2 棘轮和棘爪的正确位置及主要几何尺寸 129
7.2 槽轮机构 131
7.2.1 槽轮机构的工作原理及应用 131
7.2.2 槽轮机构的主要参数选择及几何尺寸计算 132
7.3 小结 134
7.4 复习思考题 134
第 8 章 带传动 136
8.1 带传动概述 136
8.1.1 带传动的组成 136
8.1.2 带传动的主要类型与应用 136
8.1.3 带传动的特点 138
8.2 V 带和 V 带轮 138
8.2.1 V 带的构造和标准 138
8.2.2 V 带轮的结构 141
8.3 V 带传动的受力分析和应力分析 142
8.3.1 带传动的受力分析 142
8.3.2 带传动的应力分析 143
8.4 带传动的滑动和传动比 144
8.5 V 带传动的设计计算 146
8.5.1 带传动的设计准则 147
8.5.2 单根 V 带的基本额定功率 147
8.5.3 V 带传动的设计步骤和计算方法 148
8.5.4 V 带轮的设计 152
8.6 V 带传动的使用与维护 154
8.6.1 V 带传动的张紧装置 154
8.6.2 V 带传动的使用与维护 156
8.7 小结 156
8.8 复习思考题 157
第 9 章 链传动 158
9.1 链传动的类型和特点 158
9.1.1 链传动的组成及类型 158

9.1.2 链传动的特点和应用 159
9.2 滚子链 159
9.2.1 滚子链的结构和标准 159
9.2.2 滚子链链轮 162
9.3 滚子链传动的计算 164
9.3.1 链传动的主要失效形式 164
9.3.2 额定功率曲线 164
9.3.3 链传动主要参数的选择 165
9.3.4 设计计算 166
9.4 链传动的布置、安装和张紧 168
9.4.1 链传动的布置 168
9.4.2 链传动的安装 168
9.4.3 链传动的张紧 169
9.5 小结 171
9.6 复习思考题 171
第10章 齿轮传动 173
10.1 齿轮传动概述 173
10.2 渐开线直齿圆柱齿轮及传动 175
10.2.1 渐开线的形成和性质 175
10.2.2 渐开线齿廓的啮合特性 176
10.2.3 渐开线齿轮各部分的名称和几何尺寸 177
10.2.4 渐开线直齿圆柱齿轮的啮合传动 180
10.2.5 齿条与齿轮传动 183
10.2.6 圆柱齿轮的结构 183
10.2.7 根切现象和最少齿数 187
10.3 直齿圆柱齿轮传动的强度计算 188
10.3.1 轮齿受力分析 188
10.3.2 齿面接触疲劳强度计算 189
10.3.3 齿根弯曲疲劳强度计算 190
10.3.4 齿轮的许用应力 192
10.3.5 齿轮传动主要参数的选择 195
10.4 斜齿圆柱齿轮传动 199
10.4.1 斜齿圆柱齿轮的形成及啮合特点 199
10.4.2 斜齿圆柱齿轮的参数 200
10.5 小结 202

10.5 复习思考题 202
第 11 章 轮系 204
11.1 轮系的分类及功用 204
11.1.1 轮系的类型 204
11.1.2 轮系的功用 205
11.2 定轴轮系传动比的计算 205
11.3 行星轮系传动比的计算 208
11.3.1 行星轮系的组成 208
11.3.2 行星轮系传动比的计算 208
11.4 复合轮系传动比的计算 211
11.5 小结 213
11.6 复习思考题 213
第 12 章 联接 216
12.1 键联接 216
12.1.1 键联接 216
12.2 螺纹联接 221
12.2.1 常用螺纹的类型和应用 221
12.2.2 螺纹联接的结构 223
12.3 联轴器和离合器 231
12.3.1 联轴器 232
12.3.2 离合器 237
12.4 小结 239
12.5 复习思考题 240
第 13 章 支承零、部件 242
13.1 轴 242
13.1.1 轴的功用与分类 242
13.1.2 轴的材料 244
13.1.3 轴的结构 245
13.1.4 轴的强度计算 246
13.2 滚动轴承的类型及选择 249
13.2.1 滚动轴承的结构 249
13.2.2 滚动轴承的类型及应用 250
13.2.3 滚动轴承的代号 253
13.2.4 滚动轴承的选择 254
13.3 滑动轴承简介 255

13.4 轴系的结构设计 257
13.4.1 轴上零件的轴向定位和固定 258
13.4.2 轴上零件的周向固定 259
13.4.3 轴系的轴向固定 260
13.4.4 轴系的调整 261
13.4.5 轴系结构的工艺性 262
13.4.6 轴的设计实例 264
13.5 轴系的维护 269
13.5.1 轴系的维护 269
13.5.2 轴和轴承的修理 271
13.6 小结 271
13.7 复习思考题 271
第 14 章 机械的润滑与密封 274
14.1 摩擦、磨损和润滑 274
14.1.1 摩擦的类型 274
14.1.2 磨损 275
14.1.3 润滑的作用 275
14.2 润滑剂及其选择 276
14.2.1 润滑油及其选择 276
14.2.2 润滑脂及其选择 279
14.2.3 固体润滑剂 281
14.3 润滑方法和润滑装置 281
14.3.1 油润滑方法和装置 281
14.3.2 脂润滑的加脂方法简介 284
14.3.3 润滑管理与维护 284
14.4 密封装置 286
14.4.1 接触式密封 286
14.4.2 非接触式密封 288
14.5 小结 288
14.6 复习思考题 289
第 15 章 机械设计基础综合实训 290
15.1 机械的基本要求和一般设计程序 290
15.1.1 机械应满足的基本要求 290
15.1.2 机械设计的一般程序 291
15.2 机械设计基础实训的内容和步骤 291

15.2.1 机械设计基础实训的内容 291
15.2.2 机械设计基础实训的步骤 292
15.2.3 设计要求和注意事项 293
15.3 典型机械传动装置设计实例 295
15.3.1 传动装置的总体设计 296
15.3.2 传动件的设计计算 299
15.3.3 装配图设计 299
15.3.4 零件工作图设计 300
15.3.5 编写设计说明书 300
15.4 机械设计基础综合实训选题 300
参考文献 306

绪　论

机械设计基础是一门重要的技术基础课，是研究机械类产品的设计、开发、改造，以满足经济发展和社会需求的基础知识课程。机械设计工作涉及工程技术的各个领域。一台新的设备在设计阶段，不但要根据设计要求确定先进、合理的结构和工作原理，进行运动、动力、强度、刚度分析，完成图样设计，而且要研究在制造、销售、使用以及售后服务等方面的问题。设计人员除必须具有机械设计及与机械设计相关的深厚的基础知识和专业知识外，还要有饱满的创造热情。

1. 引言

人类从使用简单工具到今天能够设计复杂的现代机械，经历了漫长的过程。随着生产的不断发展，品种繁多的机械进入了社会的各个领域，承担着大量人力所不能或不便进行的工作，大大改善了劳动条件，提高了生产率。

近代机械是在蒸汽机发明后才纷纷出现的。早在 16 世纪第一次工业革命期间意大利人达·芬奇、英国人牛顿等就研究用蒸汽作为动力的机械。1690 年法国人巴本制造了一台蒸汽机；1698 年，英国人塞维利制造了用于矿井抽水的蒸气泵；1705 年，苏格兰人 T·纽科门在前两人的基础上制造了一台蒸汽机，1712 年这种蒸汽机开始在英国的矿井中用于运输煤炭。当时的蒸汽机效率很低，英国人 J·瓦特在此基础上用了 6 年的时间，对蒸汽机作了两次重大改革，才使蒸汽机能奔跑于陆地。1802 年美国人富尔顿以蒸汽机为动力，制造了世界上第一艘轮船。蒸汽机的出现使 19 世纪欧洲产业革命形成了机械工业，并得到了迅猛发展。

在我国，机械的创造发展和使用有着悠久的历史。早在公元前五世纪时，墨翟在所著的《墨经》中就论述了杠杆平衡原理；东汉时期张衡将杠杆机构用于人类第一台地震仪上；杜诗发明了用水作为动力，带动水排运转，驱动风箱炼铁的连杆机械装置，成为现代机械的雏形；西汉时期，刘歆在《西京杂谈》中，论述了由齿轮机构组成的记里鼓车（计量里程的仪表机构）；元朝时，人们利用曲柄、滑块和飞轮制成了纺织机等。由于近代外敌入侵，朝廷腐败，闭关锁国，长年战乱，使我国机械工业发展滞后。

新中国成立后，我国科学技术有了巨大的发展，万吨水压机、万吨远洋货轮的制造；人造卫星和“神州飞船”的太空遨游以及大型精密的高新技术设备的生产等，都标志着我国的机械工业正在朝着世界先进水平迈进，有的已处于领先地位。

随着工业的不断发展，科学技术的发展也日新月异，我国加入 WTO 以后，设计技术和标准逐步与国际接轨，又给机械制造业提出了新的课题。目前，计算机辅助设计与制造（CAD/CAM）已经广泛应用于机械设计和制造的各个环节，对减轻设计者的劳动强度，提高机械产品精度和零件的设计速度与质量，起到了重要作用。

各种检测仪器的迅猛发展，提高了机械检验水平，对零件受力受载分析、应力发热效应的测试、摩擦磨损的分析等方面提供了大量设计所需的数据，促进了设计理论的发展。一种集计算机辅助设计、精密机械加工技术、激光技术和材料科学为一体的新型技术——快速成形技术（RPM）的发展，大大缩短了产品、零件的生产周期，使产品的成本大幅度下降。目前美国、日本、德国等国的开发公司，已将该项技术应用到产品的设计和生产中。我国自 20 世纪 90 年代以来也开展了快速成形技术的研究和应用，取得了一定成果。因此机械设计技术的发展，必须与现代先进机械制造技术相衔接，共同发展。

可靠性设计技术在现代装备制造业中已贯穿到产品的开发研制、设计、制造、试验、使用、运输、保管及维修保养的各个环节，我们把它们统称为可靠性工程。可靠性设计作为可靠性工程的一个重要分支，是一门现代设计理论和方法，它以提高产品可靠性为目的，以概率论和数据统计理论为基础，综合运用多学科知识来研究工程中的设计问题。

2. 本课程的研究对象

人们在日常生活和生产过程中，广泛使用着各种各样的机器，以便减轻体力劳动和提高工作效率。现代化大规模的机器生产，是生产快速发展的重要标志。在社会各行业中广泛地使用高效能的机器设备，对提高劳动生产率和产品质量，节省能源和材料，促进国民经济的快速发展，起到了决定性的作用。

机器的种类繁多，它们的构造、用途和性能也各不相同，本课程作为一门技术基础课，主要研究的对象是机械。机械是机器和机构的统称。我们日常生活和生产实践中所见到的机械产品，如自行车、汽车、各种机床等，都是机器或机构的组合体。

从研究机器工作原理、分析运动特点和设计机器的角度看，机器可视为若干机构的组合体。

如图 0-1 所示的单缸内燃机，它由机架（气缸体）1、曲柄 2、连杆 3、活塞 4、进气门 5、排气门 6、推杆 7、凸轮 8 和齿轮 9、10 组成。当燃气推动活塞 4 作往复移动时，通过连杆 3 使曲柄 2 作连续转动，从而将燃气燃烧的热能转换为曲柄转动的机械能。齿轮、凸轮和推杆的作用是按一定的运动规律启闭阀门，以吸入燃气和排出废气。这种内燃机可视为下列三种机构的组合：①曲柄滑块机构，由活塞 4、连杆 3、曲柄 2 和机架 1 构成，作用是将活塞的往复移动转换为曲柄的连续转动；②齿轮机构，由齿轮 9、10 和机架 1 构成，作用是改变转速的大小和转动的方向；③凸轮机构，由凸轮 8、推杆 7 和机架 1 构成，作用是将凸轮的连续转动转变为推杆的往复移动。

图 0-2 为装配机器人的机械手部分。它由大臂 1、小臂 2、手腕 3、手爪 4、步进电动机 5(驱动大臂)、谐波减速器 6 和 9、位置反馈用光电编码器 7 和 10、步进电动机 8（驱动

小臂）、平行四杆机构 11、支架和立柱 12、工作台 13、基座 14 组成。手腕的升降、回转和手爪的松夹均由电动控制。这种机器人的动作由四杆机构、齿轮机构和减速器等实现。

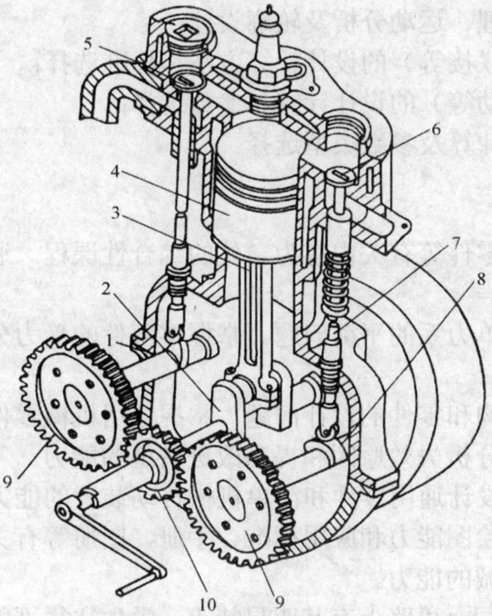

图 0-1 单缸内燃机

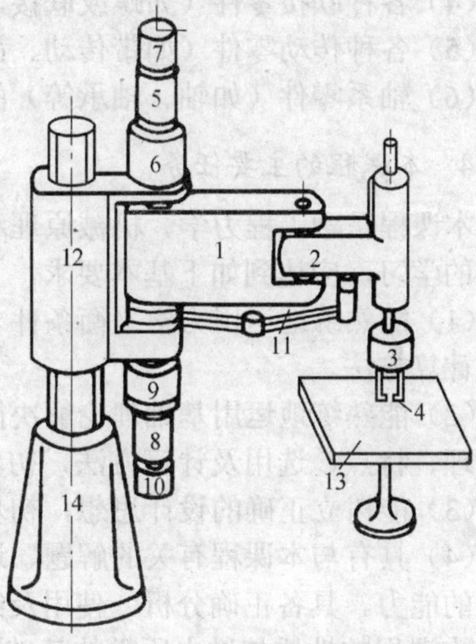

图 0-2 机械手结构图

由上述的机器工作原理及组成机构分析可知，机器的主要特征是：

（1）它们都是人为实体构件的组合；

（2）各个运动实体构件之间具有确定的相对运动；

（3）能够实现能量的转换，代替或减轻人类完成有用的机械功。

机构是由构件组成的，所谓构件，是指机构的基本运动单元。它可以是单一的零件，也可以是几个零件联接而成的运动单元。而零件是组成机器的最小制造单元。

由以上实例分析可以看出，机器是由各种机构组成的，可以完成能量的转换或做有用功；而机构则仅仅是起着运动的传递和运动形式的转换作用。所谓机构，它也是具有确定相对运动的各种实物的组合，即符合机器的前两个特征。

从结构和运动的观点来看，机器和机构二者之间没有区别，因此习惯上用机械一词作为它们的总称。本课程研究的对象是机械中常用机构和通用零件。

3. 本课程研究的主要内容

本课程作为机械设计的基础，是一门综合性较强的课程，主要介绍机械中常用机构的工作原理、运动特性，通用机械零件的设计和计算方法以及有关标准和规范。

本课程研究的内容大体可分为以下几部分：

（1）机械零件和构件的受力分析、计算和承载能力的计算；

（2）机构的运动简图和自由度计算；

（3）平面连杆机构、凸轮机构的组成原理、运动分析及轮廓设计；

（4）各种联接零件（如螺纹联接，键销联接等）的设计计算方法和标准选择；

（5）各种传动零件（如带传动、齿轮传动等）的设计计算和参数选择；

（6）轴系零件（如轴、轴承等）的设计计算及参数类型选择。

4. 本课程的主要任务

本课程是融工程力学、机械原理和机械零件等有关内容为一体的综合性课程。通过本课程的学习，应达到如下基本要求。

（1）能熟练地运用力学平衡条件求解简单力系的平衡问题。掌握零部件的受力分析和强度计算方法。

（2）能熟练地运用基础理论解决简单机构和零件的设计问题，掌握通用机械零件的工作原理、特点、选用及计算方法，初步具有分析失效原因和提高改进措施的能力。

（3）能树立正确的设计思想，初步具有设计通用零件和简单机械传动装置的能力。

（4）具有与本课程有关的解题、运算、绘图能力和应用标准、手册、图册等有关技术资料的能力。具备正确分析、使用及维护机械的能力。

本课程的性质与过去所学的基础课程不同，思路上有其明显特点，学生往往不能很快适应而影响学习效果。因此在学习中学生要尽快掌握本课程特点和分析解决问题的方法，为今后的学习和工作打下良好的基础。

第 1 章　构件的静力分析

学习目标

1. 了解力、力系、刚体和平衡的概念，理解力的合成与分解，力在坐标轴上的投影，二力平衡条件，作用力和反作用力定律，掌握构件的受力分析方法与受力图画法。

2. 了解力矩、力偶的概念及基本性质，合力偶矩的平衡条件。

1.1　静力学的基本概念与公理

1.1.1　静力学的基本概念

静力学是研究物体在力系作用下的平衡规律的科学。在学习过程和工程实际中，常常要接触到一些十分重要的概念。

1. 力的概念

力是物体间相互的机械作用。其作用效应是使物体的运动状态发生改变和使物体产生变形。力使物体运动状态发生改变的效应称为外效应或运动效应；力使物体产生变形的效应称为力的内效应或变形效应。

（1）力的三要素。力对物体作用的效应取决于力的大小、方向和作用点，通常称为力的三要素。需要特别指出——力的方向包括方位和指向两个因素。由于力的大小和方向具有矢量的特征，力的合成又服从矢量合成规则，所以力是一种矢量。

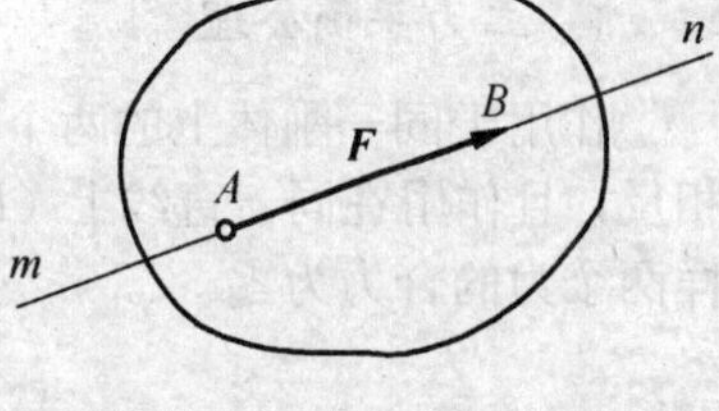

图 1-1　力的表示

（2）力的表示方法。在力学分析中可以用矢量图示法表示力矢量，即用一有向线段表示力。有向线段的长度按比例表示力的大小，线段的方位和箭头指向表示力的方向，线段的起点或终点表示力的作用点，如图 1-1 所示。本书中用黑体字母标记矢量，而用对应的普通字母表示力的大小。

（3）力的单位。在国际单位制中，力的单位用 N（牛顿）或 kN（千牛顿）表示，1 kN ＝1000 N。

2. 力系的概念

力系是同时作用在同一物体上的一群力。如果一个力系对物体的作用能用另一个力系来代替而不改变作用的外效应，这两个力系互为等效力系。

若一个力和一个力系等效，则称这个力是该力系的合力，而力系中的各个力都是其合力的分力。把各分力代换成合力的过程，称为力系的合成。把合力换成几个分力的过程，称为力的分解。

3. 刚体的概念

刚体指在力的作用下其大小和形状都保持不变的物体。事实上，任何物体在力的作用下都会产生或多或少的变形，因此绝对的刚体并不存在，刚体只是种抽象化的力学模型。建立这种模型的依据，主要是因为许多物体受力后，其变形非常小，可以忽略。

4. 平衡的概念

平衡是指物体相对地面保持静止或做匀速直线运动的状态。例如，静止在地面上的房屋、桥梁等建筑物，在直线轨道上做匀速运动的火车车箱等都处于平衡状态。宇宙间任何物体都处于永恒的运动中，所以平衡是个相对概念。

物体在力系作用下处于平衡状态时，称该力系为**平衡力系**。

作用于物体上的力系，若使物体处于平衡状态，必须满足一定的条件，这些条件称为力系的平衡条件。

1.1.2 静力学公理

所谓公理就是指符合客观实际，无需证明而为大家所公认的真理。静力学公理，是人们关于力的基本性质的概括和总结，它们就是静力学的基础。

1. 二力平衡公理

作用于同一刚体上的两个力，使刚体平衡的必要且充分条件是这两力大小相等，方向相反，且作用在同一直线上（即两力等值、反向、共线），这称为**二力平衡条件**。显然，这样两个力的合力为零。

图 1-2 二力平衡条件

只受两个力的作用而保持平衡的刚体称为**二力体**。如图 1-2 所示。二力平衡条件只适用于刚体。对于变形体，这一条件并不充分。如一段绳索，在两端受到一对等值、反向、共线的压力作用时，并不能保持平衡。

2. 加减平衡力系公理

公理　在已知力系中加上或减去任意一个平衡力系，并不会改变原力系对刚体的作用效果。

这个公理是力系简化的重要理论依据。

推论　作用于刚体上的力可沿其作用线移至刚体内任意一点，而不改变此力对刚体的作用效果（力的可传性原理）。

图 1-3 即为力的可传性示例。必须注意，力的可传性原理只适用于刚体而不适用于变形体。

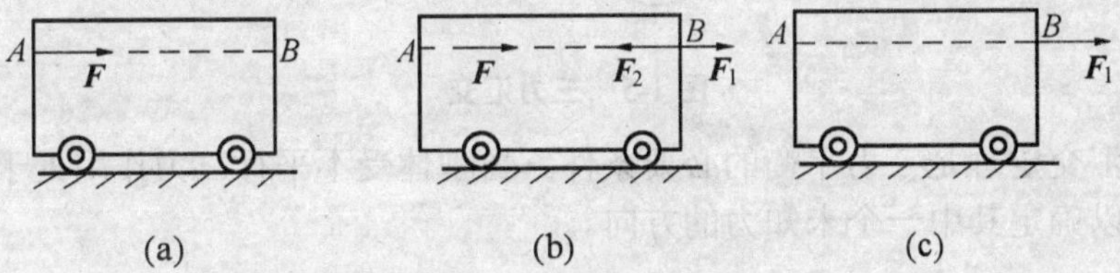

图 1-3　力的可传性

3. 力的平行四边形公理

作用于物体上同一点的两个力可以合成为一个合力，合力也作用于该点，合力的大小和方向由以这两分力为邻边所构成的平行四边形的对角线来表示，如图 1-4a 所示，即合力 $\boldsymbol{F}_R$ 等于两分力 $\boldsymbol{F}_1$ 与 $\boldsymbol{F}_2$ 的矢量和（或称几何和），即

$$\boldsymbol{F}_R=\boldsymbol{F}_1+\boldsymbol{F}_2$$

这个公理反映了力是矢量这一特征，而矢量相加与数量相加不同，必须用平行四边形的关系确定，它是力系简化的重要基础。

显然，对角线（合力）把平行四边形分成两个全等的三角形。如果从 a 点开始画 $\boldsymbol{F}_1$，再从 $\boldsymbol{F}_1$ 的终点 b 画 $\boldsymbol{F}_2$，则从 $\boldsymbol{F}_1$ 的起点 a 指向 $\boldsymbol{F}_2$ 的终点 d 的矢量就是合力 $\boldsymbol{F}_R$（见图 1-4b）。

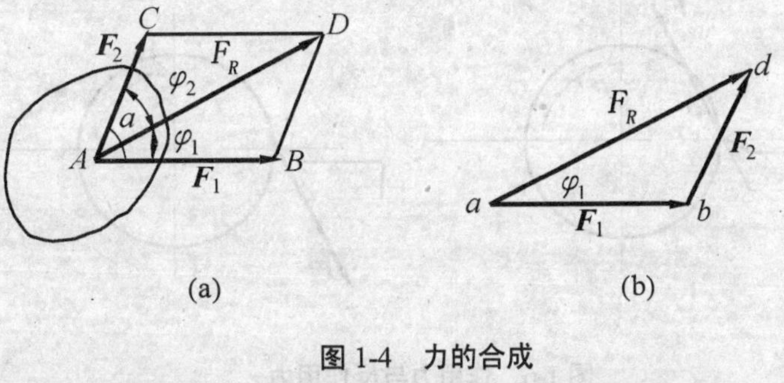

图 1-4　力的合成

也就是说，合力的大小和方向可用图 1-4b 所示的三角形求得，这种三角形称为**力三角形**。

推论 若刚体受到同一平面内互不平行的三个力作用而平衡时，则该三力的作用线必汇交于一点（三力平衡汇交定理），如图 1-5 所示。

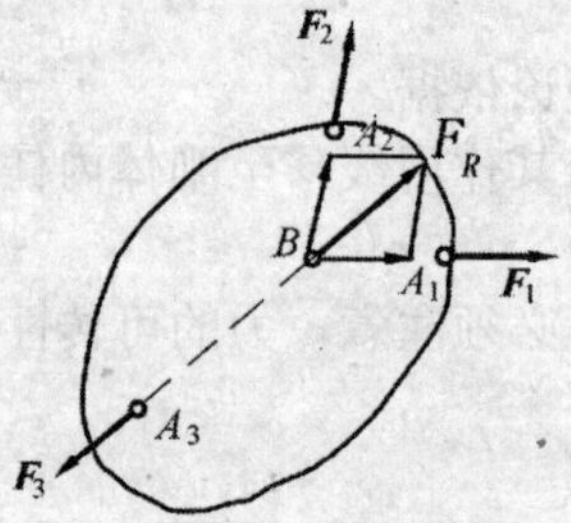

图 1-5 三力汇交

三力平衡汇交定理是三力平衡的必要条件。当刚体受不平行三力作用处于平衡时，利用这个定理可以确定其中一个未知力的方向。

4. 作用与反作用公理

两物体相互作用时，作用力与反作用力总是同时存在的，它们大小相等、方向相反、沿同一直线分别作用在两个物体上。

这个公理概括了自然界中物体间相互作用力的关系，表明作用力与反作用力总是同时成对地出现。已知作用力就可以知道反作用力，它是进行物体受力分析时必须遵循的重要依据。因为机械中力的传递，是通过零件之间的作用与反作用而进行的。

必须注意，作用力与反作用力是分别作用在两个物体上的，因此不能将作用与反作用公理错误地与二力平衡公理混同起来。例如车刀在工件上切槽时（见图 1-6），车刀作用于工件上的切削力为 $\boldsymbol{F}$，同时工件必有反作用力 $\boldsymbol{F}'$加于车刀上，$\boldsymbol{F}$ 与 $\boldsymbol{F}'$总是等值、反向、共线，分别作用于工件和车刀两个物体上的。

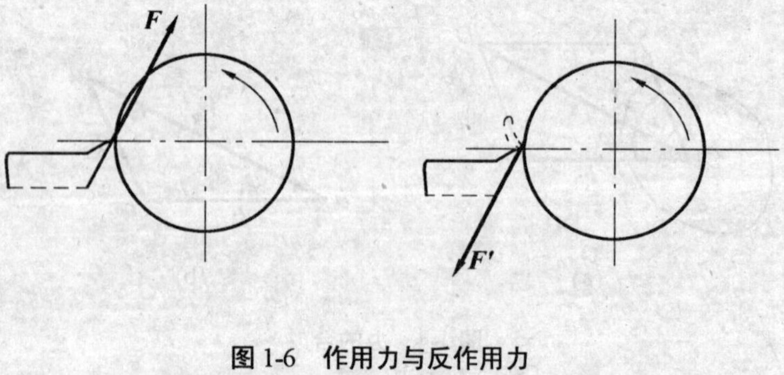

图 1-6 作用力与反作用力

1.2　约束与约束力

在工程中，构件总是以一定的形式与周围其他构件相互联接的，例如转轴受到轴承的限制，使其只能产生绕轴心的转动；汽车受到地面的限制，使其只能沿路面运动等这种限制物体运动的周围物体，称为**约束**。上面的轴承就是转轴的约束，地面是汽车的约束。

物体的受力可分为主动力和约束反力两类。**主动力**是指使物体产生运动或运动趋势的力，如物体的重力、零件的载荷等。而约束对物体运动起限制作用的力称为**约束反力**。由于约束的作用是限制物体的运动，所以约束反力的方向总与限制的运动方向相反，其作用点在约束与被约束物体相互联接或接触之处。

下面介绍几种机械上常见的约束。

1. 柔性约束

由线绳、链条或胶带等非刚性体所形成的约束称为**柔性约束**。它们只能受拉不能受压，约束反力的方向沿着中心线而背离被约束物体。图 1-7a 所示为起重机用链条吊起减速箱盖时，箱盖除受重力 G 外，还受有链条的拉力 $\boldsymbol{F}_B$ 和 $\boldsymbol{F}_C$，吊环 A 则受到三根链条的拉力。又如图 1-7b 在带传动中，大小带轮分别受到带的拉力。

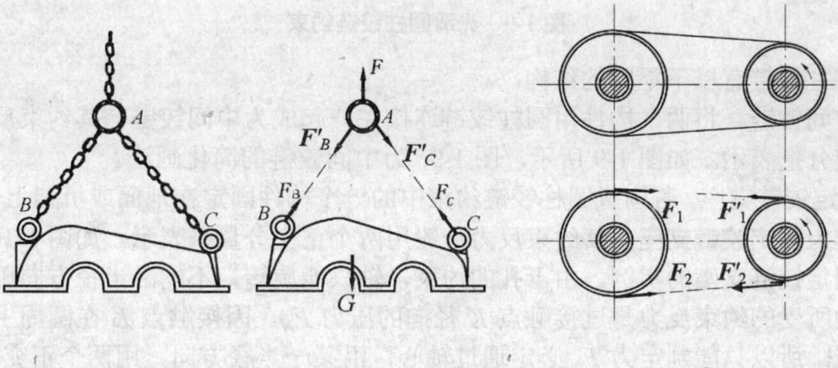

(a)　(b)

图 1-7　柔性约束

2. 光滑面约束

物体与光滑面成点、线、面刚性接触（摩擦力很小，可忽略不计）所形成的约束叫**光滑面约束**。其约束反力的方向沿接触表面的公法线并指向被约束物体。这种约束反力也称为法向反力，如图 1-8 所示。

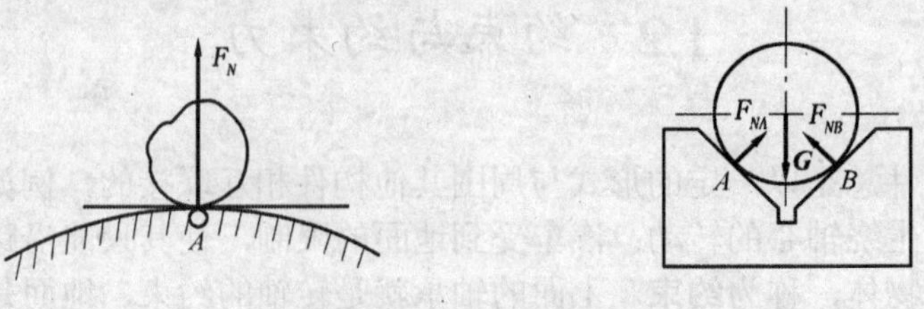

图 1-8 光滑面约束

3. 光滑圆柱铰链约束

约束物与被约束物以光滑圆柱面相联接时，称为**光滑圆柱铰链**，简称柱铰或铰链。图 1-9 中，构件 A 通过圆柱形销钉 C 套在构件 B 上，构件 A 的运动受到销钉的限制，如果不计摩擦就构成了光滑圆柱铰链约束。

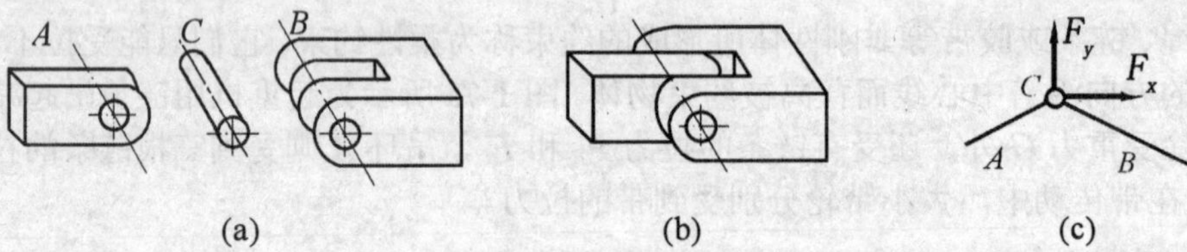

图 1-9 光滑圆柱铰链约束

光滑圆柱铰链有以下不同的结构。

（1）中间铰链。将两个构件用圆柱铰链连接在一起成为**中间铰链**，其约束反力一般也用两个正交分量表示。如图 1-9 所示，图 1-9c 为中间铰链的简化画法。

（2）固定铰链支座。若构成圆柱铰链约束中的一个构件固定在地面或机架上作为支座，则称此铰链为**固定铰链支座**，其约束反力一般用两个正交分量来表示。如图 1-10 a 所示的轴承座是固定铰链支座的实例。由于孔的约束，轴只能旋转，不能沿半径方向压入或离开孔壁，故轴所受的约束反力是过接触点 K 径向的压力 F_N。因接触点 K 在圆周上的位置无法事先确定，所以只能判定力 F_N 必定通过轴心，沿某一半径方向，用两个正交分力 F_x 和 F_y 表示(图 1-10b)。图 1-10c 为固定铰链支座的简化画法。

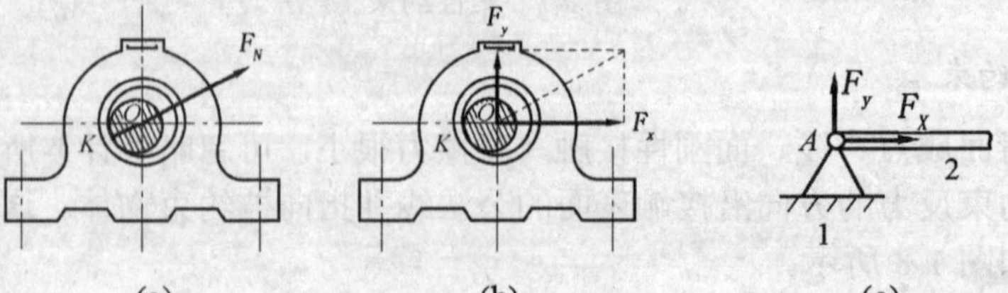

图 1-10 固定铰链支座

（3）可动铰链支座。若在由圆柱铰链构成的支座与光滑支承面之间装有滚轴，就构成滚轴支座或可动**铰链支座**，其约束反力垂直于光滑支承面，如图 **1-11a** 所示。图 **1-11b** 为可动链铰支座的简化画法。

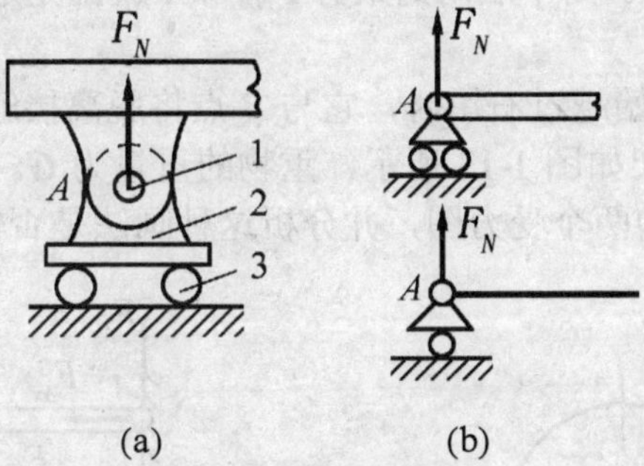

图 1-11　可动铰链支座

1.3　受力分析与受力图

受力分析就是研究某个指定物体受到的力，并分析这些力的三要素；为便于研究起见，将这些力全部画在图上。要对物体进行受力分析，必须将所要研究的物体（称为研究对象），从与它相联系的周围物体中分离出来，单独画出其图形，这一过程称为取分离体。在分离体的图形上，画出所有的主动力和周围物体对它的约束反力。这种图称为受力图。解决力学问题都要先进行受力分析，读者应熟练掌握其方法。

画受力图的一般步骤如下。

（1）明确研究对象，画出其分离体。

（2）在分离体上画出全部主动力。

（3）在分离体上画出全部的约束反力。

研究由多个物体组成的物体系统（简称物系）时，应区分外力与内力。物系以外的物体对物系的作用力称为外力，物系内各部分之间的相互作用力称为内力。以整个物系为研究对象时，在受力图上不必画出内力，因为内力成对存在，不改变物系的整体运动，故无需考虑。

应当注意，内力和外力的区分是以物系的划分为前提，因而不是绝对的。

必须指出，内力虽不影响物系的整体运动，但它对物体的变形却起着决定性的影响。下面通过实例说明受力图的画法。

例 1-1　用力 $\boldsymbol{F}$ 拉动碾子压平路面时，碾子受到固定石块 A 的阻碍（见图 1-12）。试画出碾子的受力图。

解 以碾子为研究对象。给定力除力 $\boldsymbol{F}$ 外，还有碾子的重力 $\boldsymbol{G}$（注意：题意中未说明碾子自重不计，由碾子的作用可知其重力不能忽略）。碾子受两处约束：石块 A 与路面 B，均视为光滑面（不计摩擦）。两个法向约束力 $\boldsymbol{F}_{NA}$ 和 $\boldsymbol{F}_{NB}$ 都是通过碾子中心的压力。受力如图 1-12 所示。

应当注意，当碾子开始越过石块时，它与 B 点将脱离接触，约束力 $\boldsymbol{F}_{NB}$ 消失。

例 1-2 悬挂重物吊架如图 1-13 所示，重物的重量为 $\boldsymbol{G}$。各杆自重不计，试在原图上分别画出重物和杆 ACD 的两个受力图，并分析这种画法是否恰当。

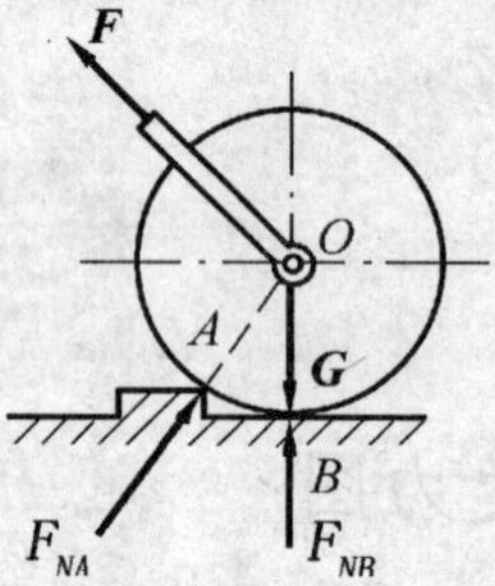

图 1-12 碾子的受力分析

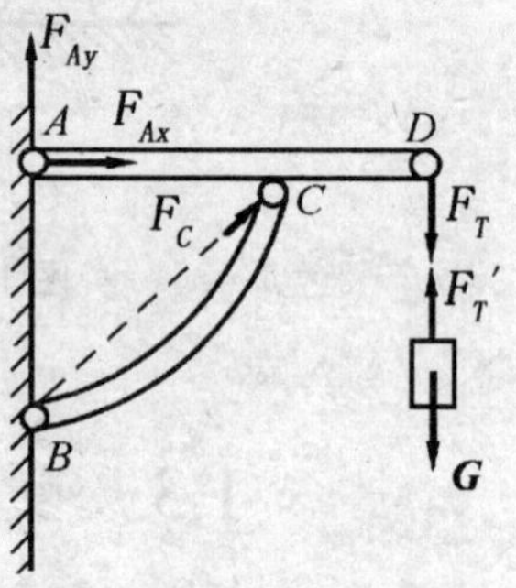

图 1-13 吊架的受力分析

解 先取重物为研究对象。重物所受的给定力为重力 $\boldsymbol{G}$，约束力为绳的拉力 F_T。再以杆 ACD 为研究对象，它在三处受约束：固定铰支座 A、撑杆 BC（二力体）和 D 端柔索，故杆 ACD 受 4 个力：支座的两正交分力 $\boldsymbol{F}_{Ax}$、$\boldsymbol{F}_{Ay}$，撑杆压力 $\boldsymbol{F}_C$ 和绳的拉力 $\boldsymbol{F}_T$。由图 1-13 可见，将两个受力图画在同一图上虽可减少作图工作量，但图面线条多，何物为研究对象，以及何力作用于何物均易混淆，初学者不宜采用这种办法。

例 1-3 在图 1-14a 中，圆柱 O 的重量为 $\boldsymbol{G}$，杆 AB 和 BC 的重量不计。图 1-14b 为 AB 杆的受力图，图 1-14c 表示以圆柱 O 和杆 AB 组成的物系为研究对象的受力图。试分析两受力图中有哪些错误。

解 （1）图 1-14b 中的错误有如下几点。

① AB 不是二力体，A 处为固定支座，约束力画错；

② D 处是光滑面，其约束力方向画错；

③ BC 是二力体，它对 AB 杆的约束力方向可以确定，B 处约束力不必画成正交分力，以免增加未知量。

（2）图 1-14c 中的错误有以下 4 处。

① 漏画重力 G；

② 漏画 E 处约束力；

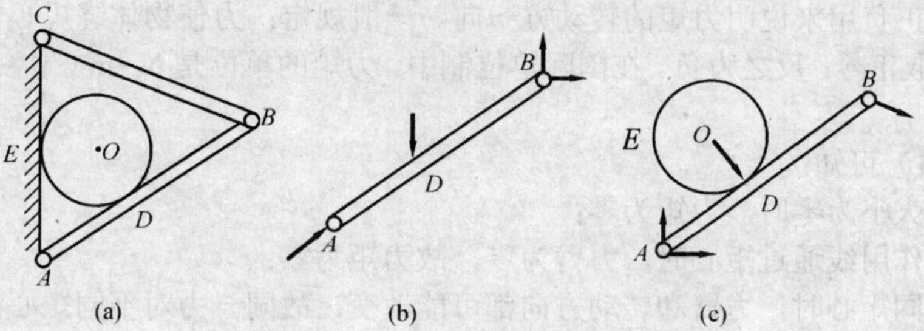

图 1-14　物系的受力分析

③ D 处多画了一个内力；

④ B 处所画的力，是被约束物对二力体的拉力，不是它本身所受的力。

读者可自行画出正确的受力图。

1.4　力矩与力偶

1.4.1　力矩及其计算

1. 力矩

力对物体除了具有移动效应外，有时还会产生转动效应如图 1-15 所示，当用扳手转动螺母时，作用于扳手一端的力 $\boldsymbol{F}$ 能使扳手及螺母绕 O 点转动。由经验可知，拧动螺母的作用不仅与力 $\boldsymbol{F}$ 的大小有关，而且与转动中心（O 点）到力的作用线的垂直距离 d 有关。

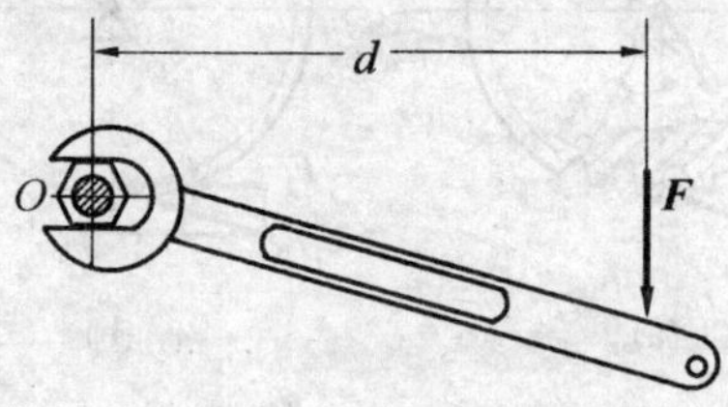

图 1-15　扳手的力矩

因此，力 $\boldsymbol{F}$ 使物体绕 O 点转动的效应用两者的乘积 Fd 来度量，称为力 $\boldsymbol{F}$ 对 O 点之矩，简称力矩，以符号 $M_O(\boldsymbol{F})$ 表示，即

$$M_O(\boldsymbol{F}) = \pm Fd \tag{1-1}$$

O 点称为力矩中心，简称矩心；O 点到力 $\boldsymbol{F}$ 作用线的垂直距离 d 称为力臂。力矩是一

个代数量，其正负用来说明力矩的转动方一向。一般规定：力使物体绕矩心作逆时针方向转动时，力矩取正号；反之为负。在国际单位制中，力矩的单位是 N·m（牛·米）或 kN·m（千牛·米）。

由式（1-1）可知：

（1）力的大小为零时，力矩为零；

（2）力的作用线通过矩心时，力臂为零，故力矩为零；

（3）取不同矩心时，力臂和转动方向都可能改变，故同一力对不同矩心的力矩一般并不相等。

2. 合力矩定理

设刚体受到某一平面力系的作用。此力系由力 $\boldsymbol{F}_1$，$\boldsymbol{F}_2$，…，$\boldsymbol{F}_n$ 组成，其合力为 $\boldsymbol{F}_R$。在平面内任选一点 O 作为矩心，合力 $\boldsymbol{F}_R$ 与各分力 $\boldsymbol{F}_i$ $(i=1、2、\cdots、n)$的力矩均可按式（1-1）计算。由于合力与整个力系等效，故合力对点 O 的力矩，等于各分力对点 O 之矩的代数和，这一结论称为**合力矩定理**，即

$$M_O(\boldsymbol{F}_R)=M_O(\boldsymbol{F}_1)+M_O(\boldsymbol{F}_2)+\cdots+M_O(\boldsymbol{F}_n)=\sum M_O(F_i) \tag{1-2}$$

3. 力矩的计算

力矩可用式（1-1）计算，若力臂 h 不易求出，也可用式（1-2）即合力矩定理计算。

例 1-4 图 1-16a 所示的圆柱齿轮，受到啮合力 $\boldsymbol{F}_n$ 的作用。设 $F_n=700$ N，压力角 $\alpha=20°$，齿轮的节圆半径 $r'=80$ mm，试计算力 $\boldsymbol{F}_n$ 对轴 O 的矩。

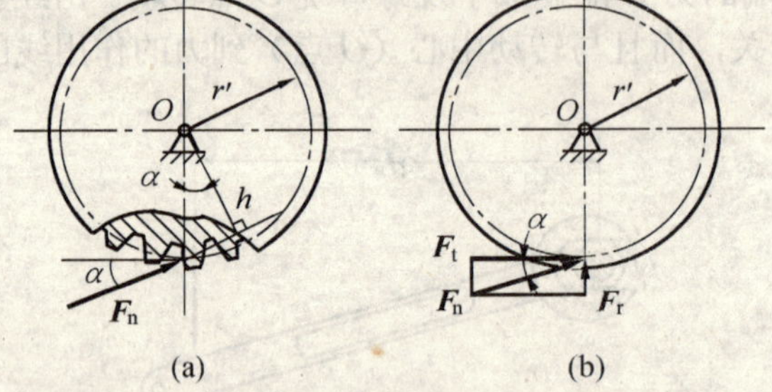

图 1-16 齿轮上的力矩

解 此力矩可用两种方法计算。

（1）根据力矩的定义求解

由图 1-16a 可见，力臂 $h=r'\cos\alpha$，故由式（1-1）可得

$$M_O(\boldsymbol{F}_n)=F_n h=F_n r'\cos\alpha$$
$$=700\times0.08\times\cos20°\approx52.62\ (\text{N}\cdot\text{m})$$

因为 $\boldsymbol{F}_{\mathrm{n}}$ 使齿轮逆时针转动，故力矩 $\boldsymbol{M}_O(\boldsymbol{F}_{\mathrm{n}})$ 为正值。

（2）用合力矩定理求解

先将 $\boldsymbol{F}_{\mathrm{n}}$ 分解为圆周力 $\boldsymbol{F}_{\mathrm{t}}$ 和径向力 $\boldsymbol{F}_{\mathrm{r}}$，由图 1-16b 可见

$$\boldsymbol{F}_{\mathrm{t}}=F_{\mathrm{n}}\cos\alpha,\quad \boldsymbol{F}_{\mathrm{r}}=F_{\mathrm{n}}\sin\alpha$$

由式（1-2）可得

$$\begin{aligned}M_O(\boldsymbol{F}_{\mathrm{n}})&=M_O(\boldsymbol{F}_{\mathrm{t}})+M_O(\boldsymbol{F}_{\mathrm{r}})=F_{\mathrm{n}}\cos\alpha+0\\&=700\times0.08\times\cos20^\circ\approx52.62\ (\mathrm{N\cdot m})\end{aligned}$$

1.4.2　力偶及其性质

1. 力偶与力偶矩

人们用两个手指旋转钥匙开门、拧动水龙头；司机用两手转动方向盘等，这时在钥匙、水龙头和方向盘上都作用着一对等值、反向、作用线不在一条直线上的平行力，都能使物体产生转动。力学上把作用在同一物体上的等值、反向、不共线的两个平行力称为**力偶**，以符号（$\boldsymbol{F}$，$\boldsymbol{F}'$）表示。

力偶中两力所在的平面称为力偶作用面，两力作用线间的垂直距离称为力偶臂，以 d 表示，如图 1-17 所示。

由经验可知，力偶使物体产生的转动效应（如图 1-18 所示），不仅与力偶中力的大小成正比，而且还与力偶臂 d 的大小成正比。因此，力学中用 F 与 d 的乘积来度量力偶，称为**力偶矩**，并以符号 $\boldsymbol{M}$（$\boldsymbol{F}$，$\boldsymbol{F}'$）表示，简写为 $\boldsymbol{M}$，即

$$M(\boldsymbol{F},\boldsymbol{F}')=M=\pm Fd \tag{1-3}$$

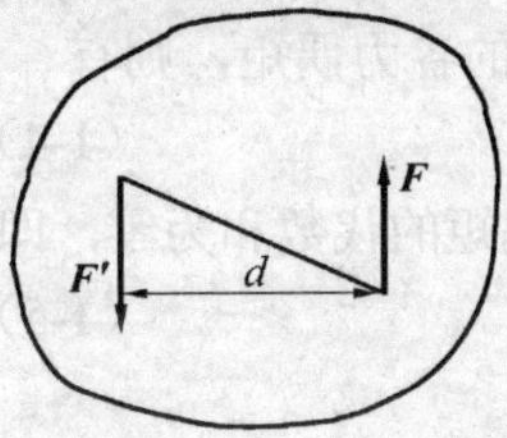

图 1-17　平面力偶

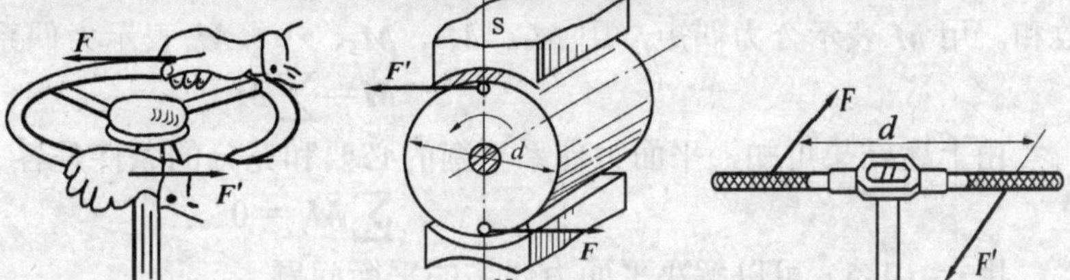

图 1-18　力偶作用实例

力偶矩的正负号、单位规定与力矩相同：力偶使物体作逆时针方向转动时，力偶矩取正号；反之取负号。力偶矩的单位与力矩的单位相同，即 N·m 或 kN·m。

2. 力偶的性质

力偶具有如下性质。

（1）力偶中两力在任一轴上投影的代数和等于零。它所包含的两个力既不平衡，也无

合力，还不能用一个力来平衡，是一种最基本的力系，对刚体只能产生转动效应。

（2）力偶对其作用面内任意一点之矩，恒等于力偶矩，而与矩心位置无关。

因此，可以证明以下两点结论。

① 只要保持力偶矩不变，可以同时改变力偶中力的大小和力偶臂的长短，而不改变力偶对刚体的作用。

② 力偶可以在其作用面内任意转移，而不改变它对刚体的作用。因为这种转移不改变其力偶矩。

（3）力偶对刚体转动效应取决于力偶的三要素，即力偶矩的大小、力偶的转向和力偶作用面的方位。

决定平面内力偶对刚体作用效果的唯一特征量是力偶矩 $\boldsymbol{M}$。作用在刚体上的力偶，可按图 1-19 中的任一种方法来表示。

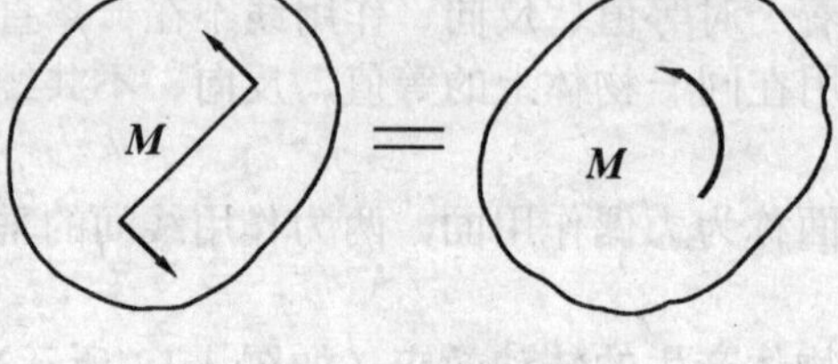

图 1-19 力偶的表示方法

3. 平面力偶系的合成与平衡

作用在刚体上同一平面内的几个力偶称为平面力偶系。可以证明，平面力偶系能与一个力偶等效，这个力偶称为该平面力偶系的合力偶，合力偶矩等于力偶系中各力偶矩的代数和。用 $\boldsymbol{M}$ 表示合力偶矩，用 $\boldsymbol{M}_1$、$\boldsymbol{M}_2$、$\boldsymbol{M}_3$、…、$\boldsymbol{M}_n$ 表示力偶系中的各力偶矩，则有

$$\boldsymbol{M}=\sum \boldsymbol{M}_i \tag{1-4}$$

由上述结果可知，平面力偶系平衡的必要和充分的条件是各力偶矩的代数和为零，即

$$\sum \boldsymbol{M}_i=0 \tag{1-5}$$

用式（1-5）可以解决平面力偶系的平衡问题。

例 1-5 用端面铣刀加工连杆的端面，如图 1-20 所示。连杆在图面内受到力矩 $\boldsymbol{M}=100\ \text{N·m}$ 的切削力偶的作用。连杆大头的孔套在固定心轴 O 上，小头靠在固定挡销 A 上，以防止连杆在图面内转动。若不夹紧并忽略摩擦，且已知 $l=200$ mm。试求心轴与挡销所受的横向力。

解 以连杆为研究对象。它在图面内受给定的切削力偶矩 $\boldsymbol{M}_1$ 作用。挡销为光滑面，其约束力为 $\boldsymbol{N}_A$；心轴可视为固定支座。由于力偶只能被力偶所平衡，故心轴的约束力 $\boldsymbol{N}_O$ 必与 $\boldsymbol{N}_A$ 构成一力偶，从而可知的 $\boldsymbol{N}_O$ 方向向下且 $N_O=N_A$。连杆的受力如图 1-20 所示。

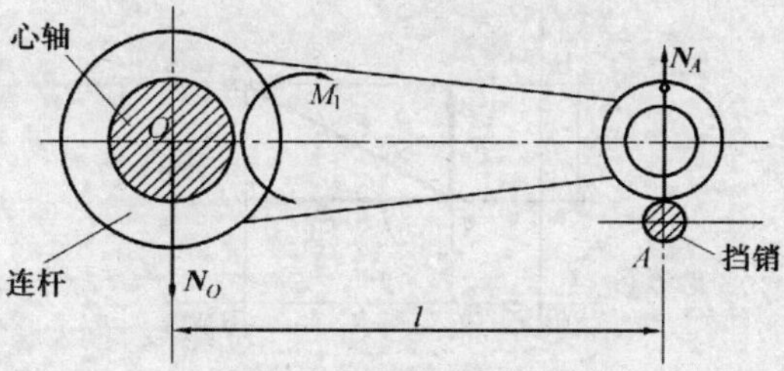

图 1-20　连杆的受力

连杆在图面内受平面力偶系作用。由式（1-5）可得

$$\sum M=0，\ -M_1+N_A l=0$$

即

$$N_A=\frac{M_1}{l}=\frac{100}{0.2}=500(\mathrm{N})$$

由力的作用和反作用定律可知，心轴与挡销均受到 500 N 的横向力，其指向分别与图中 N_O 和 N_A 相反。这些力将使心轴和挡销发生变形甚至损坏，故加工时连杆必须夹紧。

1.5　平面力系和空间力系

静力分析的主要问题是力系的合成与平衡。力系有各种不同的类型，其合成结果和平衡条件也各不相同、按照力系中各力是否作用在同一平面，可将力系分为平面力系和空间力系两类；按照力系中各力是否相交或平行，力系又可分为汇交力系、平行力系和任意力系。

1.5.1　平面力系

各力的作用线都在同一平面内的力系，称之为**平面力系**。在平面力系中如果各力的作用线全部汇交于一点，那么称此力系为平面汇交力系；如果各力的作用线既不汇交于一点，相互间也不全部平行，那么称此力系为平面任意力系。

1. 平面汇交力系的合成与平衡

（1）力在坐标轴上的投影

设力 $\boldsymbol{F}$ 作用在物体上 A 点（见图 1-21）。在力 $\boldsymbol{F}$ 作用线所在平面内取直角坐标系 xOy。从力 $\boldsymbol{F}$ 的两端 A 和 B 分别向 x、y 轴作垂线。则得线段 ab（或 a_1b_1），称为力 $\boldsymbol{F}$ 在 x 或 y 轴上的投影，分别用 F_x、F_y 表示。

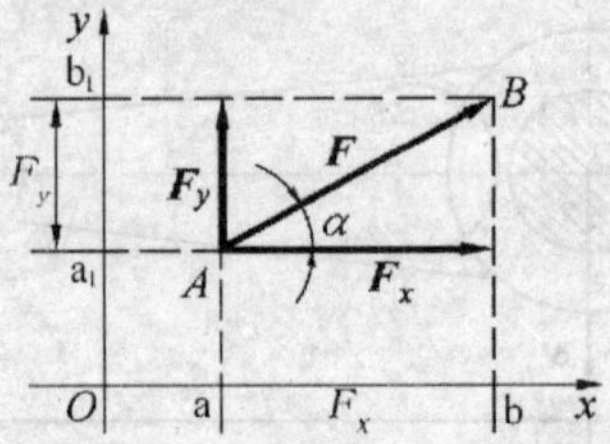

图 1-21　力在坐标轴上的投影

力的投影是代数量，其正负规定如下：若从 a 到 b（或 a_1 到 b_1）的指向与坐标轴正向一致时，投影值为正，反之为负。

若已知力 $\boldsymbol{F}$ 的大小为 F，它与 x 轴所夹锐角为 α，则力在 x 或 y 轴上的投影 F_x、F_y 可按下式计算

$$\begin{cases} F_x = F\cos\alpha \\ F_y = F\sin\alpha \end{cases} \tag{1-6}$$

在图 1-21 中，F_x 和 F_y 均为正值，等式右边取正号。若已知力的投影 F_x 和 F_y，则力 $\boldsymbol{F}$ 的大小和方向可由下式求出

$$\begin{cases} F = \sqrt{F_x^2 + F_y^2} \\ \tan\alpha = \left|\dfrac{F_y}{F_x}\right| \end{cases} \tag{1-7}$$

应当指出，仅就角 α 的大小并不能完全确定力 $\boldsymbol{F}$ 的方向，还必须结合投影 F_x 和 F_y 的正负号，判断力从原点 O 画出时位于第几象限，力 $\boldsymbol{F}$ 的方向才能完全确定。由图还可见，当力 $\boldsymbol{F}$ 沿平行于坐标轴的方向正交分解时，两分力 $\boldsymbol{F}_x$ 和 $\boldsymbol{F}_y$ 的大小分别等于投影 F_x 和 F_y 的绝对值。但是，力在轴上的投影是代数量，力沿轴的分力是矢量，两者不可混淆。

例 1-6　在齿轮传动中（见图 1-22），大齿轮 2 在啮合点 C 受到小齿轮 1 的作用力（齿面之间的法向压力）$\boldsymbol{F}_n$。已知 $F_n = 2000$ N，压力角 $\alpha = 20°$。求力 $\boldsymbol{F}_n$ 在图示两坐标轴上的投影，及沿大齿轮圆周的切向和径向分力。

解　① $\boldsymbol{F}_n$ 的投影由式（1-6）可得

$$F_x = F_n\cos\alpha = 2000 \times \cos 20° \approx 1879(\text{N})$$

$$F_y = -F_n\sin\alpha = -2000 \times \sin 20° \approx -684(\text{N})$$

② $\boldsymbol{F}_n$ 的分力

由图中力平行四边形（矩形）可得切向分力 $\boldsymbol{F}_t$ 和径向分力 $\boldsymbol{F}_r$ 的大小分别为

$$F_t = F_n\cos\alpha = 2000 \times \cos 20° \approx 1879(\text{N})$$

$$F_r = F_n\sin\alpha = 2000 \times \sin 20° \approx 684(\text{N})$$

分力的方向如图示。

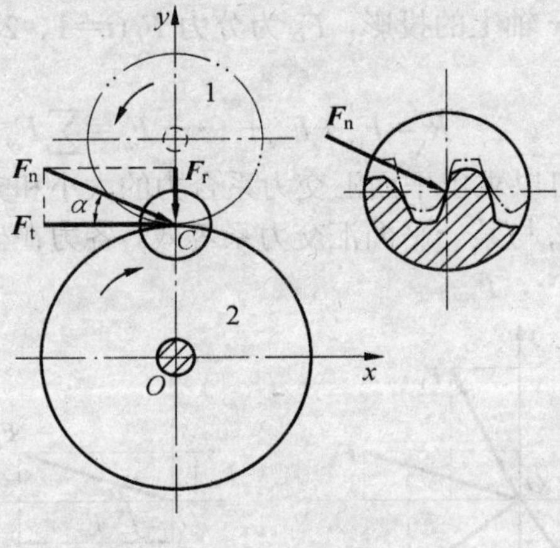

图 1-22　齿轮的受力

（2）合力投影定理

设在刚体上有一平面汇交力系 $\boldsymbol{F}_1$、$\boldsymbol{F}_2$、$\boldsymbol{F}_3$ 的作用，如图 1-23 所示。

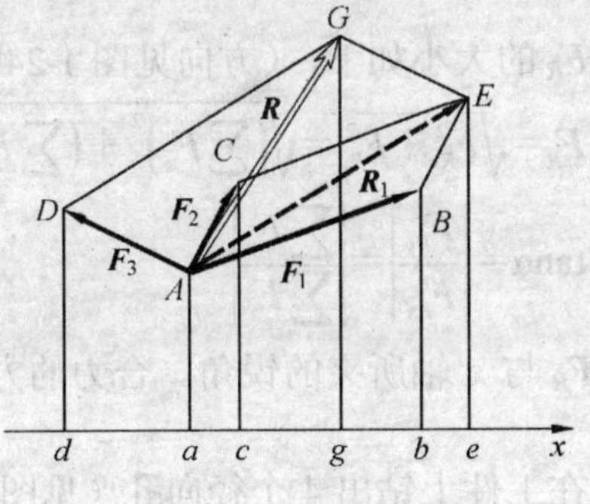

图 1-23　合力投影定理

运用力平行四边形法则，先将力 $\boldsymbol{F}_1$ 与 $\boldsymbol{F}_2$ 合成为力 $\boldsymbol{R}_1$，再将 $\boldsymbol{R}_1$ 与 $\boldsymbol{F}_3$ 合成，即得合力 $\boldsymbol{R}$，如图所示。将合力 $\boldsymbol{R}$ 和分力 $\boldsymbol{F}_1$、$\boldsymbol{F}_2$、$\boldsymbol{F}_3$ 投影到 x 轴上，其投影分别为 ag 和 ab、ac、ad。由图可见

$$ag = ab + be - eg$$

又因 $AC=BE$，$AD=EG$，故

$$ag = ab + ac - ad$$

即合力在 x 轴上的投影等于三个分力在 x 轴上投影的代数和。同理可推广到 n 个共点力的情形，从而得到合力在某轴上的投影等于各分力在同轴上投影的代数和的结论。这一结论称为**合力投影定理**，即

$$R_x = F_{1x} + F_{2x} + \cdots + F_{nx} = \sum F_{ix} \tag{1-8}$$

式中：R_x为合力$\boldsymbol{R}$在x轴上的投影，F_{ix}为分力$\boldsymbol{F_i}$ (i=1、2、…、n) 在x轴上的投影。同理

$$R_y = F_{1y} + F_{2y} + \cdots + F_{ny} = \sum F_{iy} \tag{1-9}$$

应用合力投影定理，可以求出平面汇交力系合力的大小和方向。设图 1-24a 所示的平面共点力系$\boldsymbol{F_1}$，$\boldsymbol{F_2}$，…，$\boldsymbol{F_n}$与某一平面汇交力系等效。各力在坐标轴上的投影分别为F_{1x}，F_{2x}，…，F_{nx}和F_{1y}，F_{2y}，…，F_{ny}。

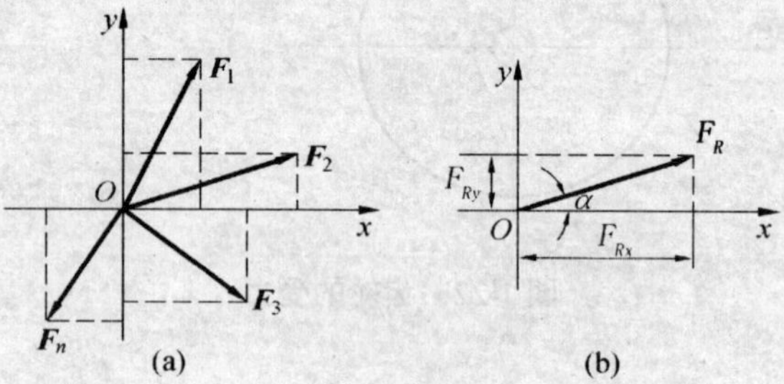

图 1-24　合力的大小和方向

由式（1-7）可求出合力F_R的大小如下，（方向见图 1-24b）。

$$\begin{cases} F_R = \sqrt{F_{Rx}^2 + F_{Ry}^2} = \sqrt{\left(\sum F_x\right)^2 + \left(\sum F_y\right)^2} \\ \tan\alpha = \left|\dfrac{F_{Ry}}{F_{Rx}}\right| = \left|\dfrac{\sum F_y}{\sum F_x}\right| \end{cases} \tag{1-10}$$

式（1-10）中α为合力$\boldsymbol{F_R}$与x轴所夹的锐角。合力的方向根据角α和投影F_{Rx}、F_{Ry}的正负号来确定。

例 1-7　某组合机床同时在工件上钻出 4 个径向孔（见图 1-25）。各钻头对工件的轴向压力的大小为F_1=250 N，F_2=500 N，F_3=300 N，F_4=1000 N，方向如图示。求这些力的合力。

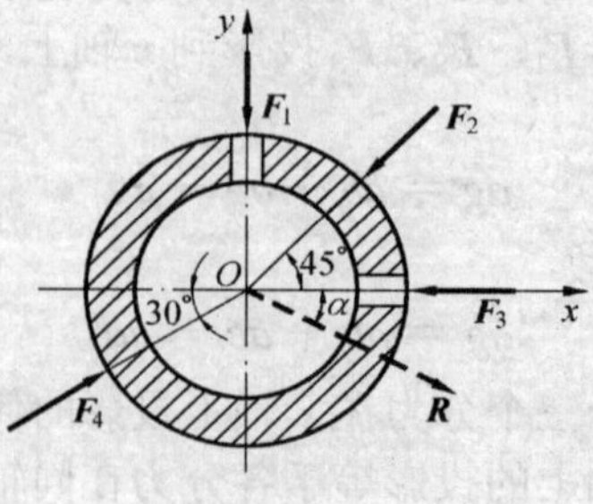

图 1-25　求合力

解　以工件为研究对象。力 $\boldsymbol{F}_1$、$\boldsymbol{F}_2$、$\boldsymbol{F}_3$、$\boldsymbol{F}_4$ 组成平面汇交力系，取坐标系 xOy 如图示，由式（1-10）求得各力在 x、y 轴上的投影列于表 1-1。

表 1-1　例题 1-10 表

力（N） 投影	F_1	F_2	F_3	F_4
F_x	0	−353.5	−300	866
F_y	−250	−353.5	0	500

由表列数据按式（1-8）、（1-9）可得合力在 x、y 轴上的投影为

$$F_{Rx}=212.5\ \text{N},\quad F_{Ry}=-103.5\ \text{N}$$

由式（1-10）可得合力的大小及方向

$$R=\sqrt{F_{Rx}^2+F_{Ry}^2}=\sqrt{(212.5)^2+(-103.5)^2}\approx 236.4\ \text{N}$$

$$\tan\alpha=\left|\frac{F_{Ry}}{F_{Rx}}\right|=\left|\frac{-103.5}{212.5}\right|\approx 0.4871,\quad \alpha\approx 25.97°$$

因 $F_{Rx}>0$，$F_{Ry}<0$，故从原点 O 画出的合力 $\boldsymbol{R}$ 在第四象限，与 x 轴的夹角 $\alpha=25.97°$，如图中虚线所示。

（3）平面汇交力系的平衡

当平面汇交力系的合力 $\boldsymbol{F}_R$ 为零时，力系平衡。由式（1-10）应有

$$F_R=\sqrt{F_{Rx}^2+F_{Ry}^2}=\sqrt{\left(\sum F_x\right)^2+\left(\sum F_y\right)^2}=0$$

欲使上式成立，必须同时满足

$$\begin{cases}\sum F_x=0\\ \sum F_y=0\end{cases}\tag{1-11}$$

即力系中各力在两个坐标轴上投影的代数和分别等于零。上式称为平面汇交力系的平衡方程。这是两个独立的方程，可以求解两个未知量。

用解析法求解平衡问题的主要步骤如下。

① 选取研究对象。根据题意的要求，选取适当的物体为研究对象。研究物系平衡时，往往要讨论几个不同的研究对象。

② 进行受力分析。逐一分析研究对象所受各力的三要素，在简图上画出它所受的全部已知力和未知力，即按本章第三节中所述的方法画出受力图。

③ 选取坐标轴，计算各力的投影。为简化计算，取坐标系时应尽可能使未知力垂直或平行于坐标轴。应用式（1-6）时，应注意投影正负号的判定。

④ 列平衡方程，求解未知量。一个平面汇交力系的平衡方程只能解出两个未知量。

因此，对于物系平衡问题，常需对不同的研究对象分别列出平衡方程。

若未知数的数目超过平衡方程数目，有时可由题意列出补充方程求解。

例 1-8 斜面上一滚子，其重量 $G=2$ kN，用平行于斜面的绳 BC 系住，并受一力 $F=0.2$ kN 的作用（见图 1-26）。图中 $\theta=30°$，斜面倾角 $\lambda=30°$，不计摩擦。试求：（1）绳和斜面所受的力；（2）力 $\boldsymbol{F}$ 增为多大才能拉动滚子。

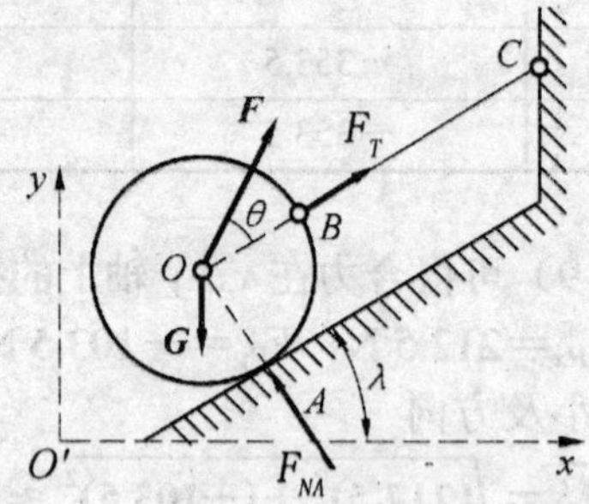

图 1-26 斜面上滚子的受力图

解 取滚子为研究对象。它分别受到给定力 $\boldsymbol{F}$，重力 $\boldsymbol{G}$，绳的拉力 $\boldsymbol{F}_T$ 和斜面约束力 $\boldsymbol{F}_N$ 的作用，受力图见图 1-26。取坐标系 $xO'y$ 如图，并计算出各力的投影。

（1）滚子静止时

由式（1-10）列出平衡方程

$$\sum F_x=0,\quad F\cos(\lambda+\theta)+F_T\cos\lambda-F_N\sin\lambda=0 \tag{a}$$

$$\sum F_y=0,\quad F\sin(\lambda+\theta)+F_T\sin\lambda+F_N\cos\lambda-G=0 \tag{b}$$

联解式（a）和（b），因 $\lambda=\theta$，故

$$F_T=G\sin\theta-F\cos\theta \tag{c}$$

$$F_N=G\cos\theta-F\sin\theta \tag{d}$$

代入已知数据可得

$$F_T\approx 0.83\text{ kN},\quad F_N\approx 1.63\text{ kN}$$

由力的作用和反作用定律可知，绳受到 0.83 kN 的拉力，斜面受 1.63 kN 的压力。

（2）滚子刚被拉动时

此时因滚子沿斜面上行，绳 BC 松弛，故拉力 $F_T=0$。将这一补充条件代入式（c）可得

$$G\sin\theta-F\cos\theta=0$$

$$F=G\tan\theta=2\tan30°\approx 1.15(\text{kN})$$

即力 $\boldsymbol{F}$ 应增为 1.15 kN 才能拉动滚子。

本题若选坐标系的两轴分别与斜面平行和垂直，则计算可以简化。读者可自行验证。

2. 平面任意力系

平面任意力系是工程实际中最常见的一种力系，平面汇交力系和平面力偶系是平面任意力系的特殊情况。因此，研究平面任意力系具有普遍意义。

（1）力的平移定理

设在刚体上某点 B 作用有力。现需在等效条件下，将力 $\boldsymbol{F}$ 平行移动到刚体内任意指定的一点 O（见图 1-27），得到作用于 O 点的力 $\boldsymbol{F}'$和矩为 M_O 的力偶，且 $\boldsymbol{F}'=\boldsymbol{F}$，$M_O=M_O(\boldsymbol{F},\boldsymbol{F}')=Fd$

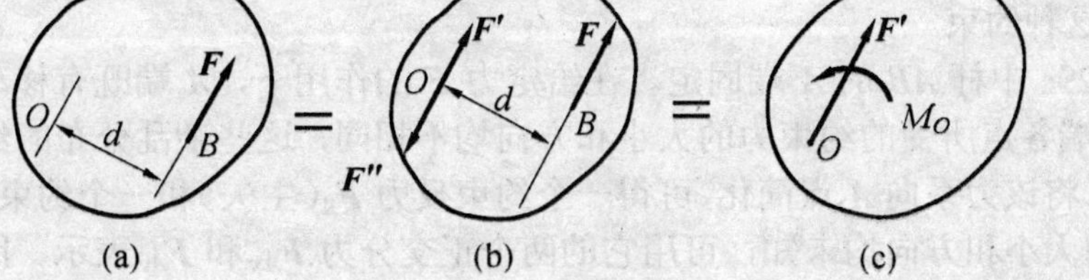

图 1-27　力的平移定理

上述简化过程可看作是作用于 A 点的力平移至 O 点，但须附加一力偶，即作用于刚体的力 $\boldsymbol{F}$ 可以平移到刚体内任一点 O，但必须附加一力偶，此附加力偶的力偶矩等于原力 $\boldsymbol{F}$ 对点 O 之矩。这就是力的**平移定理**。

（2）平面任意力系向一点简化

设刚体上作用有平面任意力系 $\boldsymbol{F}_1$、$\boldsymbol{F}_2$、…、$\boldsymbol{F}_n$，如图 1-28a 所示。在平面内任取一点 O，O 点称为简化中心。根据力的平移定理，将力系中各力分别平移到简化中心 O。

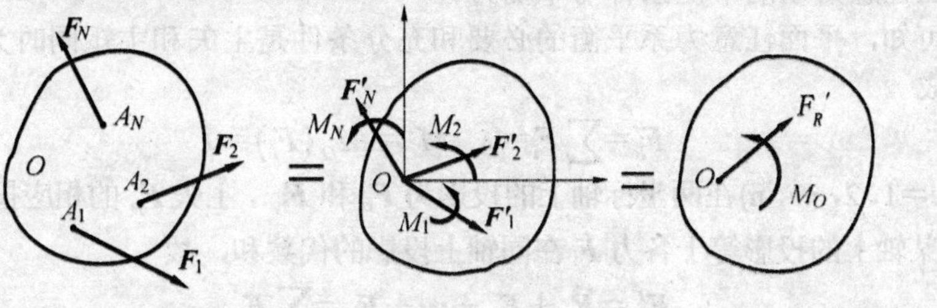

图 1-28　平面任意力系的简化

显然，平面汇交力系中各力的大小和方向与原力系中对应各力的大小和方向相同；平面力偶系中各力偶矩分别等于原力系中对应的各力对简化中心 O 的矩，即

$$F_i'=F_i,\ M_i=M_O\ (F_i)$$

上述平面汇交力系可以合成为一个力 $\boldsymbol{F}_R'$，$\boldsymbol{F}_R'$ 称为平面任意力系的**主矢**。

$$F_R'=\sum F_i'=\sum F_i \tag{1-12}$$

上述平面力偶系可以合成为一个力偶，其矩 $\mathbf{M}_O$ 称为平面任意力系的**主矩**。

$$\boldsymbol{M}_O=\sum \boldsymbol{M}_i=\sum \boldsymbol{M}_O(\boldsymbol{F}_i) \tag{1-13}$$

因此，原平面任意力系对刚体的作用与主矢 $\boldsymbol{F}_R'$ 和主矩 $\boldsymbol{M}_O$ 等效。在一般情况下，平面一般力系可简化为一个作用在简化中心 O 的力 $\boldsymbol{F}_R'$ 和一个力偶 $\boldsymbol{M}_O$。

（3）固定端约束

固定端是工程上常见的又一种约束。物体的固定端既不能向任何方向移动，也不能转动。夹紧在刀架上的车刀（见图 1-29a）、卡盘夹持的工件（见图 1-29b）、和埋入地面的电线杆都受有这种约束。

设图 1-29c 中杆 AB 的 A 端固定。在给定力 $\boldsymbol{F}$ 的作用下，A 端既有移动、又有转动的趋势，故 A 端各点所受的约束力的大小和方向均不相同，这些杂乱分布的约束反力组成平面一般力系。将该力系向 A 点简化，可得一个约束反力 $\boldsymbol{F}_A$（主矢）和一个约束反力偶 $\boldsymbol{M}_A$（主矩），主矢的大小和方向均未知，可用它的两个正交分力 $\boldsymbol{F}_{Ax}$ 和 $\boldsymbol{F}_{Ay}$ 表示。因此，固定端的简图和约束反力画法如图 1-29 d 所示。

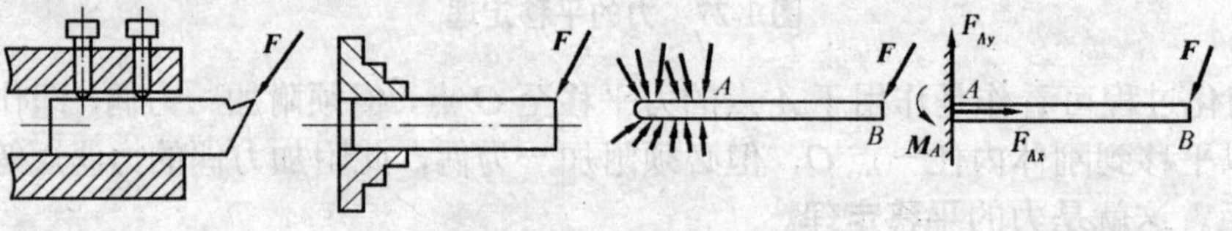

图 1-29 固定端约束

（4）平面任意力系的平衡条件与平衡方程

由前面可知，平面任意力系平衡的必要和充分条件是主矢和主矩同时为零。上述平衡条件可以写成

$$\boldsymbol{F}_R'=\sum \boldsymbol{F}_i=0,\quad \boldsymbol{M}_O=\boldsymbol{M}_O(\boldsymbol{F}_i)=0 \tag{1-14}$$

设力 $\boldsymbol{F}_i(i=1, 2, \cdots, n)$在两坐标轴上的投影为 $\boldsymbol{F}_{ix}$ 和 $\boldsymbol{F}_{iy}$，主矢 $\boldsymbol{F}_R'$ 的相应投影为 $\boldsymbol{F}_{Rx}'$，$\boldsymbol{F}_{Ry}'$。因主矢 $\boldsymbol{F}_R'$ 在某轴上的投影等于各力 $\boldsymbol{F}_i$ 在同轴上投影的代数和，故

$$\boldsymbol{F}_{Rx}'=\boldsymbol{F}_{1x}+\boldsymbol{F}_{2x}+\cdots+\boldsymbol{F}_{nx}=\sum \boldsymbol{F}_{ix}$$

$$\boldsymbol{F}_{Ry}'=\boldsymbol{F}_{1y}+\boldsymbol{F}_{2y}+\cdots+\boldsymbol{F}_{ny}=\sum \boldsymbol{F}_{iy}$$

因而主矢 $\boldsymbol{F}_R'$ 的大小为

$$F_R'=\sqrt{F_{Rx}'^2+F_{Ry}'^2}=\sqrt{\left(\sum F_{ix}\right)^2+\left(\sum F_{iy}\right)^2}$$

利用上式，可将式（1-14）改写成（为简便计，以下将 $\boldsymbol{M}_O=\boldsymbol{M}_O(\boldsymbol{F}_i)$简写，并略去各投影的下标 i）

$$\begin{cases}\sum F_x=0\\ \sum F_y=0\\ \sum M_O=0\end{cases} \tag{1-15}$$

即平面任意力系平衡的必要和充分条件是：在平面内，该力系中所有力在两个任选的相互垂直的坐标轴上投影的代数和分别为零，以及这些力对任意一点 O 之矩的代数和为零。式（1-15）称为平面任意力系的平衡方程。这是三个独立的方程，可以求解三个未知数。

应用上述平衡方程解题的注意事项如下。

① 平面汇交力系和平面力偶系都是平面任意力系的特殊情况。因此，它们的平衡方程可作为式（1-15）的特殊情形而导出。

② 选择合适的矩心位置和坐标轴方向，可使计算简化。矩心可选在两未知力的交点，坐标轴尽量与未知力垂直或与多数力平行。

式（1-15）包括两个投影方程和一个力矩方程（一点式），它是平衡方程的基本形式。为了简化计算，可以采用不同形式的平衡方程，例如下面的两点式：

$$\begin{cases}\sum M_A=0\\ \sum M_B=0\\ \sum F_x=0\end{cases} \tag{1-16}$$

式中：A、B 为平面上任意两点，但 A、B 连线不垂直于 x 轴。

例 1-9　镗刀杆用卡盘夹持，其 A 端可视为固定端（见图 1-30a）。已知 A 端至镗刀的距离 l=200 mm，孔径 D=50 mm，镗孔时镗刀在图面内受到的轴向切削力 F_x=3000 N、径向切削力 F_y=600 N，镗刀杆自重不计。试求固定端 A 的约束反力。

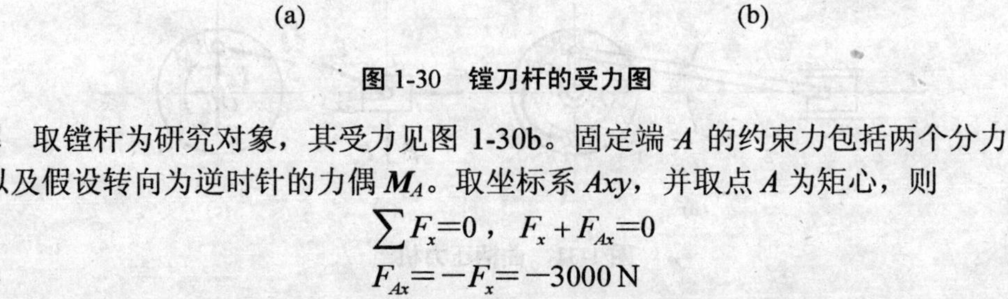

图 1-30　镗刀杆的受力图

解　取镗杆为研究对象，其受力见图 1-30b。固定端 A 的约束力包括两个分力 $\boldsymbol{F}_{Ax}$ 和 $\boldsymbol{F}_{Ay}$，以及假设转向为逆时针的力偶 $\boldsymbol{M}_A$。取坐标系 Axy，并取点 A 为矩心，则

由　$\sum F_x=0$，$F_x+F_{Ax}=0$

得　$F_{Ax}=-F_x=-3000\ \text{N}$

式中：负号表示 $\boldsymbol{F}_{Ax}$ 的实际指向与图中假设相反。

由
$$\sum F_y=0,\ -F_y+F_{Ay}=0$$
得
$$F_{Ay}=F_y=600\ \mathrm{N}$$
由
$$\sum M_A=0,\ F_y\cdot l-F_x\cdot\frac{D}{2}+M_A=0$$
得
$$M_A=F_x\cdot D/2-F_y\cdot l=3000\times0.05/2-600\times0.2=-45\ \mathrm{N\cdot m}$$
式中：负号表示力偶 $\boldsymbol{M}_A$ 的实际转向为顺时针方向。

3. 物系平衡和机械的静力计算

工程中的机械和结构都是物体系统。与前面所研究的单个物体相比，物系平衡问题有其本身的特点。

物系平衡时，组成系统的每一个物体也都保持平衡。若物系由 $\boldsymbol{n}$ 个物体组成，对每个受平面任意力系作用的物体至多只能列出 3 个独立的平衡方程，对整个物系至多只能列出 $3\boldsymbol{n}$ 个独立的平衡方程。若问题中未知量的数目不超过独立的平衡方程的总数，则用平衡方程可以解出全部未知量，这类问题称为**静定问题**。反之，若未知量的数目超过了独立平衡方程的总数，则单靠平衡方程就不能解出全部未知量，这类问题称为超静定问题或静不定问题。这里只研究静定问题。

选取研究对象是求解物系平衡问题的关键，可根据问题的要求选取整体，也可以取任一部分或任一物体作为研究对象，对每个研究对象又都可以列出一组平衡方程。列出适当、必需和足够的平衡方程，可使问题的解答过程简化。在例 1-10 题中，将说明选择研究对象和平衡方程的技巧。

例 1-10　如图 1-31 所示的曲柄压力机由飞轮 1、连杆 2 和滑块 3 组成。O、A、B 处均为铰接，飞轮在驱动转矩 M 作用下，通过连杆推动滑块在水平导轨中移动。已知滑块受到工件的阻力为 $\boldsymbol{F}$，连杆长为 l，曲柄半径 $OB=r$，飞轮重为 $\boldsymbol{Q}$，连杆和滑块的重量及各处摩擦均不计。求在图示位置（$\angle AOB=90°$）时，应当作用于飞轮的驱动转矩 M 以及连杆 2、轴承 O 和滑块 3 的导轨所受的力。

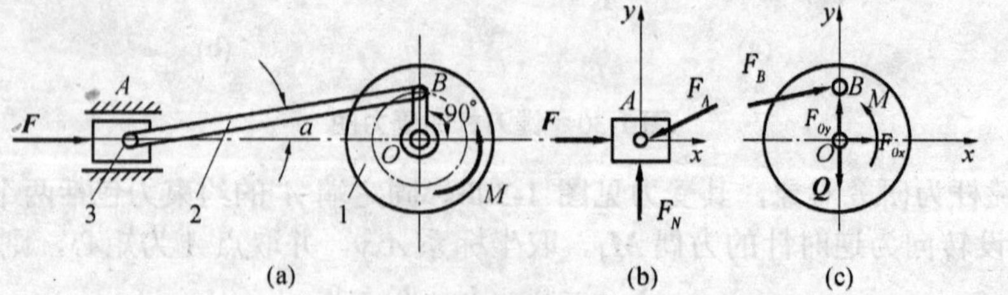

图 1-31　曲柄压力机

解 先取滑块 3 为研究对象。取 Axy 坐标系，其平衡方程为

$$\sum F_x=0\text{，}F-F_A\cos\alpha=0$$

$$\sum F_y=0\text{，}F_N-F_A\sin\alpha=0$$

由图 1-31a 中由直角三角形 OAB 得 $\sin\alpha=\dfrac{r}{l}$，$\cos\alpha=\sqrt{1-\dfrac{r^2}{l^2}}$，代入上式可得

$$F_A=\frac{F}{\sqrt{1-\dfrac{r^2}{l^2}}}\text{，}\quad F_N=\frac{Fr}{\sqrt{l^2-r^2}}$$

再以飞轮为研究对象。取坐标系 Oxy，平衡方程为

$$\sum F_x=0\text{，}F\cos\alpha+F_{Ox}=0$$

$$\sum F_y=0\text{，}F_B\sin\alpha-Q+F_{Oy}=0$$

$$\sum M_O=0\text{，}M-F_Br\cos\alpha=0$$

由连杆 AB 为二力杆可知，$F_B=F_A$

解以上各式得

$$F_{Ox}=-F$$

$$F_{Oy}=Q-\frac{Fr}{\sqrt{l^2-r^2}}$$

$$M=Fr$$

1.5.2 空间力系简介

1. 空间力系概述

各力作用线不在同一平面的力系称为空间力系。空间力系可分如下几种。

（1）空间汇交力系。各力作用线相交于一点。

（2）空间平行力系。各力作用线互相平行。

（3）空间任意力系。各力作用线任意分布。

设空间任意力系 $\boldsymbol{F}_1$，$\boldsymbol{F}_2$，…，$\boldsymbol{F}_n$ 分别作用于刚体的 A_1，A_2，…，A_n 各点如图 1-32a 所示，则空间一般力系向一点简化，最终简化为一个力和一个力偶（见图 1-32b），即为该力系的主矢和主矩，而且有

$$\begin{cases}F_R'=\sum F_i\\ M=\sum M_O(F_i)\end{cases}\qquad(1\text{-}17)$$

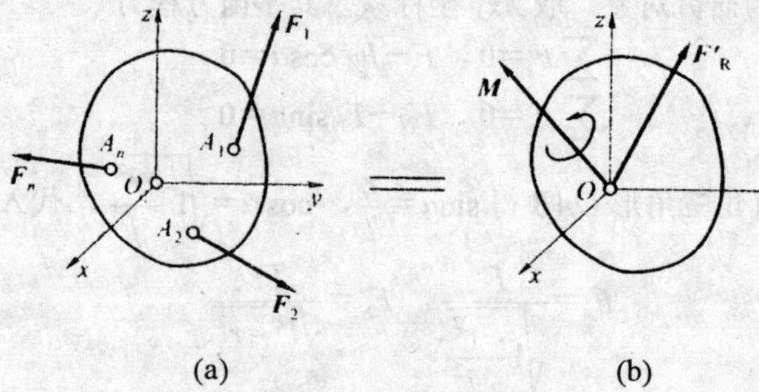

图 1-32 空间力系的简化

2. 空间任意力系的平衡方程

根据力系平衡定理，空间任意力系平衡的充分必要条件是：该力系的主矢和对任一点的主矢矩等于零，即

$$\begin{cases} F'_R=\sum F_i=0 \\ M_O=\sum M_O(F_i)=0 \end{cases} \tag{1-18}$$

经过进一步推导，可得空间任意力系的平衡方程

$$\begin{cases} \sum F_x=0, \quad \sum F_y=0, \quad \sum F_z=0 \\ \sum M_x(\boldsymbol{F})=0, \quad \sum M_y(\boldsymbol{F})=0, \quad \sum M_z(\boldsymbol{F})=0 \end{cases} \tag{1-19}$$

即空间任意力系平衡的充分必要的解析条件是：力系中各力在任选的直角坐标系每一轴上投影的代数和分别等于零，且各力对每一轴的矩的代数和也分别等于零。

式（1-19）包含 6 个独立的平衡方程，其中 3 个为投影方程，3 个为力矩方程，可求解 6 个未知量。

对于空间汇交力系，$\sum M_O=0$，因此空间汇交力系的平衡方程为

$$\begin{cases} \sum F_x=0 \\ \sum F_y=0 \\ \sum F_z=0 \end{cases} \tag{1-20}$$

式（1-20）有 3 个独立的平衡方程，可求解 3 个未知量。

对于空间平行力系，取 z 轴平行于各力，则可得到空间平行力系的平衡方程

$$\begin{cases} \sum F_z=0 \\ \sum M_x=0 \\ \sum M_y=0 \end{cases} \tag{1-21}$$

式（1-21）有 3 个独立的平衡方程，可求解 3 个未知量。

为避免求解联立方程，可灵活地选取投影轴的方向和选取矩轴的位置，尽可能地使一个方程中只含一个未知量，使解题过程得到简化。

计算空间力系的平衡问题时，也可将力系向三个坐标平面投影，通过两个平面力系来进行计算，即把空间力系问题转化为平面力系问题的形式来处理。此法称为空间力系问题的平面解法，特别适合解决轴类零件的空间受力平衡问题。

例 1-11　支承于两个滑动轴承 A、B 的传动轴如图 1-33 所示。圆柱直齿轮的节圆直径 d=173 mm，压力角 α=20°，在法兰盘上作用一力偶，其力偶矩 M=1030 N•m。如轮轴自重和摩擦不计，求传动轴匀速转动时 A、B 两轴承的反力及齿轮所受的啮合力 $\boldsymbol{F}$。

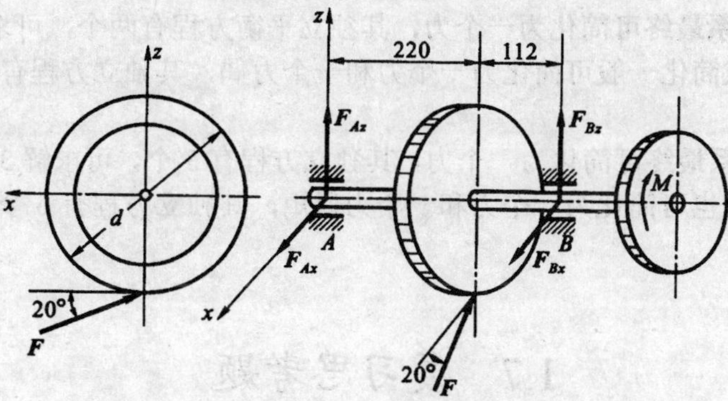

图 1-33　传动轴的受力

解　取整个轴为研究对象。设 A、B 两轴承的反力分别为 $\boldsymbol{F}_{Ax}$、$\boldsymbol{F}_{Az}$、$\boldsymbol{F}_{Bx}$、$\boldsymbol{F}_{Bz}$，并沿 x、z 轴的正向，此外还有力偶和齿轮所受的啮合力，这些力构成空间一般力系。取坐标轴如图 1-33 所示，列出平衡方程

$$\sum F_y(F)=0，-M+F\cos 20° \times \frac{d}{2}=0$$

$$\sum M_x(F)=0，F\sin 20° \times 220\ \text{mm}+F_{Bx}\times 332\ \text{mm}=0$$

$$\sum M_z(F)=0，-F_{Bx}\times 332\ \text{mm}+ F\cos 20° \times 220\ \text{mm}=0$$

$$\sum F_x=0，F_{Ax}+F_{Bx}-F\cos 20° =0$$

$$\sum F_z=0，F_{Az}+F_{Bz}+F\sin 20° =0$$

得

F=12.67 kN，F_{Bx}=－2.87 kN ，F_{Bz}=7.89 kN

F_{Ax}=4.02 kN，F_{Az}=－1.46 kN

1.6 小 结

1．静力学基本概念主要有力、刚体及平衡，力是矢量，力的运算服从矢量运算法则；静力学的研究对象是刚体；静力学研究的主要问题是力系的简化与平衡问题。

2．静力学所研究的力系包括主动力和约束反力，能正确简化各种约束类型并确定约束反力的方向，是受力分析的关键。各种约束的约束反力必须按照规定的画法在受力图上准确地表示。

3．力矩是力使刚体绕点或轴转动效应的度量；力偶是力学一个独立的物理量，它对刚体只产生转动效应。在理解力矩和力偶的概念和性质的基础上，学会力矩和力偶的计算。

4．平面汇交力系最终可简化为一个力，其独立平衡方程有两个，可求解两个未知量；平面任意力系向一点简化一般可简化为一个力和一个力偶，其独立方程有 3 个，可求解 3 个未知量。

5．空间汇交力系最终可简化为一个力，其独立方程有 3 个，可求解 3 个未知量；空间任意力系向一点简化也可简化为一个力和一个力偶矩，其独立方程有 6 个，可求解 6 个未知量。

1.7 复习思考题

1．画出图 1-34 中有字符标注的物体的受力图。忽略摩擦，各杆及图 c 的棘爪自重不计。

2．分析图 1-35 中的力 $\boldsymbol{F}$ 和力偶（$\boldsymbol{F}'$，$\boldsymbol{F}''$）对轮的作用有何不同？设轮的半径为 r，且 $F'=F/2$。

3．如图 1-36 所示，$\boldsymbol{F}_1$，$\boldsymbol{F}_2$，$\boldsymbol{F}_3$ 分别作用于边长为 a 的等边三角板的三个顶点上，三力大小 $F_1=F_2=F_3=F$，试分别向顶点 A 和中心 O 简化，并分析简化结果。

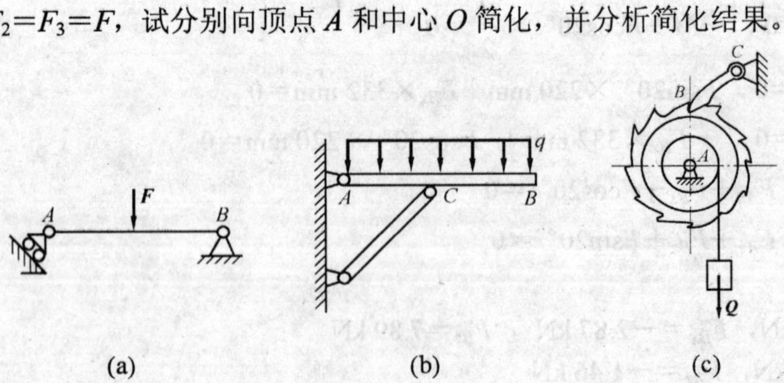

图 1-34

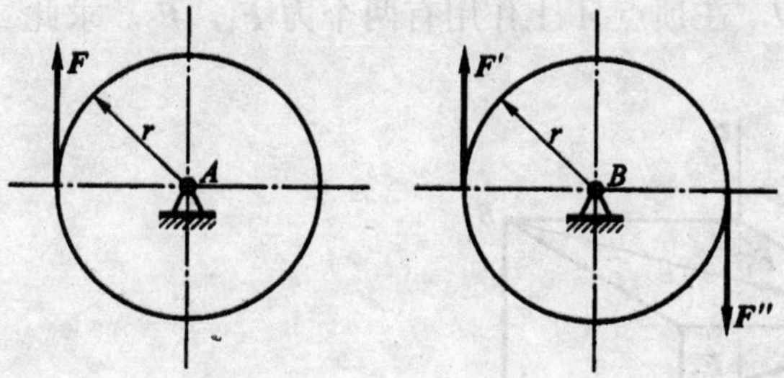

(a)　　(b)

图 1-35

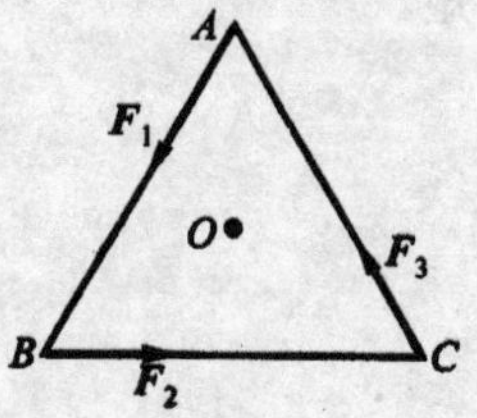

图 1-36

4．如图 1-37 所示，梁 *AB* 受集中力 ***F*** 和集中力偶 *M* 的作用。已知 $M=-1\ \text{kN}\cdot\text{m}$，$F=2\ \text{kN}$，$l=1\text{m}$，梁的倾角为 30°。试分别计算力 ***F*** 和力偶 *M* 对于点 *A*、*C* 的矩。

5．图 1-38 中各力大小均为 100 N，求各力在 *x* 和 *y* 轴上的投影。

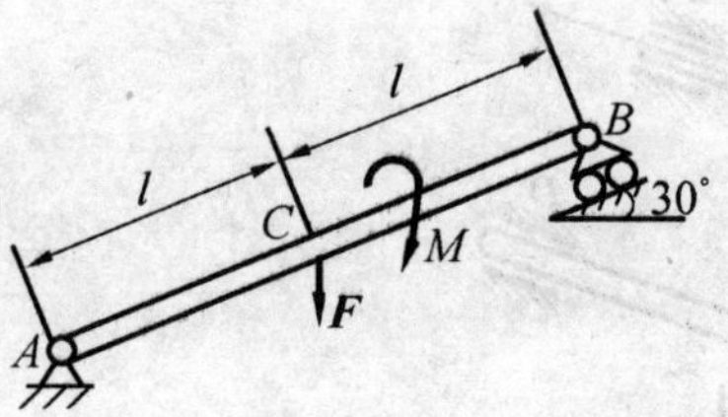

图 1-37

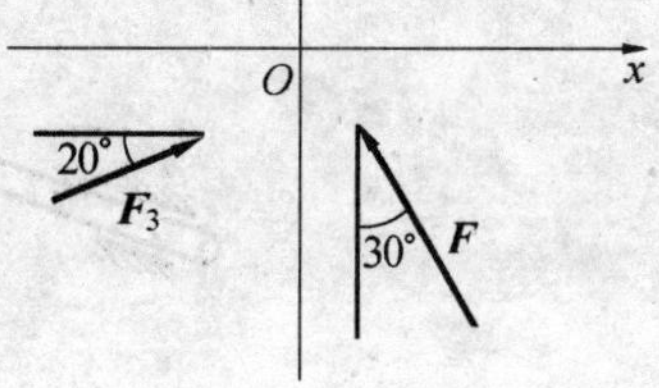

图 1-38

6．请判断图 1-39 所示的各平衡问题是否静定。

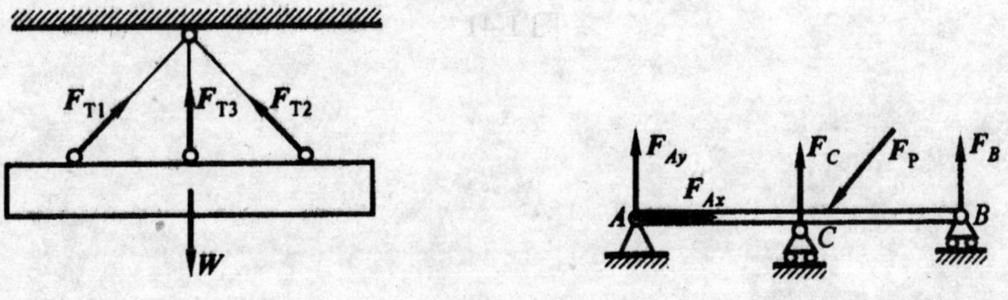

(a)　　(b)

图 1-39

7．如图 1-40 所示，立方体边长为 l，在顶点 A 上作用有两个力 $\boldsymbol{F}_1$，$\boldsymbol{F}_2$，求此二力对各轴之矩。

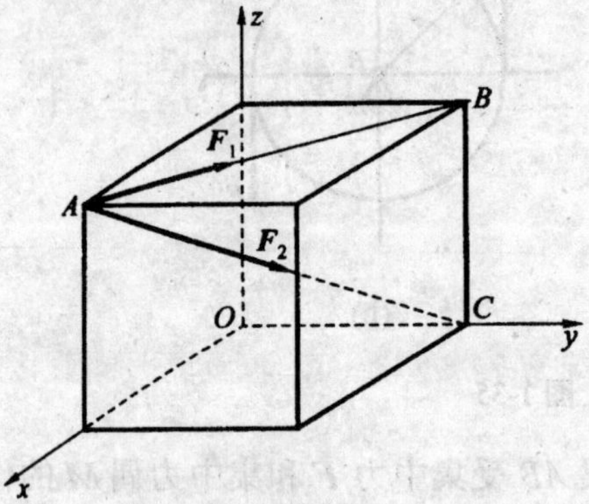

图 1-40

8．如图 1-41 所示，轴 AB、CD 上皆作用有力偶，力偶矩分别为 M_1、M_2，齿轮的啮合半径 $R_2=2R_1$。若使两轴平衡，问两力偶矩的关系及转向如何？

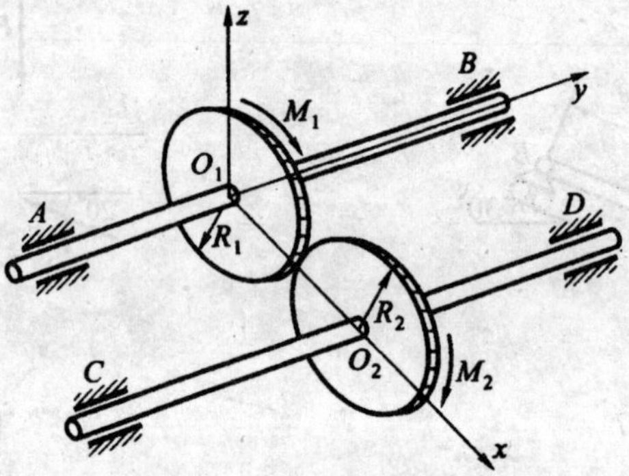

图 1-41

第 2 章　刚体的基本运动

学习目标　了解定轴转动刚体转角、角速度、角加速度概念；理解转动刚体上任一点的速度和加速度，角量和线量之间的关系。

运动学研究的主要内容包括物体在空间的位置随时间变化的规律、物体运动轨迹、速度和加速度等。

研究某一物体的运动时，需要确定每一瞬时物体在空间的位置，而物体空间位置确定需指明参照物才有意义。对大多数工程实际问题，将固结于地球表面的坐标系作为参考系。运动学中，度量时间时会涉及“瞬时”和“时间间隔”这两个基本概念。**瞬时**指物体运动中的某个时刻，通常用 t 表示；而**时间间隔**指两个瞬时 t_1 与 t_2 之间的一段时间，通常以 Δt 表示，显然 $\Delta t=t_2-t_1$。

运动学中涉及的物体通常化为点和刚体。点是指不计大小和质量的几何点。在研究物体的运动时，如果物体的形状和尺寸对研究的内容不起主要作用，不是主要影响因素时，通常将其简化为一个点来研究。例如，研究地球绕太阳公转时，可把地球看作质点。但在研究地球的自转时，地球的尺寸不能忽略，就需要把它简化为刚体。

2.1　刚体的定轴转动

刚体在转动过程中，如果其体内（或其扩展部分）有一直线始终保持不动，这个保持不动的直线就称为**转动轴**。这种运动称为刚体的定轴转动，简称**转动**。由于刚体内不在转动轴上的各点到转动轴的距离保持不变，所以它们在垂直于轴的平面内做圆周运动，圆心都在轴上，半径分别为各点到轴的垂直距离。工程实际中，例如飞轮、机床主轴、发电机转子的运动都是定轴转动。

本节研究对定轴转动刚体的运动描述，转动刚体上各点的运动及其与刚体整体运动的关系将在 2.2 节研究。

2.1.1　转动方程

设有刚体绕 z 轴转动，如图 2-1 所示，并设 I 是通过转动轴 z 的一个固定平面，II 是固连在刚体上与刚体一起转动的一个平面，刚体在转动过程中任一瞬时的位置由动平面 II 与定平面 I 之间的夹角 φ 确定。

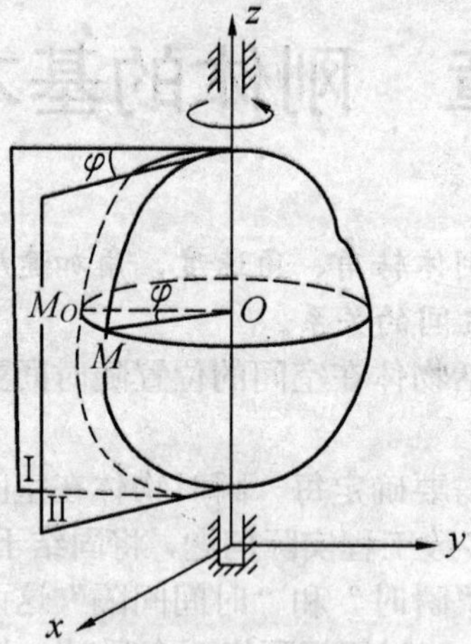

图 2-1 刚体的转动

φ 角称为转动刚体的位置角，单位为 rad（弧度）。位置角是个代数量，其正负规定如下：从定轴 z 的正端向负端看去，从定平面 I 沿逆时针转向动平面 II 量取时取正值；反之为负值。当刚体转动时，φ 角是时间 t 单值连续函数，即

$$\varphi=f(t) \tag{2-1}$$

这就是作定轴转动刚体的转动方程。若 $f(t)$ 表达的函数关系已知，则刚体在任一瞬时 t 相对于固定平面 I 的位置就可以完全确定。

2.1.2 角速度

类似用速度表达点的运动快慢和方向，为表达刚体转动的快慢和转向，引入角速度概念。如图 2-2 所示，设转动刚体在瞬时 t 的位置角为 φ，在瞬时 $t+\Delta t$ 的位置角为 $\varphi+\Delta\varphi$，则在 Δt 时间间隔内位置角的改变为$(\varphi+\Delta\varphi)-\varphi=\Delta\varphi$ 这个 $\Delta\varphi$ 称为刚体在 Δt 时间间隔内的角位移。$\Delta\varphi$ 与 Δt 的比值称为刚体在时间间隔 Δt 内的平均角速度，并以 ω^*表示，即

$$\omega^*=\frac{\Delta\varphi}{\Delta t} \tag{2-2}$$

当 Δt 趋近于零时，即得刚体在瞬时 t 的瞬时角速度

$$\omega=\lim_{\Delta t\to 0}\omega^*=\lim_{\Delta t\to 0}\frac{\Delta\varphi}{\Delta t}=\frac{\mathrm{d}\varphi}{\mathrm{d}t}=f'(t) \tag{2-3}$$

可见，刚体绕定轴转动的角速度等于位置角对时间的一阶导数。

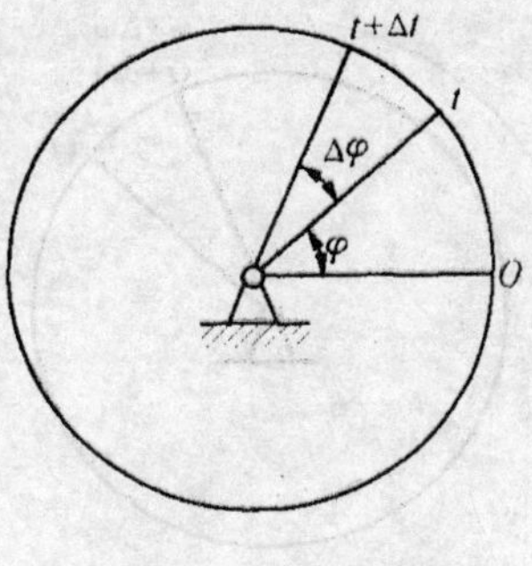

图 2-2　角速度的概念

角速度 ω 是代数量，其大小表示刚体在瞬时 t 转动的快慢，刚体在瞬时 t 的转向由 ω 的正负表示。当 $\omega>0$ 时，从 z 轴的正端向负端看去，刚体作逆时针向转动；反之，当 $\omega<0$ 时，刚体作顺时针向转动。

角速度的单位是 rad/s，工程上还常用每分钟的转数 n 来表示转动的快慢，称为转速，其单位为 r/min。角速度与转速 n 之间的换算关系为

$$\omega=\frac{2\pi n}{60}=\frac{\pi n}{30} \tag{2-4}$$

2.1.3　角加速度

类似点的加速度，为描述角速度的变化，引入角加速度概念。如图 2-3 所示，设转动刚体在瞬时 t 的角速度为 ω，在瞬时 $t+\Delta t$ 的角速度为 $\omega+\Delta\omega$。则在 Δt 时间间隔内角速度的改变量为 $\Delta\omega$。$\Delta\omega$ 与 Δt 的比值称为刚体在 Δt 时间间隔内的平均角加速度，用 ε^* 表示，即

$$\varepsilon^*=\frac{\Delta\omega}{\Delta t} \tag{2-5}$$

当 Δt 趋近于零时，得刚体在瞬时 t 的瞬时角加速度

$$\varepsilon=\lim_{\Delta t\to 0}\omega^*=\lim_{\Delta t\to 0}\frac{\Delta\omega}{\Delta t}=\frac{\mathrm{d}^2\varphi}{\mathrm{d}t^2}=f''(t) \tag{2-6}$$

这表明，刚体绕定轴转动的角加速等于角速度对时间的一阶导数，或等于位置角对时间的二阶导数。显然，角加速度也是代数量，其大小表示角速度随时间变化的快慢程度。当 $\varepsilon>0$ 时，表示角加速度 ε 的转向与位置角 φ 的正向相同，当 $\varepsilon<0$ 时，角加速度 ε 的转向与位置角 φ 的正向相反。若 ε 与转向相同，则角速度 ε 的绝对值随时间增加而增大，刚体作加速转动，反之，当 ε 与 φ 转向相反时，角速度的绝对值随时间增加而减小，刚体作减速转动。角加速度的单位为 $\mathrm{rad/s^2}$。

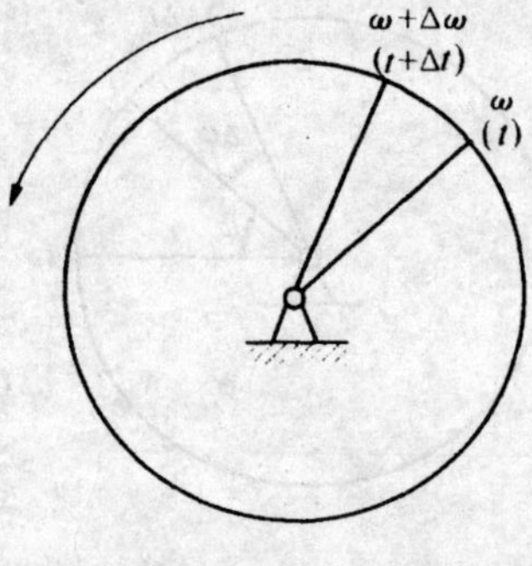

图 2-3 角加速度的概念

2.1.4 匀速定轴转动和匀变速转动

1. 匀速转动

如果刚体作定轴匀速转动，则ω为常数，当$t=0$时，初始角为φ_0，则匀速转动刚体的转动方程为

$$\varphi=\varphi_0+\omega t \tag{2-7}$$

2. 匀变速转动

刚体作匀变速转动的刚体，当$t=0$时，其角速度为ω_0，位置角为φ_0，试求其角速度方程和转动方程。

匀变速转动即$\varepsilon=$常数，因此$\varepsilon=\frac{d\varphi}{dt}$，故有$d\omega=\varepsilon dt$。

将上式两边求定积分

$$\int_{\omega_0}^{\omega} d\omega=\int_0^t \varepsilon dt$$

注意到$\varepsilon=$常数，得

$$\omega=\omega_0+\varepsilon t \tag{2-8}$$

这就是作匀变速转动刚体的角速度方程。而$\varepsilon=\frac{d\varphi}{dt}$代入（2-7）得

$$d\varphi=(\varphi_0+\omega_0+\varepsilon t)dt$$

将上式两边再次求定积分得

$$\varphi=\varphi_0+\omega_0 t+\varepsilon t^2 \tag{2-9}$$

式（2-9）就是作匀变速转动刚体的转动方程。显然，这与点作匀变速运动的运动方程类似。

2.2　转动刚体上点的速度和加速度

2.2.1　点的运动速度、加速度

设有动点 M 相对某参考系 $Oxyz$ 运动（如图 2-4 所示），由坐标系原点 O 向动点 M 作一矢量，即 $\boldsymbol{r}=\boldsymbol{OM}$，矢量 $\boldsymbol{r}$ 称为动点 M 的矢径。动点 M 在坐标系中的位置由矢径 $\boldsymbol{r}$ 唯一确定。动点运动时，矢径 $\boldsymbol{r}$ 的大小、方向随时间 t 而改变。故矢径 $\boldsymbol{r}$ 可写为时间 t 的单值连续函数。

$$\boldsymbol{r}=\boldsymbol{r}(t) \tag{2-10}$$

方程（2-10）称为动点 M 的矢径形式的运动方程，其矢端曲线即为动点的运动轨迹，如图 2-4。

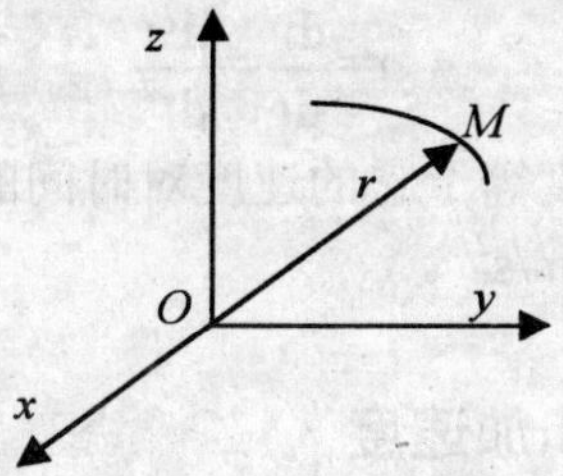

图 2-4　点的运动

1. 点的速度

点的速度是表示点运动的快慢和方向的物理量。设瞬时 t，动点在 M 处，其矢径为 $\boldsymbol{r}(t)$，经过时间 Δt 后，动点运动到 M'处，其矢径为 $\boldsymbol{r}(t+\Delta t)$。动点在 Δt 时间内的位移为

$$\boldsymbol{MM'}=\Delta\boldsymbol{r}=\boldsymbol{r}(t+\Delta t)-\boldsymbol{r}(t)$$

由此可得动点在 Δt 时间内的平均速度

$$\boldsymbol{v}=\frac{\overline{MM'}}{\Delta t}=\frac{\Delta\boldsymbol{r}}{\Delta t}$$

当 Δt 趋于零时，可得动点在瞬时的瞬时速度（简称速度）

$$\boldsymbol{v}=\lim_{\Delta t\to 0}\frac{\Delta\boldsymbol{r}}{\Delta t}=\frac{\mathrm{d}\boldsymbol{r}}{\mathrm{d}t} \tag{2-11}$$

即动点的速度等于动点的矢径对时间的一阶导数。

2. 点的加速度

加速度是表示点的运动速度对时间变化率的物理量。设在某瞬时 t，动点在位置 M 速度为 $\boldsymbol{v}$，经过时间间隔 Δt，点运动到 M 处，速度为 $\boldsymbol{v}'$，在 Δt 内，动点速度的改变量为

$$\Delta v = v' - v$$

速度改变量与对应时间间隔 Δt 的比值 $\frac{\Delta v}{\Delta t}$ 表示点在时间 Δt 内速度的平均变化率，称为**平均加速度**，用 a^*表示即

$$a^* = \frac{\Delta v}{\Delta t}$$

当时间间隔 $\Delta t \to 0$ 时，平均加速度 a^* 趋向一极限矢量 a，称为点在瞬时 t 的瞬时加速度，简称点的**加速度**。它表示点运动的速度在瞬时 t 对时间的变化率

$$a = \lim_{\Delta t \to 0} \frac{\Delta v}{\Delta t} = \frac{\mathrm{d}v}{\mathrm{d}t}$$

由于 $v = \frac{\mathrm{d}r}{\mathrm{d}t}$，因此上式写成

$$a = \frac{\mathrm{d}v}{\mathrm{d}t} = \frac{\mathrm{d}^2 r}{\mathrm{d}t^2} \tag{2-12}$$

式（2-12）表明，点的加速度等于它的速度对时间的一阶导数，或等于它的矢径对时间的二阶导数。加速度的单位为 $\mathrm{m/s^2}$ 。

2.2.2 转动刚体上点的速度和加速度

当刚体绕定轴转动时，刚体内距转轴为 R 的任一点 M，在作以轴上同平面内的 O 点为圆心，以 R 为半径的圆周运动（如图 2-5 所示）。由于 M 点的运动轨迹已知，可用自然法确定 M 点的运动。取刚体的位置角 $\varphi = 0$ 时，M 点所在的位置 M_0 为 M 点运动的起始点和弧坐标的原点，φ 角增加的方向为弧坐标的正向。则在任一瞬时 t，刚体的位置角为 $\varphi = f(t)$，M 点的弧坐标为

$$s = R\varphi = Rf(t) \tag{2-13}$$

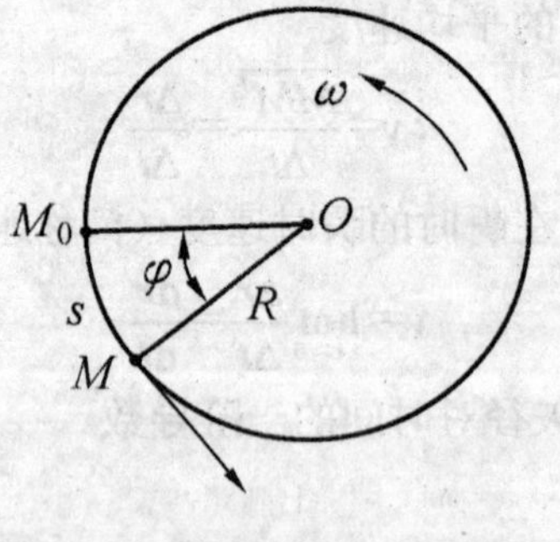

图 2-5 转动刚体上点的运动

这就是动点 M 沿圆周的运动方程。由式（2-11）可得 M 点速度的大小为

$$v=\frac{\mathrm{d}s}{\mathrm{d}t}=R\frac{\mathrm{d}\varphi}{\mathrm{d}t}=R\omega \tag{2-14}$$

这表明转动刚体内任一点速度的大小等于该点至转轴的距离与刚体角速度的乘积。因 R 恒为正值，所以 v 与 ω 具有相同的正负号。速度的方向沿该点圆周的切线方向，指向与 ω 的转动方向一致。动点 M 切向加速度的大小为

$$a_\tau=\frac{\mathrm{d}v}{\mathrm{d}t}=R\frac{\mathrm{d}\omega}{\mathrm{d}t}=R\varepsilon \tag{2-15}$$

即转动刚体内任一点的切向加速度的大小等于该点至转轴距离与刚体角加速度的乘积。同理，式中 a_τ 和 ε 具有相同的正负号。当 ε 与 ω 的正负相同时，切向加速度 a_τ 与速度 v 的指向相同（见图 2-6a）；当 ε 与 ω 正负不同时，a_τ 与 v 的指向相反（见图 2-6b）。动点 M 法向加速度的大小为

$$a_\mathrm{n}=\frac{v^2}{\rho}=\frac{(R\omega)^2}{R}=R\omega^2 \tag{2-16}$$

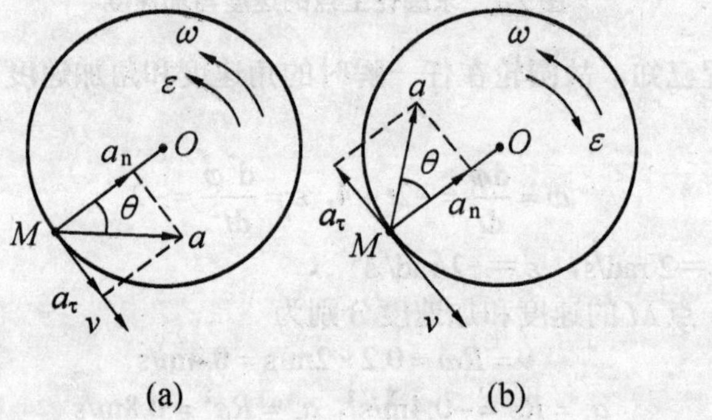

(a)　　(b)

图 2-6　转动刚体上点的切向加速度

这表明转动刚体内任一点法向加速度的大小等于该点至转轴的距离与刚体角速度平方的乘积。法向加速度的方向永远指向轨迹的曲率中心，图 2-6 中指向圆心 O。动点全加速度的大小及其与半径线的夹角 θ 为

$$\begin{cases} a=\sqrt{a_\tau^2+a_n^2}=R\sqrt{\varepsilon^2+\omega^4} \\ \theta=\arctan\dfrac{|a_\tau|}{a_n}=\arctan\dfrac{|\varepsilon|}{\omega^2} \end{cases} \tag{2-17}$$

在每一瞬时，刚体的 ε 和 ω 都只是一个确定的数值，由以上分析可得出如下两点内容。

（1）每一瞬时转动刚体内各点的速度和加速度的大小，与这些点到轴线的距离成正比。

（2）每一瞬时刚体内各点的加速度 a 与半径线间的夹角 θ 具有相同的值。

例 2-1　一半径为 $R=0.2$ m 的圆轮绕定轴 O 的转动方程为 $\varphi=-t^2+4t$，轮缘上绕有一

柔软而不可伸长的绳子，绳端悬挂一物体 A，如图 2-7 所示，求 t=1s 时，轮缘上任一点 M 的速度和加速度，物体 A 的速度和加速度。

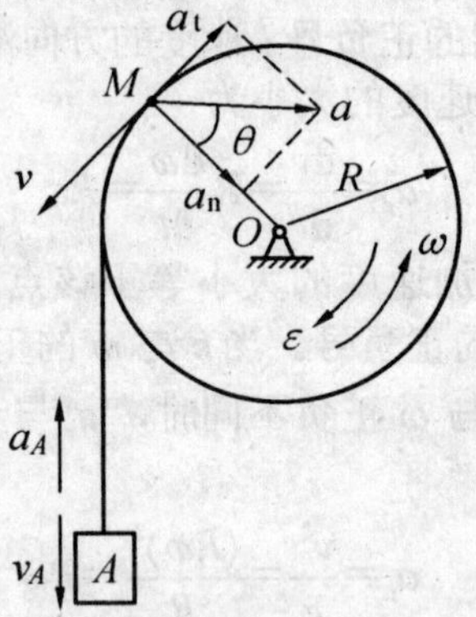

图 2-7 求圆轮上点的速度与加速度

解 因转动方程已知，故圆轮在任一瞬时的角速度和角加速度可通过对转动方程求导得

$$\omega=\frac{\mathrm{d}\varphi}{\mathrm{d}t}=-2t+4，\varepsilon=\frac{\mathrm{d}^2\varphi}{\mathrm{d}t^2}=-2$$

当 t=1s 时，ω =2 rad/s，ε =−2 rad/ s^2

因此轮缘上任一点 M 的速度和加速度分别为

$$v=R\omega=0.2\times2\text{m/s}=0.4\text{m/s}$$

$$a_\tau=R\varepsilon=-0.4\text{m/s}^2，a_\text{n}=R\varepsilon^2=0.8\text{m/s}^2$$

它们的方向如图所示。点的全加速度及其与半径线的夹角为

$$a=\sqrt{a_\tau^2+a_\text{n}^2}=\sqrt{(-0.4)^2+(0.8)^2}=0.894\text{m/s}^2$$

$$\theta=\arctan\ \frac{|\varepsilon|}{\omega^2}=\arctan\ \frac{2}{2^2}=26°24'$$

因为 ω 与 ε 的正负号相反，所以 v 与 a_τ 的指向也相反，可见刚体在 t=1s 时，是作匀减速转动。

对物体 A，因为绳子不可伸长，故知物体 A 落下的距离 s 应与轮缘上任一点 M 在同一时间内转过的弧长完全相等，即 $s_A=s_M=R\varphi$，对此求一阶导数和二阶导数，得

$$v_A=0.4\text{m/s}=v_M，a_A=-0.4\text{m/s}^2=a_{M\text{t}}$$

这就是说，任意时刻物体 A 的速度和加速度的代数值与 M 点的速度和切向加速度的代数值相等。显然，物体 A 的速度方向是向下的，而加速度的方向是向上的。

2.3　转动惯量、惯性力的概念

2.3.1　转动惯量

1. 转动惯量的概念

刚体对某轴的转动惯量等于刚体内各质点的质量与该点到轴的垂直距离平方的乘积之和，即

$$J_z=\sum m_i r_i^2 \tag{2-18}$$

转动惯量不仅与刚体的质量及形状有关，而且与转轴的位置有关。

当刚体的质量在体内连续分布时，转动惯量的表达式可以写成

$$J_z=\int_m r^2 \mathrm{d}m \tag{2-19}$$

转动惯量的单位为 $\mathbf{kg \cdot m^2}$。

工程上，常常根据实际需要选定转动惯量大小不同的构件。例如，为使机器运动平稳，通常在转轴上安装转动惯量较大的飞轮。工程上常把刚体的转动惯量表示为刚体质量与某一长度的平方的乘积，即

$$J_z=m\rho_z^2 \tag{2-20}$$

ρ_z 称为刚体的惯性半径或回转半径。它的意义是，设想把刚体的全部质量集中在与 z 轴相距为 ρ_z 的点上，则此集中质量对 z 轴的转动惯量与原刚体的转动惯量相等。

2. 简单形状物体的转动惯量

（1）均质等截面细直杆对于通过杆端且与杆垂直的轴的转动惯量。

取坐标轴如图 2-8 所示，设细长杆为 l、质量为 m，则此杆对于 z 轴的转动转动惯量为

$$J_z=\frac{1}{3}ml^2 \tag{2-21}$$

图 2-8　等直杆的转动惯量

（2）均质等截面细圆环对于通过中心且垂直于圆环平面的轴的转动惯量。

如图 2-9 所示，以圆环中心为坐标原点，圆环平面为 xOy 坐标面（z 轴未画出）则此圆环对于 z 轴的转动惯量为

$$J_z = mR^2 \tag{2-22}$$

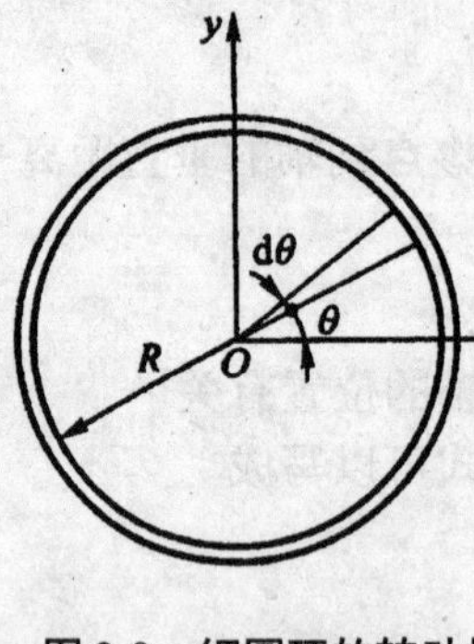

图 2-9 细圆环的转动惯量

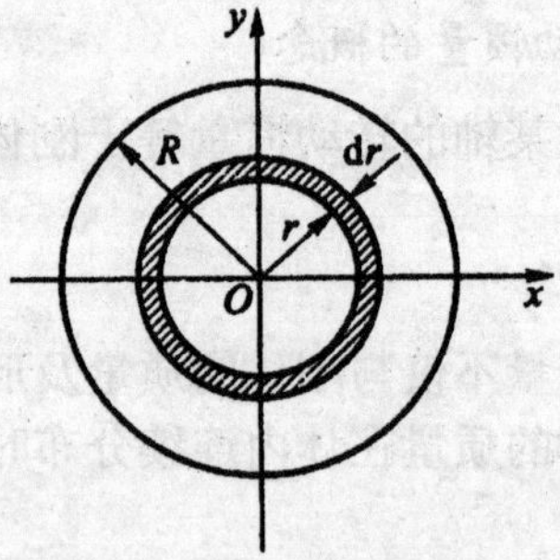

图 2-10 薄圆板的转动惯量

（3）均质等厚度薄圆板对于通过圆心且垂直于圆盘平面的轴的转动惯量。

如图 2-10 所示，以圆板中心为坐标原点、圆板平面为 xOy 坐标面（z 轴未画出）。则此圆板对于 z 轴的转动惯量为

$$J_z = \frac{1}{2}mR^2 \tag{2-23}$$

3. 转动惯量的平行轴定理

刚体对任意轴的转动惯量 $J_{z'}$，等于刚体对平行于该轴的质心轴的转动惯量，加上刚体的质量与两轴间距离的平方的乘积。即

$$J_{z'} = J_z + md^2 \tag{2-24}$$

2.3.2 质点的惯性力

当物体受力作用时，其运动状态发生改变，同时，该物体也给施力物体以反作用力，产生这种反作用力的实质是由于物体具有惯性，这种力称为**惯性力**。显然，惯性力与质点的质量（惯性的度量）及运动状态改变的程度（加速度）有关。

例如，用手推动质量为 m 的小车，使之沿水平直线轨道以加速度 a 运动（见图 2-11）。不计阻力，小车受到水平方向的主动力 $F=ma$ 的作用。同时，小车也给予手以反作用力 F，由作用与反作用定律有

$$F = -F = -ma$$

这个力 F 称为小车的惯性力。

图 2-11　小车的惯性力

因此，质点的惯性力的大小等于质点的质量与加速度的乘积，方向与加速度的方向相反，作用在施力物体上。惯性力以 F_I 表示，有

$$F_I = -ma \tag{2-25}$$

又如，系在绳端质量为 m 的小球，在水平面内做匀速圆周运动（见图 2-12）。小球在水平面内仅受绳子的拉力 F，这个力迫使小球改变运动状态，产生向心加速度。因而，这个力 $F=ma_n$ 称为向心力。而小球对绳子的反作用力 $F_I=-F=-ma_n$，同样也是由于小球具有惯性，力图保持其原有的运动状态对绳子的反抗而产生的，称为小球的惯性力，它与向心加速度方向相反，背离圆心，故称为**离心惯性力**或**离心力**。

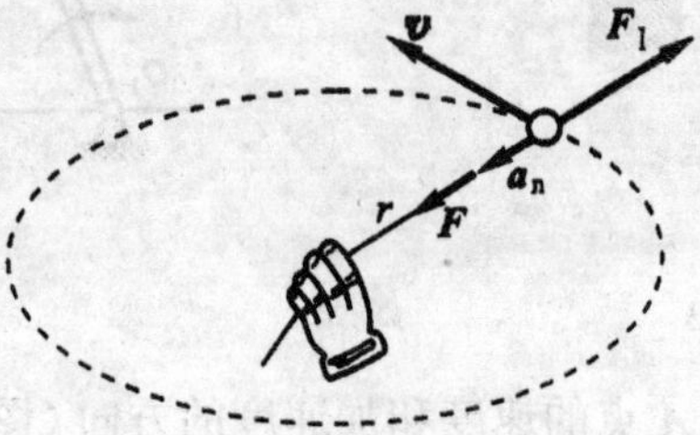

图 2-12　小球的惯性力

2.4　小　　结

1. 主要内容

刚体的定轴转动一是要研究刚体的运动规律，即转动方程、角速度、角加速度；二是要研究转动刚体上点的速度、加速度；要学会计算常见物体的转动惯量。主要掌握圆柱、圆筒、细直杆的转动惯量的计算公式。

2. 重点、难点提示

转动刚体上点的速度、加速度，常见物体的转动惯量的计算。

2.5 复习思考题

1. ① 某瞬时点的速度为 15 m/s，试问此瞬时其切向加速度是否为 $a_\tau=\frac{dv}{dt}=\frac{d(15)}{dt}=0$。

② 某瞬时点的速度等于零，此时其切向加速度是否也等于零。

2. 试说明图 2-13 中曲柄滑块机构中的曲柄 OA、滑块 A、连杆 B 各做什么运动？

3. 如果刚体上每一点的运动轨迹都是圆形，这刚体是否一定做定轴转动？试分析图 2-14 所示机构中构件 AB 的运动。其中 $O_1O_2=AB$，$O_1A=O_2B$。

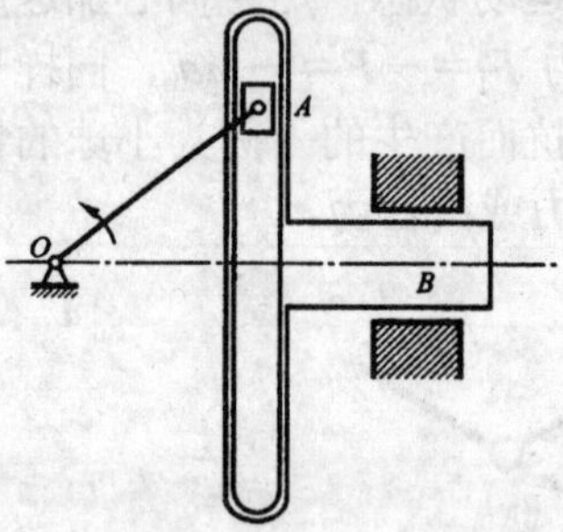

图 2-13

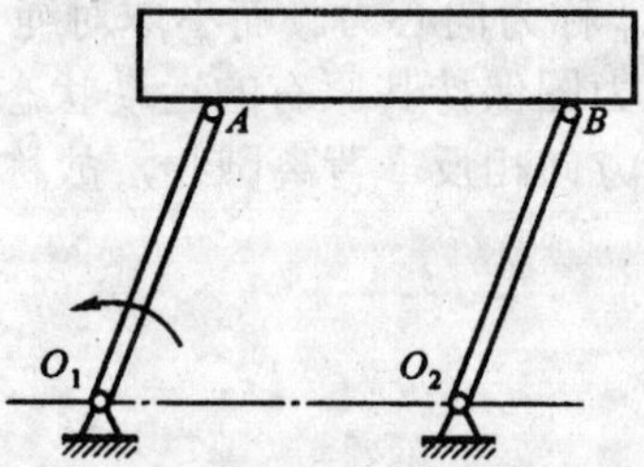

图 2-14

4. 试画出图 2-15 所示的 A 点的速度和加速度的方向（图 a 中 $O_1B=O_2C$，$O_1O_2=BC$）。

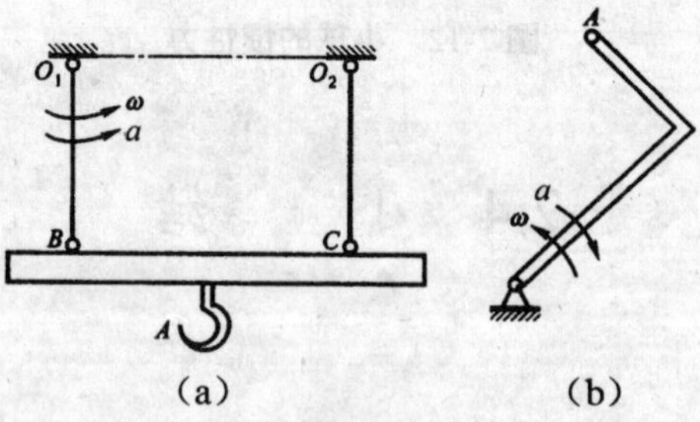

图 2-15

5. 在直线轨道上行驶的火车，其车轮是否做定轴转动？

第 3 章 零件的变形与强度计算

学习目标

掌握构件的基本变形的受力特点和变形特点；学会利用截面法求解变形体的内力；会画轴力图、扭矩图、简力图、弯矩图。理解应力的概念，掌握拉压杆、轴、梁的强度计算的方法。

3.1 材料力学的基本概念

3.1.1 材料力学的基本假设

工程上所用的材料是多种多样的，材料的物质结构和性质是非常复杂的。由于构件都是由一些固体材料制成，通常把构成构件的材料视为变形固体。为了便于进行强度、刚度和稳定性分析，对变形固体通常做出以下基本假设。

1. 均匀连续性假设

假设变形固体的整个体积内均毫无间隙地充满了物质，而且材料的性能与其所在位置无关。

2. 各向同性假设

假设变形固体沿各个方向均具有相同性能。

实验表明，上述假设是符合大多数工程材料的实际情况的。如钢、铜、铸铁、玻璃及混凝土等。但有一些材料，如纤维整齐的木材、竹、胶合板和一些复合材料等，不是各向同性材料。根据上述假设建立的理论，用于各向异性材料时，只能得到近似的结果。

3.1.2 杆件及其变形形式

工程实际中的构件，形状多种多样，最常见的是杆件。

图 3-1 所示的构件，它沿轴线的长度比横向（垂直于轴线方向）尺寸大得多，称为**杆件**或简称为杆。每根杆都有两个主要的几何因素，即轴线和横截面。杆的轴线是它的横截面形心的联线，简称杆轴；横截面是与杆轴正交的截面。杆轴为直线的杆称为直杆；杆轴为曲线者称为曲杆。各横截面大小相同的杆件称为等直杆；各横截面大小不等的杆称为变

截面杆（见图 3-2）。本章主要研究等直杆。

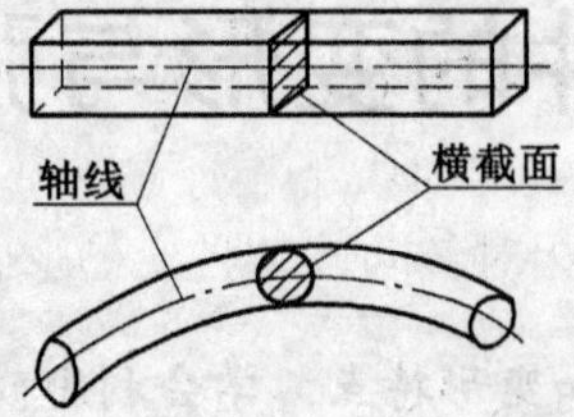

图 3-1 杆件的概念

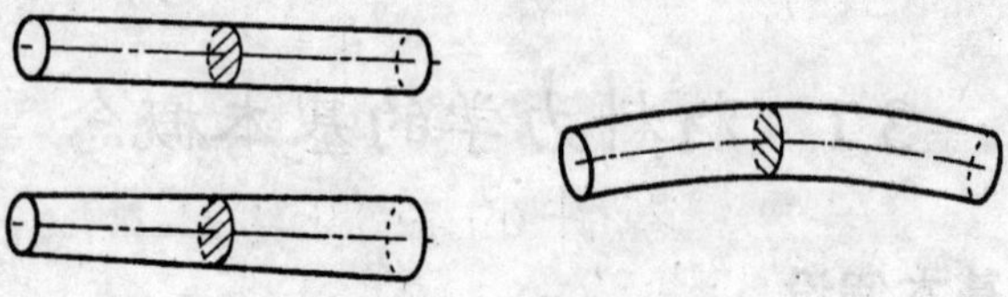

图 3-2 杆件的形式

实际杆件的变形有时比较复杂，但分解来看，杆件只有以下四种基本变形形式。

1. 拉伸或压缩

一对大小相等、方向相反、作用线与杆轴重合的外力作用在杆的两端，使杆在轴线方向发生伸长变形或缩短变形，这种变形形式称为**拉伸或压缩**，见图 3-3a、b。

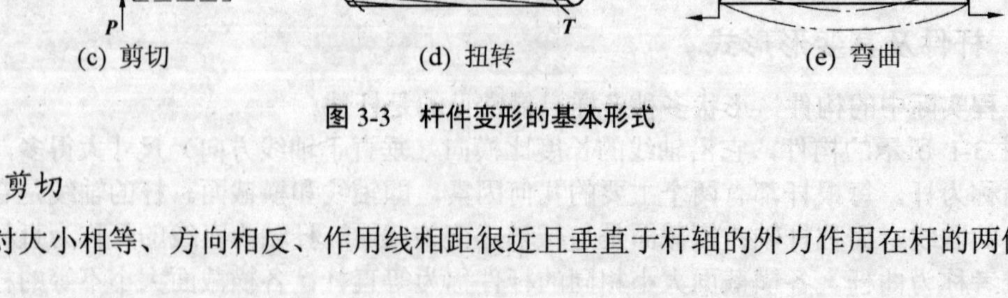

图 3-3 杆件变形的基本形式

2. 剪切

一对大小相等、方向相反、作用线相距很近且垂直于杆轴的外力作用在杆的两侧，杆的主要变形是两外力之间的横截面沿外力方向发生相对错动，这种变形形式称为**剪切**，见图 3-3c。

3. 扭转

如图 3-3d 所示，作用在杆件两端的一对大小相等、转向相反的力偶（作用面垂直于杆轴）使杆的任意两横截面绕杆轴发生相对转动，这种变形形式称为**扭转变形**。杆件表面上画的纵向线变形后成为螺旋线。

4. 弯曲

如图 3-3e 所示，作用在包含杆轴的纵向平面内的力偶使直杆发生变形，其变形特点是杆轴成为曲线，这就是**弯曲变形**。

3.2 零件的拉伸与压缩

3.2.1 零件的拉伸和压缩的概念

工程上经常遇到承受拉伸或压缩的零件。如图 3-4a 所示的起重机吊架中的拉杆 AB（拉伸），图 3-4b 所示的建筑物中的支柱（压缩）。

这类受力零件的共同特点是：零件承受外力的作用线与零件的轴线重合，零件的变形是沿轴线方向伸长或缩短。若把零件的形状和受力情况进行简化，都可以简化成图 3-4a、b。

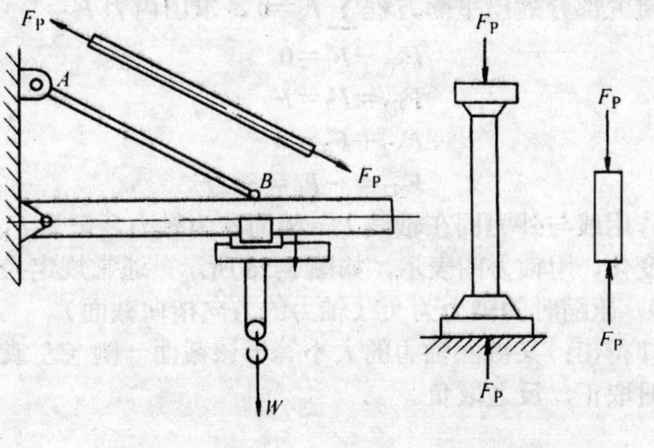

(a) 吊架中的拉杆　　(b) 建筑中的支柱

图 3-4　拉伸和压缩实例

3.2.2 拉（压）杆的内力、轴力图

构件在外力作用下产生变形，从而产生构件内部各部分之间的相互作用力，这种作用力称为**内力**。研究构件的内力通常采用截面法。

如图 3-5a 所示，设直杆同时受 F_1、F_2、F_R 作用而平衡，三个力的作用点分别为 A、B、C，$F_1=F$，$F_2=3F$，$F_R=2F$，求横截面 1—1，2—2 上的内力。

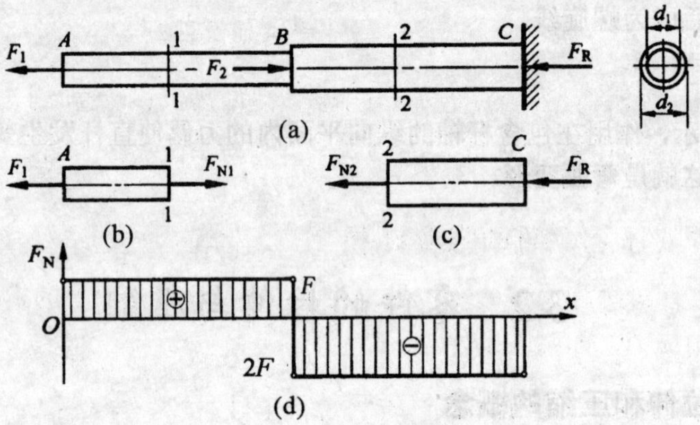

图 3-5 直杆的内力

应用截面法求横截面上的内力，如图 3-5b、c 所示。其步骤如下。

（1）截开。将杆沿截面 1—1 截开，取左边部分为研究对象。

（2）代替。以截面上的内力 F_N 来代替另一部分对研究部分的作用。

（3）平衡。对研究部分列出平衡方程 $\sum F_x=0$，求出内力 F_N。

$$F_{N1}-F_1=0$$

$$F_{N1}=F_1=F$$

同理，

$$F_{N2}+F_R=0$$

$$F_{N2}=-F_R=-2F$$

拉压杆的内力作用线与外力同在轴线上，故而称为轴力，记为 F_N。直观地表明各截面上的轴力沿轴线的变化，用轴力图表示，如图 3-5d 所示。通常规定拉伸时的轴力为正（轴力的方向离开截面），压缩时的轴力为负（轴力的方向指向截面）。

归纳求轴力规律得出：某截面轴力的大小等于该截面一侧（左或右）所有外力的代数和。外力离开截面时取正，反之取负。

3.2.3 轴向拉伸与压缩时横截面上的应力

同一材料制成粗细不同的两根直杆，在相同轴向拉力的作用下，杆内的轴力相同。随

着拉力的增大，细杆将首先被拉断。这说明单凭轴力并不能判断拉（压）杆的强度，即杆件的强度不仅取决于内力的大小，而且与截面积的大小有关，即与内力在横截面上分布的**密集程度**（简称集度）有关，为此引入应力的概念。

假设拉压杆件材料的性质是均匀的，则横截面上的内力是均匀分布的，即横截面上各处的应力都相同，因此轴向拉伸（压缩）时横截面上的正应力为

$$\sigma=\frac{F_N}{A} \tag{3-1}$$

式中：σ——横截面上的正应力，N/m^2；

F_N——横截面上的内力（轴力），N；

A——横截面的面积，m^2。

3.2.4　轴向拉伸（压缩）时的强度计算

为了保证构件在外力作用下能够正常工作，必须使构件截面上的实际应力（工作应力）不超过材料的许用应力，即强度条件为：

$$\sigma=\frac{F_N}{A}\leqslant[\sigma] \tag{3-2}$$

式中：$[\sigma]$——材料许用应力，与材质有关。

利用强度条件可以解决以下三方面问题。

（1）强度校核。当需检验某已知构件是否安全可靠时，直接用强度条件比较工作应力 σ 与材料许用应力 $[\sigma]$，满足则安全；不满足，则强度不够。

（2）设计截面尺寸。构件承受载荷已知，材料确定，则可以把强度条件公式变形，即求得构件所需截面面积大小。

（3）计算许可载荷。构件材料已知，横截面积已知，可利用强度条件求出构件所能承受最大轴力，尽而求出构件许可载荷。

$$F_N\leqslant A\cdot[\sigma]$$

例 3-1　如图 3-6 所示支架，由杆 1 与 2 组成，在节点 B 承受载荷 F 作用。试计算载荷的最大允许值即所谓许用载荷$[F]$。已知杆 1 与杆 2 的横截面面积均为 $A=100\ mm^2$，许用拉应力为$[\sigma_t]=200$ MPa，许用压应力为$[\sigma_c]=150$ MPa。

解　（1）受力分析

设杆 1 轴向受拉，杆 2 轴向受压，杆 1 与 2 的轴力 F_{N1} 与 F_{N2}（见图 3-6b），则根据节点 B 的平衡方程

$$\sum F_x=0,\quad F_{N2}-F_{N1}\cos 45^\circ=0$$

$$\sum F_y=0,\quad F_{N1}\sin 45^\circ-F=0$$

得

$$F_{N1}=\sqrt{2}F \quad（拉力）$$
$$F_{N2}=F \quad（压力）$$

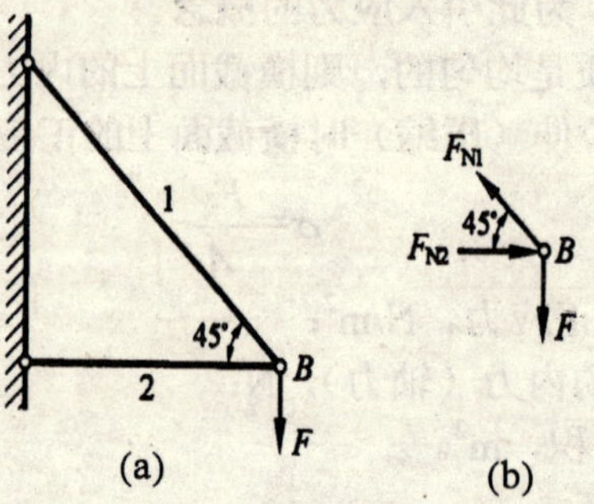

图 3-6　求支架的许用载荷

（2）确定 F 的许用值

杆 1 的强度条件为

$$\frac{\sqrt{2}F}{A}\leqslant[\sigma_\tau]$$

由此得

$$F\leqslant\frac{A[\sigma_\tau]}{\sqrt{2}}=\frac{100\times10^{-6}\times200\times10^{6}}{\sqrt{2}}=1.414\times10^{4}\text{（N）}$$

杆 2 的强度条件为

$$\frac{F}{A}\leqslant[\sigma_c]$$

由此得

$$F\leqslant A[\sigma_c]=100\times10^{-6}\times150\times10^{6}=1.50\times10^{4}\text{（N）}$$

可见，桁架所能承受的最大载荷即许用载荷为

$$[F]=14.14\text{（kN）}$$

3.3　零件的剪切和挤压

3.3.1　剪切的概念和实用计算

1. 剪切的概念

在工程实际中，经常可以见到很多承受剪切的构件。例如，图 3-7a 中所示联结两块钢

板用的铆钉，当钢板受力时，铆钉的左右两个侧面上所受的外力的合力是一对力，它们大小相等，方向相反，作用线相距很近（见图 3-7b），使铆钉的上下两部分沿 m—m 截面有产生相对错动的趋势（见图 3-7c）。

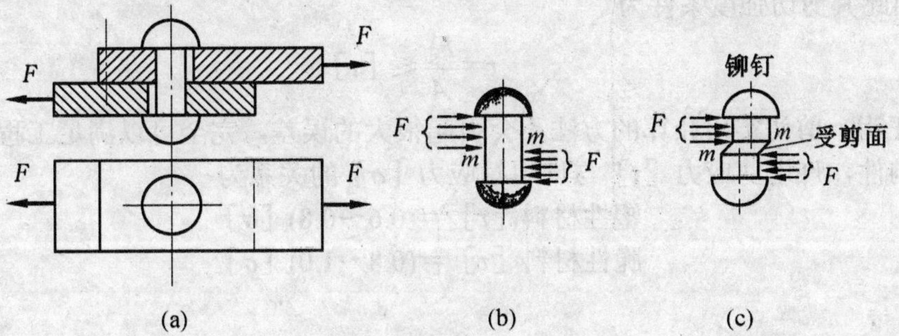

图 3-7　剪切的概念

铆钉的这种变形称为剪切变形。受力特点：构件的两个侧面上受到大小相等，方向相反，作用线距离很近的两个外力的作用。变形特点：构件将沿两力作用线之间的截面产生相对错动，产生相对错动的截面称为**剪切面**或受剪面。

2. 剪切的实用计算

下面以图 3-7a 的铆钉为例来讨论剪切强度计算。铆钉的受力情况如图 3-8a 所示。首先讨论内力。用一假想的平面沿剪切面 m—m 将铆钉分成两部分，以下半部分作为研究对象，如图 3-8b 所示。由平衡可知，截面 m—m 上各点分布内力的合力必然是一个平行于力 F 的力 F_s，根据平衡条件，有 $F_s=F$，F_s 称为截面 m—m 上的剪力。剪切面上分布内力的集度称为切应力 τ。

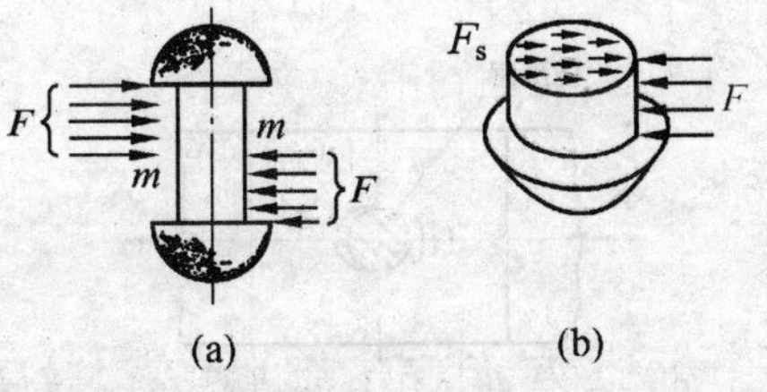

图 3-8　剪切面上的内力与应力

为了确定剪切面上任一点处应力的数值，必须知道剪应力在受剪面上的分布规律。切应力在截面上的分布情况较复杂，工程上往往采用实用计算的方法，即假设切应力在剪切面内均匀分布。用 A 表示剪切面面积，则剪切面上任一点切应力的计算公式可写为

$$\tau=\frac{F_S}{A} \tag{3-3}$$

为了保证铆钉不被剪坏，要求铆钉在工作时剪切面上的切应力不超过构件的许用切应力［τ］，因此其剪切强度条件为

$$\tau=\frac{F_S}{A}\leqslant[\tau] \tag{3-4}$$

实践证明：剪切实用计算的方法不会引起很大的误差，完全可以满足工程上的需要。对于钢质构件，许用剪应力［τ］与许用拉应力［σ］的关系为

塑性材料 ［τ］＝(0.6～0.8)［σ］

脆性材料 ［τ］＝(0.8～1.0)［σ］

3.3.2 挤压的概念和实用计算

1. 挤压的概念

工程中一些受剪切的构件，往往伴随着挤压产生，至于哪个因素使构件破坏，则应视具体情况而定，因此，除了进行剪切强度计算以外，还必须进行挤压强度计算。

如图 3-9 所示，钢板上的铆钉孔有可能由于局部地区产生塑性变形而被挤压成椭圆孔，铆钉也有可能局部地被挤压“扁”。这种破坏与普通的压缩破坏不同，其受力和变形特点是：接触面的局部地区因受较大压力的作用而产生塑性变形或被压碎。通常将这种接触面称为**挤压面**。

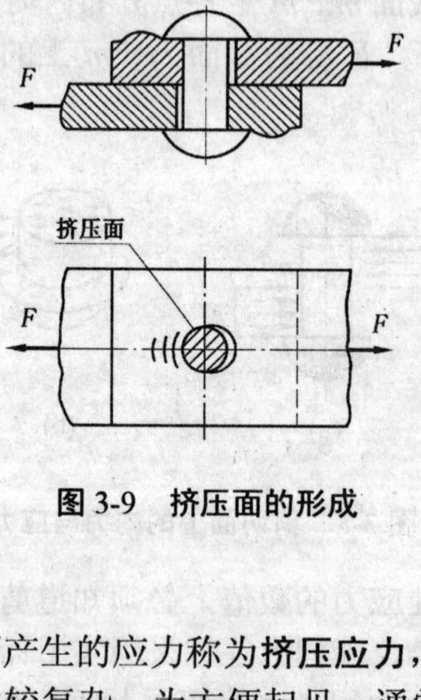

图 3-9 挤压面的形成

2. 挤压的实用计算

由构件局部地区相互挤压而产生的应力称为**挤压应力**，用 σ_{jy} 表示，其方向垂直于挤压面。挤压应力沿挤压面的分布比较复杂，为方便起见，通常采用挤压的实用计算方法，即

假定挤压计算面积上的挤压应力是均匀分布的，则

$$\sigma_{jy}=\frac{F}{A_{jy}} \tag{3-5}$$

式中：F——挤压面上的挤压力；

A_{jy}——挤压计算面积。

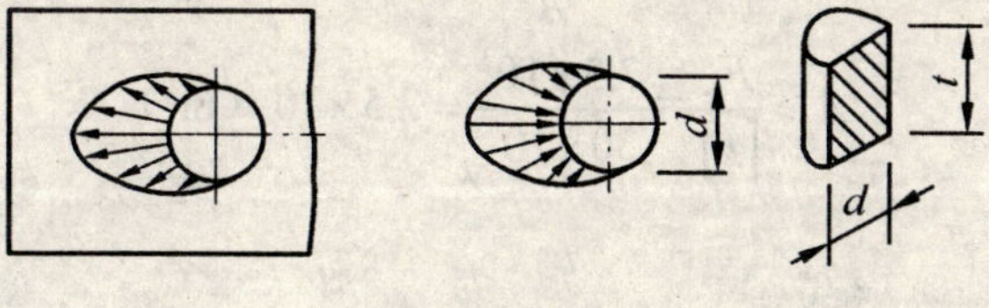

(a)　(b)

图 3-10　挤压应力的分布及计算面积

挤压计算面积 A_{jy} 视具体情况而定。若挤压面为平面，则该平面的面积就是挤压计算面积。若挤压面为圆柱面，则挤压面上的应力的分布规律如图 3-10a 所示，该半圆柱面在其直径平面上的投影面积作为挤压计算面积，如图 3-10b 所示，即 $A_{jy}=td$，则这样计算出来的挤压应力与理论分析所得的最大挤压应力大致相等。

确定了挤压计算面积 A_{jy} 之后，便可建立挤压强度条件

$$\sigma_{jy}=\frac{F}{A_{jy}}\leqslant[\sigma_{jy}] \tag{3-6}$$

对一般钢质构件

$$[\sigma_{jy}]=(1.7\sim2)[\sigma]$$

式中：$[\sigma]$——材料的拉伸许用应力。

例 3-2　图 3-11a 所示一拖车挂钩用销钉联接。已知 $t=8$ mm，销钉的材料为 20 号钢，$[\tau]=30$ MPa，$[\sigma_{jy}]=100$ MPa，$F=15$ kN，试确定销钉的直径 d。

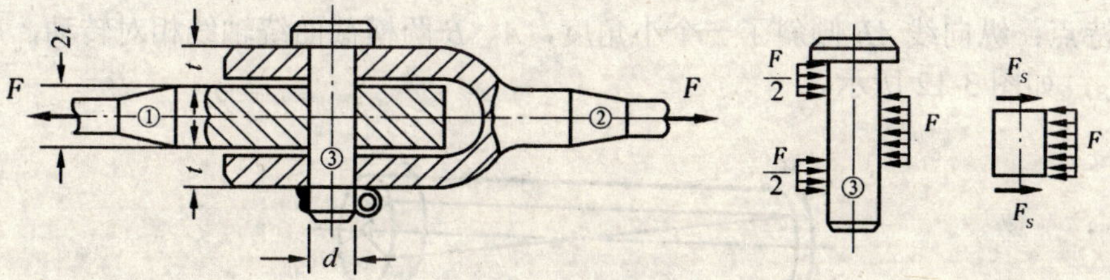

(a)　(b)　(c)

图 3-11　销钉联接

解 取销钉为研究对象，其受力情况如图 3-11b、c 所示。销钉的中间部分有两个剪切面，每个剪切面上的剪力为

$$F_S=\frac{F}{2}=7.5\ (\text{kN})$$

（1）按剪切强度条件设计销钉直径，由

$$\tau=\frac{F_S}{A}\leqslant[\tau]$$

得

$$A\geqslant\frac{F_S}{[\tau]}=\frac{7.5\times10^3}{30\times10^6}=2.5\times10^{-4}(\text{m}^2)$$

又 $A=\frac{\pi d^2}{4}$，所以

$$d\geqslant\sqrt{\frac{4\times2.5\times10^{-4}}{\pi}}=0.01784\ \text{m}=17.84\ \text{mm}$$

（2）按挤压强度条件校核

$$\sigma_{jy}=\frac{F}{A_{jy}}=\frac{F}{2td}=\frac{15\times10^3}{2\times8\times17.8\times10^{-6}}=52.7\ \text{MPa}<[\sigma_{jy}]$$

因此，采用 $d=17.8$ mm 的销钉能够同时满足剪切强度和挤压强度的要求。若采用标准件，可取 $d=20$ mm。

3.4 圆轴的扭转

3.4.1 圆轴扭转的概念

我们研究的轴发生扭转变形的很多，圆轴的扭转简称轴的扭转。其受力特点：在垂直于杆件轴线平面内，作用一对大小相等，转向相反，作用面平行的外力偶矩。如图 3-12 所示。变形特点：纵向线 AB 倾斜了一个小角度，A、B 两横截面绕轴线相对转动，产生了相对转角 φ_{AB}，如图 3-12 所示。

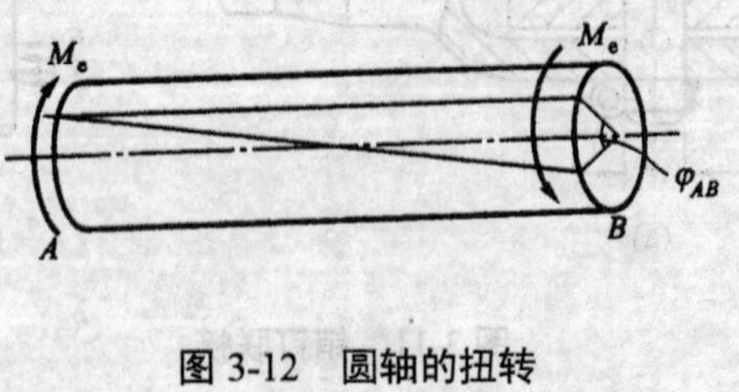

图 3-12 圆轴的扭转

3.4.2　扭矩与扭矩图

1. 外力偶矩的计算

工程实际中给定轴的参数一般是转速 n 和轴传递的功率 P，外力偶矩通过以下公式求得：

$$M=9550\frac{P}{n}\,(\mathrm{N\cdot m}) \tag{3-7}$$

式中：P——功率，kW；

n——转速，r/min。

2. 圆轴扭转时的内力——扭矩

圆轴在外力偶矩的作用下，其横截面上将产生内力，应用截面法可以求出横截面上的内力。

如图 3-13a 所示圆轴扭转简图，应用截面法，假想地用一截面 m—m 将轴截分为两段，如图 3-13b 所示，任取左半部分或右半部分为研究对象，如取左段为研究对象，由于轴原来处于平衡状态，则其左段也必然是平衡的，m—m 截面为一个内力偶矩与左端面上的外力偶矩平衡。根据力偶只能与力偶来平衡可得：

$$T-M=0$$
$$T=M$$

式中：T——m—m 截面的内力偶矩，称为扭矩。

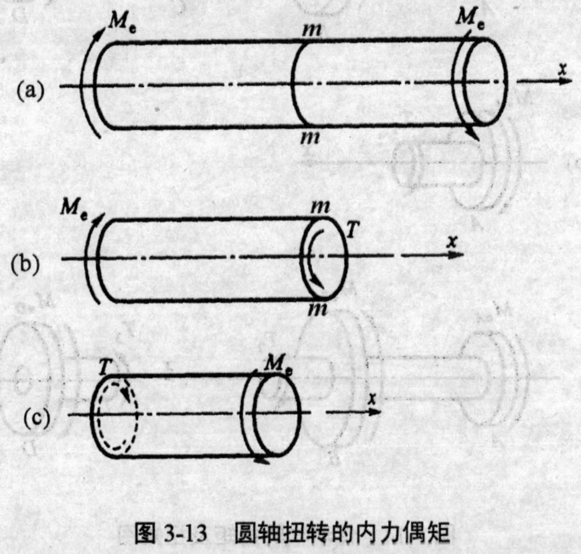

图 3-13　圆轴扭转的内力偶矩

当然，取截面右段为研究对象，此时求得的扭矩与取左段为研究对象所求得的扭矩大小相等，转向相反，如图 3-13c 所示。

扭矩的正负可通过**右手螺旋法则**确定：以右手握轴，使拇指沿截面外法线方向，若截面上的扭矩转向与其他四指转向相同，扭矩取正号，反之取负号。由此法则可得出图 3-13b、c 所示 *m—m* 截面的扭矩皆为正值。这就使同一截面上的扭矩相一致（无论取左段还是取右段为研究对象）。

如果轴上作用三个或三个以上的外力偶矩使轴平衡时，轴上各段横截面的扭矩将不相同，为了能够形象直观地表示出轴上各横截面扭矩的大小，用扭矩图表示。即横轴坐标代表横截面位置，纵轴的坐标表示横截面上对应的扭矩大小。

求扭矩简便规律：轴上任一横截面的扭矩等于该截面一侧（左侧或右侧）轴段上所有外力偶矩的代数和，应用右手螺旋法则，右手拇指与截面外法线方向一致，若外力偶矩的转向与其他四指转向相同，取负号，反之取正号。这样正的外力偶矩产生正的扭矩，即外力偶矩的代数和为正时，截面上的扭矩为正，反之为负。

例 3-3 如图 3-14a 所示传动轴，转速 $n=500\ \mathrm{r/min}$，主动轮 *B* 输入的功率 $P_B=60\ \mathrm{kW}$，从动轮 *A*、*C*、*D* 输出的功率 $P_A=28\ \mathrm{kW}$，$P_C=20\ \mathrm{kW}$，$P_D=12\ \mathrm{kW}$，不计摩擦，试问最大扭矩发生在何段，其值为多少？

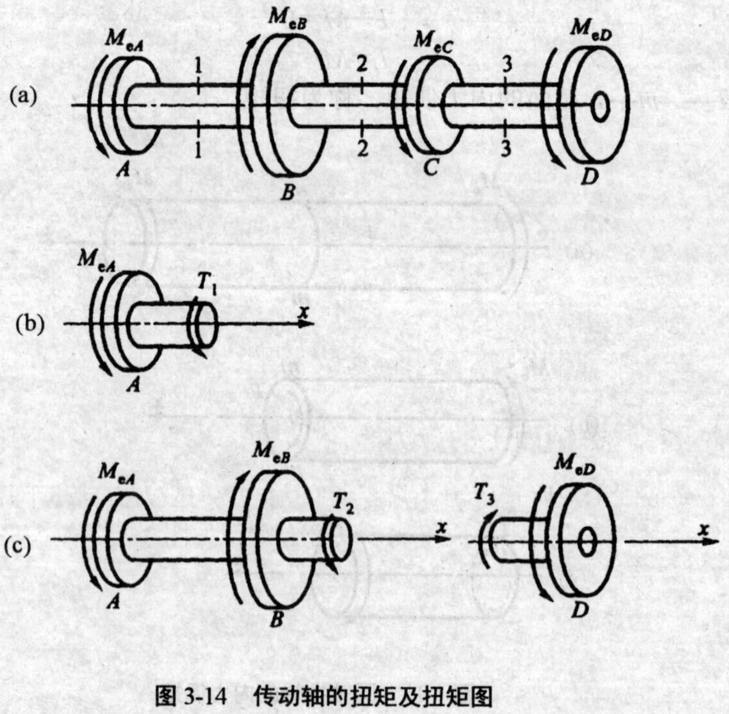

图 3-14 传动轴的扭矩及扭矩图

(d)

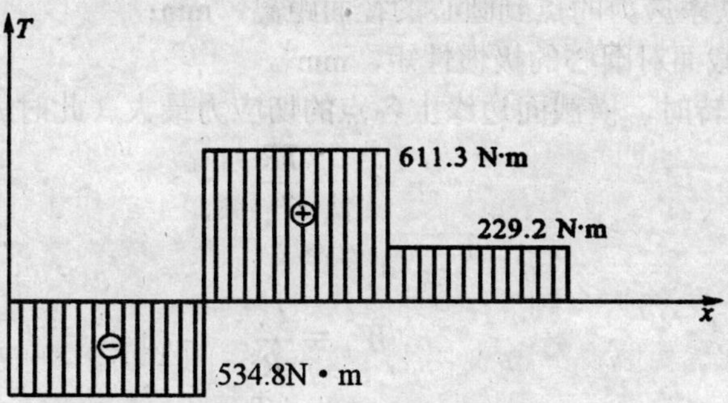

图 3-14 传动轴的扭矩及扭矩图（续）

解 （1）计算外力偶矩

$$M_{eB}=9550\ \frac{P_B}{n}=9550\times\frac{60}{500}=1146\ (\text{N}\cdot\text{m})$$

$$M_{eA}=9550\ \frac{P_A}{n}=9550\times\frac{28}{500}=534.8\ (\text{N}\cdot\text{m})$$

$$M_{eC}=9550\ \frac{P_C}{n}=9550\times\frac{20}{500}=382\ (\text{N}\cdot\text{m})$$

$$M_{eD}=9550\ \frac{P_D}{n}=9550\times\frac{12}{500}=229.2\ (\text{N}\cdot\text{m})$$

（2）计算各段横截面上的扭矩

$$T_1=-M_{eA}=-534.8\ (\text{N}\cdot\text{m})$$

$$T_2=M_{eB}-M_{eA}=611.3\ (\text{N}\cdot\text{m})$$

$$T_3=M_{eD}=229.2\ (\text{N}\cdot\text{m})$$

（4）画扭矩图，如图 3-14d

（5）最大扭矩发生在 BC 段 $|T|_{\max}=611.3\ \text{N}\cdot\text{m}$

3.4.3 圆轴扭转时横截面上的应力

扭转变形横截面上没有正应力，只有切应力，且切应力方向与半径垂直，圆轴各点切应力的大小与该点到圆心的距离成正比，其分布规律如图 3-15 所示，公式为

$$\tau_\rho=\frac{T\rho}{I_\rho} \tag{3-8}$$

式中：τ_ρ——横截面上任一点的切应力，MPa；

T——横截面上的扭矩，N · mm；

ρ——欲求应力的点到圆心的径面距离，mm；

I_ρ——截面对圆心的极惯性矩，mm^4。

显然，圆轴扭转时，横截面边缘上各点的切应力最大（此时 $\rho=R$），其值为

$$\tau_R=\frac{TR}{I_\rho}$$

若令

$$W_\rho=\frac{I_\rho}{R} \tag{3-9}$$

$$\tau_{\max}=\frac{T}{W_\rho} \tag{3-10}$$

式中：W_ρ——抗扭截面系数，mm^3。

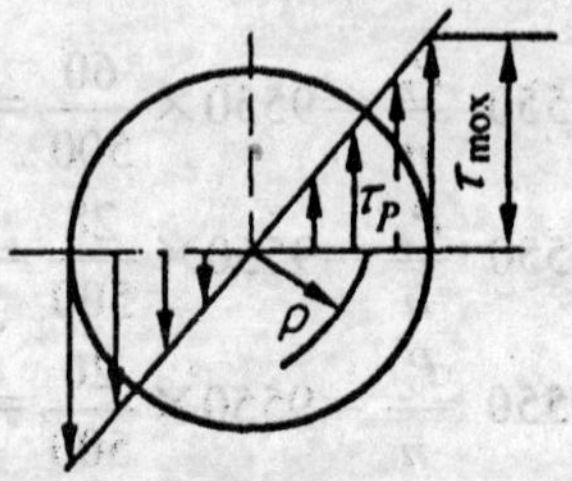

图 3-15 圆轴扭转横截面上的应力

极惯性矩 I_ρ 与抗扭截面系数 W_ρ 表示了截面的几何性质，其大小与截面的形状和尺寸有关。通常，工程上经常采用的轴有实心圆轴和空心圆轴两种，它们的极惯性矩与抗扭截面系数按下式计算：

（1）实心轴 设直径为 D

$$I_\rho=\frac{\pi D^4}{32}\approx 0.1D^4 \tag{3-11}$$

$$W_\rho=\frac{I_\rho}{R}=\frac{\pi D^3}{16}\approx 0.2D^3 \tag{3-12}$$

（2）空心轴 设外径为 D，内径为 d，$\alpha=d/D$

$$I_\rho=\frac{\pi D^4}{32}-\frac{\pi d^4}{32}=\frac{\pi D^4}{32}(1-\alpha^4)\approx 0.1D^4(1-\alpha^4) \tag{3-13}$$

$$W_\rho=I_\rho/R=\frac{\pi D^3}{16}(1-\alpha^4)\approx 0.2\,D^3(1-\alpha^4) \tag{3-14}$$

例 3-4 已知图 3-14 中所示传动轴的直径 $d=50$ mm，试计算该轴 3—3 截面上任意点 A（$\rho_A=20$ mm）的切应力及轴的最大切应力。

解　由扭矩图（见图 3-14d）可以得到 3—3 截面的扭矩，$T_3=229.2\ \text{N}\cdot\text{m}$，该截面上 A 点的切应力

$$\tau_\rho=\frac{T_3\rho_A}{I_\rho}=\frac{229.2\times10^3\times20}{0.1\times50^4}=7.3\ (\text{MPa})$$

轴的最大切应力必然发生在最大扭矩 $T_{\max}=611.3\ \text{N}\cdot\text{m}$（所在轴段的外边缘上）

$$\tau_{\max}=\frac{T_{\max}}{W_\rho}=\frac{611.3\times10^3}{0.2\times50^3}=24.5\ (\text{MPa})$$

3.4.4　圆轴扭转的强度条件

圆轴扭转的强度条件

$$\tau_{\max}=\frac{T_{\max}}{W_\rho}\leqslant[\tau] \tag{3-15}$$

对于阶梯轴，要综合考虑 T 与 W_ρ 两个因素来确定最大切应力 $\tau_{\max}$。许用切应力［τ］由试验确定，可查阅有关手册。扭转强度条件亦可解决校核、许可载荷和设计截面尺寸三方面问题。

例 3-5　某一传动轴所传递的功率 $P=80\ \text{kW}$，其转速 $n=582\ \text{r/min}$，直径 $d=55\ \text{mm}$，材料的许用切应力 $[\tau]=50\ \text{MPa}$，试校核该轴的强度。

解　（1）计算外力偶矩

$$M=9550\frac{P}{n}=9550\times\frac{80}{582}=1312.7\ (\text{N}\cdot\text{m})$$

（2）计算扭矩

$$T=M=1312.7\ (\text{N}\cdot\text{m})$$

（3）校核强度

$$\tau_{\max}=\frac{T}{W_\rho}=\frac{1312.7\times10^3}{0.2\times55^3}=39.5\ \text{MPa}<[\tau]=50\ (\text{MPa})$$

所以，轴的强度满足要求。

3.5　直梁的弯曲

3.5.1　弯曲的概念

当杆件受到垂直于杆轴的外力或在杆轴平面内受到外力偶作用时，杆的轴线将由直线

变为曲线，这样的变形形式称为**弯曲变形**，凡以弯曲为主要变形的构件，通常称为**梁**，按支座情况可分为如下三种基本类型（如图 3-15 所示）。

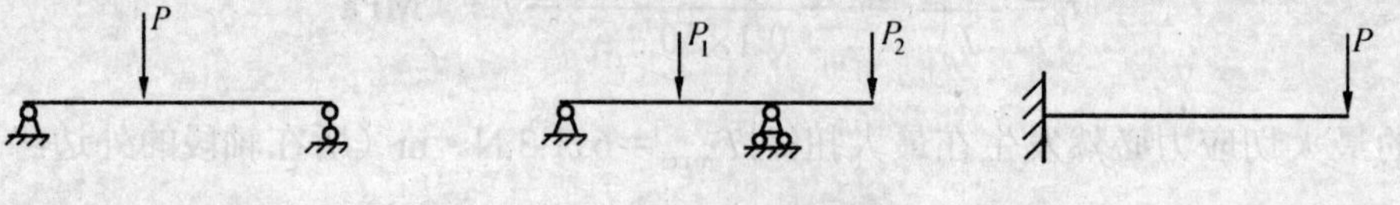

(a) 简支梁　(b) 外伸梁　(c) 悬臂梁

图 3-15　梁的基本类型

（1）简支梁。如图 3-15a 所示，一端为固定铰支座，另一端为可动铰支座。

（2）外伸梁。如图 3-15b 所示，座形式同简支梁，但梁一端或两端伸出支座外。

（3）悬臂梁。如图 3-15c 所示，一端固定，另一端自由。

3.5.2　梁弯曲时横截面上的内力——剪力和弯矩

如图 3-16 所示的简支梁，为了求出距 A 端 x 处的横截面 $m—m$ 上的内力，先按静力平衡方程求出梁的支座反力 F_{Ay} 和 F_{By}，然后应用截面法求内力。

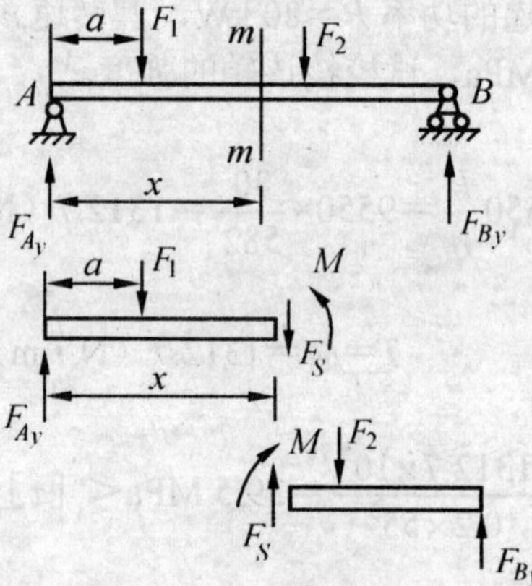

图 3-16　剪力和弯矩

（1）截开。以 $m—m$ 左侧部分为研究对象。

（2）代替。用 F_S 和 M 代替右部分对左部分的作用。

（3）平衡。$\sum F_y=0$，$F_{Ay}-F_1-F_S=0$

$$F_S=F_{Ay}-F_1$$

$$\sum M_O(F)_y=0,\ -F_{Ay}x+F_1(x-a)+M=0$$

$$M = F_{Ay}x - F_1(x-a)$$

注：$\sum M_O(F)=0$ 中，力矩中心为横截面的形心 O。

如果取 m—m 右侧部分为研究对象，同样方法亦可求得截面 m—m 上的内力 F_S 和 M，但是必须注意，分别以左侧或右侧为研究对象求出的 F_S 和 M 数值是相等的，而方向和转向则是相反的，因为它们是作用力和反作用力的关系。

可见，梁弯曲时，横截面上一般存在两个内力元素，其中 F_S 称为**剪力**，力偶矩 M 称为**弯矩**。梁内任一截面上的剪力，等于截面任一侧（左或右）梁上外力的代数和；梁内任一截面上的弯矩，等于截面任一侧（左或右）梁上外力对该截面形心的力矩的代数和。

梁如果被破坏，起决定因素的内力是弯矩，为使以左或右为研究对象求得弯矩不但数值相等，而且还有相同的正负号，弯矩正、负规定如下（如图 3-17 所示）。

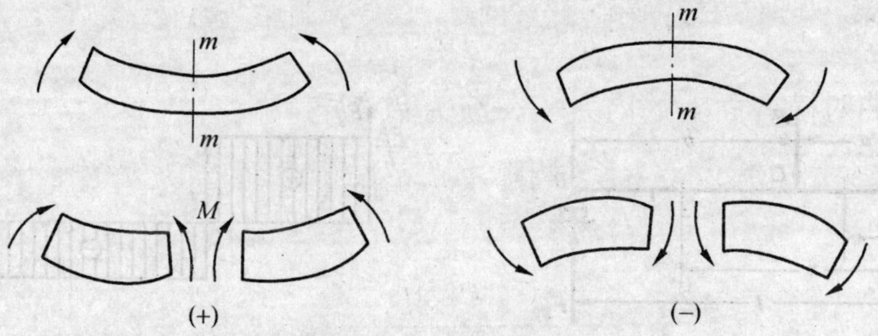

图 3-17　弯矩正负号规定

正弯矩：使水平梁在截面处弯成上凹下凸，则弯矩为正。

负弯矩：使水平梁在截面处弯成上凸下凹，则弯矩为负。

外力对截面形心之矩相应亦可用口诀“左顺右逆为正”表示。

3.5.3　弯矩方程与弯矩图

1. 弯矩方程和弯矩图

梁横截面上所受的弯矩随着截面位置不同而变化，如取梁轴线为 x 轴，以坐标 x 表示横截面的位置，则弯矩可表示为 x 的函数，即：$M=M(x)$，此函数表达了弯矩随梁轴线变化的规律，称为弯矩方程。为直观清楚看出梁各个截面上的弯矩大小和正负，弯矩方程用其图像表示，称为**弯矩图**。

（1）悬臂梁在集中力作用下的弯矩图（如图 3-18 所示）

① 以左端 A 为坐标原点，以梁轴为 x 轴，取距原点为

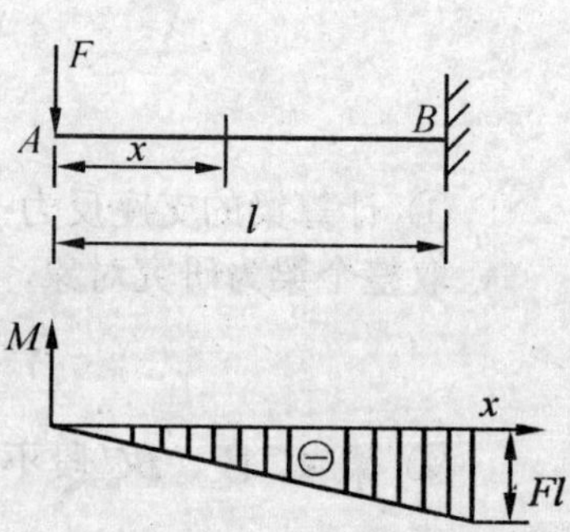

图 3-18　悬臂梁的弯矩图

x 的任一截面，弯距方程为

$$M=-Fx\ (0\leqslant x<l)$$

② 求界点 A、B 处截面上的 M 值

在 A 点 $x=0$，故 $M_A=0$

在 B 点 $x=l$，故 $M_B=-Fl$

③ 画弯矩图

将 A、B 两点处截面上的弯矩画在 x 轴相应位置的下侧，由弯矩方程知 M 为 x 的一次函数，是一条斜直线，故将 A、B 处截面上的 M 值的端点以直线相连接，即得梁的弯矩图。由图知 $|M|_{max}=Fl$。

（2）简支梁在集中力作用下的弯矩图

如图 3-19 所示为起重机横梁的计算简图，F 为载荷，其他尺寸如图所示。试绘其弯矩图。

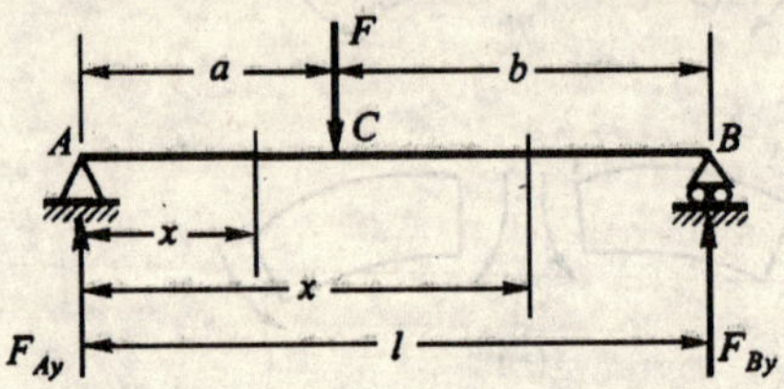

(a)

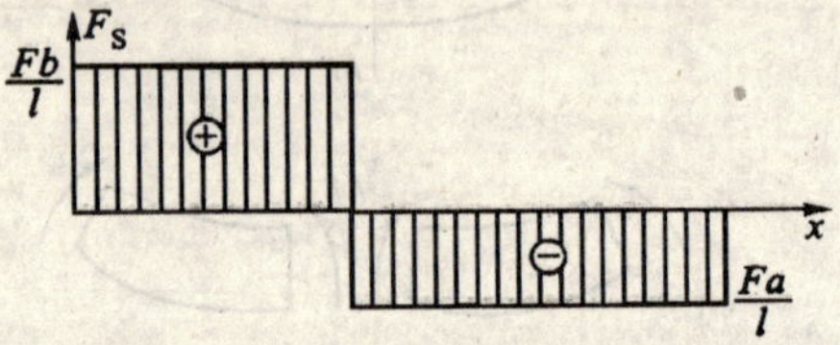

(b)

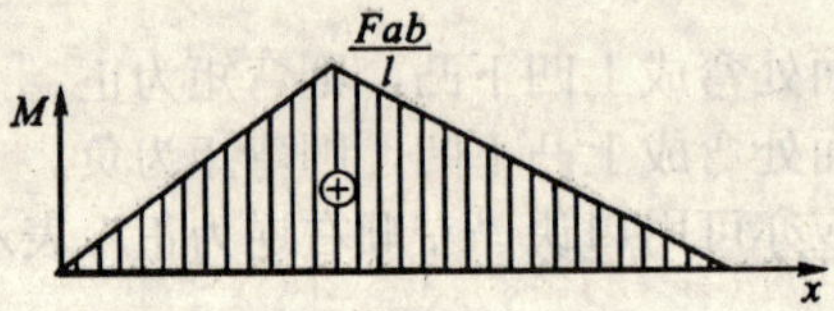

(c)

图 3-19 简支梁的弯矩图（1）

① 计算梁的支座反力

取整个梁为研究对象，由平衡方程求得支座反力

$$F_{Ay}=\frac{Fb}{l},\ F_{By}=\frac{Fa}{l}$$

② 梁 AC 段、BC 段不能用同一方程表示

AC 段 $\quad M(x)=F_{Ay}x=\dfrac{Fbx}{l}$ （$0\leqslant x\leqslant a$）

BC 段 $$M(x)=F_{By}x-F(x-a)=\frac{Fa}{l}(l-x) \quad (a<x\leqslant l)$$

③ 按方程分段作图

弯矩都是 x 的一次函数，所以弯矩图是两段斜直线

$$x=0，M=0；x=a，M=\frac{Fab}{l}，x=l，M=0$$

由这三点分别作出 AC、BC 段的弯矩图。

（3）简支梁在集中力偶作用下的弯矩图（见图 3-20）

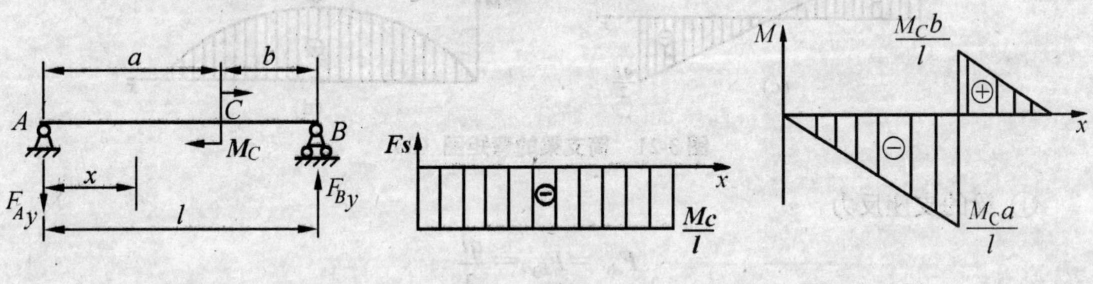

图 3-20 简支梁的弯矩图（2）

① 梁的支座反力

$$F_{Ay}=F_{By}=\frac{M_C}{l}$$

② 弯矩方程

AC 段：$M(x)=-F_{Ay}\ x=-\dfrac{M_C}{l}\ x$（$0\leqslant x<a$）

BC 段：$M(x)=-F_{Ay}\ x+m_C=-M\,x+M_C$（$a<x\leqslant l$）

③ 弯矩图 $x=0，M=0$

$$x^-=a，M=-\frac{M_C a}{l}$$

$$x^+=a，M=\frac{M_C b}{l}$$

$$x=l，M=0$$

集中力偶左右两侧无限接近的两横截面，在截面 C 上的弯矩在图中无定值，分别用偏左、偏右弯矩值表示。

（4）简支梁在均布载荷作用下的弯矩图。

简支梁自重为均布载荷，载荷集度为 q，梁长为 l（如图 3-21 所示），试作梁的弯矩图。

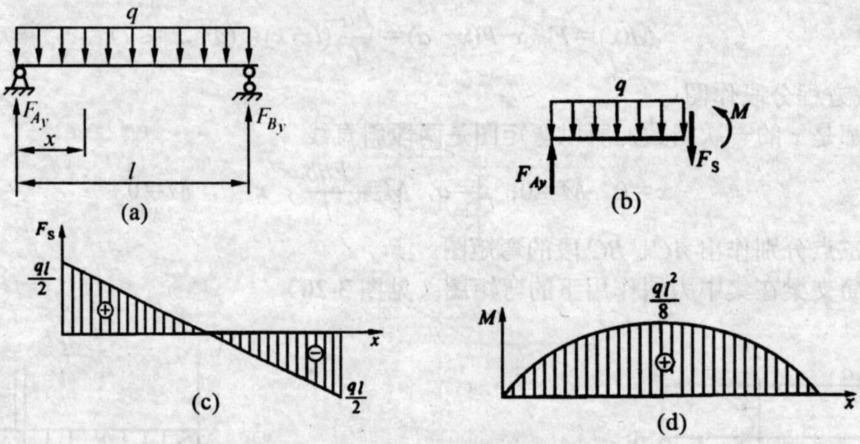

图 3-21 简支梁的弯矩图（3）

① 梁的支座反力

$$F_{Ay}=F_{By}=\frac{ql}{2}$$

② 弯矩方程

$$M(x)=F_{Ay}\cdot x-qx\cdot\frac{x}{2}=\frac{qlx}{2}-\frac{qx^2}{2}\quad(0\leqslant x\leqslant l)$$

③ 弯矩图

$$x=0,\ M=0;\ x=\frac{l}{2},\ M=\frac{ql^2}{8};\ x=l,\ M=0$$

最大弯矩 $M_{\max}=\dfrac{ql^2}{8}$，在梁中点。

2. 按规律作弯矩图

（1）无载荷作用的梁段上，弯矩图为斜直线。

（2）在均布载荷作用的梁段上，弯矩图为抛物线。载荷指向向下，抛物线上凸，反之下凹。

（3）在集中力作用处，弯矩图出现折角。

（4）在集中力偶作用处，弯矩发生突变，突变值等于集中力偶矩之值。从左至右外力偶顺时针转向，弯矩向上突变，反之向下突变。

3.5.4 纯弯曲时梁横截面上的应力

梁截面上只有弯矩而无剪力，称为纯弯曲。弯矩 M 只与正应力 σ 相关，因此纯弯曲时梁横截面上只有正应力。

正应力分布规律如图 3-22 所示。

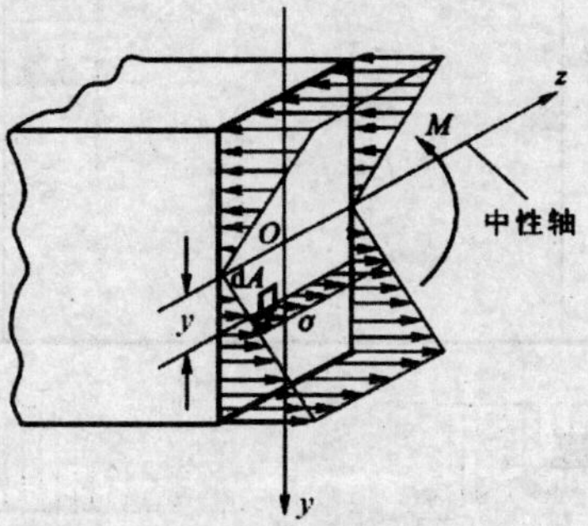

图 3-22　梁截面上的应力分布

横截面上任一点的应力与它到中性轴距离成正比，即任一点正应力

$$\sigma=\frac{My}{I_z} \tag{3-16}$$

式中：M——横截面上的弯矩；

y——点到 z 轴距离；

I_z——截面对 z 轴的惯性矩，m^4。

$$\sigma_{\max}=\frac{My_{\max}}{I_z}$$

令

$$W_z=\frac{I_z}{y_{\max}} \tag{3-17}$$

$$\sigma_{\max}=\frac{M}{W_z} \tag{3-18}$$

式中：W_z——抗弯截面系数，m^3。

常用截面的 I、W 计算公式见表 3-1。

表 3-1　常用截面的 I、W 的计算公式

截面图形	形心轴惯性矩	抗弯截面系数
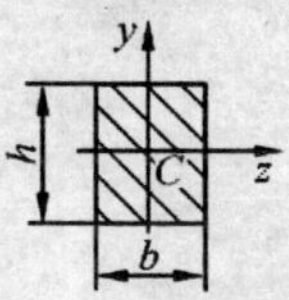	$I_z=\frac{bh^3}{12}$ $I_y=\frac{hb^3}{12}$	$W_z=\frac{bh^2}{6}$ $W_y=\frac{hb^2}{6}$

（续表）

截面图形	形心轴惯性矩	抗弯截面系数
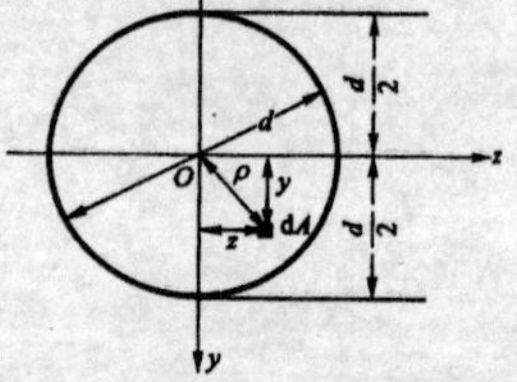	$I_z=I_y=\dfrac{\pi d^4}{64}$	$W_z=W_y=\dfrac{\pi d^3}{32}$

3.5.5　梁的正应力强度计算

梁的正应力强度条件是

$$\sigma_{\max}\leqslant[\sigma]$$

产生最大正应力的截面称为**危险截面**，最大正应力所在的点称为**危险点**。

$$\sigma_{\max}=\frac{M_{\max}}{W_z}\leqslant[\sigma] \tag{3-19}$$

强度条件可解决梁的强度校核、设计截面尺寸和确定许可载荷三类问题。

例 3-6　圆轴受力简图如图 3-23 所示，已知此轴许用应力 $[\sigma]=125$ MPa，试设计轴的直径 d。

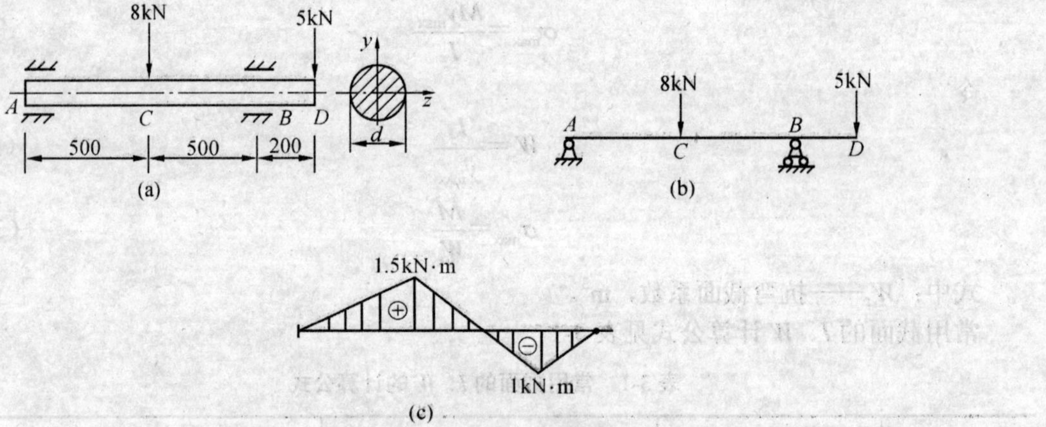

图 3-23　圆轴的受力简图与弯矩图

解　（1）画梁的计算简图。如图 3-23b 所示。

（2）画弯矩图，确定危险截面。如图 3-23c 所示。

最大弯矩所在截面 C 即为该轴的危险截面。

（3）设计轴的直径。

$$\sigma_{\max}=\frac{M_{\max}}{W_z}\leqslant[\sigma]$$

$$\frac{32M_{\max}}{\pi d^3}\leqslant[\sigma]$$

$$d\geqslant\sqrt[3]{\frac{32M_{\max}}{\pi[\sigma]}}=\sqrt[3]{\frac{32\times1.5\times10^6}{\pi\times125}}=49.6\text{ mm}，取 d=50\text{ mm}。$$

3.6　零件的组合变形的强度计算

前面讨论了零件在拉伸（压缩）、剪切、扭转和弯曲四种基本变形时的强度问题。但工程中大多数构件在载荷作用下产生的变形往往不是单纯的一种变形，而是两种或两种以上的基本变形的组合，称为**组合变形**。本章将研究工程中常遇到的两种组合变形的强度计算：弯曲与拉伸（或压缩）组合变形；弯曲与扭转组合变形。

计算组合变形的强度时，将作用在构件上的载荷作适当的分解与简化，使构件在分解后的各载荷作用下发生单一的基本变形，分别计算各基本变形所引起的应力，然后按几何相加，就可得到总的应力，从而确定危险截面及危险点，建立组合变形的强度条件。

3.6.1　弯曲与拉伸（或压缩）组合变形

1. 外力与梁轴倾斜

如图 3-24 所示为矩形截面悬臂梁，在其自由端截面的形心作用一个位于梁的纵向对称面 xy 内的力 F，它与梁轴 x 轴成夹角 α。现在应用迭加原理对梁进行强度分析。

（1）外力分析

将力 F 沿 x、y 轴分解为两个分力 F_1 和 F_2（见图 3-24b）。轴向分力 $F_1=F\cos\alpha$，使梁产生拉伸变形；横向分力 $F_2=F\sin\alpha$，使梁产生弯曲变形，因此，梁受拉伸与弯曲的组合变形。

（2）内力分析

F_1 引起梁各横截面上的轴力（3-24c）为

$$F_{\mathrm{N}}=F_1$$

F_2 引起梁各横截面上弯矩为

$$M=F_2(l-x)$$

弯矩图如图 3-24d 所示。固定端处弯矩最大，为

$$M_{\max}=Fl\sin\alpha$$

因此固定端截面是危险截面。

（3）应力分析

在危险截面上与轴力对应的正应力分布如图 3-24f 所示，其值为

$$\sigma_N=\frac{F_N}{A}=\frac{F\cos\alpha}{A}$$

与弯矩对应的正应力如图 3-24g 所示，且

$$\sigma_M=\frac{M_{\max}}{W_z}=\frac{Fl\sin\alpha}{W_z}$$

由迭加原理可得截面上各点应力分布如图 3-24h，可见危险点在固定端截面的下侧，其应力值为

$$\sigma_{\max}=\sigma_N+\sigma_M=\frac{F_N}{A}+\frac{M_{\max}}{W_z}=\frac{F\cos\alpha}{A}+\frac{Fl\sin\alpha}{W_z}$$

（4）强度计算

可取下侧一点 K 进行分析，其强度条件为

$$\sigma_{\max}=\sigma_N+\sigma_M\leqslant[\sigma] \tag{3-20}$$

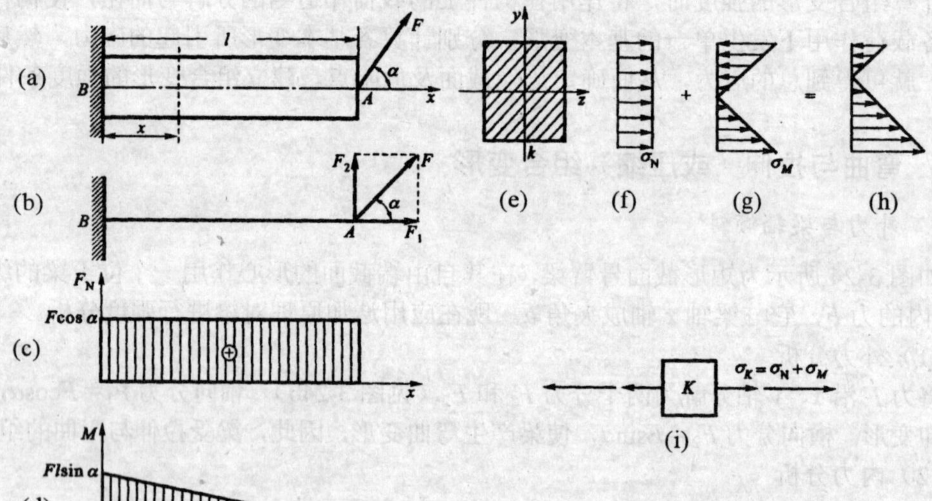

图 3-24　外力与梁轴倾斜

2. 偏心压缩（或拉伸）

图 3-25 所示为承受偏心压缩的杆件，力 F 的作用线与杆轴线之间的距离，即偏心距离

为 e。将力 F 向杆轴线平移，得一作用于轴线的力 F 和一附加力偶 M。于是由截面法，杆任意横截面上的内力为

$$\text{轴力}\quad F_N = F$$

$$\text{弯矩}\quad M = F\cdot e$$

即偏心拉伸（压缩）问题可以归纳为前面所讨论的拉伸（压缩）与弯曲的组合变形问题。

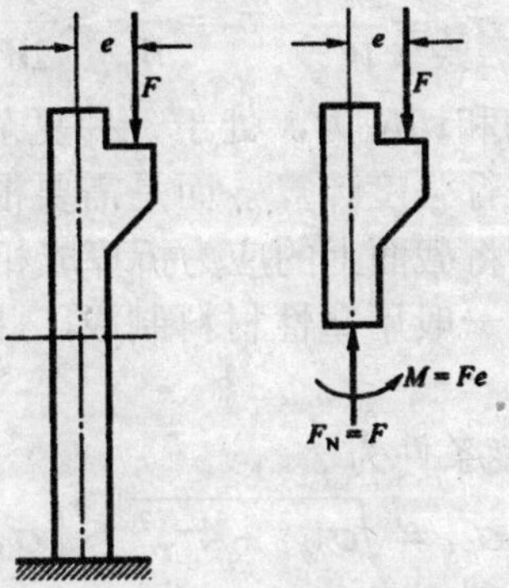

图 3-25　偏心压缩

3.6.2　弯曲与扭转的组合作用

工程中只承受扭转的构件是很少的，大多数情况是扭转伴随着弯曲的组合作用。例如汽车传动轴、汽轮机轴和曲柄轴等。图 3-26a 所示拐轴的 AB 段，在力 F_P 作用下产生弯扭组合变形。下面介绍零件弯扭组合变形时的强度计算。

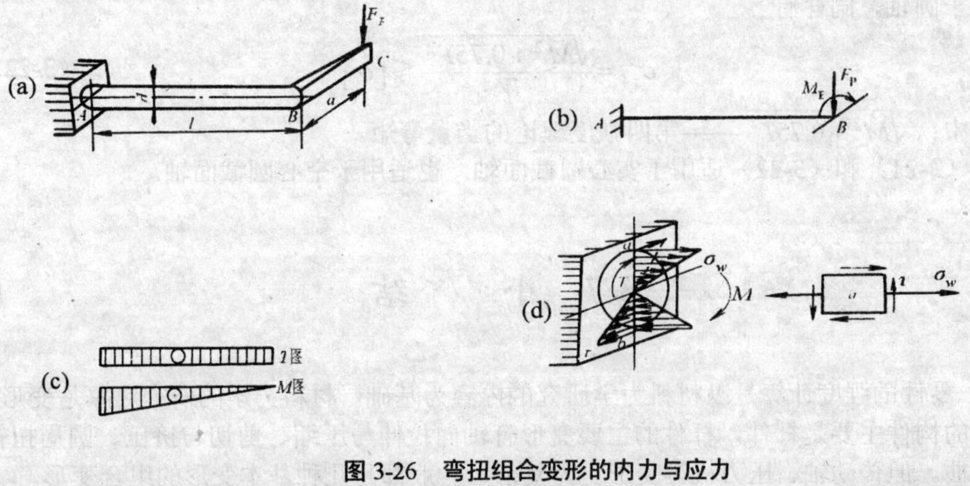

图 3-26　弯扭组合变形的内力与应力

根据图 3-26a 拐轴的载荷，可以画出 AB 轴段的扭矩图和弯矩图（见图 3-26b、c）。由扭矩图和弯矩图得固定端 A 为危险截面，其扭矩和弯矩的绝对值分别为 $T=M_B=F_Pa$，$M=F_Pl$。截面 A 上的扭转切应力和弯曲正应力的分布规律如图 3-26d 所示。由图可知，在横截面 A 上，同时作用有弯矩与扭矩，a 点和 b 点存在最大弯曲正应力和最大扭转切应力，分别为

$$\sigma_M=\frac{M}{W}，\ \tau_T=\frac{T}{W_P}=\frac{T}{2W}$$

截面 A 上同时作用有正应力和切应力，处于一种复杂应力状态。这时不能简单地运用扭转强度条件和弯曲强度条件进行强度计算，而是需要根据不同材料在复杂应力状态下的破坏特点，运用相应的强度理论将截面上的应力折算成相当应力 σ_r，然后运用 $\sigma_r\leqslant[\sigma]$进行强度计算。对于机器中的圆轴，一般用塑性材料制成，此时可用第三或第四强度理沦进行强度计算。

根据第三强度理论得其强度条件为

$$\sigma_{r3}=\sqrt{{\sigma_M}^2+4{\tau_T}^2}\leqslant[\sigma]$$

将$\sigma_M=\dfrac{M}{W}$与$\tau_T=\dfrac{T}{W_P}$代入上式，并注意到 $W_P=2W$，则进一步写成

$$\sigma_{r3}=\frac{\sqrt{M^2+T^2}}{W}\leqslant[\sigma] \tag{3-21}$$

式中：$\sqrt{M^2+T^2}$——第三强度理论的当量弯矩。

根据第四强度理论得其强度条件为

$$\sigma_{r4}=\sqrt{{\sigma_M}^2+3{\tau_T}^2}\leqslant[\sigma]$$

对于圆轴，同样有

$$\sigma_{r4}=\frac{\sqrt{M^2+0.75T^2}}{W}\leqslant[\sigma] \tag{3-22}$$

式中：$\sqrt{M^2+0.75T^2}$——第四强度理论的当量弯矩。

式（3-21）和（3-22）适用于实心圆截面轴，也适用于空心圆截面轴。

3.7 小　结

1．零件的强度计算是以材料力学研究的内容为基础。材料力学的研究对象是变形体，工程中的构件主要是杆件，杆件的主要变形有轴向拉伸与压缩、剪切与挤压、圆周扭转、梁的弯曲。但传动轴、压力机等变形更为复杂，一般都是几种基本变形的组合变形。

2．由于变形使杆件内部各部分之间产生的相互作用力称为内力。计算内力的基本方法为截面法。杆件各截面内力随截面位置变化而变化，常用内力图来表示这种变化，并且可以求出最大内力，从而确定危险截面。

3．杆件内力分布的集度用应力来表示，应力的大小可以表示杆件受力强度的大小。各种基本变形中，杆件横截面的应力分布规律都不同。应力计算主要是求危险截面最大应力，从而确定危险点。

4．各种变形的强度条件都要求危险点的应力小于许用应力。许用应力由材料的极限应力与安全系数的比值来确定。一般材料不同，其许用应力也不同。应用强度条件可解决强度校核、截面尺寸设计、许可载荷的确定这三种强度计算问题。

3.8　复习思考题

1．试判别图3-27所示的构件中哪些承受轴向拉伸或轴向压缩？

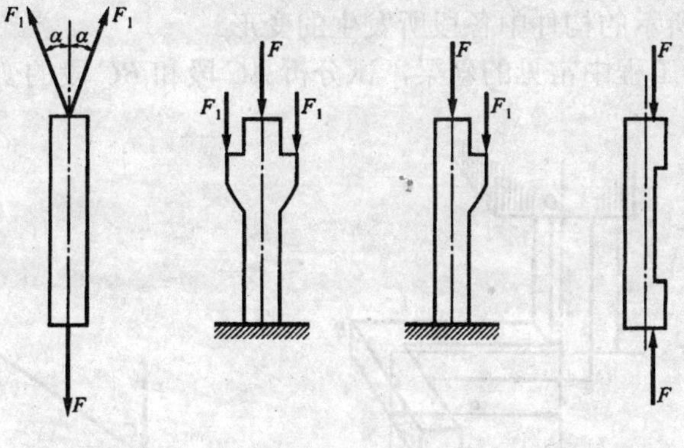

图3-27

2．减速箱中，高速轴的直径较大还是低速轴的直径较大？为什么？

3．如图3-28所示传动轴，如何改变外力偶的作用位置以提高轴的承载能力？

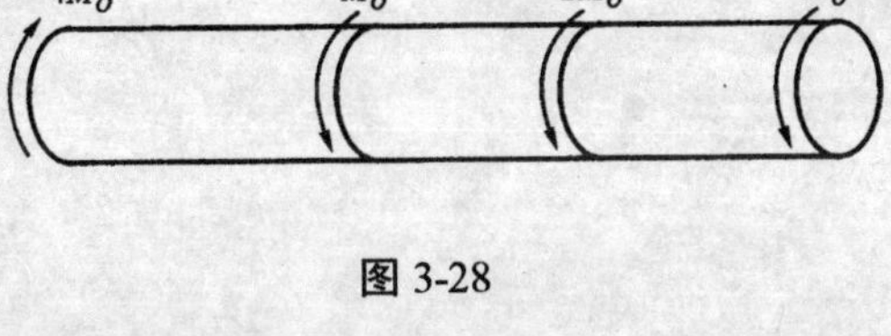

图3-28

4．判断图 3-29 中所示的圆轴扭转时横截面上的切应力分布图是否正确？

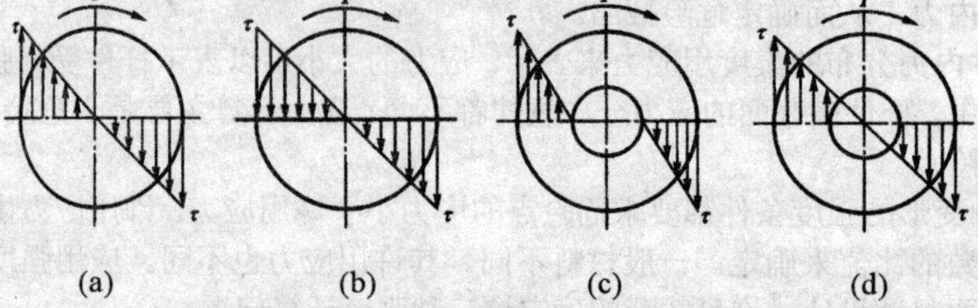

图 3-29

5．试画出常见的三种静定梁的支座反力。

6．在求某截面的剪力与弯矩时，保留左段与保留右段计算的结果是否相同？

7．简述弯曲正应力公式$\sigma=\frac{My}{I_z}$中各符号的含义、σ的正负号的确定。

8．试比较圆形、矩形和工字形截面梁的合理性。

9．试分析图 3-30 所示的构件中各段所发生的变形。

10．图 3-31 所示为工程中常见的斜梁，试分析 AC 段和 BC 段的变形情况。

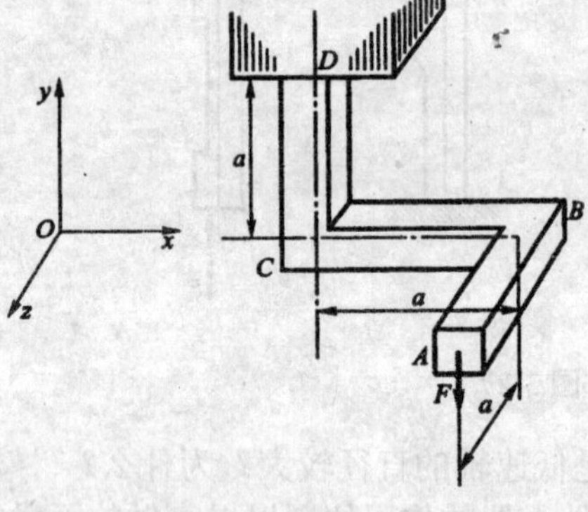

图 3-30

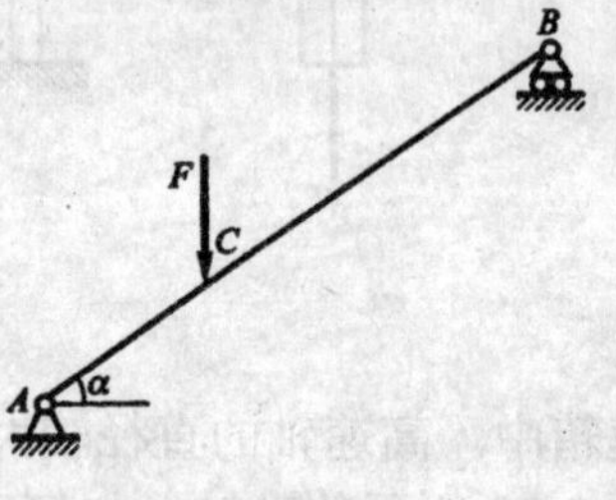

图 3-31

第 4 章　平面机构的结构分析

学习目标

构件、运动副和自由度的概念，理解运动副与机构运动简图。

机械一般由若干常用机构组成，而机构是由两个或两个以上具有确定相对运动的构件组成的。实际机械的外形和结构往往比较复杂，为便于分析研究，常常需要用简单线条和符号绘制出机构的运动简图，作为机械设计的一种工程语言。若组成机构的所有构件都在同一平面或平行平面中运动，则称该机构为平面机构。工程中常见的机构大多属于平面机构，本章仅讨论平面机构。

4.1　构件、运动副和自由度

4.1.1　运动副作用与分类

机构是具有确定相对运动的多构件组合体，为了传递运动和动力，各构件之间必须以一定的方式联接起来，并且具有确定的相对运动。两构件之间直接接触并能产生一定相对运动的联接称为**运动副**，如轴与轴承、活塞与汽缸、车轮与钢轨以及一对轮齿啮合形成的联接，都构成了运动副。构件上参与接触的点、线、面，称为运动副元素。运动副限制了两构件间某些独立的运动，这种限制构件独立运动的作用称为约束。

平面机构中，由于运动副将各构件的运动限制在同一平面或相互平行的平面内，故这种运动副也称为平面运动副。根据运动副接触形式的不同，平面运动副又可分为低副和高副。参见表 4-1，以下做简要说明。

表 4-1　平面运动副的类型、特性和表示符号

运动副的类型		实　　例	运动简图中的表示符号①	自由度	约束数
低副	转动副	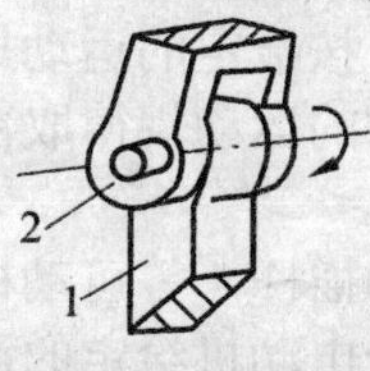		1	2

（续表）

运动副的类型		实　　例	运动简图中的表示符号①	自由度	约束数
低副	移动副	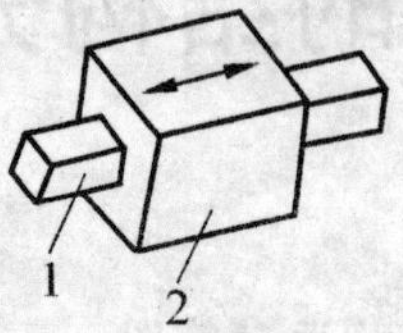	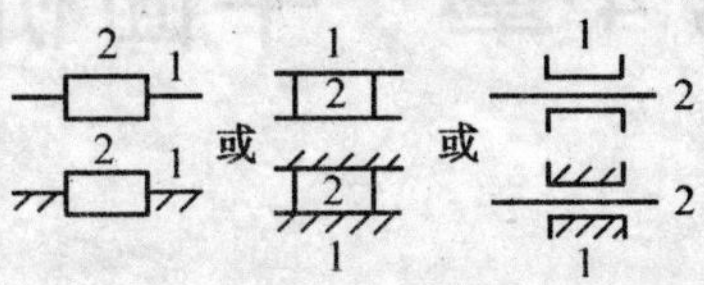	1	2
高副		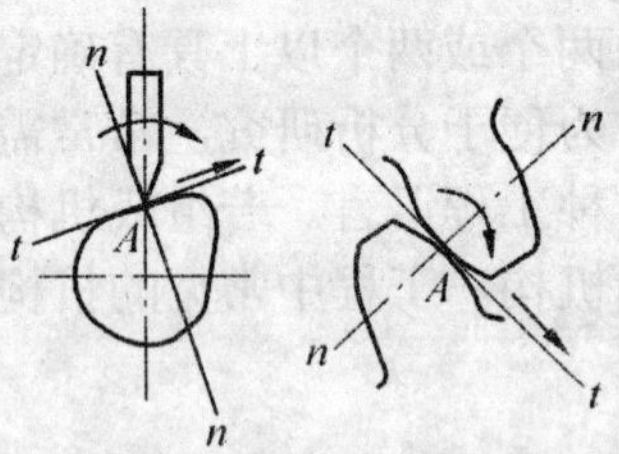		2	1

注：① 小圆圈表示转动副，画斜线的构件表示该构件为固定件。当明确是齿轮机构或凸轮机构时，可直接按这些机构的简图画出。

1. 低副

两构件通过面接触构成的运动副称为**低副**。平面低副按两构件间相对运动形式的不同，还可分为转动副和移动副。

（1）转动副　两构件间只能产生相对转动的运动副称为**转动副**，也称铰链。

（2）移动副　两构件间只能产生相对移动的运动副称为**移动副**。

2. 高副

两个构件通过点或线接触形成的运动副称为**高副**。参见表 4-1 中的附图，这类运动副允许两构件在接触点 A 绕垂直平面的轴线做相对转动和沿接触点公切线 t—t 方向的相对移动，而只约束掉沿接触点公法线 n—n 方向的相对移动（因为必须始终保持接触）。例如两轮齿接触、凸轮与其从动件接触、车轮与导轨接触等。

4.1.2 构件

机构中的构件有三类，固定不动的构件称为机架；按给定的运动规律独立运动的构件称为原动件；机构中其他活动构件称为从动件。从动件的运动规律取决于原动件的运动规律及运动副的结构和构件尺寸。

如图 4-1 所示，构件 1 是机架，它支承着曲柄 2 和摇杆 4 等可动构件。在机构图中，机架上常标有斜线以示区别。构件 2 是原动件，它接受电动机给定的运动规律。机构通过原动件从外部输入运动，所以原动件又称**输入构件**。在机构图中，原动件上常标有箭头以示区别。构件 4 和 3 都是从动件，它们随原动件 2 而运动。当从动件输出运动或实现机构功能时，便称其为**输出构件**或执行件。

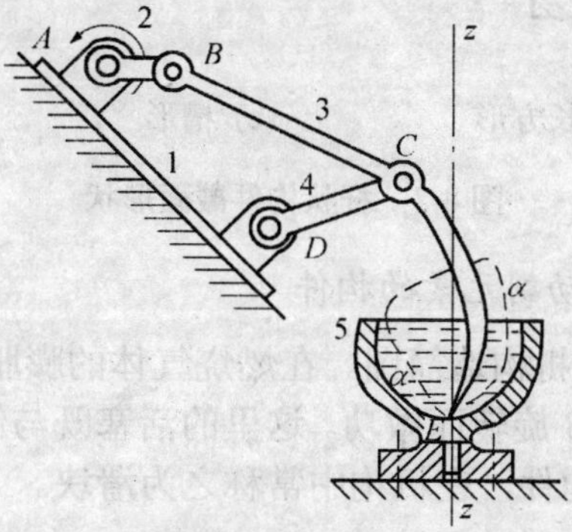

图 4-1　搅面机

构件的受力状况及运动特点与构件结构尺寸有关，下面介绍几种常见的构件结构。

1. 带有转动副元素的杆状构件

如图 4-2 所示，图中 a～c 为含有两个转动副元素的杆状构件，图中 d～f 为含有 3 个转动副元素的杆状构件。杆件的形状主要取决于机构的结构设计，保证运动时不发生干涉。

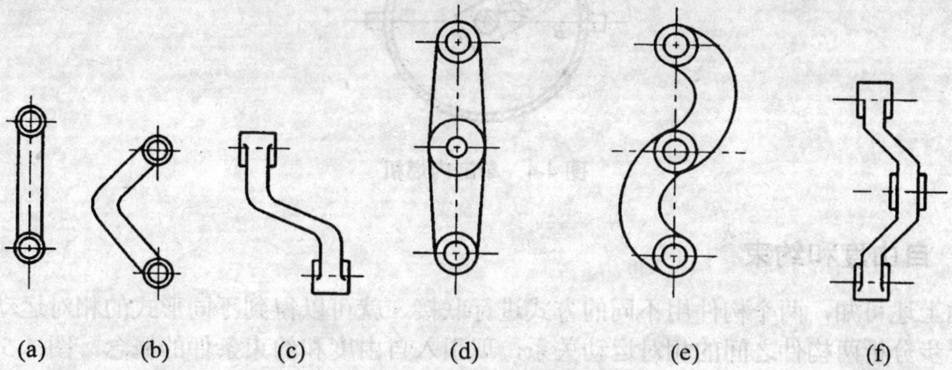

图 4-2　具有转动副的杆状构件

设计时为了保证杆件受力时具有足够的强度和刚度，其截面形状可以设计成不同形式，常见的有以下几种，如图 4-3 所示。

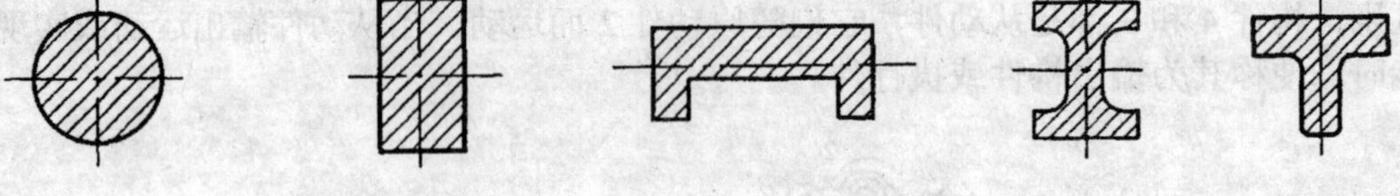

(a) 圆形　(b) 长方形　(c) 槽形　(d) 工字形　(e) T 形

图 4-3　杆状构件截面形状

2. 具有移动副元素和转动副元素的构件

如图 4-4 所示为单杠内燃机构造简图。在燃烧气体的膨胀力作用下，活塞 C 被推动下移，并通过连杆 BC 使曲轴 AB 旋转而做功。这里的活塞既与缸体组成移动副，又与连杆组成转动副。像活塞 C 这样的构件，在机构中常称之为**滑块**。

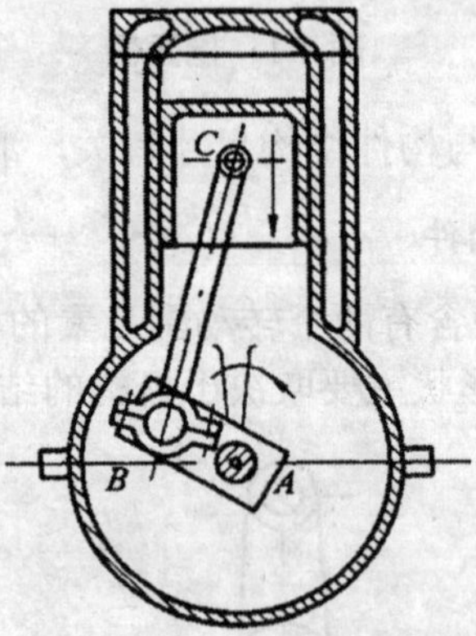

图 4-4　单缸内燃机

4.1.3　自由度和约束

由上述可知，两个构件用不同的方式进行联接，就可以得到不同形式的相对运动。为了进一步分析两构件之间的相对运动关系，现引入自由度和约束条件的概念。图 4-5 所示做平面运动的构件，在尚未与其他构件组成运动副之前，可以具有三个独立运动，即随任意点 A 沿 x 轴方向和 y 轴方向的两个移动以及绕点 A 的转动。构件所具有的这种独立运动称为**自由度**。所以做平面运动的自由构件具有 3 个自由度。

但如图 4-6 所示，当构件 2 与固联在坐标轴上的构件 1 在 A 点铰接而形成运动副时，则构件 2 沿二轴方向和沿 y 轴方向的独立运动受到限制。对构件某一独立运动的限制称为**约束**，每加上一个约束，构件便失去一个自由度。图 4-6 中铰链 A 对构件 2 施加两个约束，因而构件 2 失去两个自由度，只剩一个自由度。即绕点 A 的转动。由此可见，运动副对构件相对运动所产生的作用是：在两构件间施加约束，减少与约束数量相等的自由度；限定两构件间相对运动的形式。两构件间所受约束的多少和约束特性，完全取决于运动副的类型。

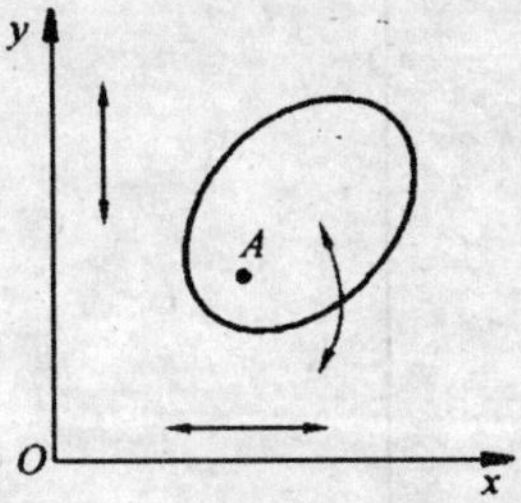

图 4-5　自由构件

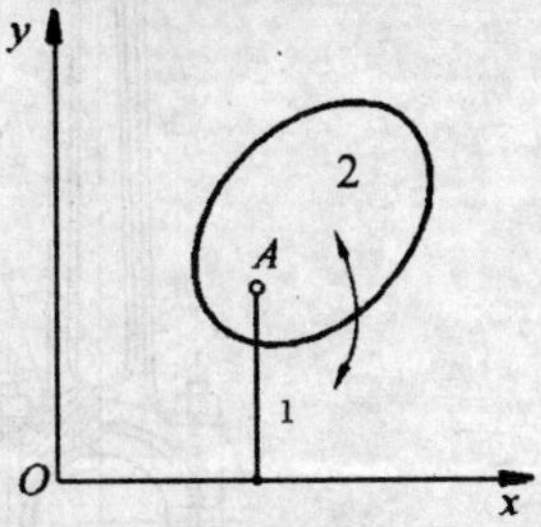

图 4-6　受约束构件

4.2　平面机构的运动简图

4.2.1　机构运动简图的概念

在研究机构运动特性时，为使问题简化，可不考虑构件和运动副的实际结构，只考虑与运动有关的构件数目、运动副类型及相对位置。用规定的线条和符号表示构件和运动副，并按一定的比例确定运动副的相对位置及与运动有关的尺寸，这种表明机构的组成和各构件间运动关系的简单图形，称为**机构运动简图**。

不严格按比例绘制的机构运动简图，称为机构示意图。

4.2.2　平面机构运动简图的绘制

1. 运动副和构件的表示法

各类平面运动副在机构运动简图中的表示符号可见表 4-1。现将构件的表示说明如下。

图 4-7a、b 表示参与形成两个转回副的杆状构件。图 4-7a 为内燃机连杆，下端大孔与曲轴形成转动副，而上端小孔与活塞销形成转动副。从制造观点看，它是由分别加工的连杆体 1、连杆头 2、轴承套 3、轴瓦 4、螺栓 5 和螺母 6 等许多零件固联在一起组成的。但从运动观点看，它是一个构件。图 4-7b 是为了避免该活动构件在运动过程中与其他构件相碰，而把构件做成弯曲形状的。这两个构件尽管外形和结构大不相同，但因为与运动有关的仅是构件上两转动副中心连线的长度和运动副类型，故都可用转动副符号及其几何中心所连直线来表示（如图 4-7c 所示）。

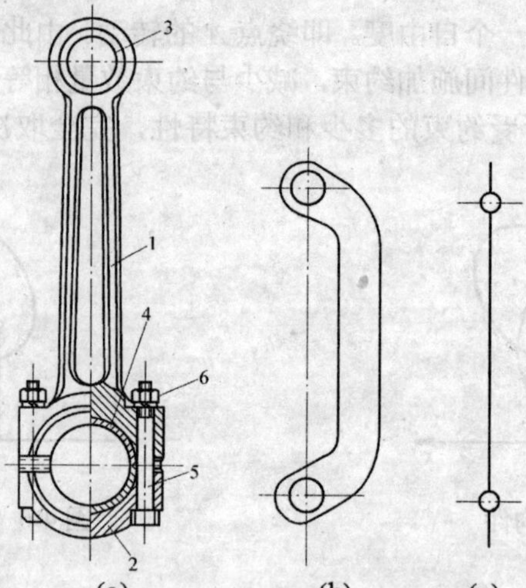

图 4-7 构件结构与简图

一般情况下，参与形成三个转动副的构件，可用三角形表示（见图 4-8a）；若同一构件上的三个转动副位于一直线上，则用图 4-8b 表示。图 4-8c 示出参与形成一个转动副和一个移动副构件的表示法。其他可依此类推。

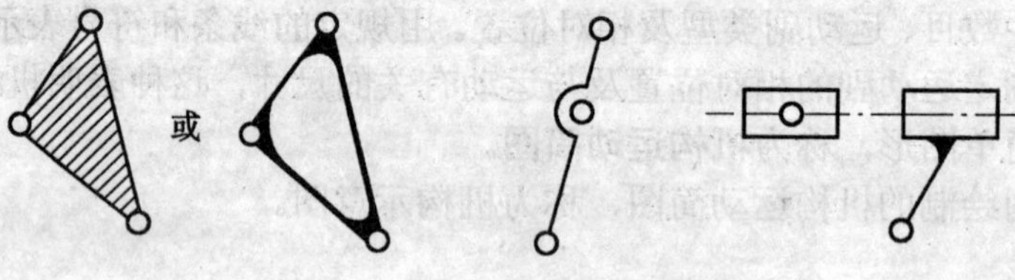

图 4-8 杆、块状构件的简图

对于机械中常用机构及其构件还可直接按 GB 4460—84 规定的简图形式绘制，例如用点划线或用细实线画出一对相切的节圆表示相互啮合的齿轮，用曲线轮廓线表示凸轮，等等。

2. 机构运动简图的绘制

绘制平面机构运动简图时，首先，要观察和分析机构的构造和运动情况，要明确三类构件：固定构件（即机架）——机构中支承活动构件的构件，任何一个机构中必定有一个构件为机架；原动件——机构中作用有驱动力（力矩）或已知运动规律的构件，一般与机架相连；从动件——机构中除了原动件以外的所有活动构件。其次，还需弄清该机构由多少个构件组成，各构件间组成运动副的类型，然后按规定的符号和一定的比例尺绘图。

绘制机械的机构运动简图时，通常可按下列步骤进行。

（1）分析机构的组成，确定机架、原动件和从动件。

（2）由原动件开始，依次分析构件间的相对运动形式，确定运动副的类型和数目。

（3）选择适当的视图平面和原动件位置，以便清楚地表达各构件间的运动关系。通常选择与构件运动平面平行的平面作为投影面。

（4）选择适当的比例尺，按照各运动副间的距离和相对位置，以规定的线条和符号绘出机构运动简图。

有时仅为了表示机械的组成和运动情况，而不需用图解法具体确定出运动参数值时，也可以不严格按比例绘图。

下面举例说明机构运动简图的画法。

例 4-1　图 4-9a 所示为一颚式破碎机。当动颚 3 作周期性平面复杂运动时，它与固定颚 6 时而靠近，时而离开。靠近时将工作空间内的物料 7 轧碎，离开时物料靠自重自由落出。试绘制该机构的运动简图。

解　该破碎机由电动机通过带传动（图中未示出）的大带轮 1 驱动偏心轴 2 绕轴线 A 转动时，驱使动颚 3 周期性摆动。动颚 3 是输出件。这里若略去电动机和带传动，则由于带轮 1 与偏心轴 2 固联在一起成为一个构件，可将偏心轴 2 视为原动件。这样，该机的主体机构是由偏心轴（或称曲轴）2、动颚 3、肘板 4 和机架 5 组成的铰链四杆机构。共有四个转动副。其中偏心轴 2 绕轴线 A 相对于机架 5 转动，形成以 A 为中心的固定转动副；动颚与偏心轴 2 绕轴线 B 相对转动，形成以 B 为中心的转动副；其他两个转动副是 C 和 D，其中 D 也是固定转动副。曲柄的长度是偏心轴 2 的偏心距 AB，构件 3 的长度为 BC，等等。机构运动简图如图 4-9b 所示。

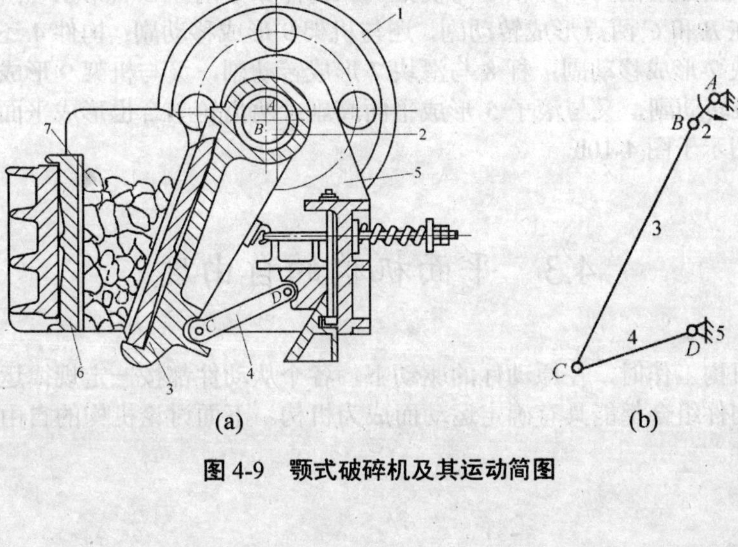

图 4-9　颚式破碎机及其运动简图

例 4-2 图 4-10a 所示为一小型插床。当原动曲轴 1 连续转动时，输出插刀杆 8 可按预期的运动规律上下往复运动，满足工作要求。试绘制该机构的运动简图。

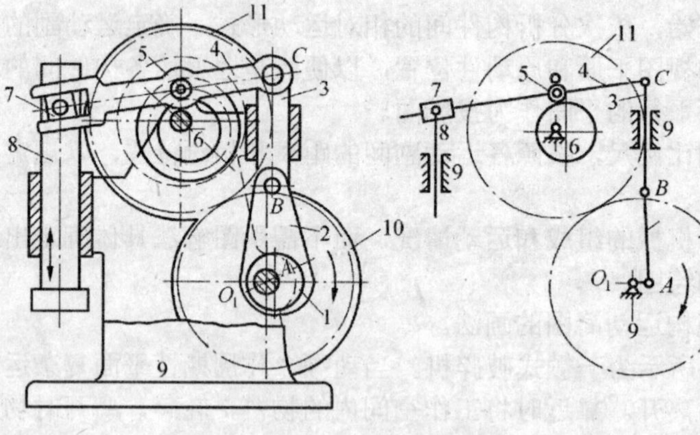

(a) (b)

图 4-10 小型插床

解 杆 8 为输出件，曲轴 1 为原动件。该机构原动件的运动分两路传出：一路由曲轴 1 经过连杆 2 和构件 3 传至构件 4；另一路由齿轮 10 与 11 啮合通过凸轮 6 和滚子 5 传至构件 4。最后通过滑块 7 将两个运动合成到杆 8 上。因此，该机构系由曲轴 1、构件 2、3、4、滚子 5、凸轮 6、滑块 7、杆 8 和机架 9 等 9 个构件组成。而曲轴 1 和凸轮 6 的运动又通过一对齿轮的啮合联接起来（注意，曲轴 1 与轴上所装齿轮 10，凸轮 6 与凸轮轴上所装另一齿轮 11，各应作为一个构件）。可见该机为连杆机构、凸轮机构和齿轮机构的组合应用。各构件之间形成的运动副为：曲轴 1 与机架 9 和构件 2 分别在 O 点和 A 点形成副，构件 3 与构件 4 分别在 B 和 C 两点形成转动副，还与机架 9 形成移动副；构件 4 还与滚子 5 形成转动副，与滑块 7 形成移动副；杆 8 与滑块 7 形成转动副，又与机架 9 形成移动副；凸轮 6 与机架 9 形成转动副，又与滚子 5 形成平面高副；两齿轮啮合也形成平面高副。故，该机构的运动简图示于图 4-10b。

4.3 平面机构的自由度

任何一个机构工作时，在原动件的驱动下，各个从动件都按一定规律运动。但是并不是随意拼凑的构件组合都能具有确定运动而成为机构。下面讨论机构的自由度和机构具有确定运动的条件。

4.3.1　平面机构自由度的计算

决定机构具有确定运动的独立运动参数称为机构的自由度。

前面已经知道，每个作平面运动的自由构件具有 3 个自由度。设一个平面机构由 N 个构件组成，其中必有一个构件为机架，则活动构件数为 $n=N-1$。它们在未组成运动副之前，共有 $3n$ 个自由度。用运动副联接后便引入了约束，减少了自由度。每引入一个活动构件，就增加 3 个自由度，每引入一个低副就约束掉两个自由度；同理，每引入一个高副就约束掉一个自由度。由各个构件通过平面运动副联接所组成的平面机构的自由度应该等于机构中所有活动构件的总自由度数减去该机构所包括的各运动副所提供的总约束条件数。若机构中共有 P_L 个低副、P_H 个高副，则平面机构的自由度 F 的计算公式为

$$F=3n-2P_L-P_H \tag{4-1}$$

式中：n——活动构件数；

P_L——低副数；

P_H——高副数。

由上式可知，机构自由度的数目取决于活动构件数和运动副类型与数目。

如图 4-11 所示，构件 1、2、3、4 彼此用铰链连接。取构件 4 为机架，因此该机构包括三个活动构件和四个转动副（平面低副）。因此，平面机构的自由度为

$$F=3n-2P_L-P_H=3\times3-2\times4-0=1$$

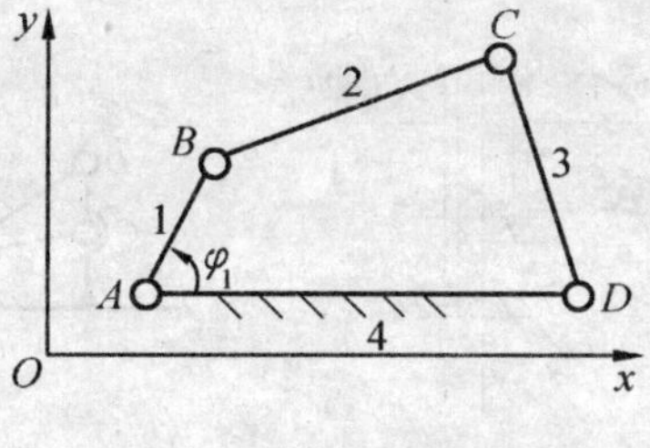

图 4-11　机构自由度分析

由图 4-11 可以看出，在该机构中只要给定一个独立参数 φ_1，用以确定的构件 1 的相对位置后，则机构中其他活动构件 2 和 3 的相对位置也即确定。因此，当构件 1 的运动规律已知时（即取构件 1 为原动件）。则其他活动构件 2 和 3 的运动规律也随之确定。所以，该机构具有确定的相对运动。

如图 4-12 所示，活动构件数 $n=4$，低副数 $P_L=5$，高副数 $P_H=0$，自由度 $F=3\times4-2\times5=2$，即要求有两个原动件。否则，只用一个原动件时，诸从动件的运动将不确定。图 4-13a 所示的机构，显然不能动，其 $F=3\times2-2\times3=0$。图 4-13b 所示的机构，其 $F=3\times4-2\times6=0$。这些都不是机构而是刚性桁架。图 4-13c 所示的机构，$F=3\times3-2\times5=-1$，意味着根本不能运动，有附加约束，这是受预载的桁架。

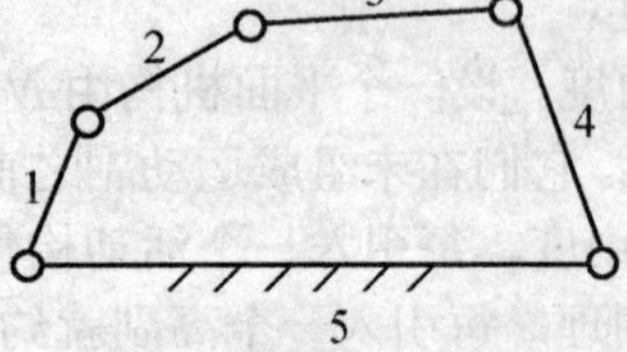

图 4-12 铰链五杆封闭杆系

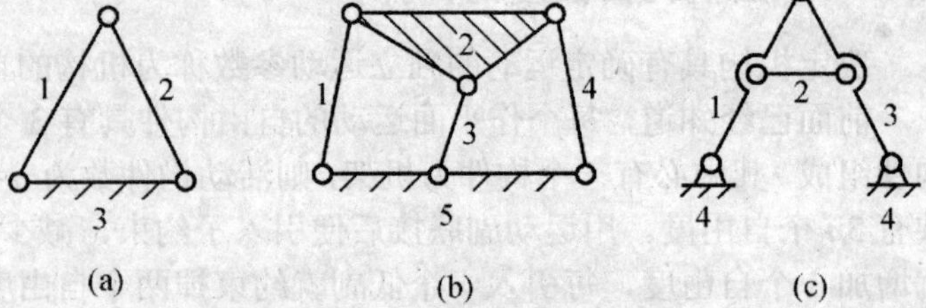

图 4-13 桁架

综上所述，机构具有确定运动条件是，原动件的数目和机构自由度的数目相等，因而机构具有确定的运动。若机构中原动件的数目多于机构的自由度数目，将导致机构中最薄弱的构件损坏；若机构中原动件的数目少于机构的自由度数目，则机构的运动不确定，首先沿阻力最小的方向运动。

利用式（4-1）可以计算或验算连杆机构、凸轮机构、齿轮机构和它们的组合机构的自由度，尤其在设计新的机构或拟定复杂的运动方案时具有指导意义。但式（4-1）不适用于带传动、链传动等具有挠性件的机构；对于这些机构至少不能简单地直接应用。一般情况下，也没有必要计算这些机构的自由度。

例 4-3 计算图 4-14 所示翻台机构的自由度。

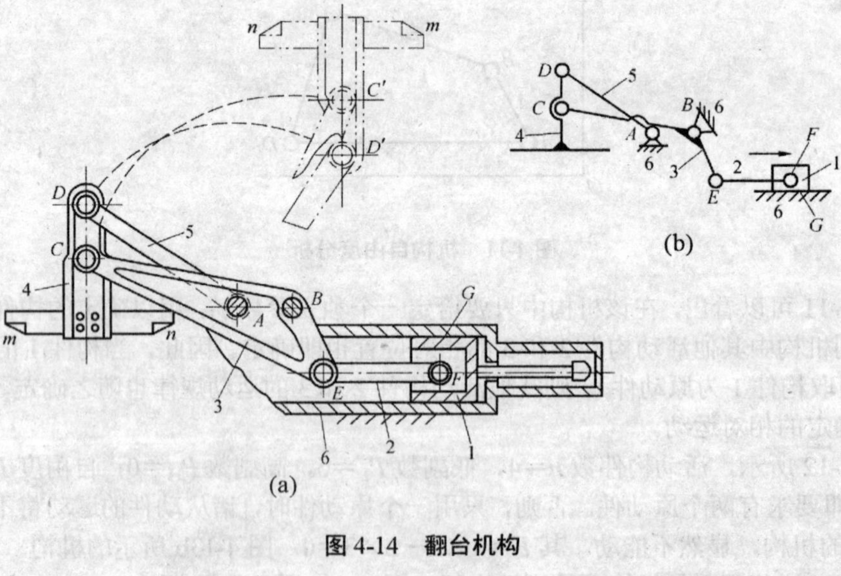

图 4-14 翻台机构

解 由机构运动简图得知，机构活动构件数 $n=5$，低副数 $P_L=7$，没有高副。因此，

自由度为

$$F=3n-2P_{\mathrm{L}}-P_{\mathrm{H}}=3\times5-2\times7-0=1$$

说明原动件只需 1 个，即滑块（活塞）1。

4.3.2　计算平面机构自由度应注意的特殊情况

在利用式（4-1）计算机构自由度时，不能忽视下述几种特殊情况，否则将得不到正确的结果。这些特殊情况是：

1. 复合铰链

两个以上的构件在同一处以转动副相联就形成**复合铰链**。如图 4-15 所示为三个构件在 ***A*** 点形成的复合铰链，由其俯视图可见，这三个构件共形成两个转动副。依此类推，*K* 个构件形成的复合铰链应具有（*K*−1）个转动副。统计转动副数目时应注意这一情况，以免遗漏。

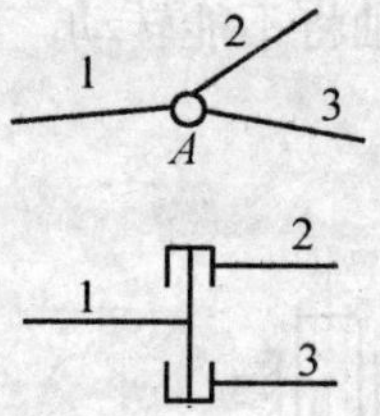

图 4-15　复合铰链

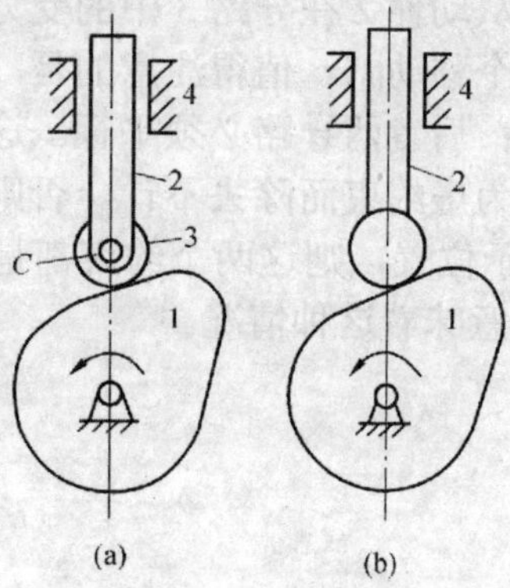

图 4-16　局部自由度

2. 局部自由度

机构中常出现一种与机构的主要运动无关的自由度，称为**局部自由度**。在计算机构自由度时应予以排除。

例如图 4-16a 所示凸轮机构，初看起来，机构自由度 $F=3n-2P_{\mathrm{L}}-P_{\mathrm{H}}=3\times3-2\times3-1=2$。但实际上该机构的自由度为 1，即我们只要给凸轮 1 以确定的转动，从动件 2 的往复移动规律就是完全确定的。两者不符的原因何在？原来在该机构中，不难看出，不论滚子 3 绕自身几何轴线 *C* 转动快慢或转动与否，都毫不影响从动件 2 的运动。因此滚子绕其中心的转动是一局部自由度。为了在计算时排除这种自由度，可设想将滚子与从动件 2 焊成一体，变成如图 b 所示形式，即去掉滚子 3 和转动副 C。这样，按图 4-16b 计算，$n=2$，$P_L=2$，$P_H=1$，则机构的自由度为

$$F=3n-2P_L-P_H=3\times2-2\times2-1=1$$

就与实际相符了。

局部自由度虽然不影响机构的主要运动，但滚子可使高副接触的滑动摩擦变成滚动摩擦，以减轻磨损，所以机械设计中常利用局部自由度。

3. 虚约束

机构中与其他约束重复而对机构运动不起新的限制作用的约束，称为**虚约束**。计算机构自由度时，应除去不计。虚约束常出现在下列场合：

（1）两构件之间形成多个相同运动副。图 4-17a 表示转动构件 1 的轴在固定件 2 的两个轴承中转动。从纯运动角度看，这两个转动副只起一个转动副的约束作用，因为一个轴承就足以使轴 1 绕轴线 a—a 转动。引入另一轴承是为了改善轴和轴承的受力情况。因此计算自由度时应只算作一个转动副，否则，$F=-1$ 显然与实际不符。又如图 4-17b 所示的凸轮机构，为改善从动件 2 在导路 3 中的受力情况，也采用两个导路，形成两个移动副，计算时也只算作一个移动副。值得注意的是，两者都必须满足一定的几何条件：前者左右两轴承必须共轴线；后者两导路必须平行。这样，两个运动副才算是完全相同的重复约束，其中一个才可作为虚约束而除去不计。否则，例如若右轴承不与左轴承共轴线，而处于图 4-17a 中虚线所示位置，则这两个约束都是真约束，显然轴将不能转动。前面按公式计算自由度 $F=-1$ 正意味着这种情况。

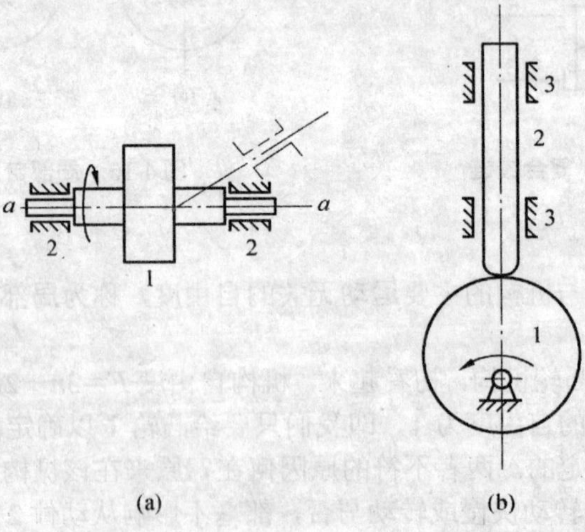

图 4-17 虚约束之一

总之，两构件之间形成多个完全重复的运动副时，只算一个运动副，其余的作为虚约束去掉不计。

（2）两构件上两点间的距离始终保持不变。例如在图 4-18a 所示的平行四边形机构中，连杆 2 始终与机架 4 保持平行并作平移运动。该机构的自由度 $F=1$。连杆 2 上各点的轨迹均为圆心在 AD 线上半径等于 AB（$CD=AB$）的圆弧。例如连杆上任一点 E 的轨迹为圆心在 F 点的圆弧，连线 EF 始终等于并平行于 AB 和 CD。因此，可以用一附加构件 5 与 E 和 F 两点铰接，形成五杆机构，如图 4-18b 所示。新机构中点 E 的轨迹与原机构点 E 的轨迹重合，因而不影响机构原有的运动。然而，若忽视了这种情况，按式（4-1）计算，该五杆机构的自由度却变为 $F=3\times4-2\times6=0$。这是因为引入构件 5，增加了三个自由度，但同时引入了两个转动副，增加了四个约束，即多引入了一个约束。但这个约束的作用仍是使动点 E 和定点 F 之间的距离保持不变，使点 E 的轨迹为圆心在 F 点的圆弧。显然，由于前后两个轨迹圆弧完全重合，从运动角度来看这个约束是不必要的、重复的，即虚约束。因此，在计算机构自由度时应去掉这个虚约束，即去掉一个构件 5（或构件 1 或 3）及其带入的两个转动副。该机构的自由度仍为 1，与实际相符。但若不满足上述几何条件（$EF/\!/AB$ 或 $EF/\!/CD$），如图 c 所示的任加一构件 5 和转动副 E 以及 F' 的情况，则由于点 E 的圆弧轨迹 k'_E 和 k_E 不相重合而成为真约束，机构不能运动，$F=0$。

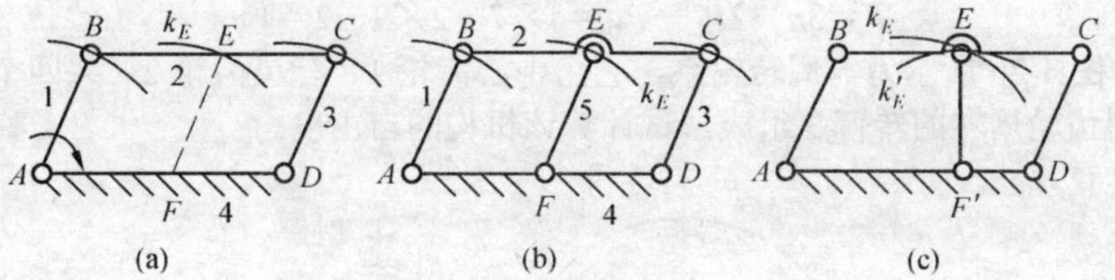

图 4-18　虚约束之二

（3）机构中具有对运动不起作用的对称部分。例如图 4-19 所示，中心齿轮 1 通过两个对称布置的小齿轮 2 和 3 驱动内轮 4。仅从运动的传递来看，使用一个小齿轮就行了，这时机构的自由度为 1($n=3$，$P_L=3$，$P_H=2$)。加入第二个小齿轮，使机构增加了一个约束（增加一个活动构件，一个转动副和两个高副），但对机构的运动没有影响，故为虚约束。计算自由度时应去掉不计。这里，能成为虚约束的几何条件是两个小齿轮大小必须相同。为了改善受力情况，实际机构常使用均布的两个或两个以上的小齿轮，但在计算自由度时只计入一个小齿轮。

总之，机构中的虚约束都是在一些特定几何条件下出现的。为保证实现这些几何条件，对制造和装配提出了必要的精度要求。若这些几何条件不能满足，则引入的虚约束就是真约束，“机构”将不能运动。使用虚约束时必须注意到这一点。在没有必要时应少用虚约束。

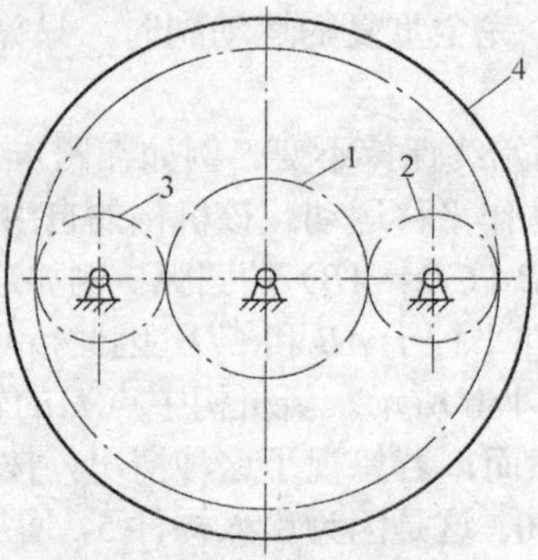

图 4-19 虚约束之三

例 4-4 计算图 4-10 所示小型插床机构的自由度。

解 由于滚子 5 绕其自身轴线的转动为一局部自由度，除去不计。此外，由图 4-10a 可看出，该滚子被嵌在凸轮 6 的环形槽内运动，可与槽两侧面接触，形成两个高副。这是为了当凸轮转动时靠不同侧面接触来保证驱使构件 4 上摆或下摆。从运动角度看，同一时间只有一个高副起作用，另一高副可视为虚约束。所以机构运动简图绘制成图 4-10b 所示那样。由图 4-10b 知，$n=7$，$P_L=9$，$P_H=2$，由式（4-1）得机构的自由度为

$$F=3n-2P_L-P_H=3\times7-2\times9-2=1$$

例 4-5 图 4-20 所示为一周转轮系。它由中心齿轮 1、行星齿轮 2（共四个）、内齿轮 4 及带动行星齿轮周转的转臂 3 组成。试计算该机构的自由度。

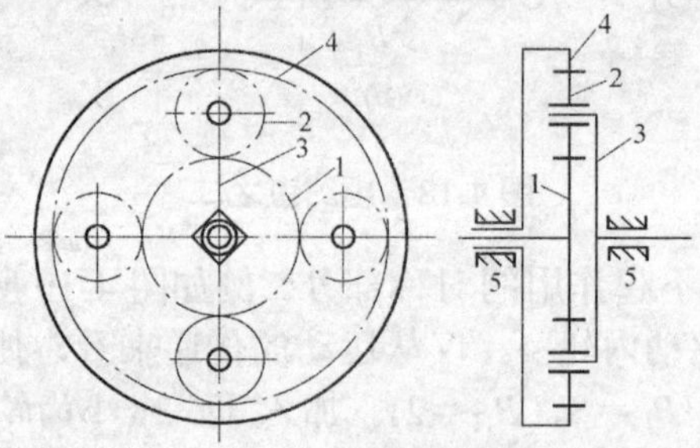

图 4-20 周转轮系

解 从运动角度看，只有一个行星齿轮就够了，其余三个属对称布置件，除去不计。这样，活动构件数 $n=4$，低副数 $P_L=4$，高副数 $P_H=2$。按式（4-1）计算机构的自由度为

$$F=3n-2P_L-P_H=3\times4-2\times4-2=2$$

即该机构需要两个原动件。

4.4 小　　结

1. 主要内容

机构的组成及运动特点，平面机构运动简图的绘制以及机构自由度的计算。

2. 重点、难点提示

平面机构运动简图的绘制以及机构自由度的计算。

4.5 复习思考题

1. 什么是运动副？平面高副与平面低副各有什么特点？
2. 机构具有确定运动的条件是什么？
3. 在计算机构的自由度时，要注意哪些事项？
4. 什么是虚约束？什么是局部自由度？有人说虚约束就是实际上不存在的约束，局部自由度就是不存在的自由度，这种说法对吗，为什么？
5. 机构运动简图有什么作用？如何绘制机构运动简图？
6. 画出如图 4-21～4-23 所示机构的运动简图，并计算其自由度。

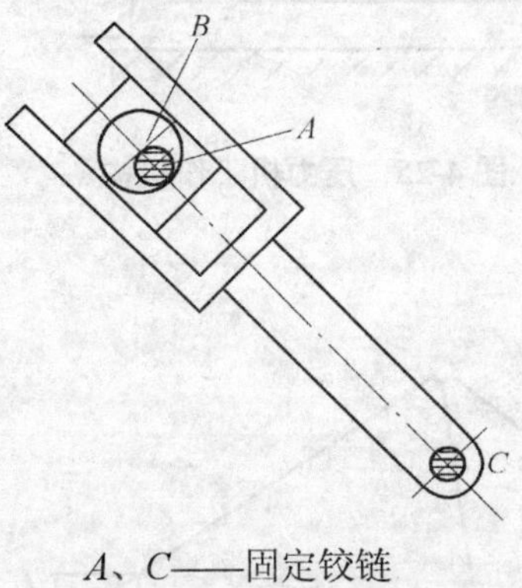

A、*C*——固定铰链

图 4-21　曲柄导杆机构

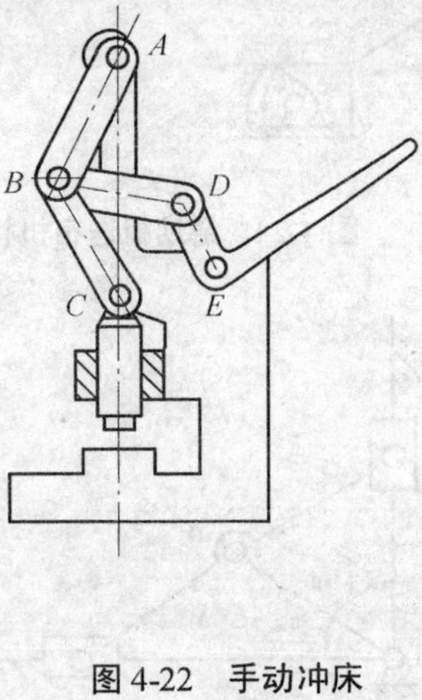

图 4-22　手动冲床

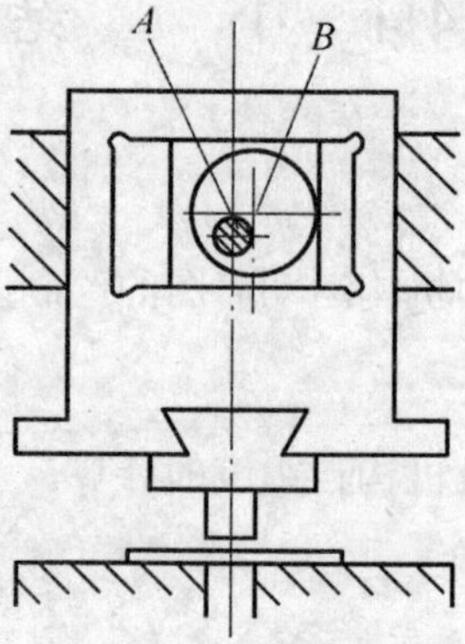

A——固定铰链

图 4-23 冲床主机构

7．指出图 4-24～图 4-27 所示机构中的复合铰链、局部自由度和虚约束，并计算机构的自由度，确定原动件数目（图中有箭头表示转向者为原动件）。

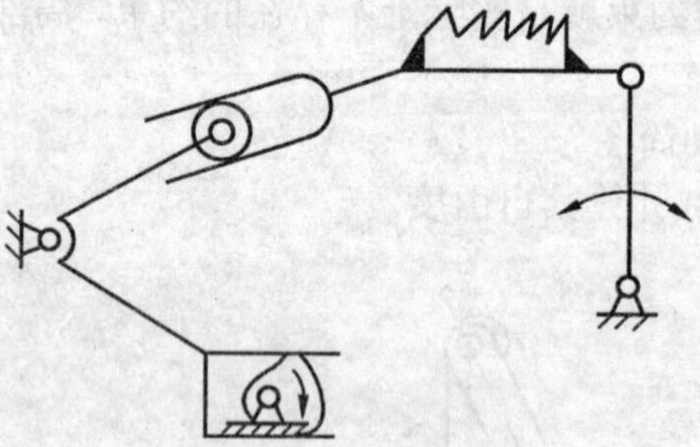

图 4-24 缝纫机送布机构

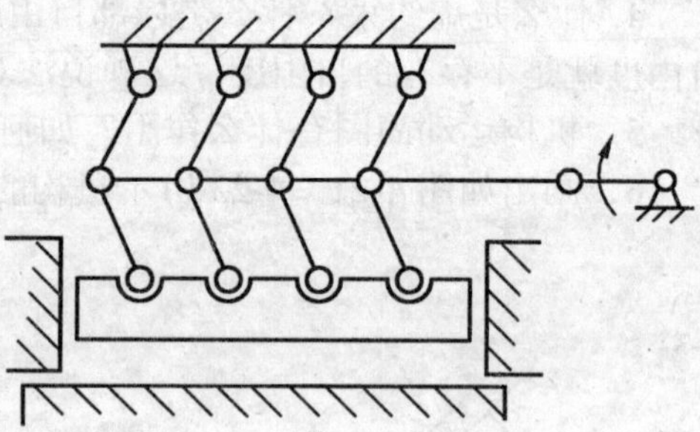

图 4-25 压力机工作机构

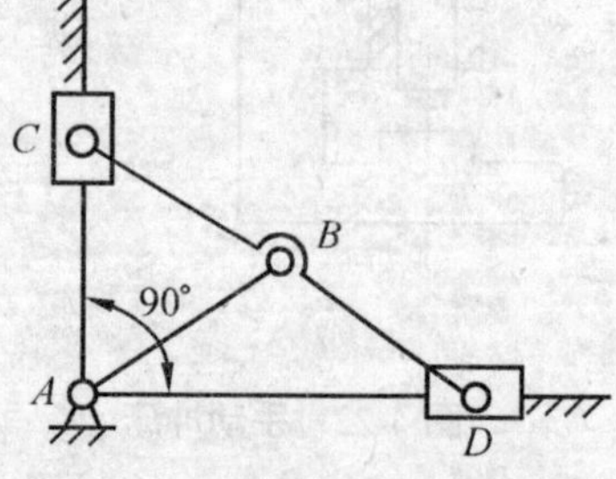

图 4-26 椭圆仪机构

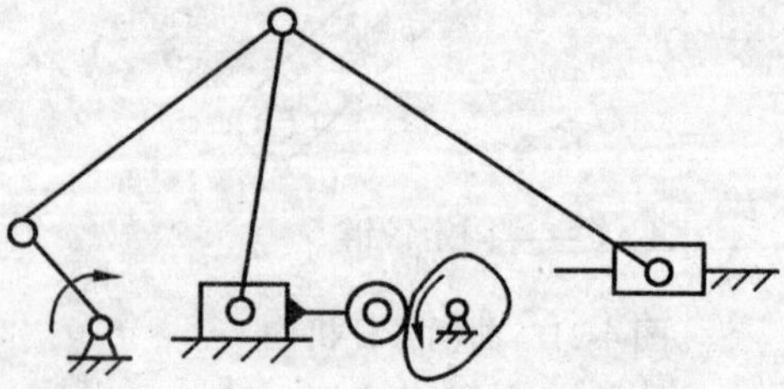

图 4-27 筛料机筛料机构

8．如图 4-28 所示为一简易冲床。设想动力由齿轮 1 输入，使轴 A 连续转动；固联在轴 A 上的凸轮 2 与摆杆 3 组成的凸轮机构将使冲头 4 上下往复运动，达到冲压的目的。试分析其能否运动，并提出修改措施，以获得确定的运动（画简图）。

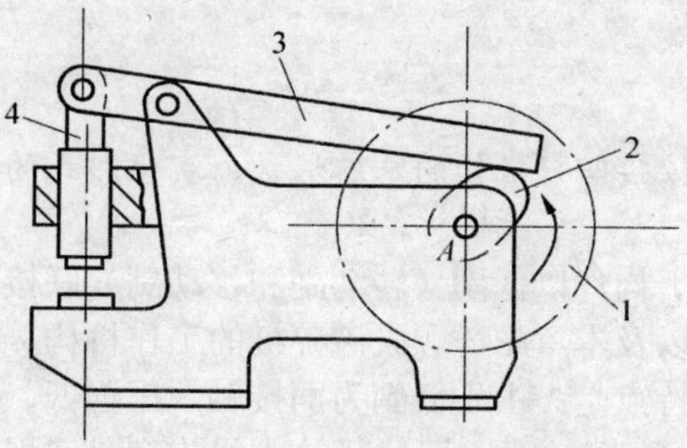

图 4-28　简易冲床

第 5 章　平面连杆机构

学习目标

了解平面连杆机构是铰接四杆机构的基本形式、演化形式的应用；掌握铰接四杆机构的工作特性及运动设计。

平面连杆机构是由若干构件以低副（转动副和移动副）联接而成的机构，也称平面低副机构。例如前面看到的以及本章中，颚式破碎机的工作机构、缝纫机的踏板机构等等都是平面连杆机构。其主要特点是：由于低副为面接触，压强低、磨损量少，而且构成运动副的表面为圆柱面或平面，制造方便；又由于这类机构容易实现常见的转动、移动及其转换，所以获得广泛应用。它的缺点是：由于低副中存在着间隙，机构将不可避免地产生运动误差，另外，平面连杆机构不易精确地实现复杂的运动规律。

因此，平面连杆机构常与机器的工作部分相连，实现预定的动作和轨迹以及运动形式的交换的用途，起执行和控制作用，应用很广泛。

平面连杆机构常以其所含的构件（杆）数来命名，如四杆机构、五杆机构……，常把五杆或五杆以上的平面连杆机构称为多杆机构。最基本、最简单的平面连杆机构是由四个构件组成的平面四杆机构。它不仅应用广泛，而且又是多杆机构的基础。本章将讨论平面四杆机构的类型、应用、特性以及常用的设计方法。

5.1　平面四杆机构及其应用

5.1.1　铰链四杆机构的形式

铰链四杆机构是由转动低副连接起来的封闭四杆系统，如图 5-1 所示，其中，被固定的杆 4 称为**机架**，不直接与机架 4 相连的构件 2 称为**连杆**，与机架 4 相连的构件 1 和 3 称为**连架杆**。连架杆相对于机架能做 360° 整周回转的称为**曲柄**，不能做 360° 整周回转的称为**摇杆**。根据两连架杆中的曲柄数目，铰链四杆机构分为三种基本形式。

1. 曲柄摇杆机构

两连架杆分别为曲柄和摇杆的铰链四杆机构，称为**曲柄摇杆机构**（见图 5-1）。它可将主动曲柄的连续转动，转换成从动摇杆的往复摆动，如图 5-2、5-3 所示汽车前窗的刮雨器、摄影机的抓片机构；也可将主动摇杆的往复摆动，转换为从动曲柄的连续转动，如图 5-4

所示的缝纫机踏板机构。

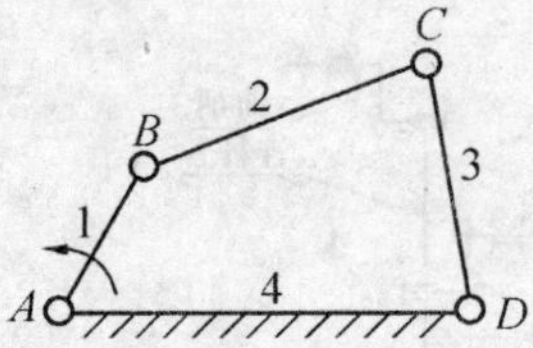

图 5-1　铰链四杆机构

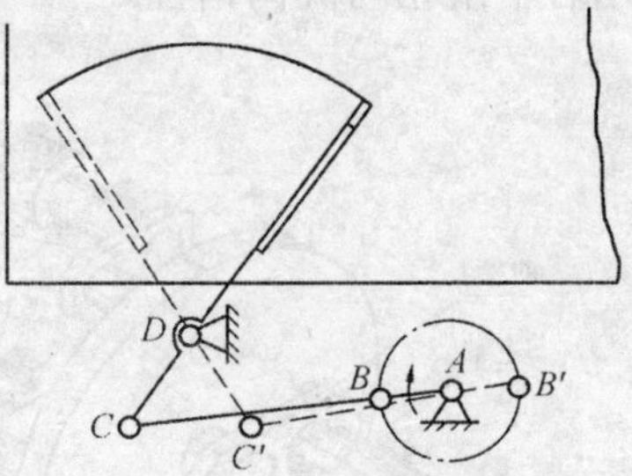

图 5-2　汽车刮雨器

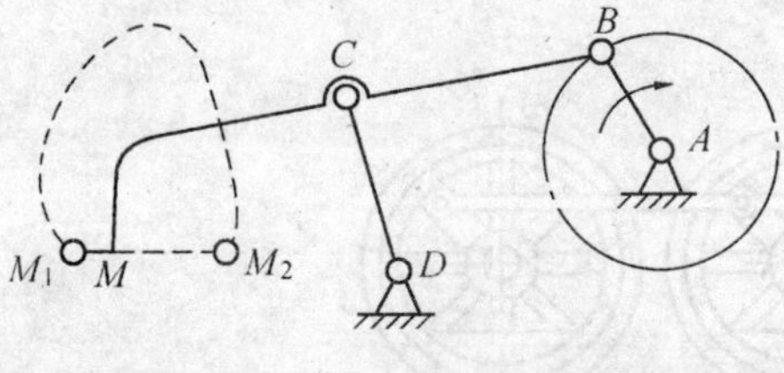

图 5-3　摄影机抓片机构

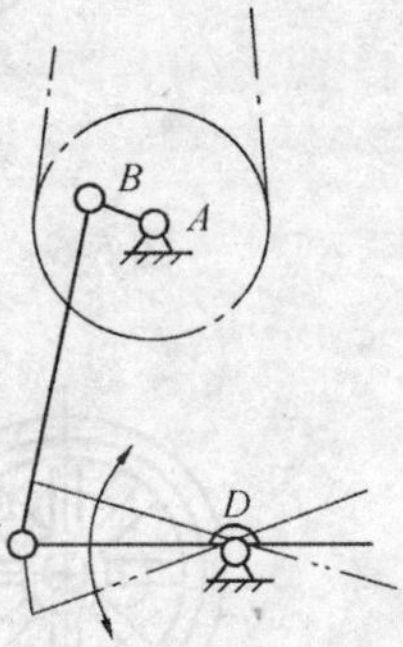

图 5-4　缝纫机踏板机构

2. 双曲柄机构

两连架杆均为曲柄的铰链四杆机构，称为**双曲柄机构**。若主动曲柄等速转动，从动曲柄一般为变速转动，如图 5-5 所示插床的主机构，它是以双曲柄机构为基础扩展而成的。连杆与机架的长度、两个曲柄长度相等且转向相同的双曲柄机构，称为**平行四边形机构**。该机构的从动曲柄和主动曲柄转速相同，连杆做平动，平行四边形机构常用于多个平行轴之间的传动，如多头铣、多头钻等机械加工装置，如图 5-6 所示为同步偏心多轴钻机机构及其运动简图。

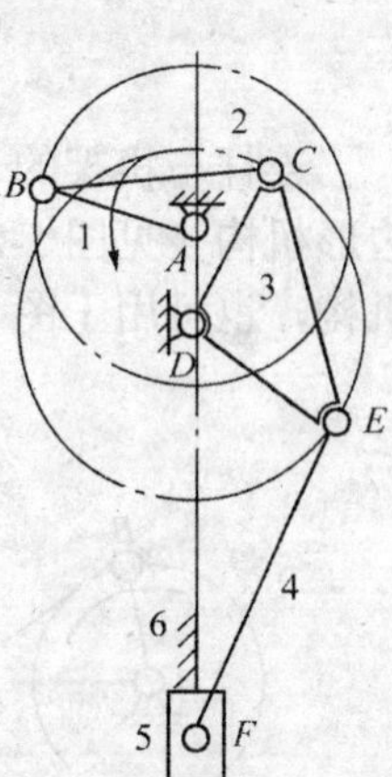

图 5-5　插床的主机构

在平行四边形中，当曲柄和连杆共线时，虽然主动曲柄的转向不变，从动曲柄却可能正、反两个方向转动。为了使从动曲柄保持曲柄原来的转向，防止反转，通常可用下述方法来解决。

（1）靠从动件本身质量或在从动件上加装飞轮的惯性来导向；

（2）在机构中添加辅助构件（如图 5-7 所示）机车轮联动机构

的中间曲柄，可以看做是一个添加的辅助曲柄；

（3）采用若干组相同机构错位。

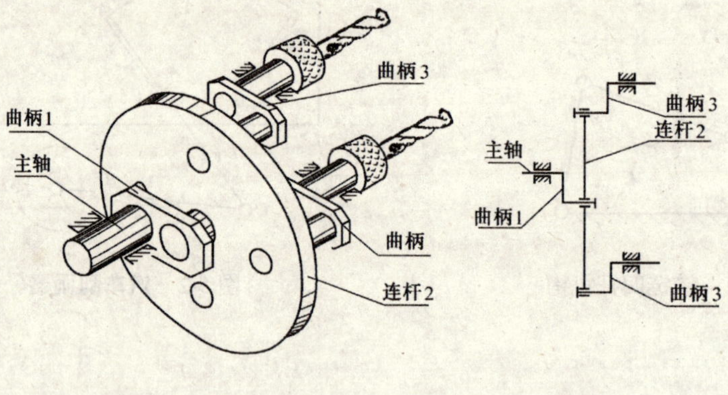

图 5-6 同步偏心多轴钻机机构及其运动简图

图 5-7 机车车轮联动机构

连杆与机架的长度相等、两个曲柄长度相等但转向相反的双曲柄机构，称为**逆平行四边形机构**（见图 5-8），该机构的从动曲柄作变速运动，连杆作平面运动，可代替椭圆齿轮机构，也可用于图 5-9 所示的车门启闭机构。

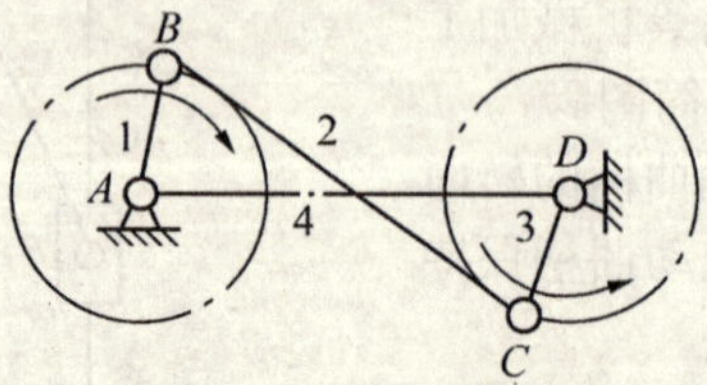

图 5-8 逆平行四边形机构

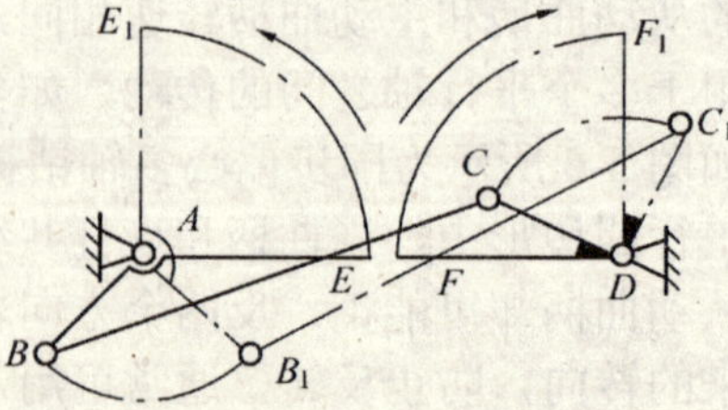

图 5-9 车门启闭机构

3. 双摇杆机构

两个连架杆都是摇杆的铰链四杆机构，称为**双摇杆机构**。它可将主动摇杆的往复摆动，经连杆转变为从动摇杆的往复摆动，如图 5-10 所示的港口起重机的变幅机构可实现货物的水平移动，以减少功率消耗；也可将主动连杆的整周转动，转变为两从动摇杆的往复摆动，如图 5-11 所示的电扇摇头机构。

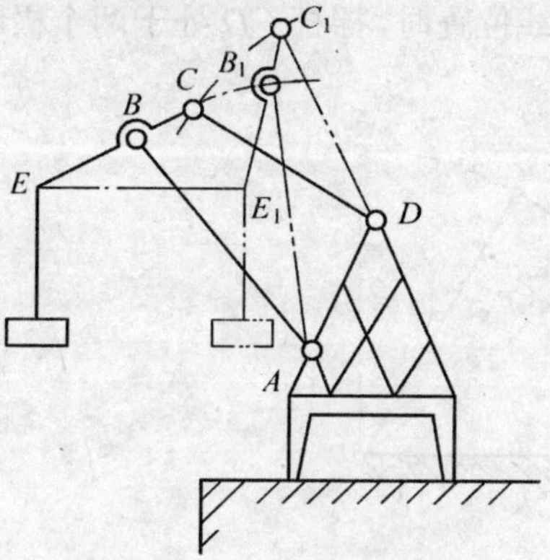

图 5-10　起重机变幅机构

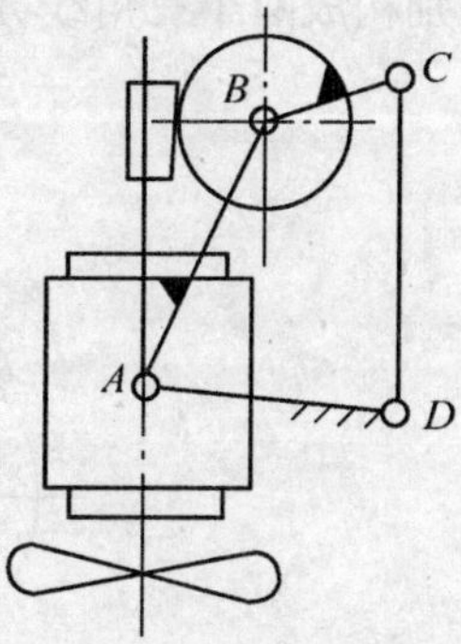

图 5-11　电扇摇头装置

在双摇杆机构中，若两摇杆的长度相等时，称为等腰梯形机构（见图 5-12），如图 5-13 所示为汽车前轮转向机构，该机构的两个摇杆 AB 和 CD 在摆动时，其转角 φ_1 和 φ_2 的大小不相等。当汽车转弯时，两前轮的轴线相交，且其交点近似位于后轴延长线的某点 P，使汽车以点 P 为瞬心转动，各轮相对地面近似于纯滚动，以保证汽车转弯平稳，减少轮胎磨损。

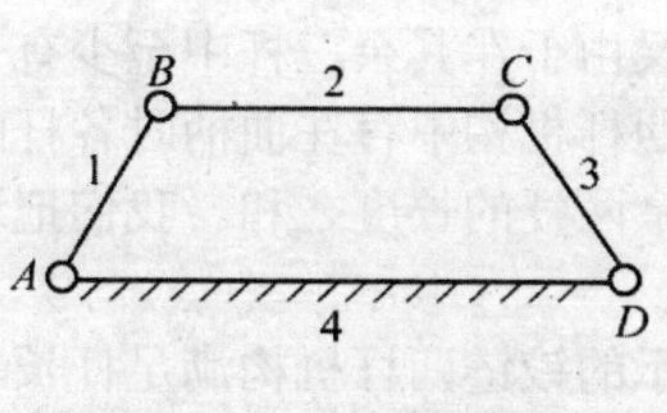

图 5-12　等腰梯形机构

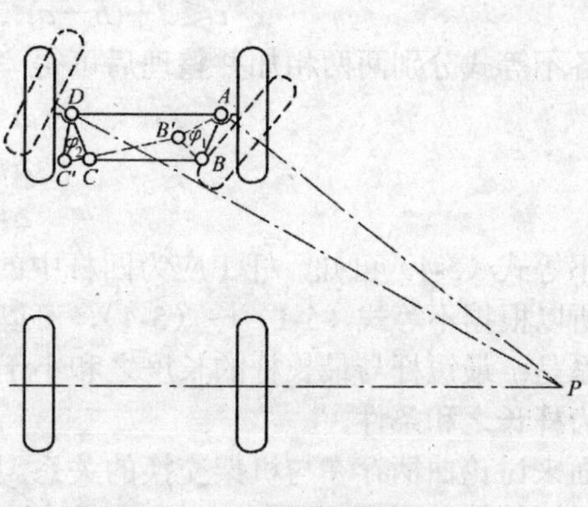

图 5-13　汽车前轮转向机构

5.1.2 铰链四杆机构形式的判别

由上述可知，铰链四杆机构运动形式的不同，主要在于机构中是否存在曲柄。而机构什么条件下存在曲柄，则与其各构件相对尺寸大小以及取哪个构件做机架有关。下面首先分析各杆的相对尺寸与曲柄存在的关系。

在图 5-14 所示的铰链四杆机构中，以 a、b、c、d 分别表示杆 1、2、3、4 的长度。当曲柄与连杆位于同一直线上，即图中所示的两虚线位置时，摇杆 CD 处于两个极限位置 C_1D 和 C_2D，分别构成两个三角线 AC_1D 和 AC_2D。

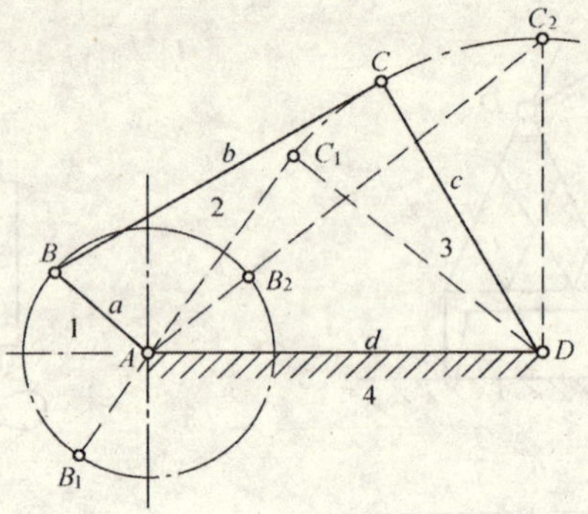

图 5-14 曲柄摇杆机构

因为三角形中两边之和必大于第三边，所以由$\triangle AC_2D$ 得：

$$a+b\leqslant c+d \tag{5-1}$$

由$\triangle AC_1D$ 得：

$$d\leqslant c+(b-a) \text{ 或 } a+d\leqslant b+a \tag{5-2}$$

$$c\leqslant d+(b-a) \text{ 或 } a+c\leqslant b+d \tag{5-3}$$

把以上各不等式分别两两相加并整理后可得

$$\begin{aligned} a&\leqslant b \\ a&\leqslant c \\ a&\leqslant d \end{aligned} \tag{5-4}$$

由不等式（5-4）可知，杆 1 应为四杆中的最短杆。又由于在其余三杆中至少有一个最长杆，所以根据不等式（5-1）～（5-4），可以得到铰链四杆机构中存在曲柄时各杆的相对长度关系是：最短杆与最长杆的长度之和小于或等于其余两杆的长度之和。我们把这一关系简称为**杆长之和条件**。

下面来讨论曲柄存在与机架交换的关系。图 5-14 所示的铰链四杆机构满足杆长之和的条件，最短的杆 1 能做整周转动。故它和杆 2、杆 4 之间的夹角变化为 0°～360°，而杆 3 相对杆 2、杆 4 都只能在一定角度内摆动。由于用低副连接的两构件不管固定其中哪一个，它们之间的相对运动不变。所以得出以下几点结论。

（1）若固定与最短杆相邻的杆 2 或 4 为机架时，则连架杆中最短杆是曲柄，另一连架杆 3 为摇杆，该机构是曲柄摇杆机构。

（2）若固定最短杆为机架时，则杆 2 和杆 4 是连架杆，它们相对最短杆（机架）都能做整周回转，该机构是双曲柄机构。

（3）若固定与最短杆相对的杆 3 为机架时，则两连架杆（杆 2 和杆 4）相对杆 3（机架）都只能在一定角度内摆动，故均为摇杆，该机构为双摇杆机构。

由此可见，满足杆长之和条件的四杆系统，在固定不同杆做机架时，只有当连架杆中有一个最短杆或机架是最短杆的情况下，机构中才能出现曲柄。

综上所述，铰链四杆机构中存在曲柄的条件可以归纳如下。

（1）最短杆与最长杆的长度之和小于或等于其余两杆的长度之和。

（2）连架杆或机架中必有一杆是最短杆。

以上的两个条件必须同时满足，否则机构中不存在曲柄。因此在判别铰链四杆机构时，凡满足第一个条件的四杆系统，可按前述取不同杆作机架的三种情况确定其类型。凡不满足第一个条件的四杆系统，则不管固定哪一个杆作为机架都是双摇杆机构。

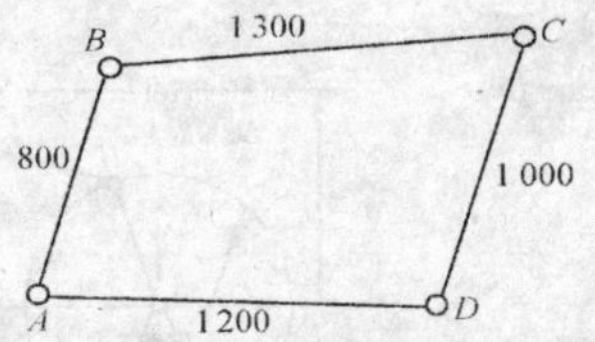

图 5-15　铰链四杆机构形式判别

例 5-1　已知各构件的尺寸如图 5-15 所示，若分别以构件 *AB*、*BC*、*CD*、*DA* 为机架，相应得到何种机构？

解　*AB* 为最短杆，*BC* 为最长杆，因 $L_{AB}+L_{BC}=800\ \text{mm}+1\ 300\ \text{mm}=2\ 100\ \text{mm}<L_{CD}+L_{AD}=1\ 000\ \text{mm}+1\ 200\ \text{mm}=2\ 200\ \text{mm}$，满足杆长和条件。

若以 *AB* 为机架，因最短杆为机架，两连架杆均为曲柄，所以得到双曲柄机构。

若以 *BC* 或 *AD* 为机架，因最短杆为连架杆，且为曲柄，所以得到曲柄摇杆机构。

若以 *CD* 为机架，因最短杆为连杆，不满足最短杆条件，无曲柄，所以得到双摇杆机构。

5.2　平面四杆机构的演化

通过用移动副取代转动副，改变构件的长度、选择不同的构件作为机架和扩大转动副等途径，还可以得到铰接四杆机构的其他的演化形式。

5.2.1　曲柄滑块机构

由曲柄、连杆、滑块和机架组成的机构，称为**曲柄滑块机构**。这种机构结构简单，应用很广。当滑块为主动件时，此机构可将滑块的往复移动转变为曲柄的连续转动。内燃机、蒸汽机中由活塞、连杆与曲柄组成主传动机构即为其实例。当曲柄为主动件时，此机构可将曲柄的连续转动转变为滑块的往复转动。空气压缩机、活塞式水泵、冲床等机器中所应用的主传动机构即为其实例。曲柄滑块机构可看成由曲柄摇杆机构演化而来。对照图 5-16 来说明其演化过程。

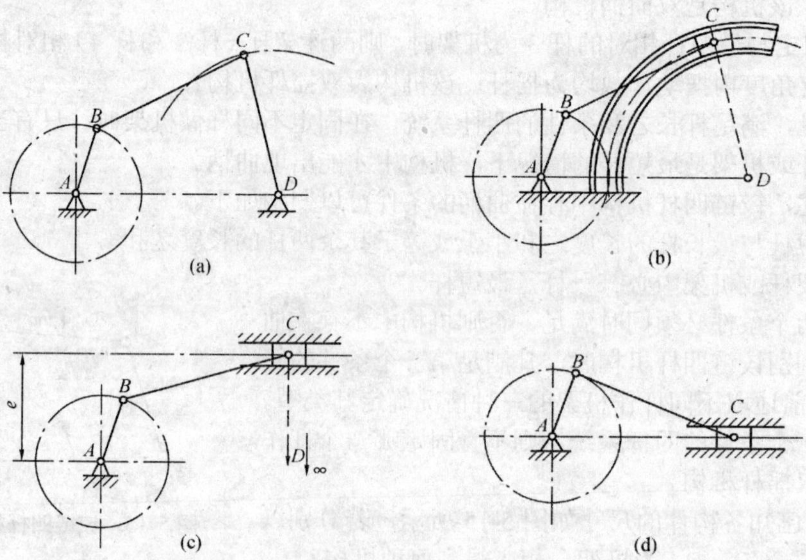

图 5-16　曲柄摇杆机构演化为曲柄滑块机构的过程

在曲柄滑块机构中，根据滑块上转动副中心的移动方位线是否通过曲柄转动中心，可分为**对心曲柄滑块机构**（见图 5-17）和**偏置曲柄滑块机构**（见图 5-18，图中 e 称为偏心距）。H 为滑块行程。为了使机构能正常工作，曲柄长度 r 应小于连杆的长度 L，通常取 $\frac{L}{r}=3$～12，机构尺寸要求紧凑时取小值；要求受力情况较好时取较大值。

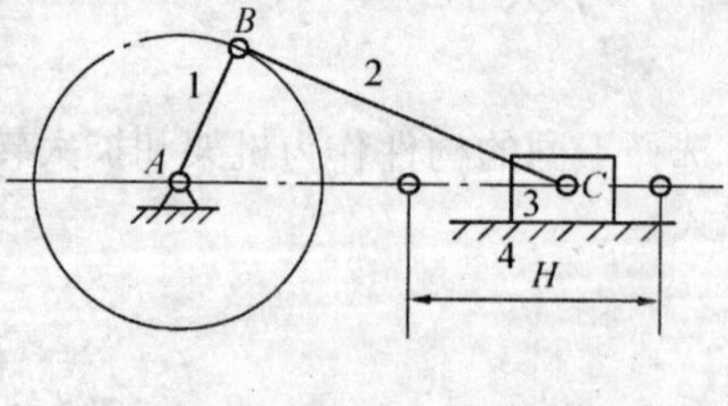

图 5-17　对心曲柄滑块机构

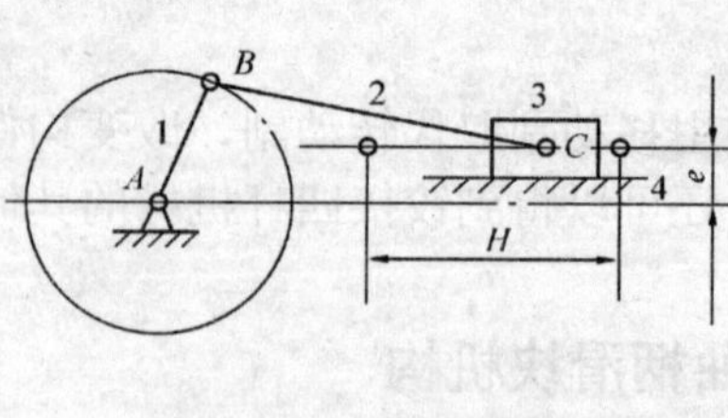

图 5-18　偏置曲柄滑块机构

5.2.2　偏心轮机构

由偏心轮、连杆、滑块和机架组成的机构，称为偏心轮机构（见图 5-19）。偏心轮机构可看成由曲柄滑块机构演化而来，常用于曲柄的长度较小，而且销轴受力较大的场合。例如，图 4-9 所示颚式破碎机。

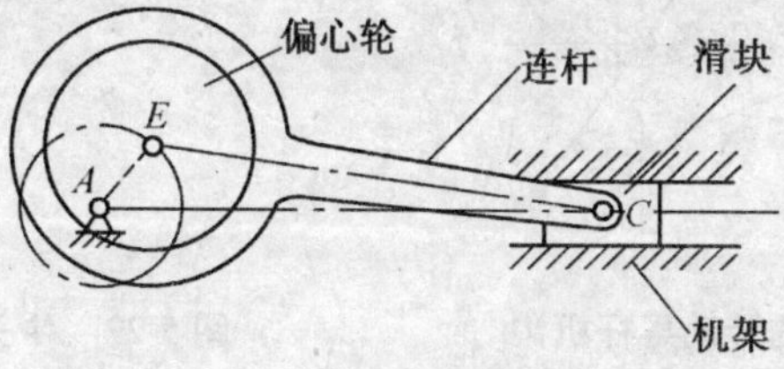

图 5-19　偏心轮机构

5.2.3　导杆机构

若将图 5-17 的构件 AB 作为机架，构件 BC 成为曲柄，滑块沿连架杆（又称导杆）移动并作平面运动，就得到**导杆机构**（见图 5-20）。若 $L_{AB} \leqslant L_{BC}$（见图 5-20a），导杆能做整周转动，称为**转动导杆机构**，常与其他构件组合，用于简易刨床（见图 5-21）、插床以及回转泵、转动式发动机等机械中。若 $L_{AB} > L_{BC}$（见图 5-20b），导杆只能作摆动，称为摆动导杆机构，常与其他机构组合，用于牛头刨床（见图 5-22）和插床等机械中。

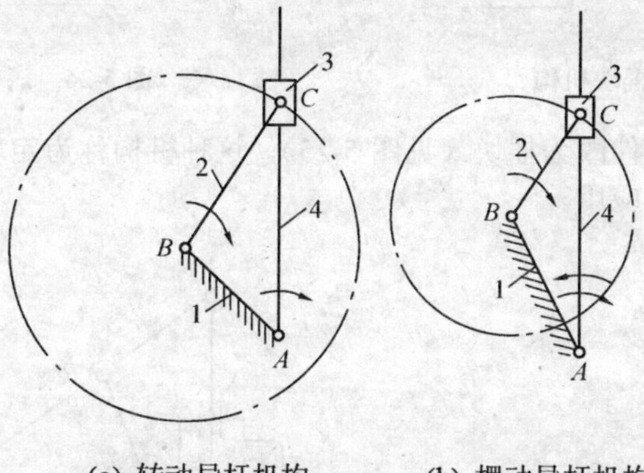

(a) 转动导杆机构　　(b) 摆动导杆机构

图 5-20　导杆机构

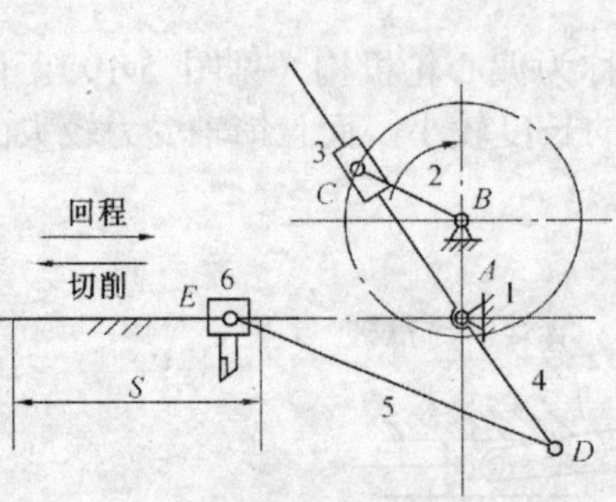

图 5-21　简易刨床的转动导杆机构

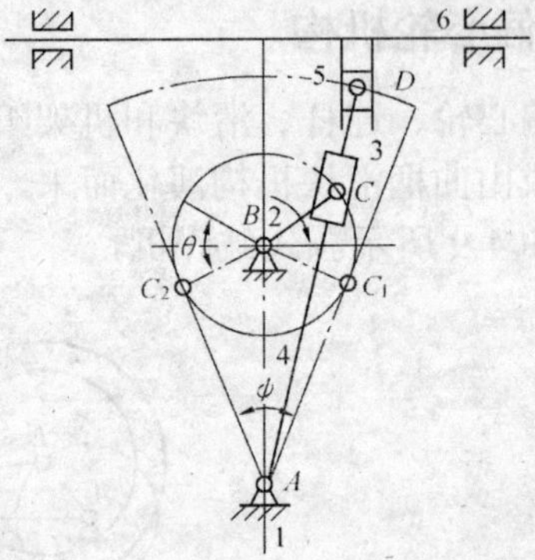

图 5-22　牛头刨床的摆动导杆机构

5.2.4　摇块机构和定块机构

若将图 5-17 中的连杆 2 作为机架，滑块只能绕 C 点摆动，就得到了**摇块机构**（见图 5-23），常用于图 5-24 所示的汽车吊车等摆动式气、液动机构中。

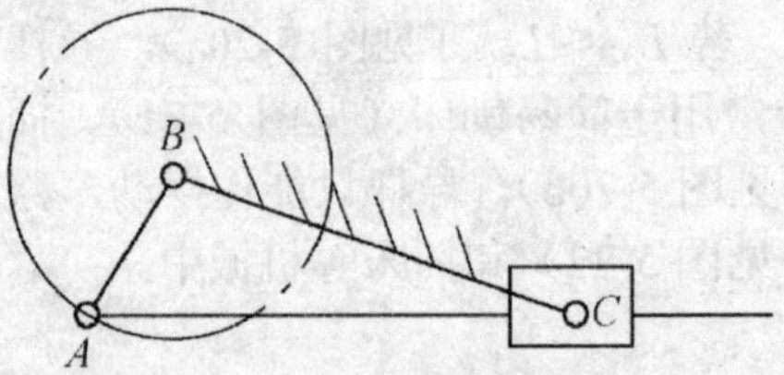

图 5-23　摇块机构

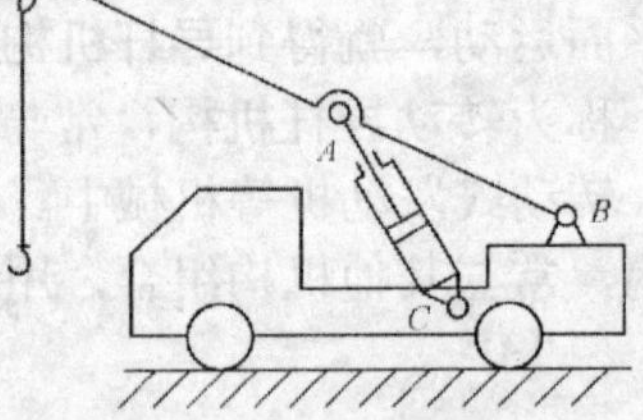

图 5-24　汽车吊车液动装置

若将摇块机构的固定件改为摇块（见图 5-25），这种机构称为**定块机构**。图 5-26 是定块机构在手动抽水机中的应用。

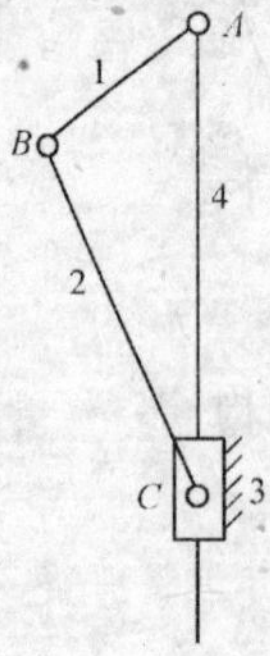

图 5-25　定块机构

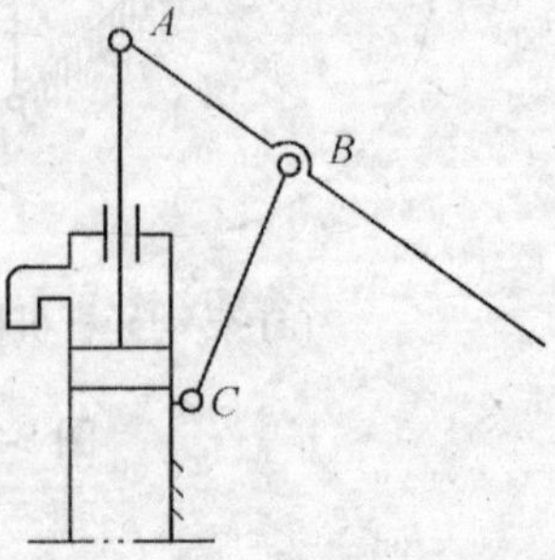

图 5-26　手动抽水机

5.3　平面四杆机构的基本特性

5.3.1　急回特性

对于插床、刨床等单向工作的机械，为了缩短刀具非切削时间，提高生产率，要求刀具快速返回。某些平面四杆机构能实现这一要求，下面分析曲柄摇杆机构和摆动导杆机构的急回特性。

1. 曲柄摇杆机构的急回特性

图 5-27 所示的曲柄摇杆机构中，设曲柄 AB 为主动件，以等角速度 ω_1 作顺时针转动；摇杆 CD 为从动件，向右摆动为工作行程，向左为空行程。当曲柄转至 AB_1 时，连杆位于 B_1C_1，与曲柄重叠共线，摇杆处于左极限位置 C_1D；当曲柄由 AB_1 转过（180° $+\theta$）到达 AB_2 时，连杆位于 B_2C_2，与曲柄的延长线共线，摇杆则向右摆动 ψ 角，到达右极限位置 C_2D，完成了工作行程。工作行程所用时间 $t_1=\dfrac{180^\circ+\theta}{\omega_1}$，摇杆上 C 点的平均速度 $v_1=\dfrac{C_1C_2}{t_1}$。不难看出，θ 为从动件摇杆处于两极限时曲柄与连杆两共线位置之间所夹的锐角，称为极位夹角。曲柄由 AB_2 继续转过（180°－ θ）回到 AB_1 时，摇杆则向左摆动 ψ 角，到达左极限位置 C_1D，完成了返回行程。返回行程所用时间 $t_2=\dfrac{180^\circ-\theta}{\omega_1}$，摇杆上 C 点的平均速度 $v_2=\dfrac{C_2C_1}{t_2}$。

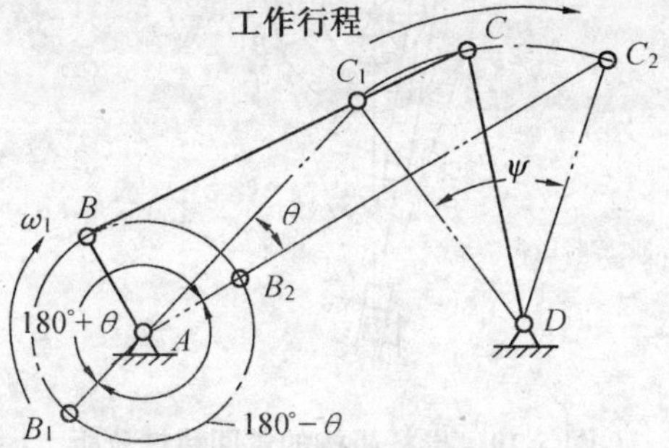

图 5-27　急回特性分析

因为(180°$+\theta$)>(180°$-\theta$)，即 $t_1>t_2$，所以摇杆速度 $v_2>v_1$。这种当主动件等速转动时，作往复运动的从动件在返回行程中的平均速度大于工作行程中的平均速度的特性，称为**急回特性**。急回特性的程度，可用 v_2 和 v_1 的比值 K 来表达。K 称为**行程速度变化系数**（或急回特性系数），即

$$K=\frac{v_2}{v_1}=\frac{C_2C_1/t_2}{C_1C_2/t_1}=\frac{t_1}{t_2}=\frac{(180^\circ+\theta)/\omega_1}{(180^\circ-\theta)/\omega_1}=\frac{180^\circ+\theta}{180^\circ-\theta} \tag{5-5}$$

可见，行程速度变化系数 K 与极位夹角 θ 有关。若 $\theta=0^\circ$ ，说明机构没有急回作用。当 $\theta>0^\circ$ ，则 $K>1$，机构具有急回作用。θ 越大，K 值愈大，则急回作用愈大。但机构的传动平稳性下降。在设计具有急回特性的连杆机构时，一般先根据工作要求预先选定 K 值，然后算出极位夹角 θ，再设计机构尺寸。θ 值可由式（5-5）推得

$$\theta=180^\circ \ \frac{K-1}{K+1} \tag{5-6}$$

通常取 $K=1.2\sim2.0$。

2. 摆动导杆机构的急回特性

与上述方法相似，作出图 5-28 所示的摆动导杆机构中导杆的两个极限位置。当曲柄 AB 按图示转向由 AB_1 转过 $\varphi_1=180^\circ+0$，至 AB_2 时，导杆 CD 由左极限位置 CD_1 到达右极限位置 CD_2，此为工作行程。当曲柄继续转过 $\varphi_2=180^\circ-\theta$，即由 AB_2 转回到 AB_1 时，导杆由 CD_2 回到 CD_1，此时为空行程。由于 $\varphi_1>\varphi_2$，曲柄又做匀速转动，所以回程所需的时间较短，机构具有急回特性。

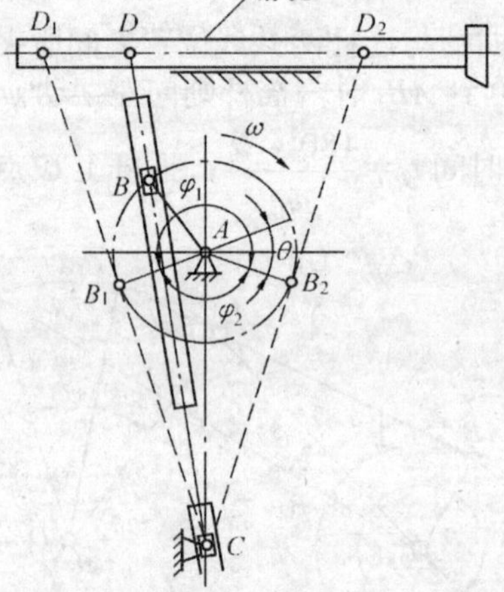

图 5-29　导杆机构的急回特性分析

若机构应用于牛头刨床，则工作行程中刨刀进行切削，空回行程时刨刀急回，正符合生产要求，节省非生产时间。

摆动导杆机构的急回特性系数 K 和极位夹角 θ 之间的关系，仍由公式（5-5）或（5-6）表达。对于摆动导杆机构，**极位夹角 θ** 是当导杆处于两极限位置时，曲柄两对应位置间所夹的锐角。极限位置时曲柄与导杆相垂直，这一几何条件决定了极位夹角不可能等于零。所以，摆动导杆机构必有急回作用。

例 5-2　图 5-22 所示的牛头刨床的导杆机构中，已知机架 L_{AB}=700 mm，曲柄 L_{BC}=350 mm，试求：①滑枕 6 的行程速度变化系数 K；②若要求 K=1.4，曲柄长度应调整为多少？

解　摆动导杆机构由左极限位置 AC_2 到右极限位置 AC_1，又回到 AC_2 往返一次，即为滑枕 6 往复一次。因此，摆动导杆机构的行程速度变化系数即为滑枕的 K。由图中的虚线可知，极位夹角 θ 等于摆角 ψ，因此

（1）$\sin\dfrac{\psi}{2}=\dfrac{l_{BC}}{l_{AB}}=\dfrac{350}{700}=0.5$　　$\dfrac{\psi}{2}=30°$

$$\theta=\psi=60°$$

$$K=\frac{180°+\theta}{180°-\theta}=\frac{180°+60°}{180°-60°}=2$$

（2）由式（5-6）变换得 $\theta=\dfrac{K-1}{K+1}\times 180°=\dfrac{1.4-1}{1.4+1}\times 180°=30°$

$$l_{BC}=l_{AB}\sin(\psi/2)=700\sin(30°/2)=181.2\text{ mm}$$

5.3.2　传力特性

实际使用的连杆机构，不但要保证实现预定的运动，而且要求传动时轻便省力，效率高，即要求具有良好的传动性能。因此需要分析压力角和死点的问题。

1. 压力角与传动角

在图 5-29 所示的曲柄摇杆机构中，设曲柄 AB 为主动件，摇杆 CD 为从动件。若不考虑构件的重力、惯性力和构件间的摩擦力等因素影响，可将连杆 BC 看成是二力构件，那么，主动件曲柄经连杆传递到从动件摇杆上 C 点的力 P，与受力点 C 点的运动速度 v_C 之间所夹的锐角 α，称为**压力角**。

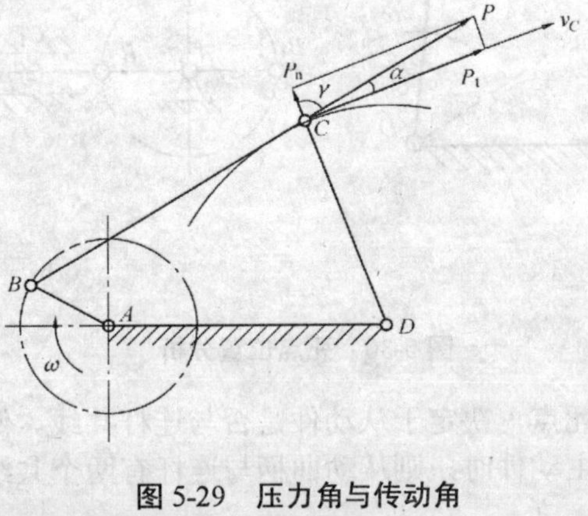

图 5-29　压力角与传动角

将力 P 沿速度 v_C 方向分解，分力 $P_t=P\cos\alpha$ 是推动摇杆 D 转动的有效分力，这个力愈大，对传动愈有利。为了度量方便，常用力 P 与分力 P_n 之间的夹角 γ 来衡量机构的传动性能，γ 称为**传动角**。它与压力角互为余角，即 $\gamma+\alpha=90°$。分力 $P_n=P\sin\alpha$ 不能推动摇杆转动，反而使铰链 C、D 的径向压力增大，磨损加剧，降低机构传动效率。因此，希望压力角不能太大或传动角不能太小，为使机构具有良好的传动性能，要求机构在工作行程中的最小传动角 γ_{min} 满足下列条件：

$$\gamma_{min} \geqslant 40° \sim 50°$$

式中的角度，轻载时取小值，重载时取大值。

为便于检验，必须找出机构在什么位置可能出现最小传动角 γ_{min}。分析图 5-29 可知，一般地，曲柄摇杆机构的 γ_{min} 将出现在曲柄与机架共线的两个位置之一。

对于图 5-22 以曲柄为主动件的导杆机构，在不考虑摩擦时，由于滑块对导杆的作用力总是与导杆垂直，而导杆上力作用点的速度方向总是垂直于导杆，因此压力角 α 总是等于零，传动角 γ 总等于 90°。所以导杆机构的传动性能很好。

2. 死点位置

曲柄摇杆机构中，若摇杆为主动件（见图 5-30a），当摇杆处于两个极限位置 C_1D 和 C_2D 时，连杆传给曲柄的作用力 P 通过曲柄的转动中心 A，压力角 α 等于 90°（这里是不可避免的），因而不能产生力矩，此时，机构将不能驱动。同时，曲柄 AB 转向也不能确定，即不一定按需要的方向转动，出现“顶死”现象。机构的这种极限位置称为**死点位置**。此外，机构在死点位置时由偶然外力的影响，也可能使曲柄转向不定。

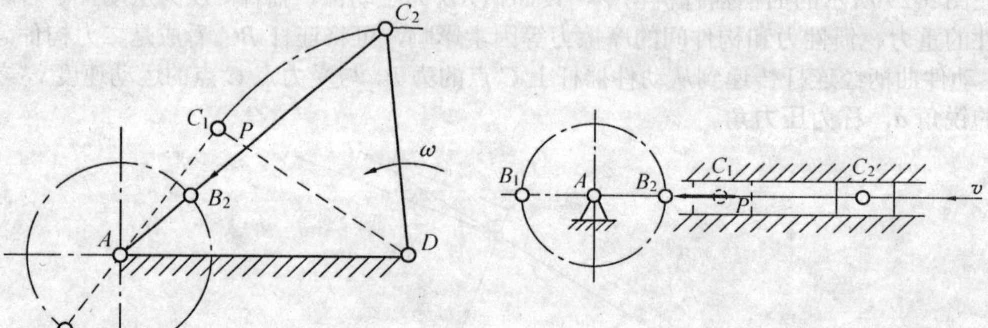

图 5-30 死点位置分析

四杆机构中是否存在死点，决定于从动件是否与连杆共线。例如图 5-30b 所示的曲柄滑块机构，如果以滑块作主动件时，则从动曲柄与连杆有两个共线位置，因此该机构存在死点位置。但是以上两例如果均以曲柄为主动件时，则两机构都不存在死点位置。

机构的死点位置常使机构的从动件无法运动或出现运动不确定现象。对于传动机构是不利的，为使机构能顺利通过死点位置而正常运转，一般采用安装飞轮的办法，利用惯性通过死点。也可采用机构错位排列的方法，图 5-31 所示为蒸汽机车车轮联动机构，它是使两组机构的死点位置相互错开，靠位置差的作用通过各自的死点位置。

在工程实践中，有时还要利用死点位置来实现一定的工作要求。如图 5-32 所示的工件夹紧装置，就是利用死点位置进行工作的。当工件被夹紧时，*BCD* 成一条直线，机构处于死点位置。此时移去手柄上的力 *F* 时，不论工件的反作用力有多大，机构都不可能运动。从而保证了机构的夹紧作用。欲使工件松开，则必须在手柄 2 上施加一个与 *F* 力反向的力。

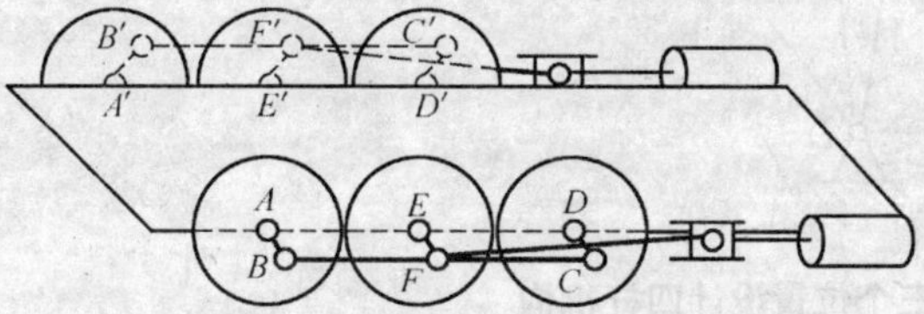

图 5-31　机构错位排列

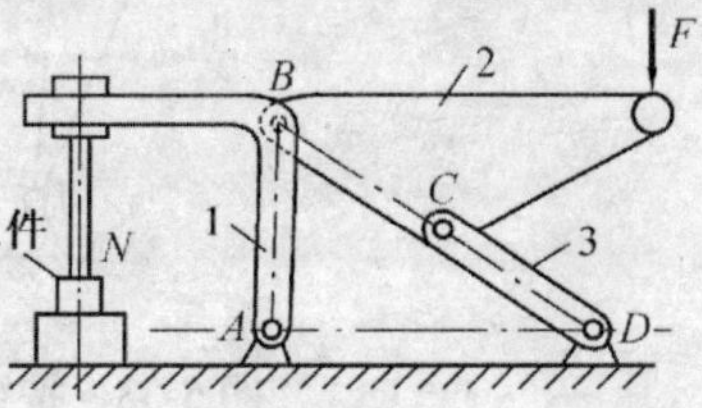

图 5-32　工件夹紧装置

5.4　平面四杆机构的运动设计

平面四杆机构运动设计的基本问题是：根据机构工作要求，结合附加限定条件，确定绘制机构运动简图所必需的参数，包括各构件的长度尺寸及运动副之间相对位置。

平面四杆机构运动设计的方法有图解法、实验法和解析法。解析法精确，但设计繁杂；图解法几何关系清晰、实验法直观简便，其精度可以满足工程需要。本节主要介绍图解法。

5.4.1　按给定的连杆位置设计平面四杆机构

这类设计问题按给定条件分为两种情况。

1. 按给定的连杆三个位置进行设计

已知铰链四杆机构中连杆的长度及三个预定位置，要求确定四杆机构的其余构件尺寸。

分析　问题的关键是确定两连架杆与机架组成转动副的中心 *A*、*D*。

由于连杆在依次通过预定位置的过程中，*B*、*C* 点轨迹为圆弧，此圆弧的圆心即为连架杆与机架组成转动副的中心。由此可见本设计的实质是已知圆弧上三点求圆心。如图 5-33

所示。设计步骤如下所示。

（1）选择适当的比例尺 μ_L，绘出连杆三个预定位置：B_1C_1、B_2C_2、B_3C_3。

（2）求铰链点 A、D。连接 B_1B_2 和 B_2B_3，分别作中垂线 b_{12} 和 b_{34}，交点即为铰链 A 的中心。同理可得铰链 D 的中心。

（3）连接 AB_1、C_1D 和 AD，则 AB_1C_1D 即为所求的四杆机构。各构件实际长度分别为 $L_{AB}=\mu_L \cdot AB_1$，$L_{CD}=\mu_L \cdot C_1D$，$L_{AD}=\mu_L \cdot AD$。

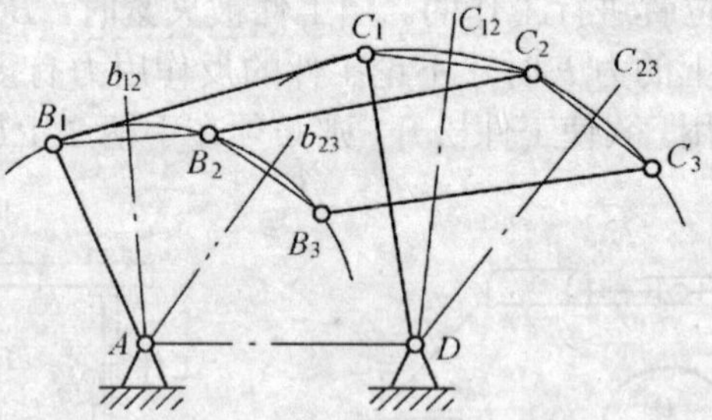

图 5-33 按给定的连杆三个位置设计四杆机构

有时仅给连杆的两个预定位置，这样，铰链 A、D 的中心可分别在 b_{12} 或 c_{12} 上取任意点，得到无数解。实际上，要结合结构、最小传动角、铰链四杆机构的形式所限定的相对尺寸条件等方面的要求，综合考虑确定。

2. 按照给定的两连架杆的对应位置进行设计

在图 5-34 的铰链四杆机构中，已知连架杆 AB 与机架 AD 的长度，以及两连架杆的两组对应位置；当连架杆 AB 处于 AB_1、AB_2 位置（角度 φ_1 和 φ_2）时，另一连架杆 CD 应在 DE_1 和 DE_2 两个位置（角度 ψ_1 和 ψ_2），要求确定该四杆机构各构件的尺寸。

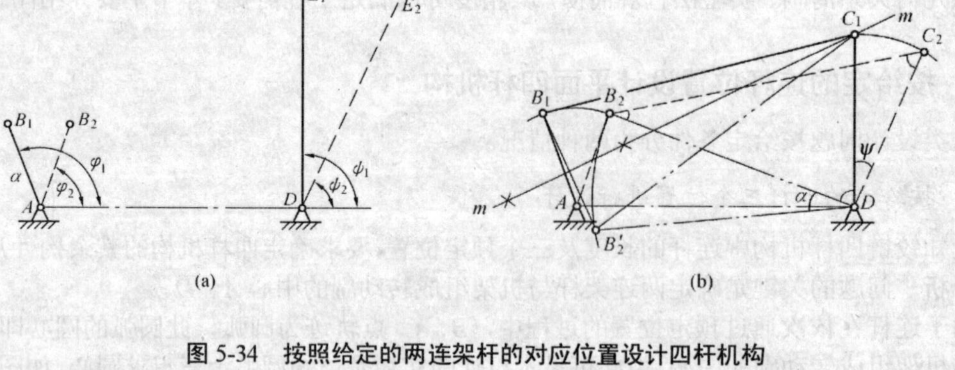

图 5-34 按照给定的两连架杆的对应位置设计四杆机构

分析　首先我们假定机构已作出，如图 5-35b 所示。为求得解法，我们先分析已有机构，在机构的第二位置想将 B_2 与 D 连接起来，并与连杆 B_2C_2、连架杆 C_2D 组成一不变的三角形 B_2DC_2，然后令这个不变形的三角形绕 D 点转动，使边 C_2D 与 C_1D 重合，转动后，三角形的 B_2 点移至 B_2'。由于 B_1C_1 与 $B_2'C_1$ 均代表着同一连杆的长度，故 C_1 点必位于 B_1B_2' 连线的中垂线上。于是只要找出 B_1、B_2 两点，就可确定 C_1 的位置。而 B_1 已知，可借助 $\alpha=\psi$ 与 $B_2'D=B_2D$ 两个关系来找出 B_2'，从而解决四杆机构 AB_1C_1D 的尺度综合问题。

例 5-3　如图 5-35 所示自动线上有一机械手，用回转油缸（图中未画出）并通过铰链四杆机构 $ABCD$ 来控制该机械手的位置。工作时要求：当油缸使 AB 杆处于 AB_1 和 AB_2 两位置时机械手应在对应的两位置 C_1D 和 C_2D（各角度如图）。现按照结构要求选定 AD 的长度 d=400 mm，AB 的长度 a=200 mm，试确定连杆 BC 和连架杆 CD 的长度 b 和 c。铰链中心取在机械手轴线位置上。

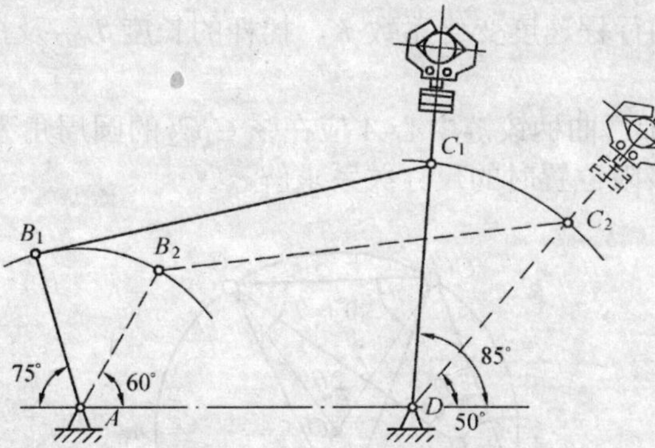

(a)

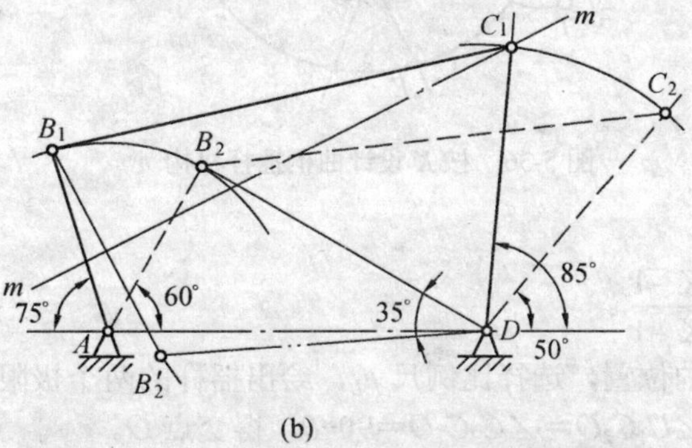

(b)

图 5-35　控制机械手两组对应位置的机构的设计

解　（1）选取比例尺 μ_L=10 mm/mm，作出两连架杆的两组对应位置 AB_1、AB_2 和 C_1D、

C_2D，如图 5-35b 所示。

（2）作$\angle B_2DB'_2=\angle C_1DC_2=85°-50°=35°$，并量取$DB'_2=DB_2$得$B'_2$点。

（3）作B_1、B'_2连线的中垂线mm，它与机械手轴线的交点C_1，就是连杆BC与连架杆CD的铰链中心，AB_1C_1D便是所要求的铰链四杆机构。

（4）由图上量得

$$B_1C_1=50\ \text{mm},\ C_1D=30\ \text{mm}$$

按比例尺换算出连杆BC和连架杆CD的长度b、c为

$$b=\mu_L\cdot B_1C_1=10\times50=500\ \text{mm}$$
$$c=\mu_L\cdot C_1D=10\times30=300\ \text{mm}$$

5.4.2 按照行程速度系数设计平面四杆机构

已知曲柄摇杆机构的行程速度变化系数K、摇杆的长度L_{CD}及摆角ψ，要求确定机构中其余构件尺寸。

分析 如图 5-36 所示，曲柄铰链中心A应在弦C_1C_2的圆周角为θ的辅助圆m上。求出A后可根据摇杆处于极限位置时的尺寸关系求解。

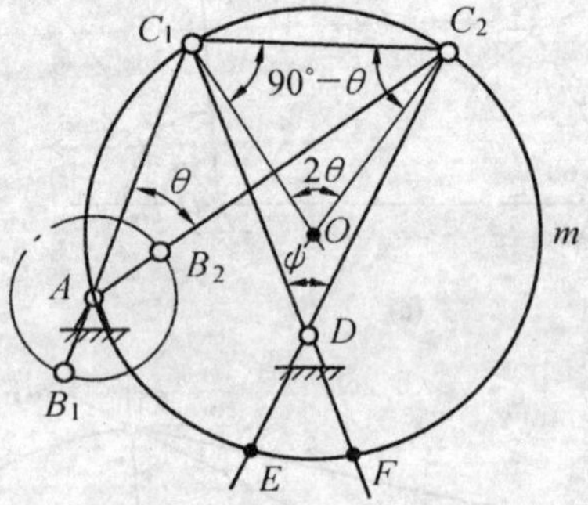

图 5-36 按K设计曲柄摇杆机构

设计步骤如下。

（1）求得$\theta=180°\ \dfrac{K-1}{K+1}$。

（2）任选转动副D的位置，选择比例尺μ_L，绘出摇杆的两个极限位置C_1D和C_2D。

（3）连接C_1C_2，作$\angle C_1C_2O=\angle C_2C_1O=90-\theta$，得交点$O$。

（4）以O为圆心，OC_1为半径作圆m，该圆周上任一点对弦$\overline{C_1C_2}$所对的圆周角均为θ，因此，结合考虑从动件工作行程方向和曲柄转向，在弧$\overset{\frown}{C_1E}$和$\overset{\frown}{C_2F}$上任选一点为曲柄AB的固定铰链中心A。显然，位置A的解有无数个，可根据曲柄长、连杆长、机架长以及γ_{min}

等附加条件确定。

（5）连接 C_1A 和 C_2A，C_1A 和 C_2A 分别为曲柄与连杆重叠和其延长线共线位置，$AC_1=B_1C_1-AB_1$，$AC_2=B_2C_2+AB_2$，经整理求得曲柄与连杆的长度，由图上量得机架 AD 长度，换算后得各构件实长 L_{AB}、L_{BC}、L_{AD}。

5.5　小　结

1．主要内容

平面四杆机构的基本形式及其演化形式；平面四杆机构的工作特性；平面四杆机构设计的基本问题。

2．重点、难点的提示

平面四杆机构的类型、特性及设计。

5.6　复习思考题

1．什么是平面连杆机构？它的主要优、缺点是什么？

2．平面四杆机构的基本形式有哪几种？各自的运动特性是什么？

3．在对心曲柄滑块机构的基础上，通过以不同构件为机架，可以得到哪些含有一个移动副的四杆机构？

4．机构的压力角和传动角是确定值还是变化值？它们对机构的传力性能有何影响？如何控制这种影响？

5．有曲柄的机构必有死点位置吗？在什么情况下可能存在平面四杆机构的死点位置？举出生产和生活中利用或克服死点的实例。

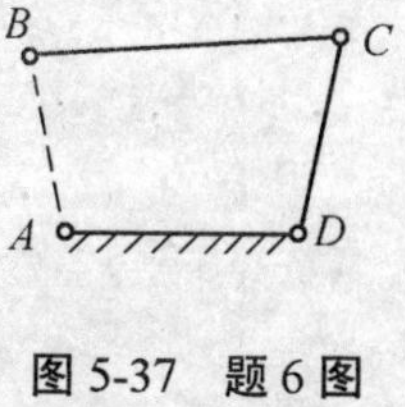

图 5-37　题 6 图

6．如图 5-37 所示的铰链四杆机构中，已知 $L_{BC}=50$ mm，$L_{CD}=35$ mm，$L_{AD}=30$ mm，AD 为机架。求：①若此机构为曲柄摇杆机构，且 AB 杆为曲柄，求 L_{AB} 的最大值；②若此机构为双曲柄机构，求 L_{AB} 的最小值；③若此机构为双摇杆机构，求 L_{AB} 的数值。

7．铸工车间震实式造型机翻台机构如图 5-38 所示，用以将砂箱作 180° 翻转。已知翻台的两个位置（实线和虚线），并限定机架上两铰链中心的位置在 mm 直线上选取（附加条件），试对此铰链四杆机构进行设计。

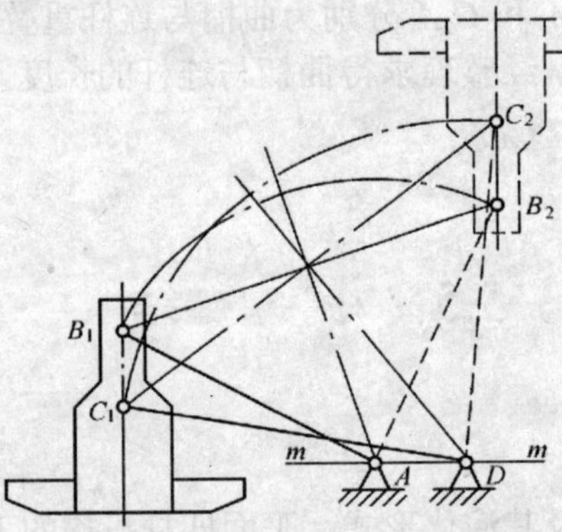

图 5-38 题 7 图

8. 试根据下列各图中所标明的各构件尺寸判定它们为何种类型的铰链四杆机构？可否采用不同构件为机架的方法，将图 5-39b、c 所示的机构演化出双曲柄机构？

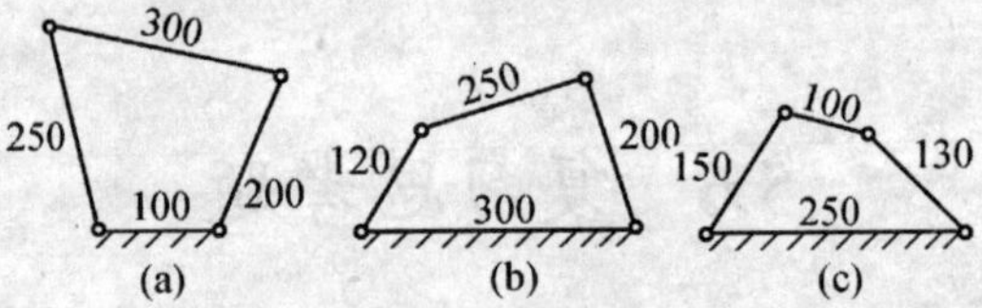

图 5-39 题 8 图

9. 如图 5-40 所示的压力机，构件 $AB=20$ mm，$BC=265$ mm，$CD=CE=150$ mm，$L_2=150$ mm，$L_1=300$ mm。要求：(1) 按适当的比例画出机构简图；(2) 作出冲头 E 的两极限位置，并从图中量出冲头的行程。

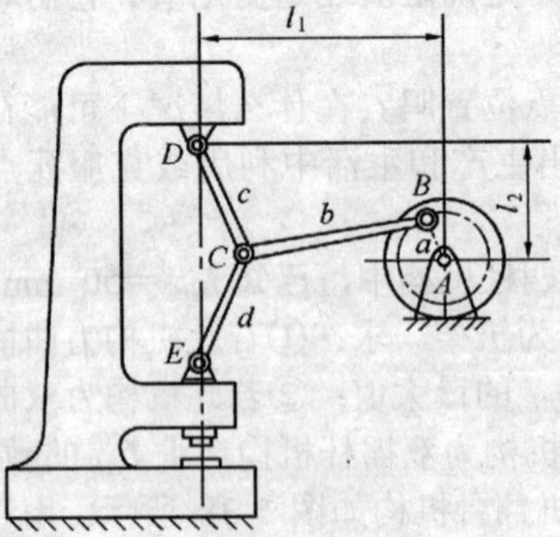

图 5-40 题 9 图

10. 在图 5-41 所示的机构中，已知各机构尺寸为 $L_{AB}=30$ mm，$L_{BC}=55$ mm，$L_{CD}=40$ mm，$L_{DE}=20$ mm，$L_{EF}=60$ mm。试用图解法求出：

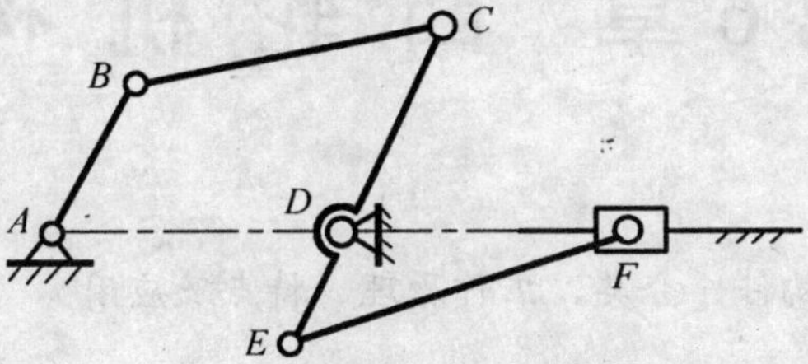

图 5-41　题 10 图

（1）滑块 F 往返行程的平均速度是否相同？其行程速度变化系数 K 为多大？
（2）滑块 F 处最小传动角 γ_{min} 之值？
（3）滑块的行程 s 为多少？

第6章　凸 轮 机 构

学习目标

理解凸轮机构的组成构件、分类、工作原理、特点及应用。

6.1　概　　述

6.1.1　凸轮机构的应用和分类

在某些机械中，为获得比较复杂的运动规律，常应用凸轮机构。如图 6-1 所示内燃机配气机构，凸轮 1 以等角速度 ω 回转，驱动从动件 2 作上下运动，从而有规律地开启或关闭气阀。凸轮轮廓的形状决定了气阀开启或关闭的时间长短及其速度、加速度的变化规律。

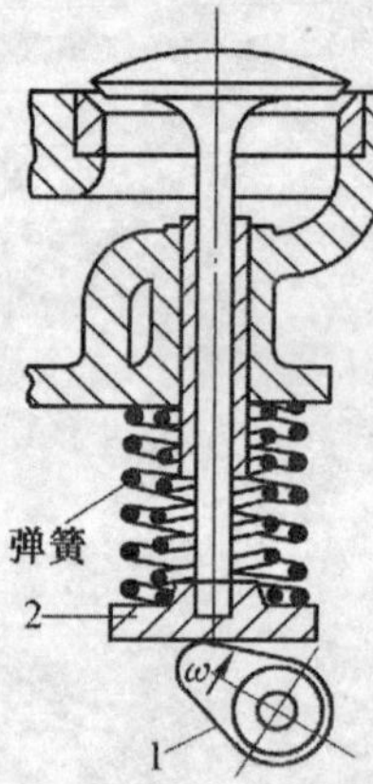

图 6-1　盘状凸轮机构（内燃机配气机构）

凸轮机构由凸轮、从动件和机架三个基本构件组成。凸轮与从动件间的运动副为高副，由此可将主动件凸轮的连续转动或移动转换为从动件的移动或摆动。

凸轮机构的类型很多，通常按凸轮和从动件的形状、运动形式分类。

1. 按凸轮的形状和运动分类

（1）盘形凸轮。它是绕固定轴转动且变化向径的盘形零件（见图 6-1 中的凸轮 1），是凸轮最基本的形式。

（2）移动凸轮。这种凸轮外形通常呈平板状（见图 6-2 中的凸轮 1），可视作回转中心趋于无穷远时的盘形凸轮。

（3）圆柱凸轮。将移动凸轮卷成圆柱体即成圆柱凸轮（见图 6-3 中的凸轮 1）。

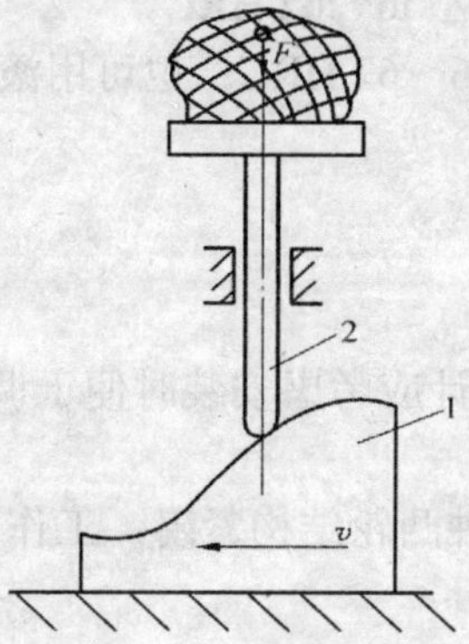

图 6-2　移动凸轮机构

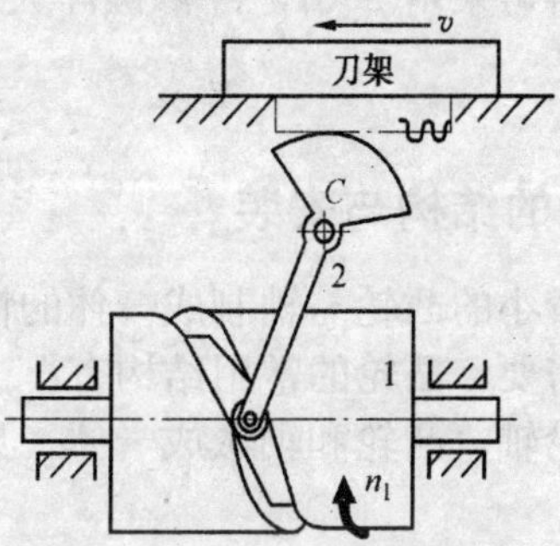

图 6-3　圆柱凸轮机构（进刀机构）

2. 按从动件端部结构分类

（1）平底从动件。如图 6-1 所示，从动件 2 的端部为一平底。这种从动件与凸轮轮廓接触处在一定条件下可形成油膜，利于润滑，传动效率较高，且传力性能较好，常用于高速凸轮机构中。

（2）尖顶从动件。如图 6-2 所示，从动件 2 的端部为尖顶。这种从动件构造最简单，其尖顶能与外凸或内凹轮廓接触，可以实现复杂的运动规律。但尖顶易磨损，用于低速、轻载场合。

（3）滚子从动件。如图 6-3 所示，从动件 2 的端部装有可自由转动的滚子，它与凸轮相对运动时为滚动摩擦，因此阻力、磨损均较小，可以承受较大的载荷，应用较广。

3. 按从动件运动形式分类

按从动件运动形式分类，可分为直动从动件（见图 6-1，图 6-2）和摆动从动件（见图 6-3）两种。凸轮机构中，采用重力（见图 6-2）、弹簧力（见图 6-1）使从动件端部与凸轮始终相接触的方式称**力锁合**；采用特殊几何形状实现从动件端部与凸轮相接触的方式称为**形锁合**（见图 6-3）。

凸轮机构简单、紧凑，能方便地设计凸轮轮廓以实现从动件预期运动规律，广泛用于自动化和半自动化机械中作为控制机构。但因凸轮轮廓与从动件间为点、线接触而易磨损，因而不宜承受重载或冲击载荷。

6.1.2 凸轮和滚子的材料

凸轮机构的主要失效形式是磨损和疲劳点蚀，这就要求凸轮和滚子的工作表面硬度高、耐磨并且有足够的表面接触强度，对于经常受到冲击的凸轮机构要求凸轮芯部有较大的韧性。低速、中小载荷的一般场合，凸轮常用 45 钢、40Cr 表面淬火（硬度 40～50HRC），亦可采用 15 钢、20Cr、20CrMnTi，经渗碳淬火，硬度达 56～62 HRC。

滚子材料可采用 20Cr，经渗碳淬火，表面硬度达 56～62 HRC；也可用滚动轴承作为滚子。

6.1.3 凸轮的结构与安装

除尺寸较小的凸轮与轴制成一体的情况外，结构设计应考虑安装时便于调整凸轮与轴相对位置的需要。凸轮的常用结构有：

（1）凸轮轴。凸轮和轴做成一体（见图 6-4）。这种凸轮结构紧凑，工作可靠。

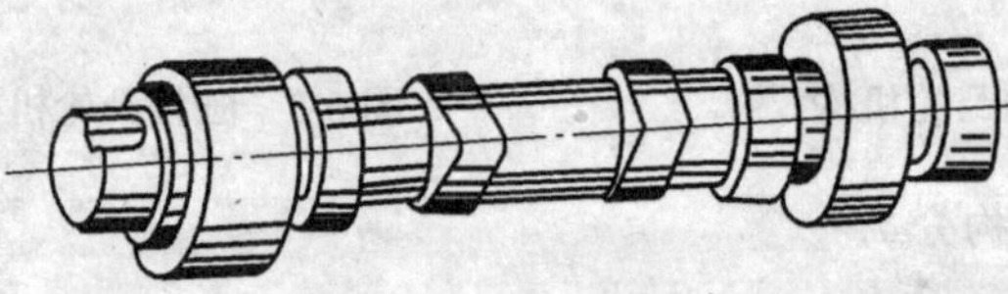

图 6-4 凸轮轴

（2）整体式。图 6-5 所示为整体凸轮，用于尺寸无特殊要求的场合。轮毂尺寸推荐值为 $d_1=(1.5\sim2.0)d_0$，$L=(1.2\sim1.6)d_0$（d_0 为凸轮孔径）。

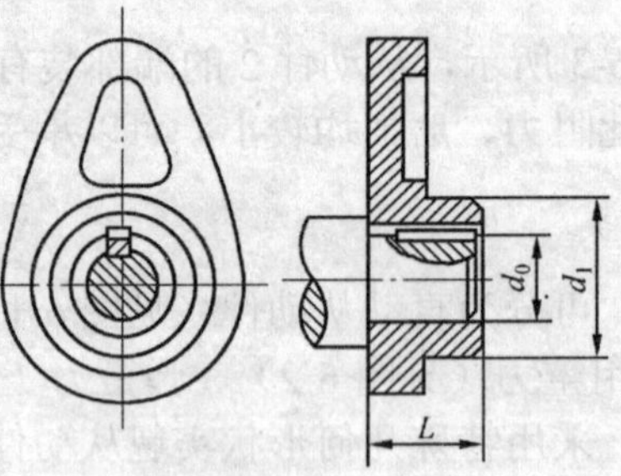

图 6-5 整体式凸轮轴

（3）镶块式。如图 6-6 所示为镶块式凸轮，由若干镶块拼接，固定在鼓轮上。鼓轮上制有许多螺纹孔，供固定镶块时灵活选用。这种凸轮可以按使用要求更换不同轮廓的镶块以适应工作情况的变化，适用于需要常变换从动件运动规律的场合。

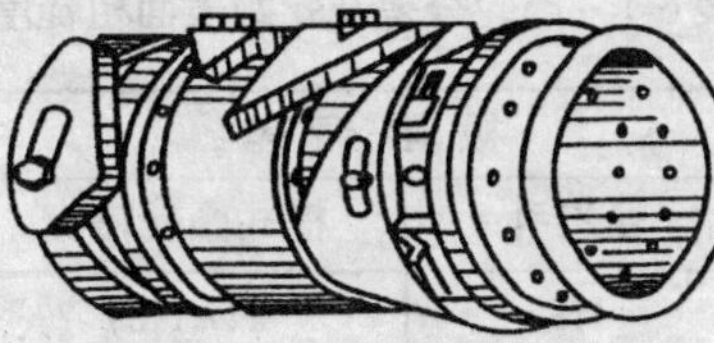

图 6-6　镶块式凸轮图

（4）组合式。如图 6-7 所示，组合式凸轮用螺栓将凸轮与轮毂连成一体，可以方便地调整凸轮与从动件起始的相对位置。

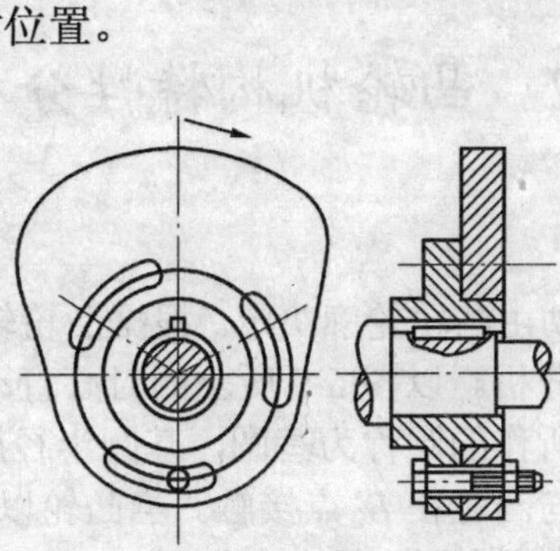

图 6-7　组合式凸轮

凸轮在轴上的固定，除采用键联接外，也可采用紧定螺钉和圆锥销固定，如图 6-8a 所示，初调用紧定螺钉定位，然后用圆锥销固定；图 6-8b 所示采用开槽锥形套固定，调整灵活，但传递转矩不能太大。

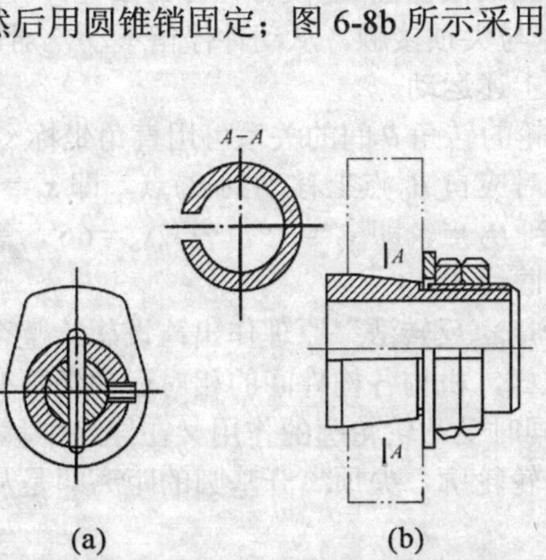

图 6-8　盘状凸轮在轴上的固定

凸轮的常用制造公差和表面粗糙度可参考表 6-1 选取。

表 6-1　凸轮公差及轮廓表面粗糙度

凸轮精度	极限偏差			表面粗糙度 Ra/μm	
	向径/mm	基准孔	槽式凸轮槽宽	盘形凸轮	槽式凸轮
高精度	±(0.05～0.10)	H8	H7(H8)	0.4	0.8
一般精度	±(0.10～0.20)	H7(H8)	H8	0.8	1.6
低精度	±(0.20～0.50)	H8	H8(H9)	1.6	1.6

6.2　凸轮机构特性分析

6.2.1　凸轮机构的运动分析

凸轮机构中，从动件的运动由凸轮轮廓决定。根据凸轮轮廓分析从动件的位移、速度、加速度，称为凸轮机构的**运动分析**。以图 6-9 所示的对心直动尖顶从动件盘形凸轮机构为例，以凸轮的最小向径为半径所作的圆称为**基圆**，基圆半径用 r_b 表示。图示位置是从动件处于上升的起始位置，其尖顶与凸轮在 B_0 点接触。当凸轮以角速度 ω 逆时针回转 θ_{01} 时，从动件被凸轮推动，以一定运动规律到达最高点位置 B，从动件在这一过程中经过的距离 h 称为**推程**，对应的凸轮转角 θ_{01} 称为**推程角**。当凸轮继续转过角度 θ_{fd} 时，以 O 为圆心的圆弧 BD 与尖顶接触，从动件在最高位置静止不动，θ_{fd} 称为**远停程角**。凸轮再继续回转，从动件以一定运动规律下降到最低位置，这段行程称为**回程**，对应的凸轮转角 θ_{02} 称为**回程角**。凸轮继续回转，圆弧 D_0B_0 与尖顶接触，从动件停留不动，对应的转角 θ_{nd} 为**近停程角**。凸轮继续回转，从动件重复上述运动。

从动件的位移 s 与凸轮的转角 θ 间的关系可用直角坐标 s-θ 图表示。当凸轮转过 θ_1（横坐标 1 位置）时，从动件对应自 B_0 点上移动到 B_1 点，即 $s_1=11'$；当凸轮转过 θ_2（横坐标 2 位置）时，从动件上移到 B_2 点，即 $s_2=22'$，…，$s_6=66'$，等等。显然，依此规律可以逐点画出从动件运动的位移曲线。

位移线图（s-θ）也可用“反转法”原理作出：设想给整个凸轮机构加上绕凸轮轴心 O 的反向角速度（$-\omega$），这样，机构各构件间的相对运动仍不变，但凸轮变为不动，而从动件则以$-\omega$ 绕 O 点转动，同时受凸轮轮廓的作用又在导路中移动。反转中尖顶的运动轨迹（1′，2′，3′，…）就是凸轮轮廓，尖顶离开基圆的距离即是从动件的位移。位移线图的作图步骤可概括如下。

（1）将图 6-9a 的推程角和回程角沿$-\omega$ 方向分成若干等份，在基圆上得 1，2 等点。

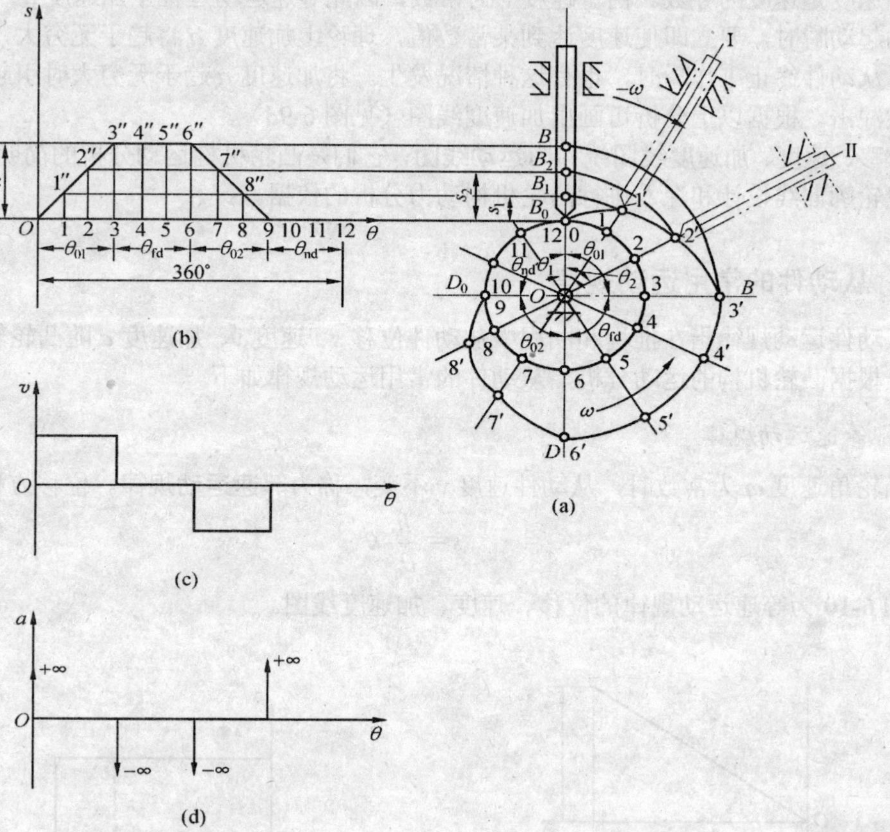

图 6-9　对心直动尖顶从动件盘形凸轮机构运动分析

（2）从凸轮轴心 O 向各等分点作连线并将其延长，得各连线与凸轮轮廓的交点 1′，2′ 等点。

（3）以从动件的位移 s 为纵坐标，凸轮的转角 θ（或对应时间 t）为横坐标，并将横坐标分成与图 6-9a 对应的区间和等分。过各等分点 1，2 作横坐标的垂线，在这些垂线上量取各个位移量，即取 11″＝11′，22″＝22′，…，得 1″，2″等点。

（4）用圆滑曲线连接 0、1″，2″等点即得位移线图，即 s-θ 图（见图 6-9b）。

根据位移线图（s-θ 图）的每一行程区间的曲线图形，运用数学知识，可以画出速度线图（v-θ 图）和加速度线图（a-θ）。

图 6-9 示例中，凸轮角速度 ω 为常数，推程时位移线图为一斜直线，可以推知，从动件的速度是恒定值，故这一段运动规律称为等速运动规律。同理，回程亦为等速运动，只是速度方向相反，停程时速度为零，据此可画出速度线图（见图 6-9c）。

加速度是速度的导数。由于速度 v 为常数，因此等速运动过程中加速度 $a=0$，但在等速运动起动瞬时，要立即使速度达到某常数值，理论上加速度 a 将趋于无穷大，从而引起冲击；从动件终止工作瞬时，也有这种情况发生。将加速度 a 趋于无穷大时引起的冲击称为刚性冲击。根据以上分析可画出加速度线图（见图 6-9d）。

位移、速度、加速度线图统称为**运动线图**，它们是凸轮机构运动分析的简明表达形式，是凸轮轮廓曲线设计和深入进行凸轮机构动力分析的依据。

6.2.2 从动件的常用运动规律

从动件运动规律指在推程和回程中从动件位移 s、速度 v、加速度 a 随凸轮转角变化的规律。根据凸轮机构的运动分析，从动件的常用运动规律如下。

1. 等速运动规律

凸轮角速度 ω 为常数时，从动件速度 v 不变，称为**等速运动规律**。位移方程可表达为

$$s=\frac{h}{\theta_0}\theta \tag{6-1}$$

图 6-10 为等速运动规律的位移、速度、加速度线图。

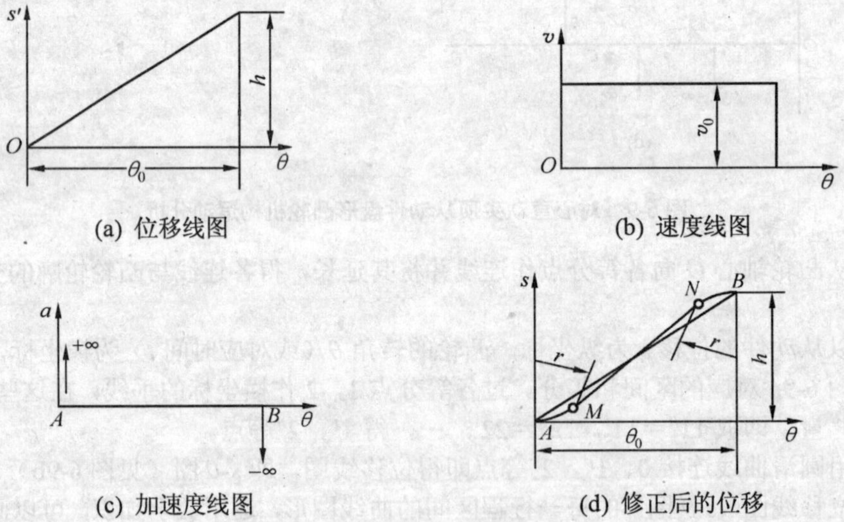

(a) 位移线图　(b) 速度线图

(c) 加速度线图　(d) 修正后的位移

图 6-10　等速运动规律线图

对于等速运动规律，运动起点和终点从动件的瞬时加速度 a 为无穷大，将产生刚性冲击。因此，应用于中、小功率和低速场合。为了避免刚性冲击，实际应用时常用圆弧或其

他曲线修正位移线图的始、末两端，如图 6-10d 所示。修正后的加速度 a 为有限值，此时引起的有限冲击称为**柔性冲击**。

2. 等加速、等减速运动规律

等加速、等减速运动规律，通常是指从动件在一个行程中，前半程作等加速运动，后半程作等减速运动，两部分加速度绝对值相等。前半程位移方程为

$$S=\frac{2h}{\theta_0^{\ 2}}\theta^2 \tag{6-2}$$

图 6-11 为等加速、等减速运动规律的位移、速度、加速度线图。等加速、等减速运动规律在运动起点 A、中点 B、终点 C 从动件的加速度突变为有限值，产生柔性冲击，用于中速场合。等加速、等减速运动规律的位移线图的做法如图 6-11a 所示。

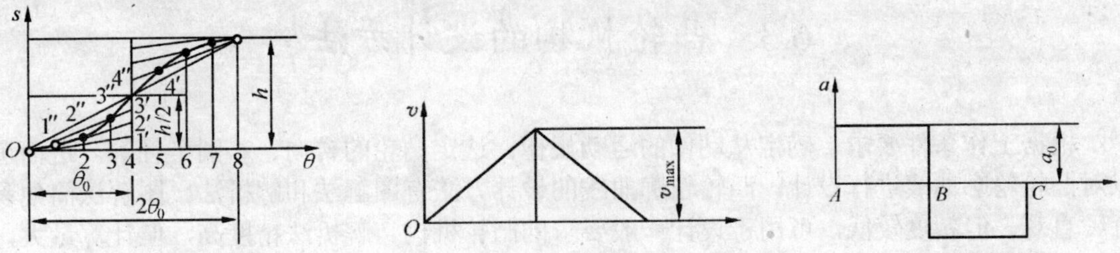

(a) 位移线图　(b) 速度线图　(c) 加速度线图

图 6-11　等加速、等减速运动规律线图

3. 余弦加速度运动规律

余弦加速度运动规律的加速度曲线为 1/2 个周期的余弦曲线，位移曲线为简谐运动曲线（又称简谐运动规律），位移方程为

$$s=\frac{h}{2}\left[1-\cos\left(\frac{\pi}{\theta_0}\theta\right)\right] \tag{6-3}$$

位移线图（s-θ 图）的作法可参见图 6-12a。速度线图和加速度线图见图 6-12b、c。余弦加速度运动规律在运动起始和终止位置，加速度曲线不连续，存在柔性冲击，用于中速场合。但对于升→降→升型运动的凸轮机构，加速度曲线变成连续曲线，则无柔性冲击，可用于较高速场合。

除以上介绍的三种常见的从动件运动规律外，按从动件的工作要求还有正弦加速度运动规律等。必要时可参阅有关资料。

在设计中，单一使用上述运动规律，往往难以同时满足机器对从动件运动特性的要求，此时，可以对这几种常用规律进行修正和组合使用，以保证凸轮机构能获得良好的运动及动力性能。

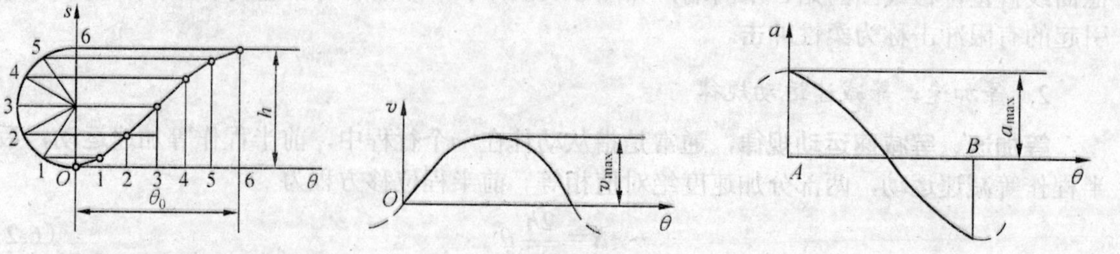

(a) 位移线图　　　　(b) 速度线图　　　　(c) 加速度线图

图 6-12　余弦加速度运动规律线图

6.3　凸轮机构的设计方法

根据工作条件要求，确定从动件的运动规律；选定凸轮的转向、基圆半径等，进而可以对凸轮轮廓曲线进行设计。凸轮轮廓曲线的设计方法有图解法和解析法。图解法简便易行、直观，但精度较低，可用于设计一般要求的凸轮机构。解析法精度高，但计算量大，多用于设计要求较高的凸轮机构。

6.3.1　图解法设计盘形凸轮轮廓曲线

凸轮机构工作时，主动凸轮以等角速度 ω_1 转动。用图解法设计盘形凸轮轮廓曲线时，给整个凸轮机构加上一个公共的角速度（$-\omega_1$）。根据相对运动原理，凸轮静止不动；从动件一方面随导路（即机架）以角速度（$-\omega_1$）绕轴 O 转动，另一方面又在导路中按预期的运动规律作往复移动。此时，凸轮机构中各构件间的相对运动并没有改变。由于从动件尖顶始终与凸轮轮廓相接触，从动件在这种复合运动中，其尖顶的运动轨迹即是凸轮轮廓曲线。这种利用与凸轮转向相反的方向逐点按位移曲线绘制出凸轮轮廓曲线的方法称为**反转法**，如图 6-13 所示。

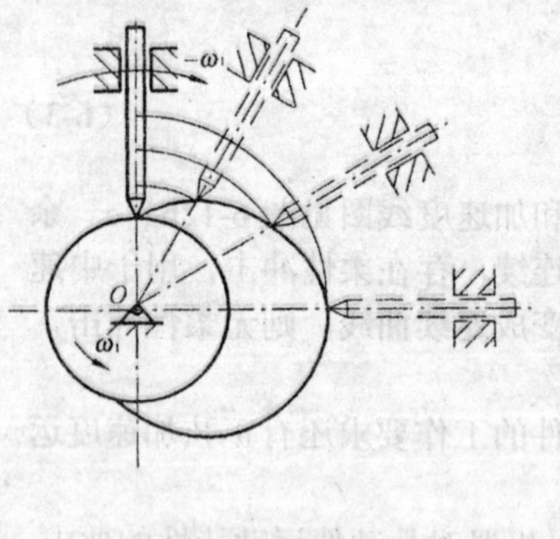

图 6-13　反转法原理

当从动件的运动规律给定后，按前述“反转法”作位移线图的逆过程，可以方便地绘出凸轮轮廓。

1. 尖顶对心直动从动件盘形凸轮轮廓的绘制

设凸轮逆时针转动，基圆半径 r_b＝40 mm，从动件运动规律如表 6-3 所示。

表 6-3　从动件运动规律

凸轮转角 θ	0°～120°	120°～180°	180°～300°	300°～360°
从动件运动规律	余弦加速度上升 20 mm	停止不动	等加速等减速下降至原位	停止不动

凸轮轮廓的绘制步骤如下。

（1）选择比例尺 μ_s、μ_θ，作位移线图。取位移比例尺 μ_s＝2 mm/mm，角度比例尺 μ_θ＝6°/mm。

按比例尺画出的位移图如图 6-14a 所示，沿横坐标轴将推程运动角和回程运动角分别分成若干等份，得 1，2，3，…，14 点。于是，获得与各转角相应的从动件位移，即 s_1＝11′，s_2＝22′，s_3＝33′，…。

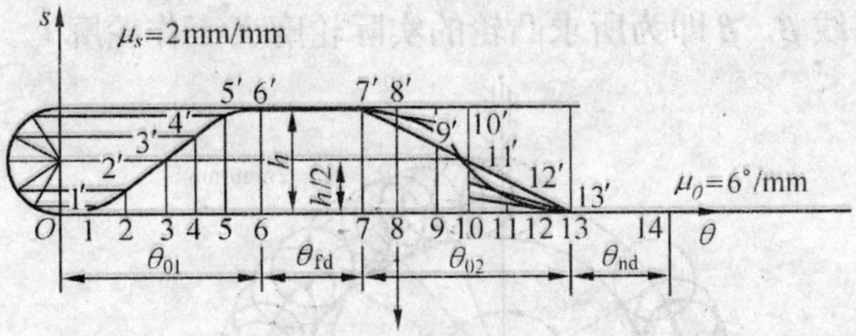

(a) 位移线图

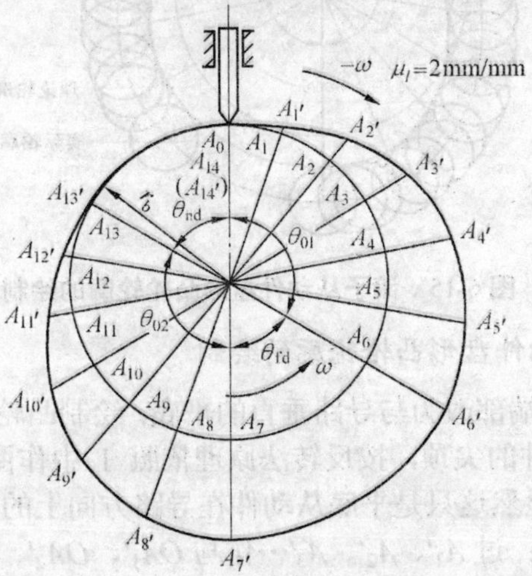

(b) 凸轮轮廓

图 6-14　对心直动尖顶从动件盘形凸轮轮廓的绘制

（2）选取长度比例尺μ_l画基圆。本题取$\mu_l=\mu_s$，以O为圆心，以$OA_0=\dfrac{r_b}{\mu_l}=\dfrac{40}{2}=20$ mm为半径作基圆。确定从动件尖顶起始位置为A_0，沿顺时针（$-\omega$）方向按s-θ图划分的角度将基圆分成相应的等分，得A_1、A_2、A_3、等点。

（3）连接OA、OA_2、OA_3…并延长各向径，取$A_1A_1'=s_1$，$A_2A_2'=s_2$，$A_3A_3'=s_3$，…，得A_1'、A_2'、A_3'、…点。

（4）圆滑连接A_0、A_1'、A_2'、A_3'、…、A_{14}'等点，其中A_6'至A_7'及A_{13}'到A_{14}'（即A_0）为停程，故只需以对应向径画圆弧。所得曲线即为所求凸轮轮廓（见图 6-14b）。

2. 滚子对心直动从动件盘形凸轮轮廓的绘制

如果将图 6-14 中的尖顶改成r_T（滚子半径）为 10 mm 的滚子，绘制凸轮轮廓时，需先将滚子中心A看做尖顶从动件的尖顶，按前述方法作出廓线β_0，β_0称为**理论轮廓**。如图 6-15 所示，在曲线β_0上选取一系列的点作为圆心，以$\dfrac{r_T}{\mu_l}=\dfrac{10}{2}=5$ mm为半径作一系列的圆，再作这些圆的内包络线β，β即为所求凸轮的实际轮廓（工作轮廓）。

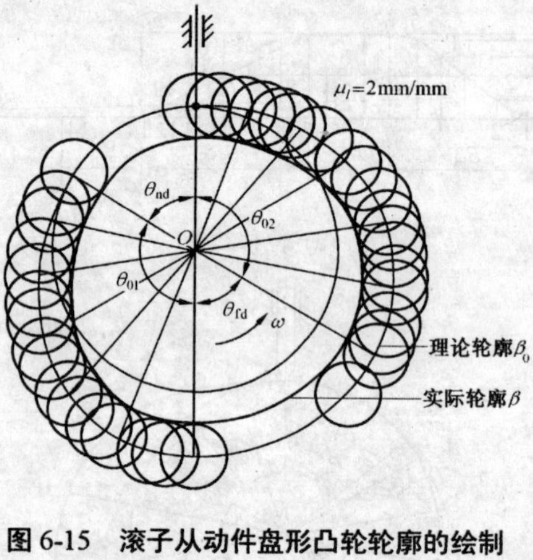

图 6-15 滚子从动件盘形凸轮轮廓的绘制

3. 对心直动平底从动件盘形凸轮轮廓的绘制

如果图 6-14 中从动件端部改为与导路垂直的平底，绘制凸轮轮廓时，可将导路与平底从动件的交点视作尖顶从动件的尖顶，按反转法原理依照 1 中作图步骤（1）、（2）、（3）得端点A_1'、A_2'、A_3'…，显然这只是平底从动件在导路方向上的高度位置，由于平底与导路垂直，因此步骤（4）应为：过A_1'、A_2'、A_3'…作与OA_1'、OA_2'、OA_3'、…相垂直的直线（平底）系列，作这些直线的包络线（该直线系列的内公切线），即得凸轮的实际轮廓β，如图 6-16 所示。显然，只要选点足够多，包络线就越趋圆滑，因而绘制出的实际轮廓亦越准确。

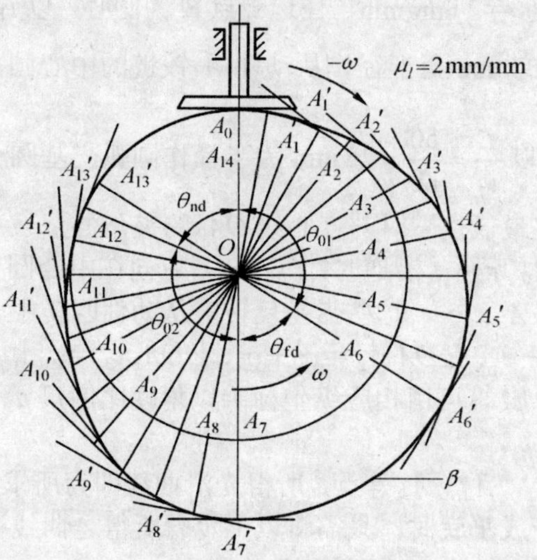

图 6-16　平底从动件盘形凸轮轮廓的绘制

4. 摆动从动件盘形凸轮轮廓的绘制

摆动从动件的位移是角位移 φ，故其位移线图为 φ-θ 图。凸轮轮廓的绘制方法仍依据反转法原理。设已知凸轮基圆半径 r_b＝30 mm，位移图如图 6-17a 所示；摆动从动件的长度 L＝50 mm，摆动从动件的回转中心与凸轮轴心的中心距 L_{OA}＝70 mm，凸轮顺时针转动，则作图步骤如下。

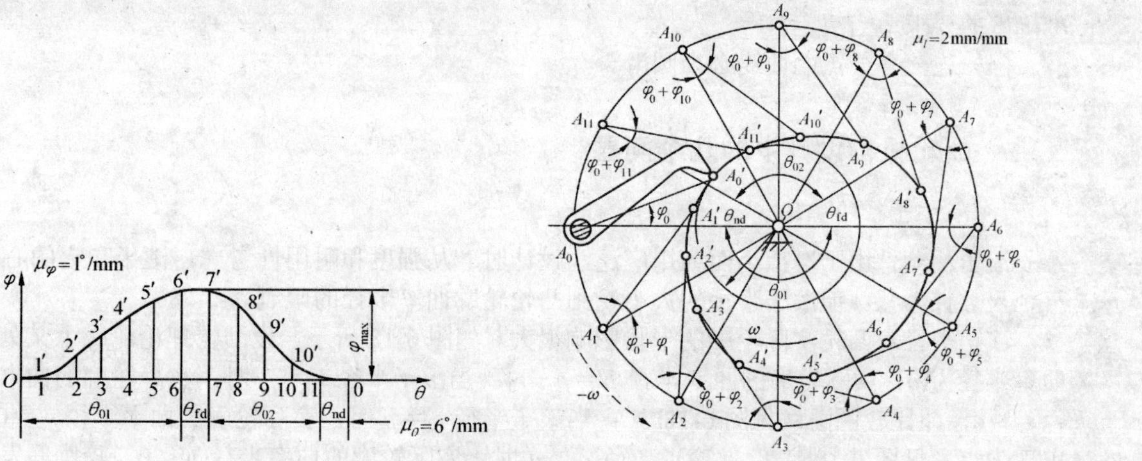

图 6-17　摆动从动件盘形凸轮轮廓的绘制

（1）选取长度比例尺 μ_l=2 mm/mm，任选一点 O 为圆心，以 r_b/μ_l=30/2=15 mm 为半径作基圆；再以 $\frac{L_{OA}}{\mu_l}=\frac{70}{2}=35$ mm 为半径作从动件 A 铰链的中心圆，并在中心圆上选定始点 A_0（习惯取水平位置）；以 $\frac{L}{\mu_l}=\frac{50}{2}=25$ mm 为半径作圆弧交基圆于 A_0'点，则 $\angle OA_0A_0'=\varphi_0$ 为初相角（摆动从动件在最低位置时与连心线 OA_0 的夹角）。

（2）用反转法，从 A_0 开始，沿逆时针（$-\omega$）方向在中心圆上取与图 6-17a 横坐标相对应的等分，得 A_1、A_2、A_3、…，这些点是反转时从动件回转中心 A 的各个对应位置。

（3）作 $\angle OA_1A_1'=\varphi_0+\varphi_1$、$\angle OA_2A_2'=\varphi_0+\varphi_2$、$\angle OA_3A_3'=\varphi_0+\varphi_3$，+…且使 $A_1A_1'=A_2A_2'=A_3A_3'=\cdots A_0A_0'$($\varphi_1$、$\varphi_2$、$\varphi_3$ 等可用相应纵坐标乘以角度比例尺 μ_φ 求得)，得 A_1'、A_2'、A_3'、等点。

（4）圆滑连接 A_0'、A_1'、A_2'、A_3'等点，所得光滑曲线即为所求凸轮轮廓（见图 6-17b）。当从动件端部结构为滚子或平底时，只需将以上步骤所得之曲线视为理论轮廓，并仿照直动滚子或平底从动件作图方法求出实际轮廓。

5. 用图解法绘制凸轮轮廓应注意的事项

（1）由于应用反转法绘制轮廓曲线，所以一定要沿“$-\omega$”方向在基圆周上按位移线图的顺序截取分点，否则将不符合给定的运动规律。

（2）从动件位移、基圆半径、偏距、滚子半径等，凡绘制同一轮廓的有关长度尺寸必须用同一长度比例尺画出。

（3）取分点越多所得的凸轮轮廓越准确，实际作图时取分点的多少可根据对凸轮做工准确度的要求适当决定。

（4）连接各分点的曲线必须圆滑。

6.3.2 凸轮机构设计中的几个问题

1. 滚子半径的确定

滚子从动件由于摩擦小而应用广泛。设计时若从强度和耐用性考虑，滚子和它的心轴直径尺寸宜大些。但滚子半径的大小受到凸轮轮廓曲率半径的限制。

滚子半径对凸轮实际轮廓的形状影响很大。如图 6-18 所示，设凸轮理论轮廓上某处的曲率半径为 ρ，实际轮廓的曲率半径 $\rho'=\rho-r_T$。当滚子半径 $r_T<\rho$ 时，实际轮廓的曲率半径 $\rho'>0$，即比较圆滑（见图 6-18a）；当滚子半径 $r_T=\rho$ 时，实际轮廓的曲率半径 $\rho'=0$，出现尖点（见图 6-18b）；当滚子半径 $r_T>\rho$ 时，实际轮廓的曲率半径 $\rho'<0$，轮廓线发生叠交（见图 6-18c），叠交阴影部分在实际加工过程中将被切去。工作时，这一部分的运动规律无法实现，这种现象称为运动失真为了避免实际轮廓变尖或运动失真，一般要求 $r_T<$

$0.8\rho_{min}$，凸轮轮廓的最小曲率半径 ρ_{min} 一般不小于 1～5 mm。

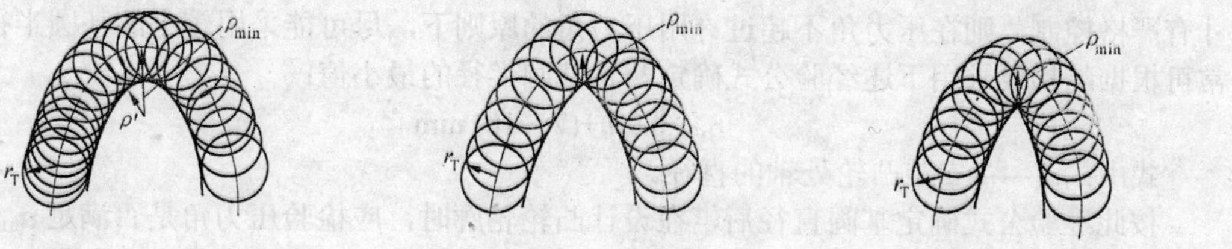

(a) 圆滑廓线（$\rho_{min}>r_T$）　(b) 出现尖点（$\rho_{min}=r_T$）　(c) 发生干涉（$\rho_{min}<r_T$）

图 6-18　滚子半径的选择

2. 压力角与许用值

如图 6-19 所示，为对心直动尖顶从动件盘形凸轮机构。F_Q 为作用在从动件上的载荷，凸轮以等角速度 ω 转动，他们之间所夹的锐角称之为凸轮机构的压力角 α。作用在从动件上的 F_n 力可分解为两个力。一个是延从动件运动方向的有效力 F'；另一个是使从动件压紧导路的有害分力 F''。根据受理分析得：$F'=F_Q\cos\alpha$；$F''=F_Q\sin\alpha$。由此可见，F' 及 F'' 的大小与压力角 α 有关。当 α 越大时有效分力 F' 越小，有害分力 F'' 越大，也就是说 F'' 所产生的从动件与导路之间的摩擦阻力越大，凸轮推动从动件越费力，因而凸轮机构运动不灵活、效率低。当 α 增大到某一数值时，由 F'' 引起的摩擦阻力超过了 F'。这是无论凸轮对从动件施加多大的驱动力，都不能推动从动件运动。此时，即称为凸轮机构的自锁。开始出现自锁时候的压力角称为**极限压力角** α_{lim}。在设计中为安全起见，规定了压力角的许用数值。一般情况下，

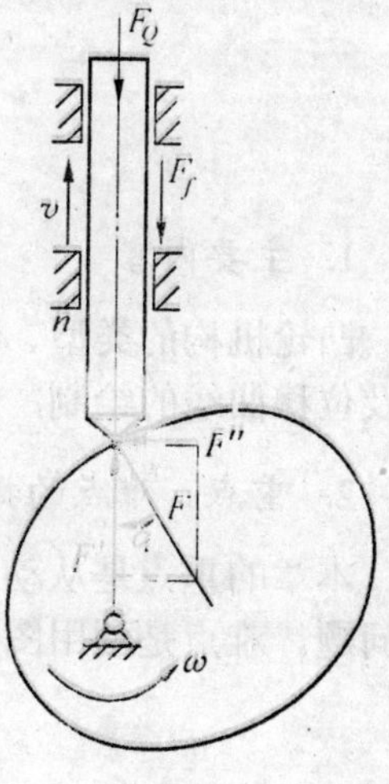

图 6-19　凸轮机构的压力角

直动从动件许用压力角[α]=30°～38°；

摆动从动件许用压力角[α]=40°～45°。

当从动件处于回程时，由于受载较小（一般仅受弹簧力或重力作用）同时希望从动件得到较大速度以节省回程时间。因此许用压力角[α]=70°～80°。

由以上分析可知：从凸轮机构传力性能的观点看来，压力角 α 越小越好。

3. 基圆半径的确定

当凸轮机构的运动规律确定之后，α 越小，基圆半径 r_b 越大，从而使整个机构的尺寸加大。欲使机构紧凑，则基圆半径就要小些，此时压力角 α 就要增大。但压力角的最大值不允许超过压力角的许用值[α]。因此在设计凸轮时，应兼顾机构受力情况好及机构紧凑这

两个方面。一般可根据设计条件，先确定凸轮基圆半径。如果对凸轮机构的结构尺寸没有严格要求，则凸轮基圆半径可取大一些，使机构受力情况好一些，如果对凸轮机构结构尺寸有严格控制，则在压力角不超过许用压力角的原则下，尽可能采用较小的基圆半径。通常可根据结构要求用下述经验公式确定凸轮基圆半径的最小值：

$$r_b \geqslant 0.9d_s+(7\sim10)\ \text{mm}$$

式中：d_s——安装凸轮处轴的直径。

按此经验公式确定基圆直径后，在设计凸轮轮廓时，应检验压力角是否满足 $\alpha_{\min}\leqslant[\alpha]$ 这个条件。若不满足则应加大基圆半径，重新绘制凸轮轮廓，直至满足上述条件。

如果结构允许，应适当增大凸轮基圆半径，以利于改善凸轮机构的受力状况，并能减小凸轮轮廓曲线制造误差的影响。

6.4 小 结

1. 主要内容

凸轮机构的类型、特点和适用场合，凸轮机构的常用材料及结构，从动件常见运动规律及位移曲线的绘制，凸轮机构的设计计算。

2. 重点、难点的提示

本章的重点是从动件的常用运动规律，尖顶、滚子从动件盘形凸轮。轮廓曲线的设计等问题。难点是利用图解法设计凸轮的轮廓。

6.5 复习思考题

1. 试选择下述工作情况下凸轮机构从动件的运动方式和端部结构，并简要说明理由：① 高速内燃机配气机构；② 缝纫机中的挑线机构；③ 靠模法加工控制刀具进给运动的凸轮机构。

2. 何谓理论轮廓？何谓实际轮廓？用实际轮廓线最小半径所作的圆是否一定是基圆？

3. 某凸轮机构的滚子损坏后，能否任选另一滚子来代替？为什么？

4. 影响压力角大小的因素有哪些？一般选择何处校验凸轮机构的压力角大小？

5. 用图解法求解下列问题，并在图中标出：

（1）如图 6-20a 所示，分别作出从动件在 A 和 B 处凸轮接触时机构的压力角 α_A、α_B，

并求出位移 s_A、s_B。

（2）如图 6-20b 所示，作出凸轮从图示位置转动 45° 时的机构压力角 α_A'，及从动件的位移 s_A'。

（3）试作出如图 6-20c 所示位置的机构压力角 α_A。

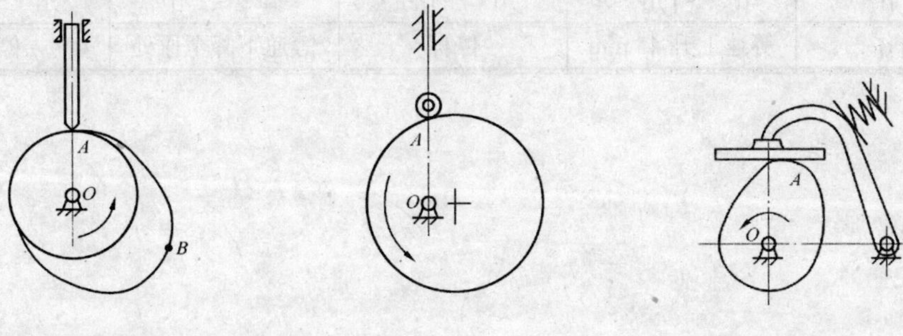

图 6-20　题 5 图

6．如图 6-21 所示为液压泵原理图，凸轮实际轮廓为一个圆，半径 $r=60$ mm，圆心与凸轮回转中心 O 的偏心距 $e=20$ mm，试选择适当比例尺，作出位移线图，并标明推程、回程运动角。

7．试设计一对心直动滚子从动件盘形凸轮。已知：凸轮以顺时针回转，从动件推程 $h=32$ mm，位移线图（s-θ）如图 6-22 所示，基圆半径 $r_b=35$ mm，滚子半径 $r_T=15$ mm。

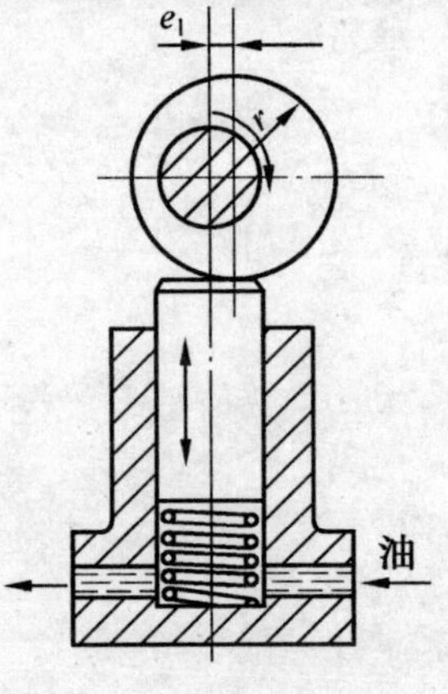

图 6-21　题 6 图

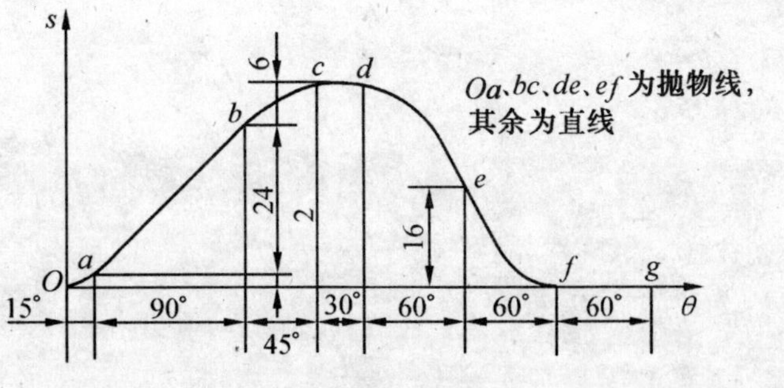

图 6-22　题 7 图

8．一尖顶摆动从动件盘形凸轮机构，已知：凸轮以顺时针回转，基圆半径 $r_b=80$ mm。

摆杆长 l_{AB}＝150 mm，两轴心中心距 l_{OA}＝200 mm，从动件的运动规律如表 6-4 所示，试用作图法设计该凸轮轮廓。

表 6-4

凸轮转角 θ	0°～120°	120°～180°	180°～270°	270°～360°
摆杆摆角 φ	等速上升 45 mm	停程	等速下降至原处	停程

第 7 章　间歇运动机构

学习目标

了解各种常用间歇运动机构的工作原理、特点、功用及适用场合。

在机械中，有时需要将原动件的等速连续转动变为从动件的周期性停歇间隔单向运动（又称步进运动）或者是时停时动的间歇运动，如牛头刨床上的横向进给运动，自动机床中的刀架转位和进给，成品输送及自动化生产线中的运输机构等的运动都是间歇性的运动。能实现间歇运动的机构称为间歇运动机构。间歇运动机构很多，如凸轮机构，不完全齿轮机构和恰当设计的连杆机构都可实现间歇运动。本章介绍在生产中广泛应用的两种间歇运动机构：棘轮机构和槽轮机构。

7.1　棘 轮 机 构

7.1.1　棘轮机构的工作原理及应用

如图 7-1 所示，典型的棘轮机构由棘轮 1、棘爪 2、摇杆 3、止回爪 4 和机架组成。弹簧 5 用来使棘爪 2、止回爪 4 与棘轮保持接触。棘轮装在轴上，用键联接。棘爪 2 铰接于摇杆 3 上，摇杆 3 可绕轮轴自由摆动。当摇杆 3 顺时针方向摆动时，棘爪在棘轮齿顶滑过；当摇杆 3 逆时针方向摆动时，棘爪插入棘轮齿间推动棘轮转过一定角度。这样，摇杆 3 连续往复摆动，棘轮 1 实现单向的间歇运动。

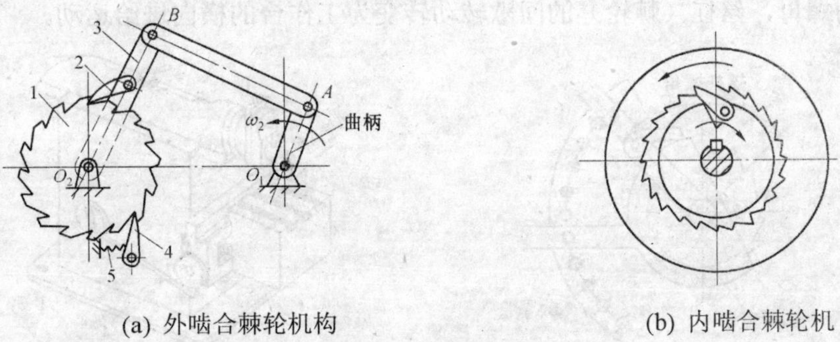

(a) 外啮合棘轮机构　　　　(b) 内啮合棘轮机

图 7-1　棘轮机构

如果棘轮需要作双向的间歇运动，可把棘轮的齿制成矩形，而棘爪制成可翻转的结构，如图 7-2 所示。当棘爪位于位置 *B* 时，棘轮可获逆时针的单向间歇运动；而当把棘爪绕其销轴 *A* 翻转到双点划线所示位置时，棘轮则可获得顺时针的单向间歇运动。

棘轮的棘齿既可以做在棘轮的外缘（外啮合棘轮，见图 7-1a），也可以做在棘轮的内缘（内啮合棘轮，见图 7-1b）。棘齿的常用齿形有锯齿形（见图 7-1）、矩形（见图 7-2）等。

棘轮的转角可以调节。常用的调节方法如下。

（1）改变摇杆摆角。如改变图 7-1 中曲柄的长度和改变图 7-3 浇注输送传动装置中活塞 1 的行程，均可以改变摇杆的摆角，从而调节棘轮转角。

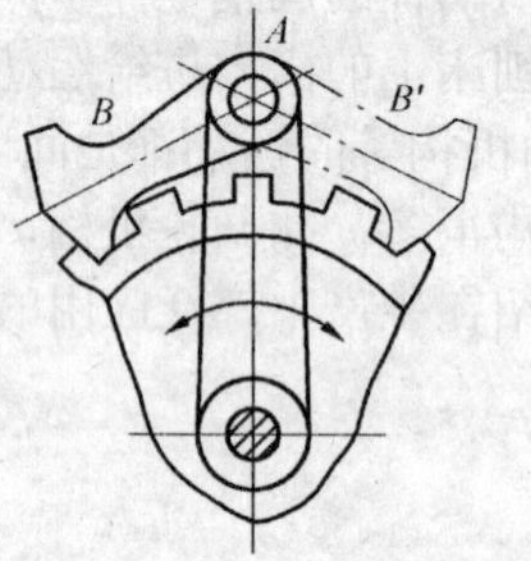

图 7-2　双向棘轮机构

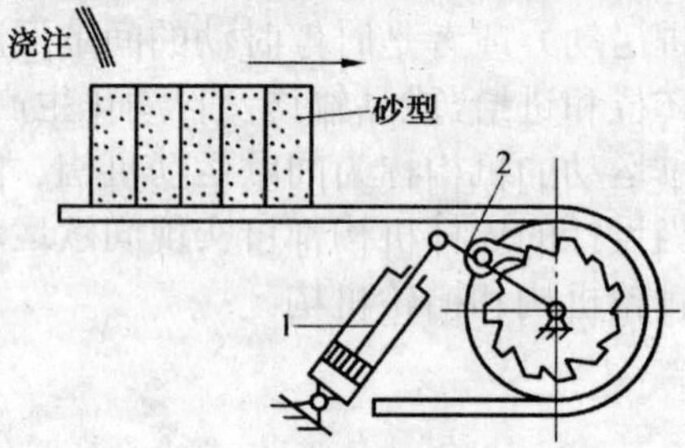

图 7-3　浇注输送装置图

（2）利用棘轮覆盖罩调节棘轮的转角。如图 7-4 所示，改变覆盖罩位置以遮住棘爪行程的部分棘齿，从而改变棘爪推动棘轮的实际转角。

棘轮机构结构简单，制造方便，棘轮的转角可以在一定范围内调节，但运转时易产生冲击或噪声，适用于低速和转角要求不大的场合。棘轮机构常用于各种机床和自动化的进给机构、转位机构中。如自动线上的浇注输送装置（见图 7-3）和牛头刨床的横向进给机构（见图 7-5）。偏心销 1 装在齿轮上，齿轮转动时，通过连杆 2 带动摇杆 3 摆动，装在摇杆 3 上的棘爪 4 推动棘轮 5 作间歇转动。棘轮 5 和丝杠 6 装在同一轴上，工作台 7 装有与丝杠配合的螺母，丝杠（棘轮）的间歇转动转变为工作台的横向进给运动。

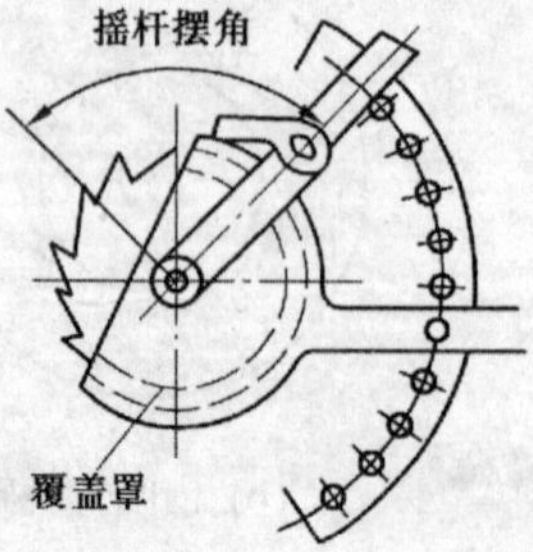

图 7-4　改变覆盖罩位置调节棘轮转角

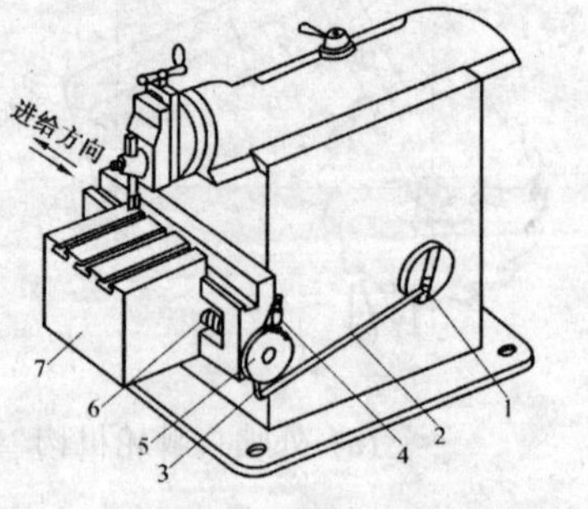

图 7-5　牛头刨床横向进给机构

棘轮还常用作防止机构逆转的停止器。这类棘轮停止器广泛用于卷扬机、提升机以及运输机构中。图 7-6 为提升机的棘轮停止器。

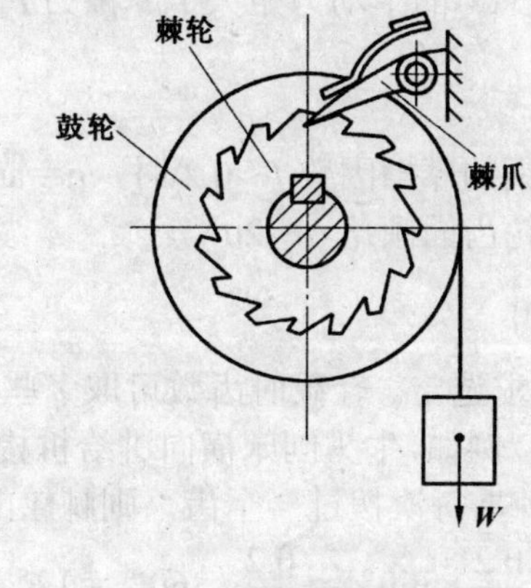

图 7-6　提升机棘轮停止器

7.1.2　棘轮和棘爪的正确位置及主要几何尺寸

1. 棘轮和棘爪的正确位置

棘轮在工作时受到棘爪推力的作用，同时，棘爪也受到棘轮反作用力的作用，由于棘爪可视为二力杆（见图 7-7），所以棘爪对棘轮的推力作用线通过棘爪的轴心 O_2，直线 O_2A 即为作用线。在相同推力下，为了使棘轮获得最大的转矩，应使推力作用线 O_2A 垂直于 O_1A，即$\angle O_2AO_1=90°$。

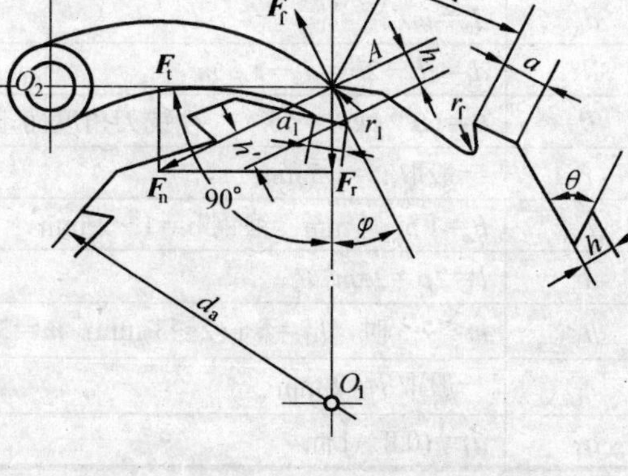

图 7-7　棘轮、棘爪的位置及尺寸

2. 棘轮的齿面位置应能使棘爪顺利进入齿面

如图 7-7 所示，设齿面与半径 O_1A 的夹角为 φ，φ 称为**齿面倾角**。棘爪顺利进入齿面的前提是法向反力 F_x 对棘爪轴心 O_2 的主动力矩大于摩擦力 F_f 以棘爪轴心 O_2 的摩擦力矩，由此可得

$$\varphi > \rho \tag{7-1}$$

式中：ρ——摩擦角，钢对钢的摩擦因数 $f \approx 0.2$ 时，$\rho = \arctan f = \arctan 0.2 = 11°\ 19'$，所以一般取棘轮齿面倾角 $\varphi \approx 20°$。

3. 主要参数及几何尺寸计算

（1）棘轮齿数 z 根据工作要求选定。轻载时齿数可取多些，可达 250 齿；载荷较大时，齿数取少些，通常取 $z=8\sim30$ 齿。例如，牛头刨床横向进给机构中的丝杠，其导程 $L=6$ mm，要求最小进给量为 0.2 mm，若棘爪每次拨过一个齿，则棘轮的最小转角为：

$$\delta = \frac{0.2}{L} \times 360° = \frac{0.2}{6} \times 360° = 12°$$

所以棘轮的最少齿数 $z=360°/12°=30$。

（2）棘轮齿距 p。相邻两齿齿顶圆周上对应点间的弧长（mm）。

（3）棘轮模数 m。棘轮齿距 p 与 π 之比，即 $p=\pi m$。模数为标准值，常用模数为 1、1.5、2、2.5、3、3.5、4、5、6、7、8、10 mm。

齿数 z 和模数 m 确定后，棘轮机构的其他几何尺寸可由表 7-1 所列公式算出。

表 7-1　棘轮机构的几何尺寸计算

名　称	符　号	计 算 公 式
棘轮齿高	h	一般取 $h=0.75\,m$
棘轮齿顶厚	a	一般取 $a=m$
棘轮齿顶圆直径	d_a	$d_a=mz$
棘轮根圆直径	d_f	$d_f=d_a-2h=d_a-1.5\,m$
棘轮齿槽夹角	θ	$\theta=60°$ 或 $\theta=55°$（视铣刀角度而定）
棘轮齿槽圆角半径	r	一般取 $r=1.5$ mm
棘轮厚度	b	$b=1.5\sim4$ mm；锻钢 $b=1\sim2$ mm
棘爪工作长度	l	$l=2p=2\pi m$
棘爪高度	h_1	$m\leqslant2.5$ 时，$h_1=h+(2\sim3)$mm；$m=3\sim5$ 时，$h_1=(1.2\sim1.7)\,m$
棘爪尖顶圆角半径	r_1	一般取 $r=2$ mm
棘爪底长度	a_1	$a_1=(0.8\sim1)m$

7.2 槽 轮 机 构

7.2.1　槽轮机构的工作原理及应用

如图 7-8 所示，槽轮机构由带圆销的拨盘 1、具有径向槽的槽轮 2 和机架组成。拨盘 1 以等角速度 ω_1 作连续回转，槽轮 2 作间歇运动。圆销 A 未进入槽轮的径向槽时，槽轮的内凹锁住弧 $\widehat{efg}$ 被拨盘的外凸锁住弧卡住，槽轮静止不动；当圆销 A 进入槽轮的径向槽时（见图 7-8a），内外锁住弧所处位置对槽轮无锁止作用，槽轮因圆销的拨动而转动；当圆销 A 在另一边离开径向槽时（见图 7-8b），凹凸锁住弧 $\widehat{efg}$ 又起作用，槽轮又被卡住不动。当拨盘继续转动时，槽轮重复上述运动，从而实现间歇运动。

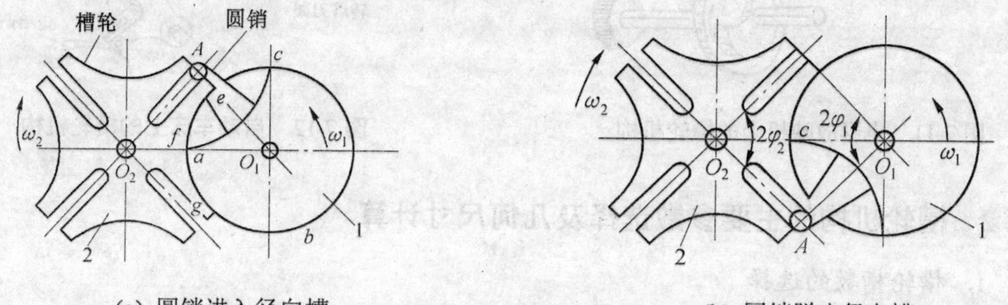

(a) 圆销进入径向槽　　(b) 圆销脱出径向槽

图 7-8　单圆销外啮合槽轮机构

槽轮机构也有内、外啮合之分。外啮合时，拨盘与槽轮的转向相反（见图 7-8）；内啮合时，拨盘与槽轮转向相同（见图 7-9）。拨盘上的圆销可以是一个，也可以是多个。图 7-10 为双圆销外啮合槽轮机构，此时拨盘转动一周，槽轮转动两次。

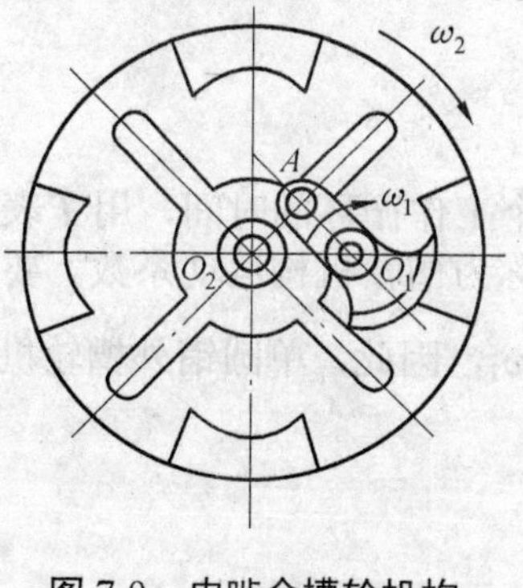

图 7-9　内啮合槽轮机构

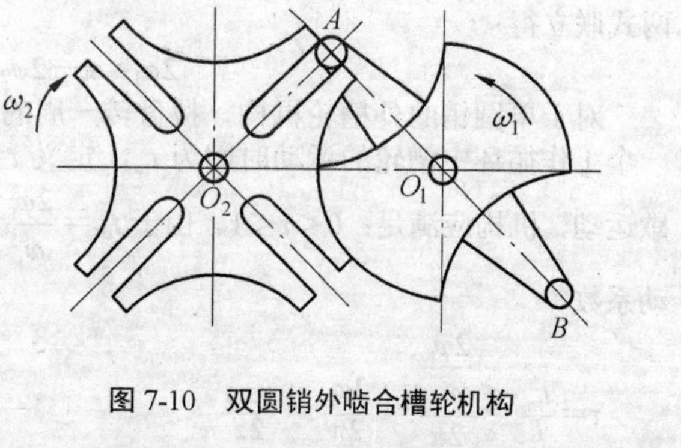

图 7-10　双圆销外啮合槽轮机构

槽轮机构结构简单，制造方便，转位迅速。但转角不能调节，当槽数 z 确定后，槽轮转角即被确定。由于槽数字 z 不宜过多，所以槽轮机构不宜用于转角较小的场合。槽轮机构的定位精度不高，只适用于各种转速不太高的自动机械中作转位或分度机构。图 7-11 所示为槽轮机构在电影放映机中的应用情况。图 7-12 所示为 C1325 单轴转塔自动车床的转塔刀架及转位机构的立体图。其中拨盘、槽轮和机架组成一槽轮机构。

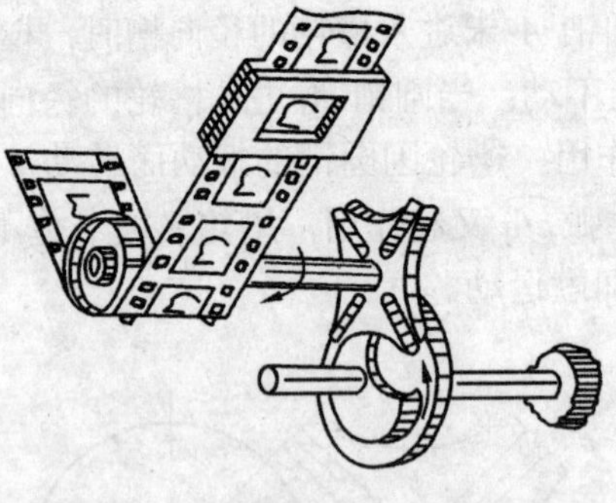

图 7-11　电影放映机上的槽轮机构

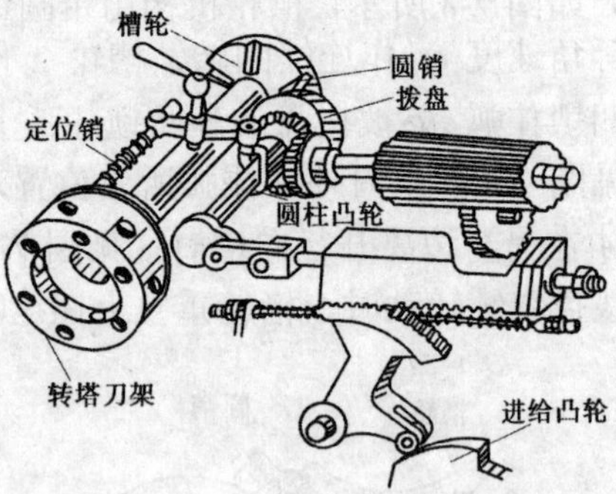

图 7-12　自动车床上的槽轮机构

7.2.2　槽轮机构的主要参数选择及几何尺寸计算

1. 槽轮槽数的选择

图 7-8 所示外槽轮机构中，为了避免圆销 A 与径向槽发生冲击，圆销进入径向槽或自径向槽脱出时，径向槽的中心线应与圆销速度方向一致，即有 $O_1A\perp O_2A$、$O_1A'\perp O_2A'$，由此可得圆销从进槽到出槽的转角 $2\varphi_1$ 与槽轮相应转过的角度 $2\varphi_2$ 的关系为

$$2\varphi_1+2\varphi_2=\pi$$

槽轮转角 $2\varphi_2$ 与槽数 z 的关系为

$$2\varphi_2=2\pi/z$$

两式联立得

$$2\varphi_1=\pi-2\varphi_2=\pi-2\pi/z$$

对于单圆销的外槽轮机构，拨盘转一周的时间为一个工作循环的时间，用 T 表示。设一个工作循环中槽轮的运动时间为 t_{m}，定义 $\tau=t_{\mathrm{m}}/T$，τ 称为槽轮机构运动系数。要实现间歇运动，机构应满足：$0<\tau<1$。由于 $t_{\mathrm{m}}=\dfrac{2\varphi_1}{\omega_1}$ 及 $T=2\pi/\omega_1$，因此，单圆销外槽轮机构的运动系数

$$\tau=\frac{t_m}{T}=\frac{\dfrac{2\varphi_1}{\omega_1}}{\dfrac{2\pi}{\omega_1}}=\frac{2\varphi_1}{2\pi}=\frac{z-2}{2z} \qquad (7\text{-}2)$$

分析式（7-2）可知：

（1）由于槽轮机构运动系数必须大于零，可得槽轮的槽数 $z\geqslant 3$。

（2）对于单圆销外槽轮机构，由于 $z\geqslant 3$，所以 $\tau<1/2$，即槽轮运动时间总是小于静止时间，且 z 较小时 τ 也较小。槽轮回转时机器一般不进行加工，所以 τ 愈小，槽轮运动时间愈少，即缩短了机器非加工时间，提高了生产效率。

但是，圆销刚进入径向槽时，槽轮的角速度 ω_2 为零，然后角速度逐渐增大，当圆销转过 φ_1（槽轮转过 φ_2）时，槽轮角速度 ω_2 达到最大值。由于角加速度 ε 的存在，故必有冲击，且槽轮槽数愈少，角加速度愈大，如三槽槽轮的最大角加速度为四槽的 5.8 倍，为六槽的 23.5 倍。

2．圆销数的选择

若要使拨盘转一周而槽轮转几次，可采用多圆销槽轮机构。若设圆销数为 k，运动系数 τ 由式（7-2）改写为

$$\tau=k\frac{z-2}{2z}$$

由于 $\tau<1$，推导得

$$k<\frac{2z}{z-2} \tag{7-3}$$

由式（7-3）可知，圆销数与槽轮的槽数有关：当 $z=3$ 时，$k<6$（即可取 1～5）；当 $z=4$ 或 5 时，k 可取 1～3；当 $z\geqslant 6$ 时，k 可取 1 或 2。

3．槽轮机构的几何尺寸计算

槽轮机构的中心距 a 是根据槽轮机构的应用场合来选定的。槽轮的轮槽数 z 和圆销数是根据具体工作要求，并参考前述分析确定的。如果中心距 a、轮槽数 z 和圆销数 k 已知，则其他几何尺寸可相应算出。如图 7-13 所示，单圆销外啮合槽轮机构的基本尺寸可按照表 7-2 中所列计算公式求得。

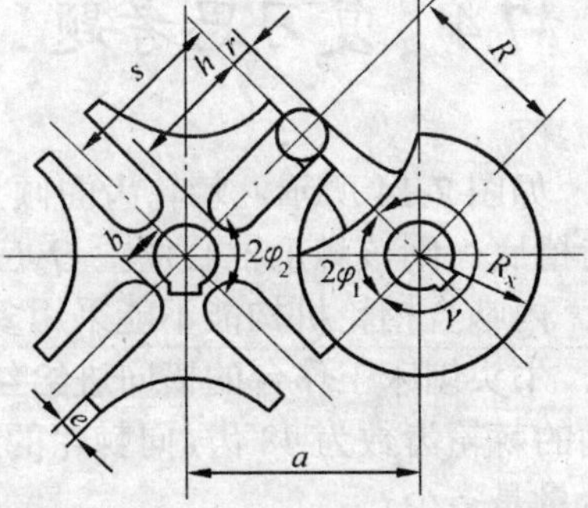

图 7-13　槽轮机构的基本尺寸

表 7-2 单圆销外啮合槽轮机构的计算公式

<table>
<tr><th>名　称</th><th>符号</th><th colspan="6">计 算 公 式</th></tr>
<tr><td>圆销回转半径</td><td>R</td><td colspan="6">$R=a\sin(\pi/z)$</td></tr>
<tr><td>圆销半径</td><td>r</td><td colspan="6">$r\approx R/6$</td></tr>
<tr><td>槽顶高</td><td>s</td><td colspan="6">$s=a\cos(\pi/z)$</td></tr>
<tr><td>槽底高</td><td>b</td><td colspan="6">$b=a-(R+r)-(3\sim5)$ mm</td></tr>
<tr><td>槽深</td><td>h</td><td colspan="6">$h=s-b$</td></tr>
<tr><td rowspan="3">锁住弧半径</td><td rowspan="3">R_x</td><td colspan="6">$R_x=R-r-e$，e 为槽顶一侧壁厚，推荐 $e=(0.6\sim0.8)r$，但 $e\geqslant3\sim5$ mm 或 $R_x=K_x\cdot 2S$，其中</td></tr>
<tr><td>z</td><td>3</td><td>4</td><td>5</td><td>6</td><td>8</td></tr>
<tr><td>K_x</td><td>0.7</td><td>0.35</td><td>0.24</td><td>0.17</td><td>0.10</td></tr>
<tr><td>锁住弧张开角</td><td>γ</td><td colspan="6">$\gamma=2\pi-2\varphi\quad 1=\pi(1+2/z)$</td></tr>
</table>

7.3 小　结

1. 主要内容

棘轮机构、槽轮机构的工作原理、特点、功用及适用场合。

2. 重点、难点的提示

重点是各种间歇运动机构的工作原理、特点、功用及适用场合。

7.4 复习思考题

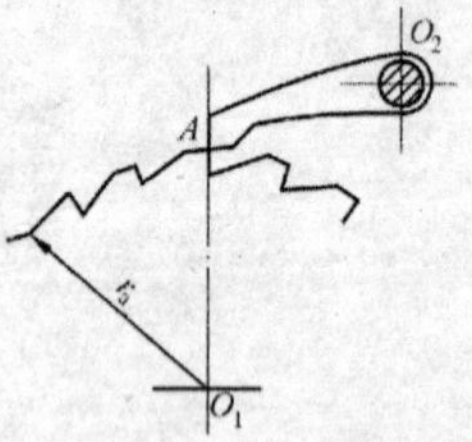

图 7-14 题 1 图

1．如图 7-14 所示，棘轮齿面倾角 $\varphi=0°$，若要满足棘爪顺利进入齿槽底，则该棘爪轴心位置 O_2 应如何考虑？

2．内啮合槽轮机构能不能采用多圆销拨盘？

3．牛头刨床工作台的横向进给丝杠，其导程为 4 mm，与丝杠轴联动的棘轮齿数为 48 齿，问棘轮的最小转角 δ 和该刨床的最小横向进给量是多少？

4．已知一棘轮机构，棘轮模数，$m=5$ mm，齿数 $z=12$，试确定棘轮机构的几何尺寸并画出棘齿形。

5．已知槽轮的槽数 $z=5$，拨盘的圆销数 $k=1$，转速 $n_1=120$ r/min，求槽轮的运动时间 t_m 和静止时间 t_s。

6．某单轴转塔自动车床的转塔刀架中，外啮合槽轮机构的中心距 $a=100$ mm，槽数 $z=6$，圆角半径 $r=8$ mm，圆销数 $k=1$，试根据表 7-2 算出槽轮的几何尺寸。

第 8 章　带 传 动

学习目标

1. 了解 V 带的结构、标准及标记，V 带轮的材料和结构形式，带传动的弹性滑动和打滑。
2. 掌握带的速度和带传动比的计算，带传动的张紧、安装及维护方法。

8.1　带传动概述

8.1.1　带传动的组成

带传动是由主动带轮，从动带轮和传动带组成，如图 **8-1** 所示。带传动是靠摩擦力工作的，常用于减速装置。

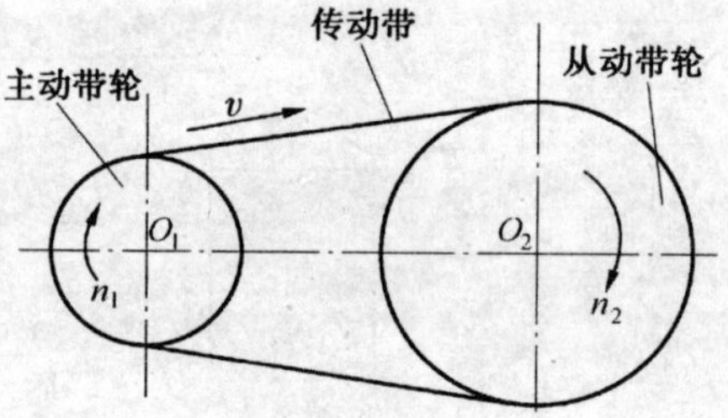

图 8-1　带传动的组成

8.1.2　带传动的主要类型与应用

根据工作原理的不同，带传动分为摩擦型和啮合型两大类。带传动按照传动带截面形状及原理不同常分以下几类。

1. 平带传动

平带的截面为扁平矩形，带内面与带轮接触，即内面为工作面，如图 **8-2a** 所示。平带有普通平带、编织平带和高速环形平带等多种，普通平带较常用。平带传动结构简单，带轮制造方便，平带质轻且挠曲性好，故应用于高速和中心距较大的传动。

2. V 带传动

V 带的横截面为等腰梯形，两侧面为工作面，如图 8-2b 所示。

若 V 带和平带以相同的力 Q 压向带轮则两者所产生的摩擦力大小是不同的。

平带产生的摩擦力为

$$F=fN=fQ \tag{8-1}$$

V 带产生的摩擦力为

$$F'=(3.07\sim3.63)fQ \tag{8-2}$$

则在相同条件下，V 带传动比平带传动摩擦力大，故 V 带传动能传递较大的载荷，得到广泛应用，故在一般机械中已取代平带传动。多楔带可代替根数较多的三角带传动。

3. 圆带传动

圆带的横截面呈圆形，常用皮革制成，也有圆绳带和圆锦纶带等，它们的横截面均为圆形，如图 8-2c 所示。圆带传动只适用于低速、轻载的机械，如缝纫机、真空吸尘器和牙科医疗器械等。

4. 同步带传动

它是靠带内侧的齿与带轮的齿相啮合来传递运动和动力，如图 8-2d 所示。在磨床、纺织机械等场合得到应用。

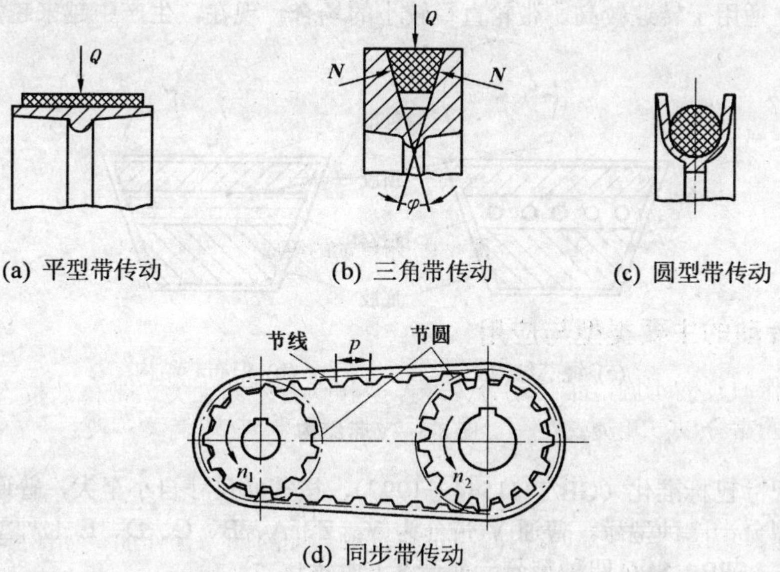

图 8-2　带传动的类型

8.1.3 带传动的特点

带传动的特点如下。

（1）传动带具有良好的弹性，能够缓和冲击，吸收振动，因此传动平稳，无噪声；

（2）传动带与带轮是通过摩擦力传递运动和动力的。因此过载时，传动带在轮缘上会打滑，从而可以避免其他零件的损坏，起到安全保护的作用。但传动效率低，带的使用寿命短，轴、轴承承受的压力较大；

（3）结构简单，制造和安装精度要求低，使用维护方便；

（4）适宜用在两轴中心距较大的场合，但外廓尺寸较大。

8.2 V带和V带轮

8.2.1 V带的构造和标准

V带为无接头环形带。带两侧工作面的夹角α称为带的楔角，$\alpha=40°$。

V带由包布、顶胶、抗拉体和底胶等四部分组成，其结构如图8-3所示。V带结构包布用胶帆布，顶胶和底胶材料为橡胶。抗拉体是V带工作时的主要承载部分，结构有绳芯和帘布芯两种。帘布芯结构的V带抗拉强度较高，制造方便；绳芯结构的V带柔韧性好，抗弯强度高，适用于转速较高、带轮直径较小的场合。现在，生产中越来越多地采用绳芯结构的V带。

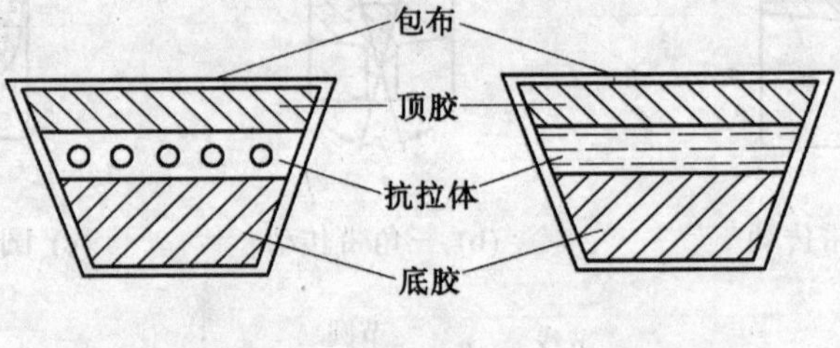

(a) 绳芯结构　　(b) 帘布芯结构

图8-3　V带结构

V带的尺寸已标准化（GB/T 11544—1997），按截面尺寸自小至大，普通V带和窄V带共两大类型分十一种型号。普通V带分为Y、Z、A、B、C、D、E七种型号，窄V带有SPZ、SPA、SPB、SPC四种型号，如表8-1所示。

表 8-1　带的截面尺寸、V 带轮轮槽尺寸（GB/T 11544—1997、GB/T 185—1997）

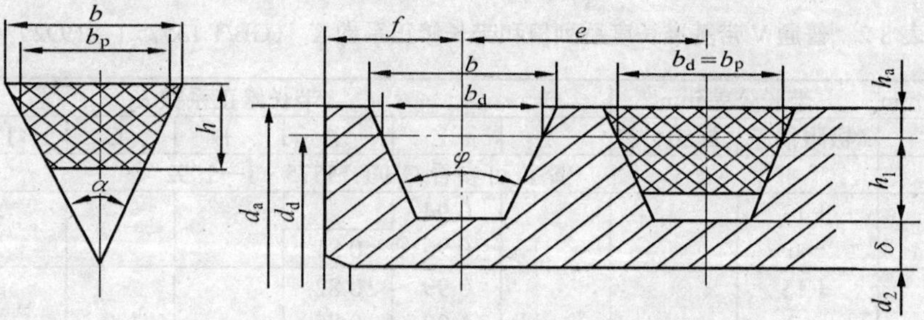

		V 带 型 号						
		Y	Z（SPZ）	A（SPA）	B（SPB）	C（SPC）	D	E
V 带	节宽 b_p（mm）	5.3	8.5(8)	11.0	8.0	19.0	27.0	32.0
	顶宽 b（mm）	6.0	10.0	13.0	17.0	22.0（32）	32.0	38.0
	高度 h（mm）	4.00	6.0（8）	8.0（10）	11.0（8）	8.0（18）	19.0	23.0
	楔角 α	40°						
	截面面积 A（mm^2）	18	47（57）	81（94）	138（167）	230（278）	476	692
	每米带长重 Q（kg/m）	0.04	0.06(0.07)	0.10(0.12)	0.17 (0.20)	0.30(0.37)	0.60	0.87
V 带 轮	基准宽度 b_d（mm）	5.3	8.5	11.0	8.0	19.0	27.0	32.0
	槽顶 b（mm）	≈6.3	≈10.1	≈13.2	≈17.2	≈23.0	≈32.7	≈38.7
	基准线至槽顶高 h_{min}（mm）	1.6	2.0	2.75	3.5	4.8	8.1	9.6
	基准线至槽底深 h_{min}（mm）	4.7	7.0(9.0)	8.7(11.0)	10.8 (8.0)	8.3(19.0)	19.9	23.4
	第一槽对称面至端面距离 f（mm）	7±1	8±1	10^{+2}_{-1}	12.5^{+2}_{-1}	17^{+2}_{-1}	23^{+3}_{-1}	29^{+4}_{-1}
	槽间距 e（mm）	8±0.3	12±0.3	15±0.3	19±0.4	25.5±0.5	37±0.6	45.5±0.7
	最小轮缘厚度 δ（mm）	5	5.5	6	7.5	10	12	15
	轮缘宽 B（mm）	按 $B=(z-1)e+2f$ 计算（z：轮槽数）或查 GB/T 10412—1989						
	轮缘外径 d_a（mm）	$d_a = d_d + 2h_a$						
	轮槽数 z 范围	1～3	1～4	1～5	1～6	3～10	3～10	3～10
	槽角 φ 32°（相对应的基准直径 d_d）	≤60	—	—	—	—	—	—
	槽角 φ 34°（相对应的基准直径 d_d）	—	≤80	≤118	≤190	≤315	—	—
	槽角 φ 36°（相对应的基准直径 d_d）	>60	—	—	—	—	≤475	≤600
	槽角 φ 38°（相对应的基准直径 d_d）	—	>80	>118	>190	>315	>475	>600

V 带为无接头环形带。V 带绕在带轮上产生弯曲变形，顶层部分受拉伸长，底层部分受压缩短，其中必有一层长度是不变的中性层。中性层面称为节面，节面的宽度称为节宽 b_p（见表 8-1 中的图示）。在 V 带轮上，与配用 V 带节面处于同一位置的槽形轮廓宽度称为

基准宽度 b_d，基准宽度处的带轮直径称为**基准直径** d_d。在规定的张紧力下，V 带必位于带轮基准直径上的周线长度称为带的**基准长度** L_d。普通 V 带基准长度 L_d 的标准系列值和每种型号带的长度范围如表 8-2 所示。

表 8-2 普通 V 带基准长度系列值和带长修正系数 K_L（GB/T 13575.1—1992）

基准长度 L_d/mm	带长公差/mm		带长修正系数 K_L						
基本尺寸	极限偏差	配组公差	Y	Z	A	B	C	D	E
200～500	略，可参看 GB/T 13575 • 1—1992								
560	+13	2		0.94					
630	−6			0.96	0.81				
710	+15			0.99	0.82				
800	−7			1.00	0.85				
900	+17			1.03	0.87	0.82			
1000	−8			1.06	0.89	0.84			
1120	+19			1.08	0.91	0.86			
1250	−10			1.11	0.93	0.88			
800	+23	4		1.8	0.96	0.90			
1600	−11			1.16	0.99	0.93	0.83		
1800	+27			1.18	1.01	0.95	0.86		
2000	−13				1.03	0.98	0.88		
2240	+31	8			1.06	1.00	0.91		
2500	−16				1.09	1.03	0.93		
2800	+37				1.11	1.05	0.95	0.83	
3150	−18				1.13	1.07	0.97	0.86	
3550	+44	12			1.17	1.10	0.98	0.89	
4000	−22				1.19	1.13	1.02	0.91	
4500	+52					1.15	1.04	0.93	0.90
5000	−26					1.18	1.07	0.96	0.92
5600	+63	20					1.09	0.98	0.95
6300	−32						1.12	1.00	0.97
7100	+77						1.15	1.03	1.00
8000	−38						1.18	1.06	1.02
9000～16000	略，可参看 GB/ T 13575·1—1992								

V 带的高度 h 与其节宽 b_p 之比称为**相对高度**。普通 V 带的相对高度约为 0.7，窄 V 带的相对高度约为 0.9，窄 V 带截面形状不同于普通 V 带，传动功率大、具体形状见 GB/T 11544—1997。普通 V 带的标记，如 A2000 GB/T 11544—1997 其含义为：A 型普通 V 带，基准长度 L_d＝2000 mm，标准号为 GB/T 11544—1997。

V 带已标准化，因此每根 V 带顶面应有水洗不掉的标记，还包括制造厂名或商标、配组代号和制造年月等。

8.2.2　V 带轮的结构

1. 带轮的结构尺寸

V 带轮结构一般由轮缘、轮辐（腹板）和轮毂三部分组成。图 8-4 所示为 V 带轮的结构。

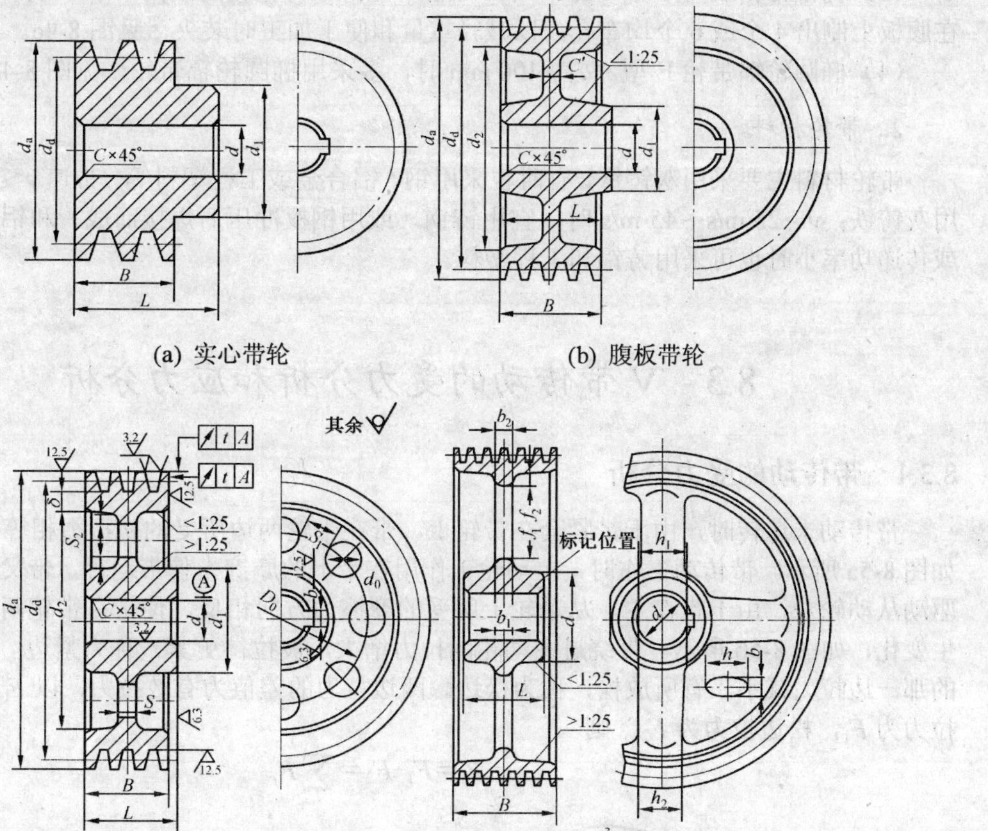

$d_0=(0.2\sim0.3)(d_2-d_1)$

$d_1=(1.8\sim2)d$，$S=(0.2\sim0.3)B$

$S_1\geqslant1.5S$，$S_2\geqslant0.5S$，$D_0=0.5(d_1+d_2)$

$L=(1.5\sim2)d$，当 $B<1.5d$ 时，取 $L=B$

(c) 孔板带轮

$$h_1=290\sqrt[3]{\frac{P}{nz_a}}$$

式中 P 为传递的功率(kW)；n 为带轮的转速(r/min)；z_a 为轮辐数。

$h_2=0.8h_1$

$b_1=0.4h_1$，$b_2=0.8b_1$

$f_1=0.2h_1$，$f_2=0.2h_2$

(d) 椭圆轮辐带轮

图 8-4　V 带轮的结构

轮缘是带轮上具有轮槽的部分，截面尺寸按表 8-1 取定。

轮毂是带轮与轴配合的部分，它的外径 d_1 和长度 L 按经验公式计算，见图 8-4。

轮辐是轮缘和轮毂联接部分，根据带轮基准直径 d_d 的不同可制成以下四种型式。

（1）实心带轮 S 型。$d_d \leqslant (2.5 \sim 3)d$（$d$ 为轴的直径），采用实心带轮，轮毂与轮缘连成一体，见图 8-4a。

（2）腹板带轮 P 型。$d_d \leqslant 250 \sim 300$ mm 时采用腹板带轮，见图 8-4b。

（3）孔板带轮 H 型。$d_d = 250 \sim 400$ mm，且轮缘与轮毂间距离不小于 100 mm 时，可在腹板上制出 4 个或 6 个均布孔，以减轻重量和便于加工时装夹，见图 8-4c。

（4）椭圆轮辐带轮 E 型。$d_d > 400$ mm 时，多采用椭圆轮辐带轮，见图 8-4d。

2. 带轮材料

带轮材料主要采用灰铸铁，有时也采用钢、铝合金或工程塑料等。带速 $v \leqslant 25$ m/s 时多用灰铸铁；$v > 25$ m/s～45 m/s 时，宜用铸钢（或用钢板冲压后焊接而成）和铝合金；低速或传递功率小时也可采用铸铝和工程塑料。

8.3 V 带传动的受力分析和应力分析

8.3.1 带传动的受力分析

带传动未运转时，由于带紧套在带轮上，带在带轮两边所受的初拉力相等，均为 F_0，如图 **8-5a** 所示。带传动工作时，主动轮 1 作用在带上的摩擦力使带运行，带又通过摩擦力驱动从动轮 2，由于带在主、从动轮上所受的摩擦力方向相反，使带在带轮两边的拉力发生变化，如图 8-5b 所示。带绕进主动轮的拉力增大，被拉得更紧，称为紧边；绕出主动轮的那一边拉力减小，有所放松，称为松边。两边拉力的差值为有效拉力，以 F_t 表示，紧边拉力为 F_1，松边拉力为 F_2，则

$$F_t = F_1 - F_2 = \sum F_f \tag{8-3}$$

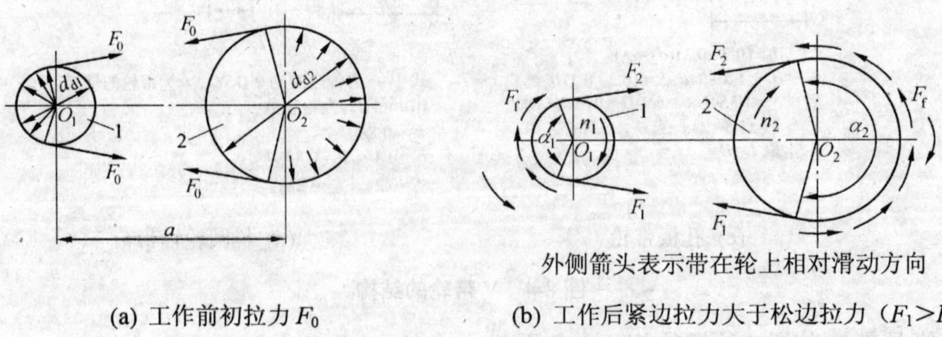

(a) 工作前初拉力 F_0　　(b) 工作后紧边拉力大于松边拉力（$F_1 > F_2$）

图 8-5　带传动的受力分析

假定带工作时的总长度不变，则紧边拉力的增量（F_1-F_0）近似等于松边拉力的减少量（F_0-F_2），即

$$F_1-F_0=F_0-F_2$$
$$F_1+F_2=2F_0$$

所以 $$F_1=F_0+\frac{F_t}{2},\quad F_2=F_0-\frac{F_t}{2}$$

$$F_t=\sum F_f$$

如果，传递功率为 P（kW），传动速度为 v（m/s），则

$$F_t=\frac{1000P}{v}\ \text{(N)} \qquad (8\text{-}4)$$

8.3.2　带传动的应力分析

传动带工作时，带所受应力有三种。

1．拉力引起的应力 σ_1 和 σ_2

由紧边拉力 F_1、松边拉力 F_2 所产生的拉应力分别为

紧边拉应力 $$\sigma_1=\frac{F_1}{A}\ \text{(MPa)}$$

松边拉应力 $$\sigma_2=\frac{F_2}{A}\ \text{(MPa)}$$

式中：A——V 带的横截面积，mm^2。（其取值见表 8-1）

2．离心力引起的应力 σ_c

沿带轮轮缘弧面运动的传动带，由于具有一定的质量，受到离心力 F_c 的作用，产生的离心应力为

$$\sigma_c=\frac{F_c}{A}=\frac{\frac{qv^2}{g}}{A}=\frac{qv^2}{gA}$$

式中：q——传动带单位长度的重量，N/m。（其取值见表 8-1）

v——传动带速度，m/s。

3．传动带的弯曲应力 σ_b

V 带绕经带轮时变弯曲，产生的弯曲应力近似为

$$\sigma_b \approx \frac{2h_a E}{d_d}$$

式中：E——弹性模量，MPa；

h_a——V 带基准线至顶面的距离，mm；

d_d——带轮的基准直径，mm。

由上式可知，当带轮直径越小，带越厚时，带的弯曲应力越大，寿命就越短。显然，V 带绕经小带轮时的弯曲应力 σ_{b1} 大于绕经大带轮时的弯曲应力 σ_{b2}。

综上所述，传动带应力分布情况如图 8-6 所示。V 带在交变应力状态下工作。最大应力 σ_{max} 发生在紧边带与小带轮相切处，其值为

$$\sigma_{max} = \sigma_1 + \sigma_2 + \sigma_{b1} \text{（MPa）}$$

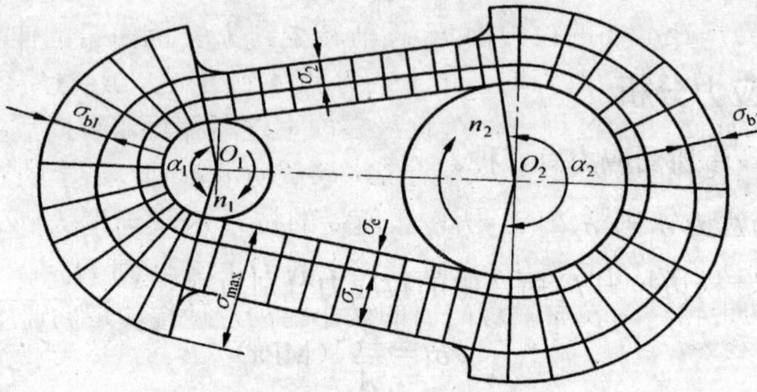

图 8-6 传动带工作时的应力分布

带的疲劳强度条件是

$$\sigma_{max} = \sigma_1 + \sigma_2 + \sigma_{b1} \leqslant [\sigma] \quad (8\text{-}5)$$

式中：$[\sigma]$——带的许用应力。

因此，为了保证带传动能正常工作，V 带必须具有足够的疲劳强度。

8.4 带传动的滑动和传动比

在带传动中，如果不考虑传动带在带轮上的滑动，则传动带与两带轮的圆周速度相等。

若主动轮和从动轮的直径分别为 d_1 和 d_2（mm），转速分别为 n_1 和 n_2（r/min），则传动带的速度为：

$$v = \frac{\pi d_1 n_1}{60 \times 1000} = \frac{\pi d_2 n_2}{60 \times 1000} \text{（m/s）} \quad (8\text{-}6)$$

因此可得理想传动比为

$$i=\frac{n_1}{n_2}=\frac{d_2}{d_1}$$

但带传动在工作时，传动带在带轮上不可避免要产生滑动，使从动轮的实际转速低于理论转速。如果滑动严重，还将影响传动的正常进行，因此有必要对带传动中的滑动现象进行分析研究。在带传动中，传动带在带轮上的滑动有以下两种情形。

1. 弹性滑动

传动带具有一定的弹性，受到拉力后要产生弹性伸长，拉力大伸长量也大。传动带工作时，紧边拉力 F_1 比松边拉力 F_2 大，所以紧边比松边产生的弹性变形量也大。当传动带绕入主动带轮时，轮上的 A 点和带上的 B 点重合（见图 8-7），两者线速度相等。随着主动带轮的转动，带上 B 点所在截面的拉力由 F_1 逐渐减少到 F_2，因而带的伸长量也相应地逐渐减少。这样轮上的 A 点转到了 A_1 点时，带上的 B 点才到 B_1 点，B_1 点滞后于 A_1 点。由此可见，传动带随主动带轮运动的过程中，在轮缘表面上逐渐缩短，有向后的微小滑动，使带的线速度 v 落后于主动轮的线速度 v_1。传动带绕入从动带轮时，带上的 C 点和轮上的 D 点重合。传动带是由松边过渡到紧边的，所以带所受的拉力 F_2 逐渐增大到 F_1，带的变形量也逐渐增加。因此，带上的 C 点已到 C_1 点时，轮上的 D 点才转到 D_1 点，D_1 点滞后于 C_1 点。可见传动带在从动带轮轮缘表面上有向前的微小滑动，使传动带的速度 v_1 大于从动带轮的线速度 v_2。

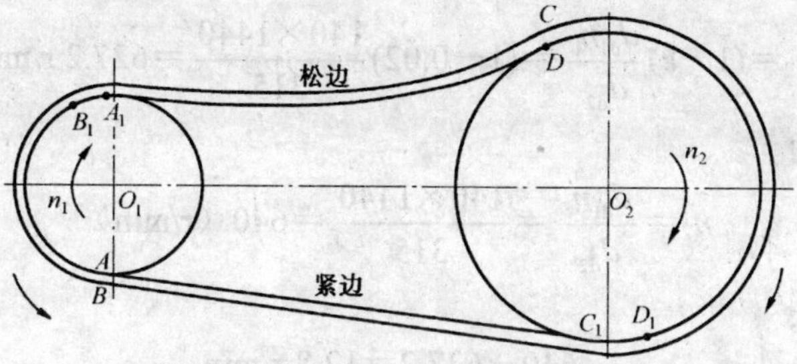

外侧箭头表示带在轮上相对滑动方向

图 8-7　弹性滑动

这种由于带内拉力变化造成弹性变形量改变而引起带与带轮间的相对滑动，称为带的**弹性滑动**。这是摩擦带传动中不可避免的。弹性滑动导致传动效率降低、带磨损、从动轮的圆周速度低于主动轮的圆周速度、传动比不准确。从动轮圆周速度降低的相对值称为**滑动率**，用 ε 来表示。

$$\varepsilon=\frac{v_1-v_2}{v_1}=1-\frac{d_{d2}n_2}{d_{d1}n_1}=1-\frac{d_{d2}}{d_{d1}i} \tag{8-7}$$

式中：n_1、n_2——分别为主、从动轮的转速，r/min。

从动轮转速
$$n_2=(1-\varepsilon)\frac{d_{d1}n_1}{d_{d2}}$$

传动比
$$i=\frac{n_1}{n_2}=\frac{d_{d2}}{d_{d1}(1-\varepsilon)}$$

滑动率 ε 与带材料和载荷大小有关。在正常传动中 $\varepsilon=1\%\sim2\%$。对于输出转速要求不高的机械，ε 可略去不计，于是传动比为

$$i=\frac{n_1}{n_2}\approx\frac{d_{d2}}{d_{d1}}$$

2. 打滑

带传动是靠传动带与带轮之间的摩擦力进行的，而摩擦力的最大值是有一定的限度的。当所需要的圆周力小于传动带与带轮之间所产生的摩擦力时，传动带与带轮间仅产生微小的滑动（弹性滑动）；而当所需传递的圆周力大于传动带与带轮间产生的最大摩擦力时，传动带将在带轮上产生显著的相对滑动，这种滑动称为**打滑**。带传动产生打滑后，就不能继续正常工作，这是应当避免的。

例 8-1 已知普通 V 带传动，主动小带轮的直径 $d_{d1}=80$ mm，转速 $n_1=840$ r/min，从动轮直径 $d_{d2}=315$ mm，滑动率 $\varepsilon=2\%$。计算从动轮的转速 n_2，并求大带轮的转速损失。

解 （1）滑动率 $\varepsilon=2\%$

$$n_2=(1-\varepsilon)\frac{d_{d1}n_1}{d_{d2}}=(1-0.02)\frac{140\times1440}{315}=627.2\ \text{r/min}$$

不考虑弹性滑动

$$n_2=\frac{d_{d1}n_1}{d_{d2}}=\frac{140\times1440}{315}=640\ （\text{r/min}）$$

大带轮转速损失

$$640-627.2=12.8\ \text{r/min}$$

故，从动轮的转速 n_2 为 627.2 r/min，大带轮的转速损失为 12.8 r/min。

8.5 V 带传动的设计计算

设计 V 带传动时，原始数据和已知条件有：原动机种类，带传动的用途和工况条件；所需传递的功率 P_1，小带轮转速 n_1，大带轮转速 n_2 或传动比 i；对传动外廓尺寸要求等。

设计需确定主要内容是：V 带型号、长度和根数；V 带传动的中心距；V 带作用于轴

上的压力；V 带轮材料、结构尺寸、工作图等。

8.5.1　带传动的设计准则

带传动的主要失效形式是打滑和带的疲劳破坏（如拉断、脱层、撕裂等），因此，带传动的设计准则应为：在保证带传动不打滑的前提下，具有一定的疲劳强度和使用寿命。

8.5.2　单根 V 带的基本额定功率

单根 V 带所能传递的基本额定功率 P_1 可查表（见 GB/T 13575.1—1992 和 GB/T 13575.2—1992 确定。表 8-3 摘列了 A、B、C 型单根普通 V 带在规定条件（载荷平稳、包角 α＝180°、传动比 i＝1、规定带长）下的基本额定功率。在尺寸和运转条件相同情况下，单根狭窄 V 带的基本额定功率要比普通 V 带大得多，暂未摘录。由表 8-3 可以看出，小带轮基准直径越大转速越高，单根带所能传递的功率就越大。当传动比 $i\neq 1$ 时，由于带绕经大带轮时的弯曲应力较绕经小带轮时小，可使带的疲劳强度有所提高，即能传递的功率增大。其增大量称为额定功率增量 ΔP_1，见表 8-3。

表 8-3　普通 V 带的额定功率 P_1 和功率增量 ΔP_1（GB/T13575.1-1992）　kW

型号	小带轮转速 n r/min	小带轮基准直径 d_{d1}/mm（单根 V 带的额定功率 P_1）								传动比 i（额定功率增量 ΔP_1）					
										1.13～1.18	1.19～1.24	1.25～1.34	1.35～1.51	1.52～1.99	≥2.00
		75	90	100	112	125	80	160	180						
A	700	0.40	0.61	0.74	0.90	1.07	1.26	1.51	1.76	0.04	0.05	0.06	0.07	0.08	0.09
	800	0.45	0.68	0.83	1.00	1.19	1.41	1.69	1.97	0.04	0.05	0.06	0.08	0.09	0.10
	950	0.51	0.77	0.95	1.15	1.37	1.62	1.95	2.27	0.05	0.06	0.07	0.08	0.10	0.11
	1200	0.60	0.93	1.14	1.39	1.66	1.96	2.36	2.74	0.07	0.08	0.10	0.11	0.13	0.15
	850	0.68	1.07	1.32	1.61	1.92	2.28	2.73	3.16	0.08	0.09	0.11	0.13	0.15	0.17
	1600	0.73	1.15	1.42	1.74	2.07	2.45	2.54	3.40	0.09	0.11	0.13	0.15	0.17	0.19
	2000	0.84	1.34	1.66	2.04	2.44	2.87	3.42	3.93	0.11	0.13	0.16	0.19	0.22	0.24
		125	80	160	180	200	224	250	280						
B	400	0.84	1.05	1.32	1.59	1.85	2.17	2.50	2.89	0.06	0.07	0.08	0.10	0.11	0.13
	700	1.30	1.64	2.09	2.53	2.96	3.47	4.00	4.61	0.10	0.12	0.15	0.17	0.20	0.22
	800	1.44	1.82	2.32	2.81	3.30	3.86	4.46	5.13	0.11	0.14	0.17	0.20	0.23	0.25
	950	1.64	2.08	2.66	3.22	3.77	4.42	5.10	5.85	0.13	0.17	0.20	0.23	0.26	0.30
	1200	1.93	2.47	3.17	3.85	4.50	5.26	6.04	6.90	0.17	0.21	0.25	0.30	0.34	0.38
	850	2.19	2.82	3.62	4.39	5.13	5.79	6.82	7.76	0.20	0.25	0.31	0.36	0.40	0.46
	1600	2.33	3.00	3.86	4.68	5.46	6.33	7.20	8.13	0.23	0.28	0.34	0.39	0.45	0.51

（续表）

型号	小带轮转速 n r/min	小带轮基准直径 d_{d1}/mm								传动比 i					
		单根V带的额定功率 P_1								1.13～1.18	1.19～1.24	1.25～1.34	1.35～1.51	1.52～1.99	≥2.00
										额定功率增量 ΔP_1					
		200	224	250	280	315	355	400	450						
C	500	2.87	3.58	4.33	5.19	6.17	7.27	8.52	9.81	0.20	0.24	0.29	0.34	0.39	0.44
	600	3.30	4.12	5.00	6.00	7.8	8.45	9.82	11.29	0.24	0.29	0.35	0.41	0.47	0.53
	700	3.69	4.64	5.64	6.76	8.09	9.50	11.02	12.63	0.27	0.34	0.41	0.48	0.55	0.62
	800	4.07	5.12	6.23	7.52	8.92	10.46	12.10	13.80	0.31	0.39	0.47	0.55	0.63	0.71
	950	4.58	5.78	7.04	8.49	10.05	11.73	13.48	15.23	0.37	0.47	0.56	0.65	0.74	0.83
	1200	5.29	6.71	8.21	9.81	11.53	13.3	15.04	16.59	0.47	0.59	0.70	0.82	0.94	1.06
	850	5.84	7.45	9.04	10.72	12.46	18.12	15.53	16.47	0.58	0.71	0.85	0.99	1.8	1.27

若普通V带传动的包角 α_1 和带长 L_d 不符合上述规定条件，应对查出的 P_1 和 ΔP_1 进行修正。单根V带的许用功率为

$$[P_1]=(P_1+\Delta P_1)K_\alpha K_L \tag{8-9}$$

式中：K_α——包角修正系数，查表8-4；

K_L——带长修正系数，见表8-2。

表8-4　包角修正系数 K_α（GB/T 13575.1—1992）

包角 α_1（°）	180	175	170	165	160	155	150	85	80	135	130	125	120
K_α	1.00	0.99	0.98	0.96	0.95	0.93	0.92	0.91	0.89	0.88	0.86	0.84	0.82

8.5.3　V带传动的设计步骤和计算方法

1. 确定计算功率 P_d

$$P_d=K_A P\ (\text{kW})$$

式中：P——所需传递的功率，kW；

K_A——工况系数，见表8-5。

表8-5　工况系数 K_A

载荷性质	工作机	K_A					
		空、轻载启动			重载启动		
		每天工作小时数/h					
		<10	10～16	>16	<10	10～16	>16
载荷变动微小	液体搅拌机、通风机和鼓风机（$P\leqslant 7.5$kW）、离心式水泵、压缩机、轻负荷输送机	1.0	1.1	1.2	1.1	1.2	1.3

（续表）

载荷性质	工 作 机	K_A					
		空、轻载启动			重载启动		
		每天工作小时数/h					
		＜10	10～16	＞16	＜10	10～16	＞16
载荷变动小	带式输送机、通风机（P＞7.5 kW）、旋转式水泵和压缩机（非离心式）、发电机、金属切削机床、印刷机等	1.1	1.2	1.3	1.2	1.3	1.4
载荷变动较大	斗式提升起、往复式水泵和压缩机、起重机、冲剪机床、橡胶机械、纺织机械等	1.2	1.3	1.4	1.4	1.5	1.6
载荷变动很大	破碎机、摩擦机、卷扬机、橡胶压延机、挖掘机等	1.3	1.4	1.5	1.5	1.6	1.7

注：① 空、轻载启动——电动机（交流启动、三角启动、直流并励）、四缸以上的内燃机。

② 重载启动——电动机（联机交流起动、直流复励或串励）、四缸以下内燃机。

③ 在反复启动、正反转频繁等场合，将查出的系数乘以 1.2。

2. 选择 V 带型号

V 带的型号根据传动的设计功率 P_d 和小带轮转速 n_1 按图 8-8 普通 V 带选型图选取。

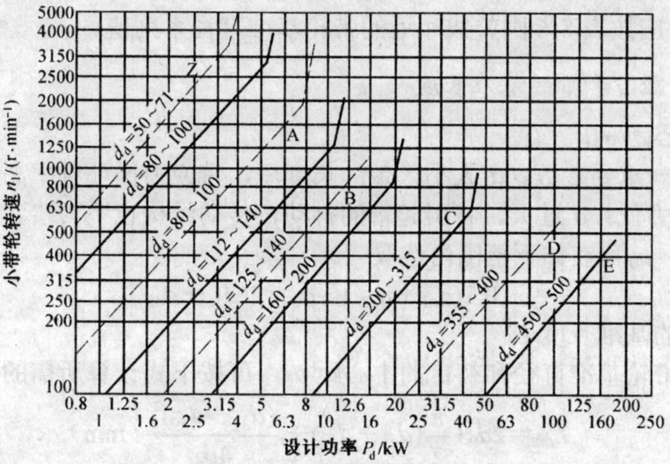

图 8-8　普通 V 带选型图

3. 确定带轮的基准直径、验算带的速度

（1）选择小带轮的基准直径 d_{d1}

小带轮基准直径 d_{d1} 是最重要的自选参数。小带轮直径较小时，传动装置结构紧凑。但小带轮直径小，弯曲应力大，寿命短，带轮圆周速度低，需用的 V 带根数就多。因此，小带轮基准直径不能太小，表 8-6 规定了小带轮的最小直径，要求 $d_{d1} \geq d_{d1\min}$。同时要参照图 8-8 选择合适的 d_{d1}。

表 8-6 普通 V 带轮的基准直径 d_d 系列值（GB/T 13575.1—1992）

槽型	Y	Z	A	B	C	D	E
d_{d1min}	20	50	75	125	200	355	500
d_d 的范围	20～125	50～630	75～800	125～1125	200～2000	355～2000	500～2500
d_d 标准系列值	50 56 71 75 80 (85) (95) 100 (106) (112) (118) 125 (132) 80 150 400 425 450 (475) 500 530 560 (600) 630 670 710 (750) 800 (900) 1000 1060 1120 1250 800 1500 1600 1800 2000 2240 2500						

（2）验算带的速度 v

$$v = \frac{\pi d_{d1} n_1}{60\times1000} \quad \text{m/s} \tag{8-9}$$

带的速度一般应在 5 m/s～25 m/s 范围内。当传递功率一定时，提高带速，有效拉力减小，可减少带的根数。但带速过高，离心力过大，使摩擦力减小，传动能力反而降低，并影响带的寿命。若带速不在此范围内，应增大或减小小带轮的基准直径。

（3）确定大带轮的基准直径

$$d_{d2} = i\cdot d_{d1}\cdot(1-\varepsilon) \tag{8-10}$$

计算出的 d_{d2} 应按表 8-6 圆整成相近的带轮基准直径系列值。

4. *确定中心距 a 和带的基准长度*

（1）初定中心距 a_0

中心距 a 为一重要参数。a 太小，带的长度短，带应力循环频率高，寿命短，而且包角 a_1 小，传动能力低；a 过大，将引起带的抖动，传动结构也不紧凑。初定中心距时，若无安装尺寸要求，a_0 可在如下范围内选取

$$0.7(d_{d1}+d_{d2})\leqslant a_0\leqslant 2(d_{d1}+d_{d2}) \tag{8-11}$$

（2）确定带的基准长度 L_d

根据已定的带轮基准直径和初定的中心距 a_0，可按下式计算所需的基准直径 L_{d0}

$$L_{d0} = 2a_0 + \frac{\pi}{2}(d_{d1}+d_{d2}) + \frac{(d_{d2}-d_{d1})^2}{4a_0} \ \text{(mm)} \tag{8-12}$$

根据 L_{d0} 由表 8-2 选取 L_d。

（3）确定中心距 a

带传动的中心距 a 用下式计算

$$a = A + \sqrt{A^2+B} \tag{8-13}$$

式中：$A = \dfrac{L_d}{4} - \dfrac{\pi(d_{d1}+d_{d2})}{8}$；$B = \dfrac{(d_{d2}-d_{d1})^2}{8}$

也可以用近似计算

$$a \approx a_0 + \frac{L_d - L_{d0}}{2}\ \text{（mm）} \tag{8-14}$$

为便于安装和调整中心距，需留出一定的中心距调整余量，即

$$\begin{cases} a_{max} = a + 0.03L_d \\ a_{min} = a - 0.015L_d \end{cases} \tag{8-15}$$

（4）验算小带轮包角 α_1

$$\alpha_1 = 180° - 57.3° \times \frac{d_{d2} - d_{d1}}{a} \geqslant 120° \tag{8-16}$$

若 α_1 太小，可增大中心距 a 或设置张紧轮。

5. 确定 V 带的根数 z

$$z = \frac{P_d}{[P_1]} = \frac{P_d}{(P_1 + \Delta p_1)K_\alpha K_L} \tag{8-17}$$

将 z 圆整取整数。为了使各根带间受力均匀，z 不能太多。标准规定了各种类型所许用的带根数（见表 8-1）。

6. 计算单根 V 带的初拉力 F_0

保证传动正常工作的单根 V 带合适的初拉力 F_0 为

$$F_0 = 500 \times \frac{(2.5 - K_\alpha)P_d}{K_\alpha z v} + qv^2 \tag{8-18}$$

7. 计算带作用于轴上的力 F_r

为了计算轴和选择轴承，需要确定带作用在带轮上的径向力 F_r（如图 8-9 所示）。可近似按下式计算

$$F_r = 2zF_0 \sin\frac{\alpha_1}{2} \tag{8-19}$$

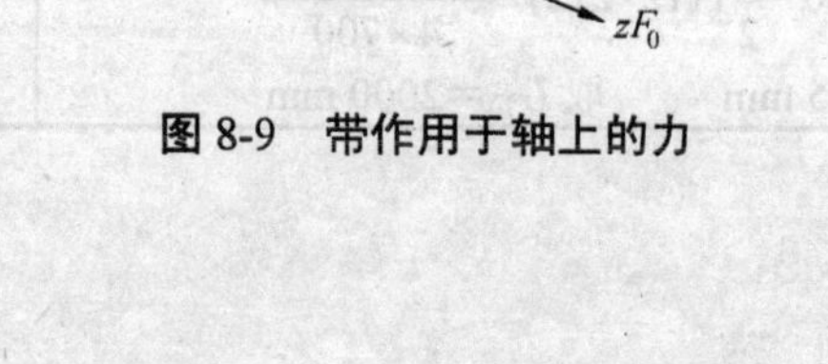

图 8-9　带作用于轴上的力

8.5.4 V 带轮的设计

1. 带轮的设计要求

对 V 带轮设计要求是：带轮重量轻，有足够的强度；结构工艺性好；质量分布均匀；转速高时（带速 v>25 m/s）需要经过动平衡；应消除制造时产生的内应力；轮槽工作表面要精细加工（R_a一般为 3.2 μm～6.3 μm）以减少带的磨损；各槽的尺寸和角度应保持一定的精度，以使载荷分布较为均匀等。

带轮的结构设计包括：根据带轮的基准直径选择结构形式；根据带的型号确定轮槽尺寸；根据经验公式确定带轮的腹板、轮毂等结构尺寸；然后绘出带轮工作图，并标注出技术要求等。

带轮的技术要求主要有：带轮工作面不应有砂眼、气孔，腹板及轮毂不应有缩孔和较大的凹陷。带轮外缘棱角要倒圆或倒钝。轮槽间距的累积误差不得超过±0.8 mm。带轮基准直径公差是其基本尺寸的 0.8%，轮毂孔公差为 H7 或 H8。带轮槽侧面和轮毂孔的表面粗糙度 R_a=3.2 μm，位置公差为：当 d_d=120～250 mm 时，取圆跳动 t=0.3 mm；当 d_d=250～500 mm 时，t=0.40 mm。此外，带轮一般要进行静平衡，高速时要进行动平衡。

例 8-2 试设计某机床用的普通 V 带传动，已知电动机功率 P=5.5 kW，转速 n_1=1 440 r/min，传动比 i=1.92，要求两带轮轴中心距不大于 800 mm，每天工作 16 小时。

解 （1）设计计算项目、设计计算见表 8-7。

表 8-7 例 8-2 的计算表

设 计 项 目	设 计 计 算	设 计 说 明
1. 确定计算功率	$P_d=K_A P=1.3\times5.5=7.15$	查表 8-5 取工况系数 K_A=1.3
2. 选择 V 带型号	A 型	据 n_1=840 r/min、P_d=7.15 kW 查图 8-8
3. 确定带轮基准直径	$d_{d1}=112$ mm $d_{d2}=id_{d1}(1-\varepsilon)=1.92\times112\times(1-0.015)$ $=211.81$ mm 取 $d_{d2}=212$	d_{d1} 查表 8-6 d_{d2} 结合图 8-8 查表 8-6
4. 验算 V 带速度	$v=\dfrac{\pi d_{d1}n_1}{60\times1000}=8.44$ m/s	v 在 5 m/s～25 m/s 之间
5. 初定中心距	取 $a_0=700$ mm	中心距小于 800 mm
6. 确定带的基准长度 L_{D0}	$L_{D0}=2a_0+\dfrac{\pi}{2}(d_{d1}+d_{d2})+\dfrac{(d_{d2}-d_{d1})^2}{4a_0}$ $=2\times700+\dfrac{\pi}{2}(112+212)+\dfrac{(212-112)^2}{4\times700}$ $=1912.5$ mm 取 $L_D=2000$ mm	由表 8-2 向接近的标准值圆整

（续表）

设计项目	设计计算	设计说明
7．计算实际中心距	$A=\frac{L_d}{4}-\frac{\pi(d_{d1}+d_{d2})}{8}$ $=\frac{2000}{4}-\frac{\pi(112+212)}{8}=372.77\ \text{mm}$ $B=\frac{(d_{d2}-d_{d1})^2}{8}=\frac{(212-112)^2}{8}=1250\ \text{mm}$ $a=A+\sqrt{A^2-B}$ $=372.77+\sqrt{372.77^2-1250}=744\ \text{mm}$ $a_{min}=a-0.015L_d=744-0.015\times2000=78\ \text{mm}$ $a_{max}=a-0.03L_d=744+0.03\times2000=804\ \text{mm}$	计算a_{max}与a_{min}便于安装和调整中心距
8．验算小带轮包角α_1	$\alpha_1=180°-\frac{d_{d2}-d_{d1}}{a}\times57.3°=180°$ $-\frac{212-112}{744}\times57.3°=172.3°$	$\alpha_1>120°$，合适
9．确定V带的根数z	$z=\frac{P_d}{(P_1+\Delta P_1)K_\alpha K_L}=\frac{7.15}{(1.6+0.15)\times0.985\times1.03}$ $=4.027$ 取$z=4$	由表8-3查得 $P_1=1.60\ \text{kW}$，$\Delta P_1=0.15\ \text{kW}$ 查表8-4得$K_\alpha=0.985$ 查表8-2得$K_L=1.03$
10．计算初拉力F_0	$F_0=500\times\frac{(2.5-K_\alpha)P_d}{K_\alpha zv}+qv^2=500\times$ $\frac{(2.5-0.985)\times7.15}{0.985\times4\times8.44}+0.1\times8.44^2=170\ \text{N}$	查表8-1确定为A型带 $q=0.10\ \text{kg/m}$
11．计算带作用在轴上的力F_r	$F_r=2zF_0\sin\frac{\alpha_1}{2}=2\times4\times170\times\sin\frac{172.3°}{2}$ $=1\,357\ \text{N}$	设计轴及选择轴承时使用

设计结果：采用4根V带标准号为A2000GB/T 11544—1997

2. 带轮结构设计

小带轮$d_{d1}=112\ \text{mm}$，采用实心轮（结构设计略）。

大带轮$d_{d2}=212\ \text{mm}$，采用腹板轮。按表8-1和图8-4公式确定结构尺寸，$h_{amin}=2.75\ \text{mm}$，取$h_a=3\ \text{mm}$，轮缘外径$d_{a2}=d_{d2}+2h_a=212+2\times3=218\ \text{mm}$。取基准线至槽底深$h_f=9\ \text{mm}$；

取轮缘厚度$\sigma=12\ \text{mm}$；基准宽度$b_d=11.0\ \text{mm}$（槽楔角$\phi=38°$，腹板厚度$s=18\ \text{mm}$。取轮缘宽度$B=65\ \text{mm}$，轮毂长度$L=70\ \text{mm}$，轴孔径$d=40\ \text{mm}$。大带轮的工作图如

图 8-10 所示。

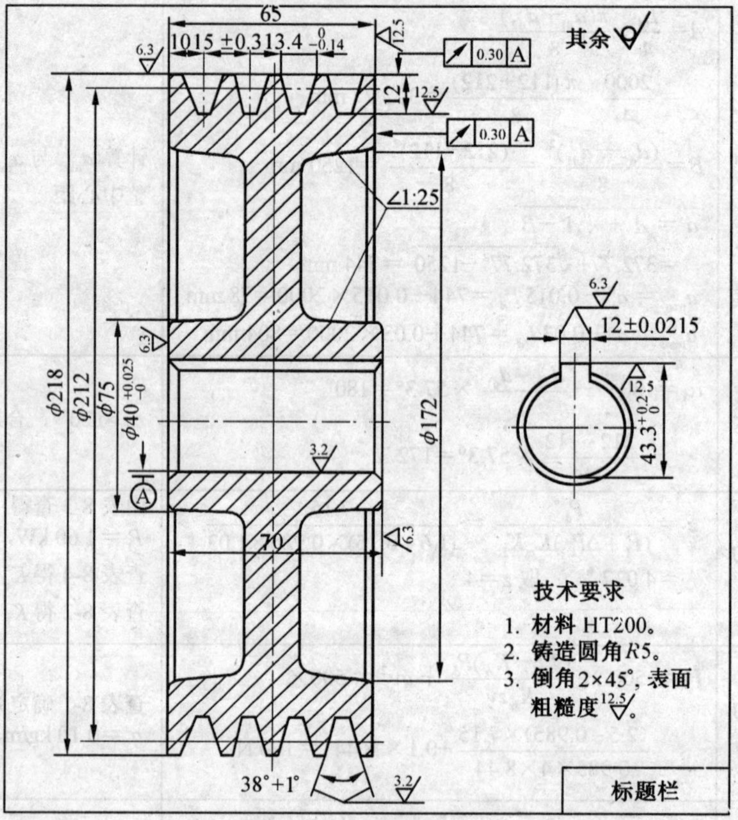

图 8-10　大带轮工作图

8.6　V 带传动的使用与维护

8.6.1　V 带传动的张紧装置

为使带内具有一定的初拉力，新安装的带在套装后需张紧。另外，V 带运行一段时间后，会产生磨损和变形，使带松弛而初拉力减小，也需将带重新张紧。常用的张紧方法见表 8-8 所示。

表 8-7　带传动的张紧装置和方法

张紧方法		示意图	说明
用调节轴的位置张紧	定期张紧	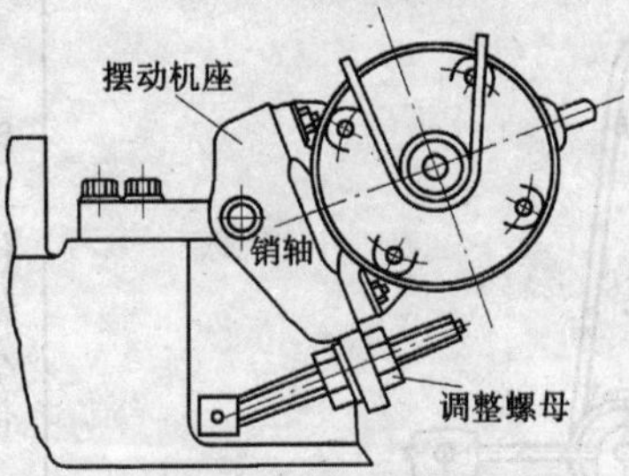	用于垂直或接近垂直的传动。旋转调整螺母，使机座绕转轴转动，将带轮调到合适位置，使带获得需要的张紧力，然后固定机座位置
	定期张紧	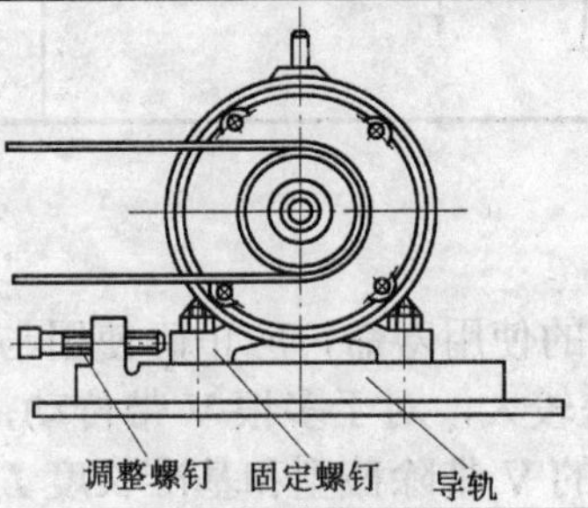	用于水平或接近水平的传动。放松固定螺栓，旋转调节螺钉，可使带轮沿导轨移动，调节带的张紧力，当带轮调到合适位置时，即可拧紧固定螺栓
	自动张紧	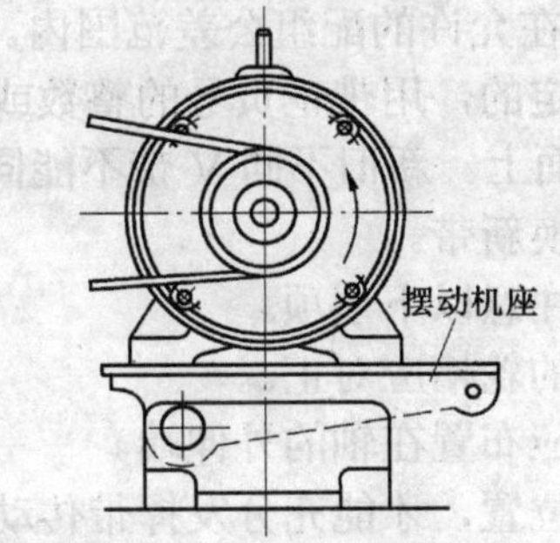	用于小功率传动。利用自重自动张紧传动带
用张紧轮张紧	定期张紧	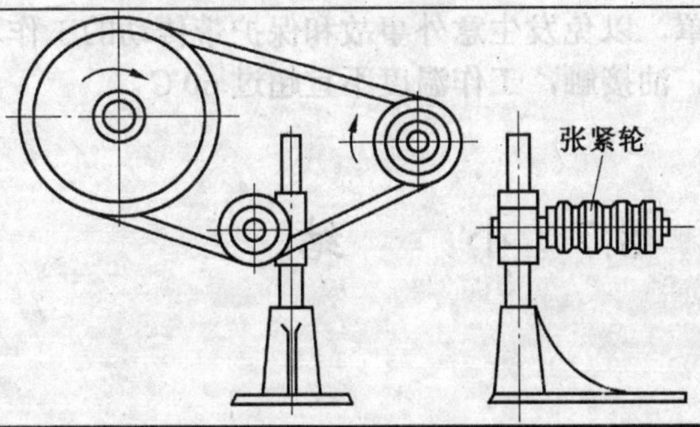	用于固定中心距传动。张紧轮安装在带的松边。为了不使小带轮的包角减少过多，应将张紧轮尽量靠近大带轮

（续表）

张紧方法		示意图	说明
用张紧轮张紧	自动张紧	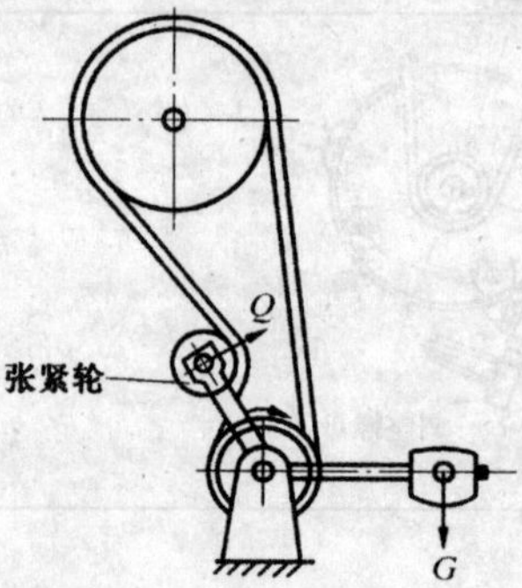	用于中心距小、传动比大的场合，但寿命短。适宜平带传动。张紧轮可以装在平型带松边的外侧，并尽量靠近小带轮处，这样可以增加小带轮上的包角

8.6.2 V 带传动的使用与维护

为了保证传动能正常工作，延长带的使用寿命，应正确使用与维护带传动。

由于普通 V 带基准长度的极限偏差较大，对于多根 V 带传动，为使各根带受力均匀，应将带配组使用。即同一带传动中使用的 V 带除截型和基准长度 L_d 相同外，其配组代号也应相同，以使同组 V 带实际长度的误差在允许的配组公差范围内。配组代号是根据每根 V 带的实际偏差除以相应的配组公差而确定的，用带正负号的整数或“0”表示，如-2、-1、0、+1、+2 等。配组代号压印在带的顶面上。新旧不同 V 带不能同时使用，如发现有的 V 带出现过度松弛或疲劳损坏，应全部更换新带。

此外，在安装与维护带传动时还应注意以下事项。

（1）安装时，主动带轮与从动带轮的轮槽应对正。

（2）为了便于传动带的装拆，带轮应布置在轴的外伸端。

（3）传动带在带轮轮槽中有正确的位置，才能充分发挥带传动的传动能力。

（4）带传动装置应有防护罩，以免发生意外事故和保护带传动的工作环境。

（5）带传动不应和酸、碱、油接触，工作温度不宜超过 60℃。

8.7 小　　结

1. 主要内容

带传动的类型、应用、运动及受力分析，带传动的设计。

2. 重点、难点提示

带传动的运动及受力分析。带的失效形式和计算准则。普通 V 带传动的设计。

8.8　复习思考题

1．V 带截面楔角 $\alpha=40°$，为什么 V 带轮槽角却有 32°、34°、36°、38° 四个值？带轮直径愈小，槽角是较大还是较小？为什么？

2．带传动中，为什么 V 带传动比平带传动应用广泛？

3．试从产生原因、对带传动的影响、能否避免等几个方面说明弹性滑动与打滑的区别？

4．带传动工作时，传动带受到哪些力的作用？产生哪些应力？应力的最大值产生在何处？

5．带的传动能力与哪些因素有关？

6．增大初拉力可以增加带传动的有效拉力，但带传动中一般并不采用增大初拉力的方法来提高带的传动能力，而是把初拉力控制在一定数值上，为什么？

7．已知 V 带传动，小带轮直径 $d_{d1}=160$ mm，大带轮直径 $d_{d2}=400$ mm，小带轮转速 $n_1=960$ r/min，滑动率 $\varepsilon=2\%$，试求由于弹性滑动引起的大带轮的转速损失。

8．试分析小带轮基准直径 d_{d1}、中心距 a 的大小对带传动的影响，各应如何选择。

9．多根 V 带传动时，若发现一根已坏，应如何处置？

10．已知小带轮基准直径 $d_{d1}=160$ mm，转速 $n_1=960$ r/min，传动比 $i=3.5$，若分别采用 A 型和 B 型 V 带，带的基准长度相同，$L_d=2\,500$ mm，试计算并比较两种型号的单根 V 带所能传递的功率 $[P_1]$。

第9章　链 传 动

学习目标

了解链传动的类型、结构和失效形式，掌握链传动的参数选择和设计计算，链传动的张紧、安装及维护方法。

9.1　链传动的类型和特点

9.1.1　链传动的组成及类型

链传动由主动链轮 1、从动链轮 2 和绕在链轮上的链条 3 等组成（见图 9-1），靠链条与链轮轮齿的啮合来传递平行轴间的运动和动力。

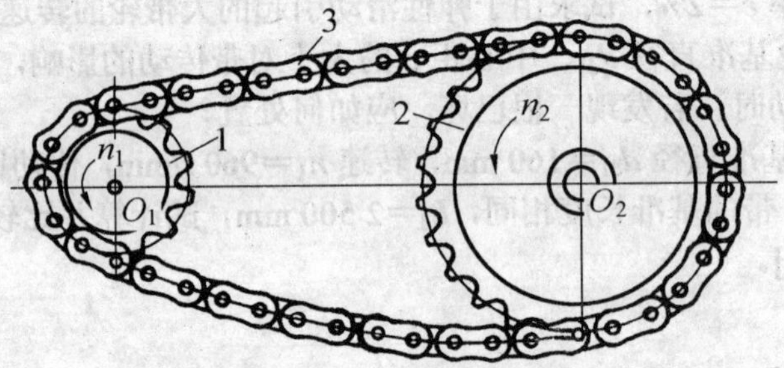

图 9-1　链传动

按用途的不同，传动链可分为如下三大类。

（1）传动链。用于一般机械传动。

（2）输送链。在各种输送装置和机械化装卸设备中，用以输送物品。

（3）起重链。在起重机械中用以提升重物。

根据结构的不同，传动链又可分为滚子链、套筒链、弯板链、齿形链等多种（见图 9-2）。最常用的是滚子链。

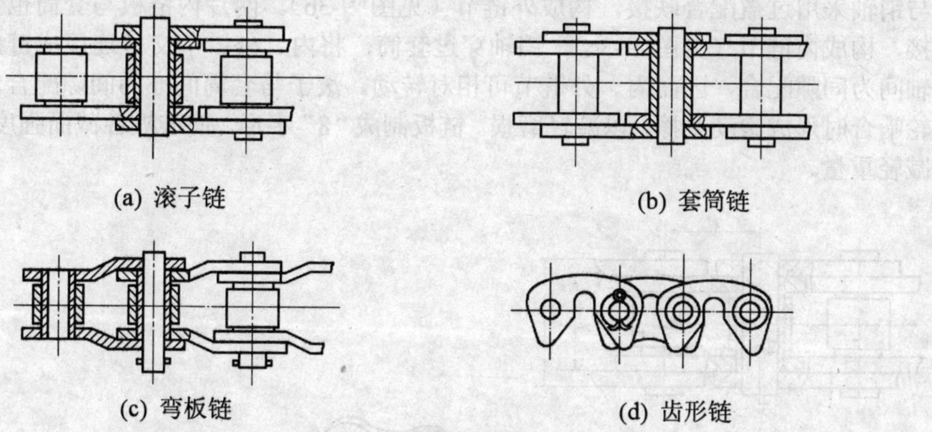

图 9-2　传动链的类型

9.1.2　链传动的特点和应用

链传动是具有中间挠性体（链条）的啮合传动，有下列优点：没有弹性滑动和打滑；平均传动比准确；传动效率较高；可用于两轴中心距较大的传动；承载能力较大；在同样使用条件下，结构尺寸较带传动紧凑；链条对轴的作用力较小；能在温度较高、有水或油等恶劣环境下工作。

链传动的主要缺点为：瞬时传动比不稳定，传动平稳性差；工作时冲击和噪声较大；磨损后易发生跳齿；只能用于平行轴间的传动。

链传动通常用于要求有准确的平均传动比，两轴平行且中心距较大，不宜应用带传动和齿轮传动的场合。因链传动能在恶劣条件下工作，故在矿山、冶金、建筑、石油、农业和化工机械中获得广泛应用。通常，链传动的传递功率 $P \leqslant 100\text{kW}$，链速 $V < 15\ \text{m/s}$，传动比 $i \leqslant 6$，中心距 $a \leqslant 8\ \text{m}$，效率 $\eta = 0.94 \sim 0.96$。

9.2　滚 子 链

按照节距的不同，滚子链可分为短节距精密滚子链（简称滚子链）、双节距精密滚子链、长节距滚子链等三种。

9.2.1　滚子链的结构和标准

滚子链由内链板 1、外链板 2、销轴 3、套筒 4 和滚子 5 组成（见图 9-3a）。两片外链板与销轴采用过盈配合联接，构成外链节（见图 9-3b）。两片内链板与套筒也为过盈配合联接，构成内链节（见图 9-3c）。销轴穿过套筒，将内、外链节交替连接成链条。套筒、销轴间为间隙配合，因而内、外链节可相对转动。滚子与套筒间亦为间隙配合，使链条与链轮啮合时形成滚动摩擦，以减轻磨损。链板制成“8”字形，使链板各截面强度大致相等，并减轻重量。

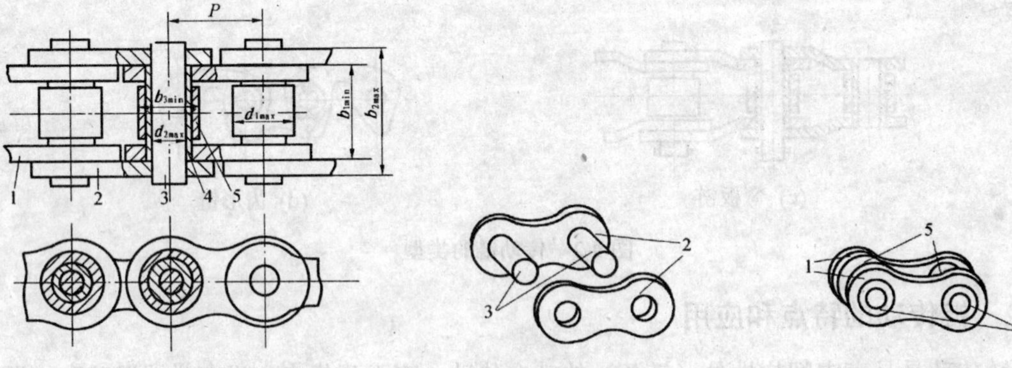

(a) 滚子链构成　(b) 单排外链节　(c) 单排内链节

图 9-3　滚子链的结构

滚子链的接头形式如图 9-4 所示。当链节数为偶数时，内外链板正好相接，可直接采用连接链节（见图 9-4a）。当节距较小时，常采用弹性锁片锁住连接链板；节距较大时，止锁件多用钢丝锁销（见图 9-4b）或开口销（见图 9-4c）。一般采用弹性锁片和钢丝锁销。当链节数为奇数时，接头可用过渡链节（见图 9-4d）。过渡链节的链板为了兼作内外链板，形成弯链板，工作时受到附加弯曲应力作用，使承载能力降低 20%。因此，应尽量采用偶数链节。

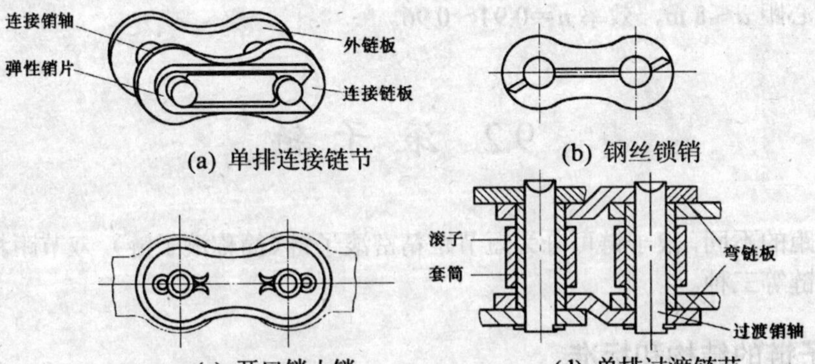

(a) 单排连接链节　(b) 钢丝锁销　(c) 开口销止锁　(d) 单排过渡链节

图 9-4　滚子链的接头和止锁形式

重载时，可采用节距较小的双排滚子链（见图 9-5）。

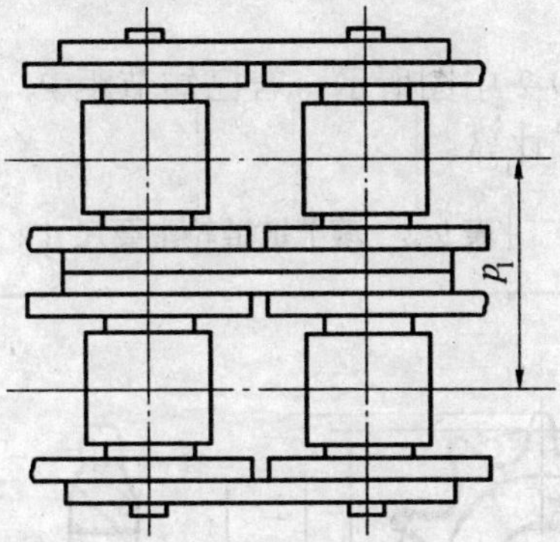

图 9-5　双排滚子链

两相邻销轴中心间的距离称为**节距**。节距 p 为链条的基本参数。节距越大，链条各零件的尺寸越大，其承载能力也越大。

滚子链已标准化（GB 1243.1—1997），按极限拉伸载荷的大小分为 A、B 两个系列。A 系列供设计和出口用，B 系列主要供维修用。部分滚子链的规格、基本参数和尺寸见表 9-1。链号数乘以 25.4/16 mm 即为节距。

滚子链的标记要顺次标出链号、排数、整链链节数和标准号。例如，A 系列、节距为 38.10 mm、双排、60 节的滚子链标记为：24A—2×60GB 1243.1—1997。

表 9-1　滚子链的规格和尺寸参数

链号	节距 p	排距 p_t	滚子外径 d_{1max}	销轴直径 d_{2max}	套筒内径 d_{3max}	内节内宽 b_{1min}	内节外宽 b_{2max}	内链板高度 h_{2max}	极限拉伸载荷 F/kN		单排质量 kg·m^{-1}
									单排	双排	
08A	9-7	14.38	7.95	3.96	4.01	7.85	11.18	9-07	13.8	27.6	0.60
10A	15.875	18.11	10.16	5.08	5.13	9.40	13.84	15.09	21.8	43.6	1.00
12A	19.05	22.78	11.91	5.94	5.99	9-57	17.75	18.08	31.1	62.3	1.5
16A	25.4	29.29	15.88	7.92	7.97	15.75	22.61	24.13	55.6	111.2	2.60
20A	31.75	35.76	19.05	9.53	9.58	18.90	27.46	30.18	86.7	173.5	3.80
24A	38.10	45.44	22.23	11.1	11.15	25.22	35.46	36.20	124.6	249.1	5.6
28A	44.45	48.87	25.40	9-70	9-75	25.22	37.19	42.24	169.0	338.1	7.5

9.2.2 滚子链链轮

1. 链轮的尺寸参数

滚子链链轮的形状如表 9-2 中图所示。若已知节距 p、滚子的外径 d_1 和齿数 z 时，链轮的主要尺寸按表 9-2 中公式计算。

表 9-2 滚子链链轮主要尺寸

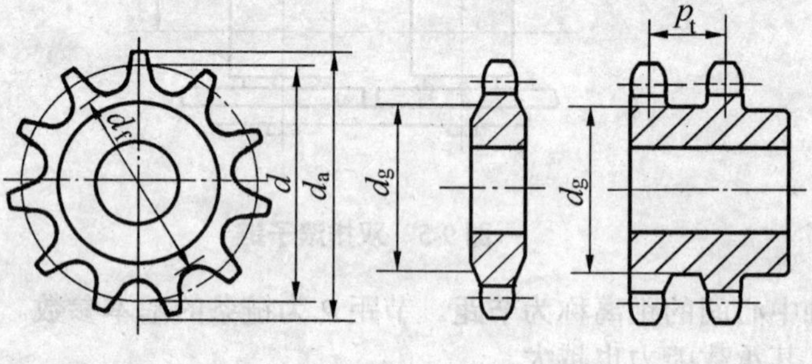

名 称	符号	计 算 公 式	备 注
分度圆直径	d	$d=\dfrac{p}{\sin\dfrac{180^\circ}{z}}$	
齿顶圆直径	d_a	$d_{max}=d+1.25p-d_1$ $d_{min}=d+(1-\dfrac{1.6}{z})p-d_1$ 若为三圆弧一直线齿形，则 $d_a=p\left(0.54+\cot\dfrac{180^\circ}{z}\right)$	可在 d_{max} 和 d_{min} 范围内任意选取，但选用 d_{max} 时，若采用展成法加工，可能产生顶切
齿根圆直径	d_f	$d_f=d-d_1$	
齿侧凸缘（或排间槽直径）	d_g	$d_g\leqslant p\cot\dfrac{180^\circ}{z}-1.04h_2-0.76$	h_2——内链板高度

注：d_a、d_g 计算值舍小数取整数，其他尺寸精确到 0.01mm。

2. 链轮齿形

GB 1244—85 规定的齿槽形状为双圆弧齿形，如图 9-6 所示。标准规定了最大最小齿槽形状，凡在两者之间的各标准齿形均可采用。另外，亦可采用三圆弧一直线齿廓。

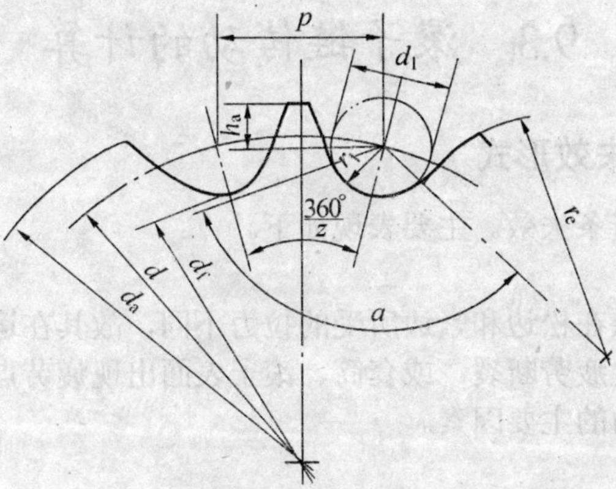

图 9-6　齿槽形状

链轮的轴向齿廓有圆弧（A 型，见表 9-2 中图）和直线（B 型）两种。圆弧形齿廓有利于链节的啮入和退出。

当链轮轮齿采用标准齿形且用标准刀具加工时，在链轮工作图上无需绘出端面齿形，只要在图右上角列表注明链轮的基本参数和“齿形按 GB1244—85 制造”即可，而链轮的轴向齿廓则需在工作图上绘出，以便车削链轮毛坯。

3．链轮的结构

链轮的结构形式如图 9-7 所示。直径小的链轮制成实心式（见图 9-7a）；中等尺寸的链轮为腹板式或孔板式（见图 9-7b）；直径较大时，可采用组合式结构（见图 9-7c），齿圈用螺栓联接在轮芯上，以便更换磨损的齿圈。

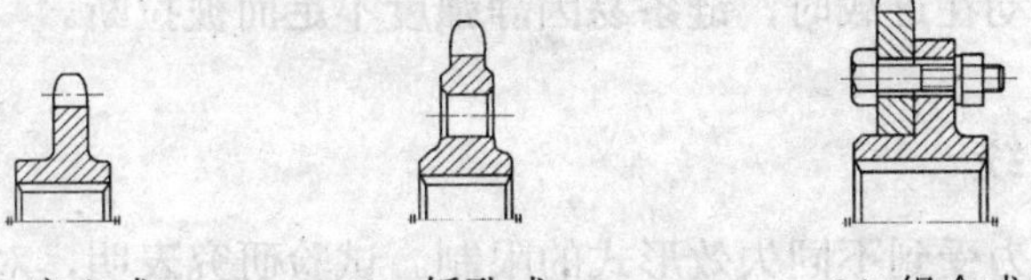

(a) 实心式　(b) 板孔式　(c) 组合式

图 9-7　链轮结构

4．链轮的材料

首先保证链轮轮齿应具有足够的强度和较好的耐磨性，选择链轮的材料时，应根据链轮的工作条件来确定。通常采用 15、20、15Cr、20Cr 表面渗碳淬火钢材或 45、50、35CrMo、40Cr 等表面淬火钢材，热处理后齿面硬度可达 40HRC 以上。高速轻载时，可采用夹布胶木，使传动平稳，减少噪声。由于小链轮轮齿的啮合次数比大链轮多，所受冲击和磨损也较严重，故应采用较好性能的材料。

9.3 滚子链传动的计算

9.3.1 链传动的主要失效形式

链传动的失效多为链条失效。主要表现如下。

1. 链条疲劳破坏

链传动时，由于链条在松边和紧边所受的拉力不同，故其在运行中受变应力作用。经多次循环后，链板将发生疲劳断裂，或套筒、滚子表面出现疲劳点蚀。在润滑良好时，疲劳强度是决定链传动能力的主要因素。

2. 销轴磨损与脱链

链传动时，销轴与套筒间的压力较大，又有相对运动，若再润滑不良，导致销轴、套筒严重磨损，链条平均节距增大。达到一定程度后，将破坏链条与链轮的正确啮合，发生跳齿而脱链。这是常见的失效形式之一。开式传动极易引起铰链磨损，急剧降低链条寿命。

3. 销轴和套筒的胶合

在高速重载时，链节所受冲击载荷、振动较大，销轴与接触表面间难以形成连续油膜，导致摩擦严重且产生高温，在重载作用下发生胶合。胶合限定了链传动的极限传速。

4. 滚子和套筒的冲击破坏

链传动时不可避免地产生冲击和振动，以致滚子、套筒因受冲击而破坏。

5. 链条的过载拉断

低速重载的链传动在过载时，链条易因静强度不足而被拉断。

9.3.2 额定功率曲线

链传动的承载能力受到不同失效形式的限制。试验研究表明，对于中等速度、润滑良好的传动，承载能力主要受链板疲劳断裂的限制；当小链轮转速较高时，承载能力主要取决于滚子和套筒的冲击疲劳强度；转速再高时，则要受到销轴和套筒抗胶合能力的限制。图 9-8 所示为 A 系列滚子链的额定功率曲线。可以看出，每种链所允许传递的功率均随转速升高而增大，达到一定转速后反而降低。折线以下为其安全区。

额定功率曲线是在规定试验条件下试验并考虑安全裕量后得到的。试验条件如下。

（1）两链轮安装在水平轴上并共面。

（2）小链轮齿数 $p=19$。

（3）链长度 $L_p=100$ 节。

（4）单排链，载荷平稳。

（5）使用推荐的润滑方式（参见图 9-8）。

（6）满载荷运转 15 000 h。

（7）链条因磨损而引起的相对伸长量不超过 3%。

（8）链速 $v>0.6$ m/s。

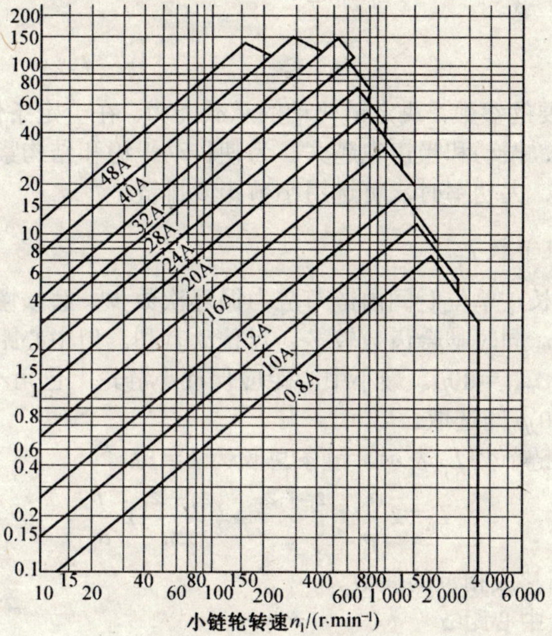

图 9-8　A 系列滚子链的额定功率曲线（$v>0.6$ m/s）

若链传动的润滑方式与推荐用的润滑方式不符时，额定功率 P_0 值应予降低：润滑不良且 $v\leqslant1.5$ m/s 时，降至$(0.3\sim0.6)P_0$；润滑不良且 1.5 m/s$\leqslant v\leqslant$7 m/s 时，降至$(0.15\sim0.3)P_0$。

9.3.3　链传动主要参数的选择

设计链传动时，一般已知传递的功率 P、小链轮转速 n_1、大链轮转速 n_2 或传动比 i、载荷情况和使用条件等。须确定链号（节距）、链轮的齿数 z_1、z_2、链节数 L_p、中心距 a，以及链轮的结构尺寸和传动润滑方式等。主要参数对传动的影响和选择方法如下。

1. 齿数 z_1、z_2 和传动比 i

小链轮齿数 z_1 少，动载荷增大，传动平稳性差，链条很快磨损。因此要限制小链轮的最少齿数 z_{min}，一般，$z_{min}\geqslant17$。链速很低时，z_1 可少至 9。z_1 亦不可过多，否则传动尺寸太大。推荐 z_1 按 $z_1 \approx 29-2i$ 选取。

z_2 和 z 的关系式为 $z_2=iz$，应使 $z_2 \leqslant z_{\max}=120$。$z_2$ 过多，磨损后的链条更易从轮上脱落。

由于链节数常为偶数，为使磨损均匀，链轮齿数一般应取与链节数互为质数的奇数，并优先选用数列 17、19、21、23、25、38、57、76、85、114 中的数。通常，链传动的传动比 $i \leqslant 6$。推荐 $i=2\sim3.5$。

2. 链的节距 p

p 是链传动最主要的参数，决定链传动的承载能力。在一定条件下，p 越大，承载能力越高，但引起的冲击、振动和噪声也越大。为使传动平稳和结构紧凑，应尽量选用节距较小的单排链。在高速、大功率时，可选用小节距多排链。

3. 中心距 a 和链节数 L_p

中心距大时则链长，单位时间内链节应力循环次数少，磨损慢，链的使用寿命长。而且小链轮上包角较大，同时啮合齿数较多，对传动有利。但中心距过大，链条的松边易上下颤动。最大中心距 $a_{\max}=80p$。最小中心距应保证小链轮上包角不小于 120°。初定中心距 a_0 时，可在 $(30\sim50)p$ 间选取。

链条的长度常用链节数 L_p 表示，链条总长为 $L=pL_p$。

$$L_p=2\frac{a_0}{p}+\frac{z_1+z_2}{2}+\left(\frac{z_2-z_1}{2\pi}\right)^2\frac{p}{a_0} \tag{9-1}$$

计算出的 L_p 应圆整成相近的偶数。

根据 L_p 计算理论中心距 a

$$a=\frac{p}{4}\left[\left(L_p-\frac{z_1+z_2}{2}\right)+\sqrt{\left(L_p-\frac{z_1+z_2}{2}\right)^2-8\left(\frac{z_2-z_1}{2\pi}\right)^2}\right] \tag{9-2}$$

为保证链条松边有合适的垂度 $f=(0.01\sim0.02)a$，实际中心距 a' 要比理论中心距 a 小。$\Delta a=a-a'$。通常 $\Delta a=(0.002\sim0.004)a$，中心距可调时，取较大值；否则取较小值。

9.3.4 设计计算

对于一般链速大于 0.6 m/s 的链传动，主要失效形式为疲劳破坏，按许用功率进行计算。链传动的实际工作条件往往与规定的试验条件不同，必须对 P_0 进行修正。实际条件下链条所能传递的功率即许用功率 $[P]$ 应不小于设计功率 P_d，即

$$[P]=P_0K_ZK_LK_m \geqslant P_d=K_AP \tag{9-3}$$

式中：P——链传动的名义功率，kW；

K_A——工况系数（见表 9-3）；

K_Z——小链轮齿数系数（见表 9-4）。当链轮转速使工作处于额定功率曲线凸锋左侧时（受链板疲劳强度限制），查取 K_Z 值；当工作处于曲线凸锋右侧（受滚子、套筒冲击疲劳限制）时，取 K_L'；

K_L——链长系数（见表 9-5），K_L、K_L' 的查法同 K_L；K_m 为多排链系数，当链排数 $m=1$ 时，$K_m=1.0$；$m=2$ 时，$K_m=1.7$；$m=3$ 时，$K_m=2.5$。

表 9-3　链传动的工况系数 K_A

载荷种类	工作机	动力机		
		内然机（液力传动）	电动机或汽轮机	内燃机（机械传动）
平稳载荷	液体搅拌机，中小型离心式鼓风机，离心式压缩机，轻型输送机，离心泵，均匀载荷的一般机械	1.0	1.0	1.2
中等冲击	大型或不均匀载荷的输送机，中型起重机和提升机，农业机械，食品机械，木工机械，干燥机，粉碎机	1.2	1.3	1.4
较大冲击	工程机械，矿山机械，石油钻井机械，锻压机械，冲床，剪床，重型起重机械，振动机械	1.4	1.5	1.7

表 9-4　小链轮齿数系数 K_Z（K'_Z）

z_1	9	11	13	15	17	19	21	23	25	27
K_z	0.446	0.554	0.664	0.775	0.887	1.00	1.11	1.23	1.34	1.46
K_z'	0.326	0.441	0.566	0.701	0.846	1.00	1.16	1.33	1.51	1.60

表 9-5　链长系数

链节数 L_p	50	60	70	80	90	100	110	120	130	140	150	180	200	220
K_L	0.835	0.87	0.92	0.945	0.97	1.00	1.03	1.055	1.07	1.10	1.135	1.175	1.215	1.265
K'_K	0.70	0.76	0.83	0.90	0.95	1.00	1.055	1.10	1.15	1.175	1.26	1.34	1.415	1.50

注：L_P 为其他数值时，用插值法求 K_L 和 K_L'。

设计时，先计算出所需的额定功率 P_{0c}

$$P_{0c}=\frac{K_A P}{K_Z K_L K_m} \tag{9-4}$$

再根据 P_{0c} 和小链轮的转速 n_1，查图 9-8 确定滚子链的链号。

对于 $v<0.6$ m/s 的链传动，其主要失效形式为过载拉断，需按链的静强度计算。

9.4 链传动的布置、安装和张紧

为了保证链传动能正常可靠地工作，除了应满足承载能力要求外，还应对链传动进行合理布置、张紧和正确使用维护。

9.4.1 链传动的布置

布置链传动时应注意如下几点。

（1）最好两轮轴线布置在同一水平面内（见图 9-9a），或两轮中心连线与水平面成 45°以下的倾斜角（见图 9-9b）。

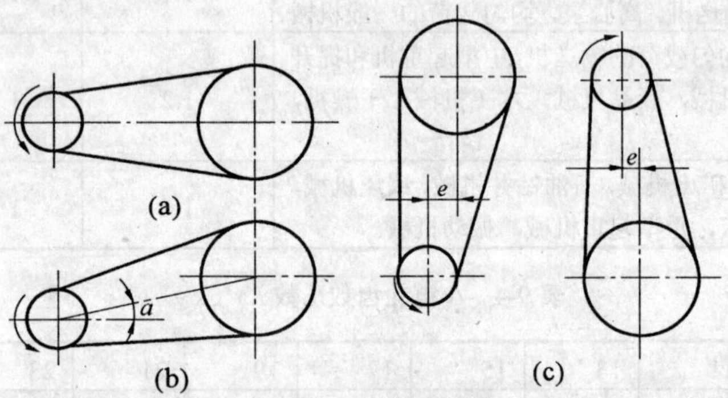

图 9-9 链传动的布置

（2）应尽量避免垂直传动。两轮轴线在同一铅垂面内时，链条因磨损而垂度增大，使与下链轮啮合的齿数减少或松脱。若必须采用垂直传动时，可采用如下措施。

① 中心距可调。

② 设张紧装置。

③ 上下两轮错开，使两轮轴线不在同一铅垂面内（见图 9-9c）。

（3）主动链轮的转向应使传动的紧边在上（见图 9-9a、b）。若松边在上方，会由于垂度增大，链条与链轮齿相干扰，破坏正常啮合，或者引起松边与紧边相碰。

9.4.2 链传动的安装

两链轮的轴线应平行。安装时应使两轮轮宽中心平面的轴向位置误差 $\Delta e \leqslant 0.0002a$（$a$ 为中心距），两轮的旋转平面间的夹角 $\Delta\theta \leqslant 0.0002$ rad（见图 9-10）。若误差过大，易脱链和增加磨损。

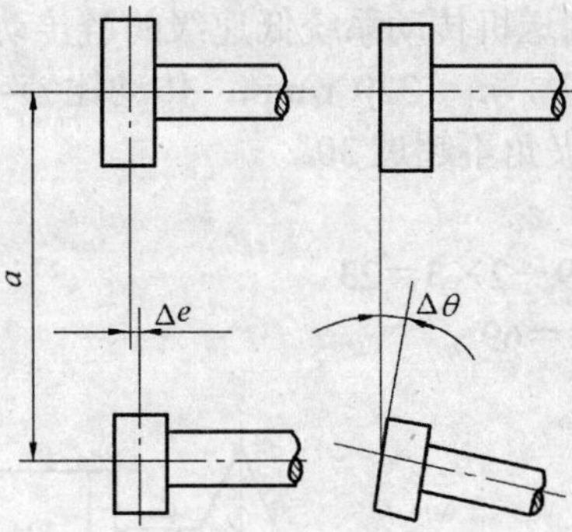

图 9-10 链传动的安装误差

9.4.3 链传动的张紧

1. 链传动的垂度

链传动松边的垂度可近似认为是两轮公切线与松边最远点的距离。合适的松边垂度推荐为 $f=(0.01\sim0.02)a$，a 为中心距。对于重载、经常制动、起动、反转的链传动，以及接近垂直的链传动，松边垂度应适当减少。

2. 链传动的张紧

张紧的目的主要是为了避免链条在垂度过大时产生啮合不良和链条的振动，同时也可增大包角。链传动的张紧采用下列方法。

（1）调整中心距，增大中心距可使链张紧。对于滚子链传动，中心距的可调整量为 $2p$。

（2）缩短链长。对于因磨损而变长的链条，可去掉 1～2 个链节，使链缩短而张紧。

（3）采用张紧装置。图 9-11a 中采用张紧轮。张紧轮一般置于松边靠近小链轮处外侧。图 9-11b、c 采用压板或托板，适宜于中心距较大的链传动。

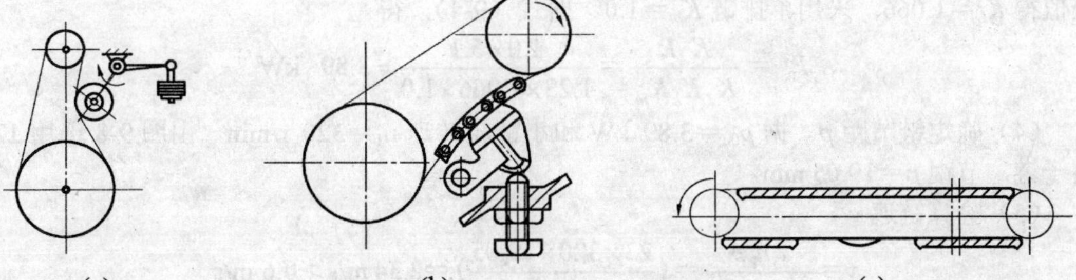

图 9-11 链传动的张紧装置

例 9-1 设计一小型带式输送机传动系统低速级的链传动，传动简图如图 9-12 所示。已知小链轮传动功率 P＝5.1 kW，n_1＝320 r/min，传动比 i＝3，载荷平稳，链传动中心距可调，两轮中心连线与水平面夹角不超过 30°。

解 （1）选择链轮齿数 z_1、z_2

小链轮齿数 $z_1=29-2i=29-2\times3=23$

大链轮齿数 $z_2=iz_1=3\times23=69$

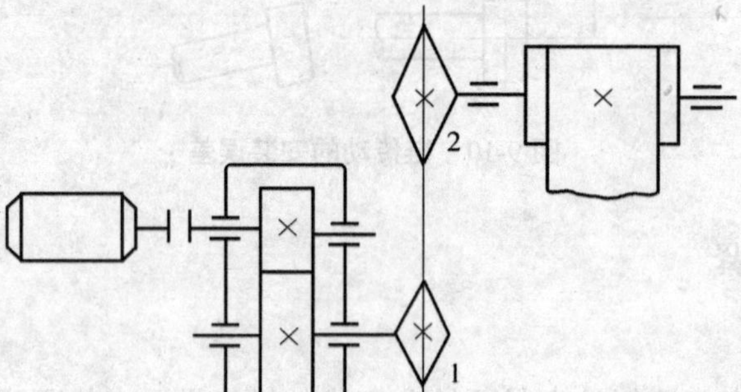

图 9-12 输送机传动系统

（2）确定链节数 L_p。初定中心距 $a_0=40p$，由式（9-1）可得

$$L_p=2\frac{a_0}{p}+\frac{z_1+z_2}{2}+(\frac{z_2-z_1}{2\pi})^2\frac{p}{a_0}$$

$$=\frac{2\times40p}{p}+\frac{23+69}{2}+(\frac{69-23}{2\pi})^2\frac{p}{40p}=127.34$$

取 L_p＝128 节。

（3）计算所需的额定功率 P_{0c}。由表 9-3 查得 K_A＝1.0；已知 n_1＝320 r/min，由图 9-8 可知，小链轮转速使工作处于额定功率曲线凸锋左侧，由表 9-4 查得 K_Z＝1.23；由表 9-5 查值得 K_L＝1.066；采用单排链 K_m＝1.0。据式（9-4），得

$$P_{0c}=\frac{K_AP}{K_ZK_LK_m}=\frac{1.0\times5.1}{1.23\times1.066\times1.0}=3.89\ \text{kW}$$

（4）确定链节距 p。据 p_{0c}＝3.89 kW 和小链轮转速 n_1＝320 r/min，由图 9-8 选用 12A 滚子链，节距 p＝19.05 mm。

（5）验算链速 v

$$v=\frac{z_1n_1p}{60\times1\,000}=(\frac{23\times320\times19.05}{60\times1\,000})=2.34\ \text{m/s}>0.6\ \text{m/s}$$

（6）计算链条长度 L

$$L=\frac{L_P P}{1\,000}=(\frac{128\times19.05}{1\,000})=2.44\ \text{m}$$

（7）确定中心距 a 由（9-2），理论中心距

$$a=\frac{p}{4}\left[(L_P-\frac{z_1+z_2}{2})+\sqrt{(L_P-\frac{z_1+z_2}{2})^2-8(\frac{z_2-z_1}{2\pi})^2}\right]$$

$$=\frac{19.05}{4}\left[(128-\frac{23+69}{2})+\sqrt{(128-\frac{23+69}{2})^2-8(\frac{69-23}{2\pi})^2}\right]$$

$$=768.4\ \text{mm}$$

实际中心距 $a'=a-\Delta a=(768.4-0.004\times768.4)=765\ \text{mm}$

（8）有效拉力 F_e

$$F_e=\frac{1000p}{v}=\frac{1000\times5.1}{2.34}\approx2180\ \text{N}$$

（9）作用于轴上的力 F_r

$$F_r\approx1.2\,K_rF_e=(1.2\times1.0\times2180)=2616\ \text{N}$$

（10）链轮结构设计（略）

9.5 小　结

1. 主要内容

链传动的类型、应用、结构及标准，滚子链传动的设计计算、布置和张紧。

2. 重点、难点提示

链传动的特点、应用，链传动的失效形式和滚子链传动的设计计算。

9.6 复习思考题

1. 链传动与带传动相比有哪些特点？
2. 为什么一般情况下链传动的瞬时传动比不是恒定的？
3. 为什么链节节数常取偶数，而链轮齿数取奇数？
4. 一链传动的链号为 16A，小链轮齿数 $z_1=23$，试计算小链轮的主要尺寸。

5．已知 $P_{0c}=10$ kW，$n_1=400$ r/min，试选择单排滚子链的节距。

6．试设计一离心式空气压缩机用滚子链传动。已知电动机功率 $P=7.5$ kW，转速 $n_1=970$ r/min，传动比 $i=2.94$，工作载荷平稳，中心距可调，两轮中心连线与水平面夹角小于 30°。

第 10 章 齿 轮 传 动

学习目标

了解齿轮的传动特点、分类及结构形式；理解直齿、斜齿圆柱齿轮传动的基本参数；掌握齿轮啮合条件和主要几何尺寸计算。会进行直齿圆柱齿轮的强度计算。

10.1 齿轮传动概述

1. 齿轮传动特点

齿轮传动是现代机械中应用最广泛的一种机械传动。与其它机械传动相比，齿轮机构的主要特点是：瞬时传动比（两齿轮瞬时角速度之比）恒定；传递功率的范围大；效率高（η＝0.92～0.98）；寿命长；结构紧凑，工作可靠性高；传递空间位置两轴间的运动以及速度适用范围广等。但齿轮传动的制造和安装精度要求高、成本高；不适宜用于中心距较大的传动。

2. 齿轮传动的分类

按轴线相互位置、啮合方式和齿向划分，常用齿轮传动可按图 10-1 所示进行分类。

3. 齿廓啮合基本定律

对齿轮传动的基本要求是瞬时传动比必须保持恒定。否则主动轮等速转动时，从动轮将为变速转动，从而产生惯性力，它不仅影响齿轮的强度，还会引起机器的振动等。一对齿轮的传动是靠主动齿轮的齿廓推动从动齿轮齿廓来实现的，显然两齿轮传动时其传动比的变化与两齿廓曲线的形状有关。

如图 10-2 所示外啮合传动中，O_1、O_2 分别为两齿轮的转动中心，某瞬时两齿廓在 K 点处啮合，齿轮运动时，必须满足它们在过啮合点的公法线 nn 上的分速度相等，否则将出现干涉或分离而不能传动。即，$v_{k1}\cos\alpha_{k1}=v_{k2}\cos\alpha_{k2}$。于是，该瞬时的传动比为

$$i_{12}=\frac{\omega_1}{\omega_2}=\frac{\overline{O_2K}\cos\alpha_{k2}}{\overline{O_1K}\cos\alpha_{k1}}=\frac{\overline{O_2N_2}}{\overline{O_1N_2}}=\frac{\overline{O_2C}}{\overline{O_1C}} \tag{10-1}$$

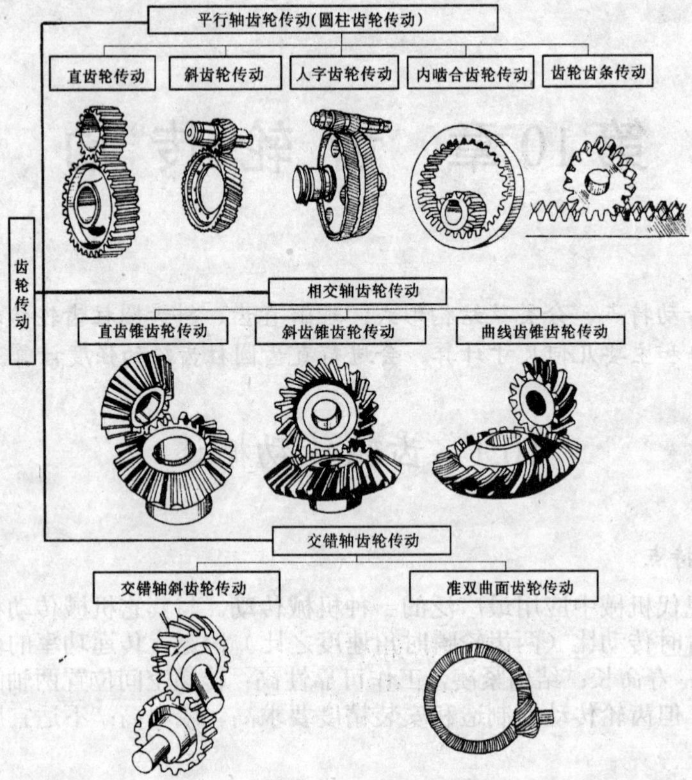

图 10-1 齿轮传动的分类

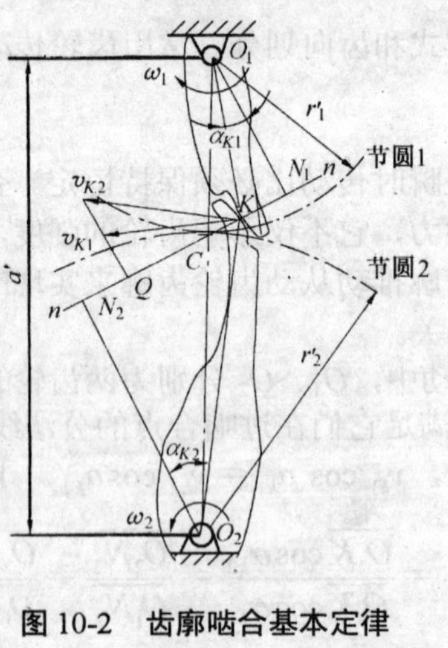

图 10-2 齿廓啮合基本定律

式（10-1）表明：互相啮合传动的一对齿廓，它们的瞬时接触点的公法线，必与两齿轮的连心线交于相应的节点 C，该节点将齿轮的连心线所分成的两个线段与该对齿轮的角速度比成反比。要保证传动比恒定，就应使比值 $\dfrac{\overline{O_2C}}{\overline{O_1C}}$ 不变。由于两齿轮的连心线不变，故应使 C 点成为其上的固定点。

根据以上分析可得如下结论：齿轮传动要满足瞬时传动比保持不变，则两轮的齿廓不论在何处接触，过接触点的公法线必须与两轮的连心线交于固定的一点 C，这一规律常称为**齿廓啮合基本定律**。

在图 10-2 中，固定点 C 称为节点，分别以 O_1、O_2 为圆心，作两个相切圆，此两圆称为**节圆**。由于节点处速度 $v_{c1}=v_{c2}$，因此，齿轮传动中，两节圆作无相对滑动的纯滚动。由式（10-1）可知，两齿轮角速度之比，等于两节圆半径的反比。显然单个齿轮就没有节点，因而也不存在节圆。而在齿廓的其他点上，公切线上的分速度并不相等，故两齿廓间必将产生有害的相对滑动。

能满足齿廓啮合基本定律的一对齿廓，称为**共轭齿廓**。齿廓曲线除满足齿廓啮合基本定律外，同时还要满足设计、制造、安装和强度等方面的综合要求。齿廓曲线有渐开线、摆线和圆弧等，其中，机械传动中最常用的是渐开线齿廓。

10.2　渐开线直齿圆柱齿轮及传动

10.2.1　渐开线的形成和性质

如图 10-3 所示，当一条动直线沿着固定的圆作纯滚动时，直线上任意一点 K 的轨迹 AK 称为这个圆的**渐开线**。固定的圆称为**基圆**，半径用 r_b 表示，这条动直线称为**发生线**，θ_k 称为渐开线在 K 点的**展角**。

根据渐开线形成的过程可知，渐开线具有以下性质。

（1）发生线沿基圆滚过的长度 $\overline{NK}$，等于基圆上被滚过的圆弧长，即 $\overline{NK}=\overset{\frown}{NA}$。

（2）渐开线上任一点的法线必与基圆相切。K 点的轨迹（渐开线）是以 N 为圆心、$\overline{NK}$ 为半径所作的极短的圆弧。因此 N 点为渐开线在 K 点的曲率中心，$\overline{NK}$ 为曲率半径和 K 点的法线，同时又是基圆的切线。所以，渐开线上任一点的法线必与基圆相切；切于基圆的直线必为渐开线上某一点的法线。

（3）渐开线上各点的曲率半径不相等。如图 10-4 所示 NK 是渐开线上 K 点的曲率半径，N 点是曲率中心。渐开线上离基圆愈远的点，其曲率半径愈大，曲线因而也愈平直；渐开线上离基圆愈近点，其曲率半径愈小，曲线因而也就愈弯曲；基圆上渐开线初始点 A 的曲率半径为零。

（4）渐开线的形状决定于基圆的大小。如图 10-4 所示，基圆半径愈小，渐开线愈弯曲；基圆半径愈大，渐开线愈平直；基圆半径无穷大时，渐开线为一条斜直线（即齿条齿廓）。

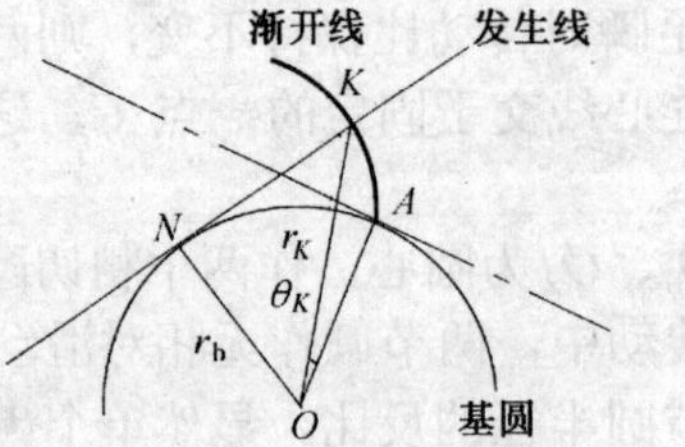

图 10-3 渐开线的形成

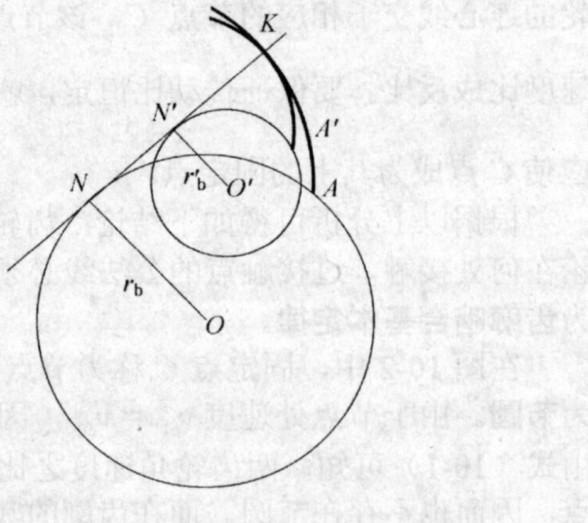

图 10-4 渐开线的性质

（5）基圆内无渐开线。

10.2.2 渐开线齿廓的啮合特性

1. 渐开线齿廓能保证定传动比传动

图 10-5 所示为一对齿轮的两渐开线齿廓在 K 点相接触。由渐开线的性质可知，过 K 点的公法线 N_1N_2 必同时与两基圆相切，即 N_1N_2 线是两基圆的内公切线。因为基圆在同一方向的内公切线仅有一条，故无论两齿廓在何处接触（如图中 K'点），过接触点所作两齿廓的公法线都一定和 N_1N_2 相重合。公法线 N_1N_2 与连心线 O_1O_2 的交点 C 为一定点，因此渐开线齿廓满足齿廓啮合基本定律。两轮的传动比为

$$i=\frac{\omega_1}{\omega_2}=\frac{\overline{O_2C}}{\overline{O_1C}}=\frac{r_{b2}}{r_{b1}}=\text{常数} \tag{10-2}$$

式（10-2）说明渐开线齿廓啮合能保证瞬时传动比恒定不变。

2. 渐开线齿轮中心距的可分性

一对渐开线齿轮的基圆半径是定值，故由式（10-2）可知，当两齿轮的中心距稍有变化时，其瞬时传动比仍保持不变，这个特点称为渐开线齿轮中心距的**可分性**。由于齿轮制造误差和安装误差等原因，常使渐开线齿轮的实际中心距与设计中心距之间产生一定误差，但因有可分性的特点，其传动比仍保持不变。

3. 啮合角为定值

在图 10-5 中，过节点 C 作两节圆的公切线 tt，它与啮合线 N_1N_2 间所夹的锐角称为**啮合角**，用 α'表示。可得

$$\cos\alpha' = \frac{r_{b1}}{r_1'} = \frac{r_{b2}}{r_2'} = 常数$$

上式说明渐开线齿廓在啮合时啮合角α'为定值。由于啮合角不改变，则表明齿廓间的压力角方向不会改变，因此对齿轮传动的平稳性很有利。

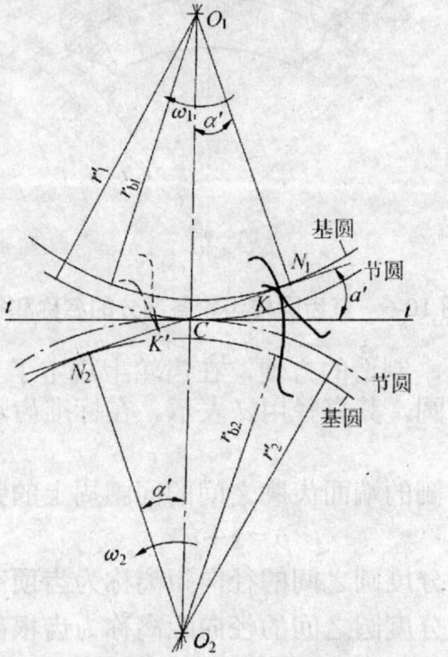

图 10-5　渐开线齿廓可保证定传动比传动

渐开线齿轮除上述两个主要特点外，还有互换性好等优点，故它在齿轮机构中应用最广泛。

10.2.3　渐开线齿轮各部分的名称和几何尺寸

1. 齿轮各部分的名称

图 10-6 所示为直齿圆柱齿轮的一部分，其各部分的名称和表示符号如下：

(1) 齿槽。齿轮上相临两轮齿之间的空间，称为**齿槽**。

(2) 齿顶圆。轮齿顶部所在圆称为**齿顶圆**，其直径用$d_a(r_a)$表示。

(3) 齿根圆。齿槽底部所在的圆称为**齿根圆**，其直径用$d_f(r_f)$表示。

(4) 齿厚。一个齿的两侧端面齿廓之间的同圆周上的弧长称为**齿厚**，用s表示。

(5) 齿槽宽。一个齿槽的两侧端面齿廓之间的同圆周上的弧长称为**齿槽宽**，用e表示。

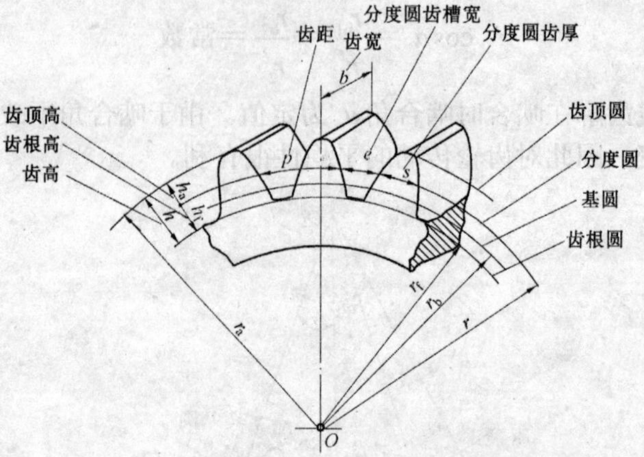

图 10-6 直齿圆柱齿轮各部分的名称和符号

（6）分度圆。为了设计、制造的方便，在齿轮上规定了一个圆，作为计算齿轮各部分尺寸的基准，该圆称为**分度圆**，其直径用 d 表示。在标准齿轮中分度圆上的齿厚 s 与齿槽宽 e 相等。

（7）齿距。两个相临同侧的端面齿廓之间的同圆周上的弧长称为**齿距**，用 p 表示。

$$p=s+e \tag{10-3}$$

（8）齿顶高。齿顶圆与分度圆之间的径向距离称为**齿顶高**，用 h_a 表示。

（9）齿根高。齿根圆与分度圆之间的径向距离称为**齿根高**，用 h_f 表示。

（10）齿高。齿顶圆与齿根圆之间的径向距离称为**齿高**。用 h 表示。

（11）齿宽。齿轮的有齿部位沿分度圆柱面的母线方向量得的宽度称为**齿宽**，用 b 表示。

2. 基本参数

渐开线直齿圆柱齿轮的基本参数有齿数 z、模数 m、压力角 α、齿顶高系数 h_a^*、顶隙系数 c^* 等。

（1）齿数 z

在齿轮整个圆周上轮齿的总数即为**齿数**。

（2）模数 m

因为分度圆的周长 $\pi d=zp$，则分度圆的直径为 $d=\dfrac{zp}{\pi}$，由上式可知，当已知一直齿圆柱齿轮的齿距 p 和齿数 z，就可求出分度圆直径 d。但式中 π 为无理数，这样求得的 d 也是无理数，给齿轮设计、制造和检验带来不方便。因此，工程上规定齿距 p 除以圆周率 π 所得的商称为模数，用 m 表示。即

$$m=\frac{p}{\pi}\ （\mathrm{mm}）$$

于是，分度圆直径和半径为

$$d=mz;\ r=\frac{mz}{2} \tag{10-4}$$

表 10-1 为标准模数系列。

表 10-1　标准模数系列（GB 1357—1987）

第一系列	1	1.25	1.5	2	2.5	3	4	5	6	8
	10	12	16	20	25	32	40	50		
第二系列	1.75	2.25	2.75	（3.35）	3.5	（3.75）	4.5	5.5	（6.5）	7
	9	（11）	14	18	22	28	（30）	36	45	

注：1．本表适用于渐开线圆柱齿轮，对斜齿轮是指法向模数。
　　2．优先采用第一系列，括号内的模数尽可能不用。

（3）压力角

如图 10-7 所示，在渐开线上不同点 K_1、K_2 和 K 的压力角各不相同，接近基圆的渐开线上压力角小，远离基圆的渐开线上压力角大。通常所说的压力角，是指齿轮分度圆上的压力角，用 α 表示，计算公式为

$$\cos\alpha=\frac{r_b}{r} \tag{10-5}$$

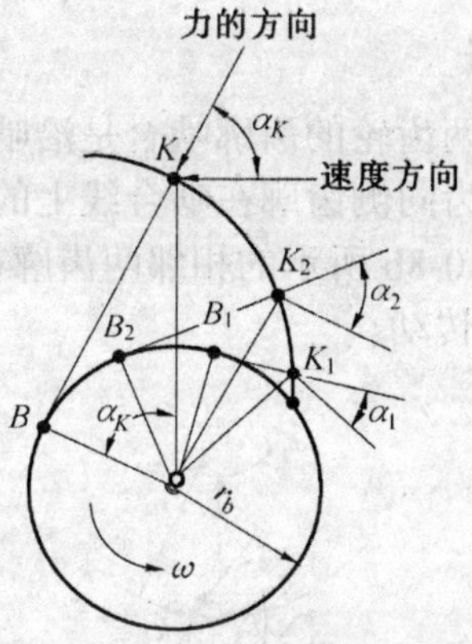

图 10-7　渐开线齿廓上的压力角

其中，$r_b=\frac{1}{2}d_b=r\cos\alpha=\frac{1}{2}mz\cos\alpha$。可见，只有 m、z 和 α 都确定了，齿轮的基圆直径 d_b 才确定，渐开线形状才确定。所以，m、z、α 是决定轮齿渐开线形状的三个基本参数。我国规定标准压力角 $\alpha=20°$。

（4）齿顶高系数 h_a^* 和顶隙系数 c^*

轮齿的齿顶高和齿根高规定用模数乘上某一系数来表示，即

齿顶高 $h_a = h_a^* m$ (10-6)

齿根高 $h_f = (h_a^* + c^*)m$ (10-7)

齿高 $h = h_a + h_f = (2h_a + c^*)m$ (10-8)

齿顶圆直径 $d_a = d + 2h_a = (z + 2h_a^*)m$ (10-9)

齿根圆直径 $d_f = d - 2h_f$ (10-10)

式中h_a^*为齿顶高系数，c^*为顶隙系数。一对齿轮啮合时，一个齿轮的齿顶圆到另一个齿轮的齿根圆之间的径向距离，称为**顶隙**，用c表示，$c = c^* m$。顶隙可以避免传动时轮齿互相顶撞且有利于贮存润滑油。我国标准规定

正常齿 $h_a^* = 1$，$c^* = 0.25$

短齿 $h_a^* = 0.8$，$c^* = 0.30$

标准直齿圆柱齿轮是指模数m、压力角α、齿顶高系数h_a^*、顶隙系数c^*都是标准值，且分度圆上的齿厚等于齿槽宽（即$s = e = \dfrac{p}{2} = \dfrac{\pi m}{2}$）的齿轮。内啮合和齿条的几何尺寸计算，可查阅机械设计手册。

10.2.4 渐开线直齿圆柱齿轮的啮合传动

1. 渐开线齿轮正确啮合条件

一对渐开线齿轮在传动时，两齿轮的齿廓啮合是沿啮合线N_1N_2进行的。为了保证轮齿的正常交替啮合，两齿轮相临两齿同侧齿廓在啮合线上的距离必须相等，即$KK_1 = KK_2$，如图 10-8a 所示。否则将出现如图 10-8b 所示的相邻两齿廓在啮合线上不接触或如图 10-8c 所示的重叠现象，而无法正确啮合传动。

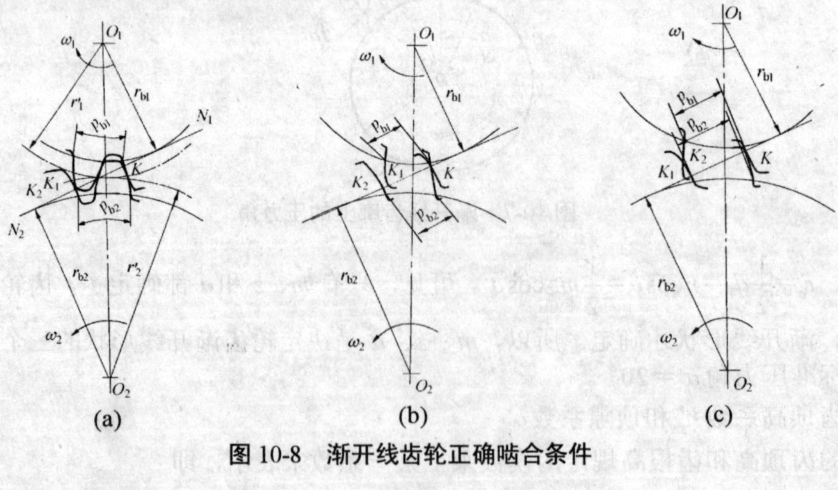

图 10-8 渐开线齿轮正确啮合条件

根据渐开线性质可知，$\overline{KK_1}=p_{b1}$，$\overline{KK_2}=p_{b2}$，因此两齿轮正确啮合条件是两齿轮基圆齿距相等，即

$$p_{b1}=p_{b2}$$

将 $p_b=\pi m\cos\alpha$ 代入上式

则

$$m_1\cos\alpha_1=m_2\cos\alpha_2$$

由于模数和压力角已经标准化，所以要满足式 $m_1\cos\alpha_1=m_2\cos\alpha_2$，必须使

$$\left.\begin{aligned}m_1=m_2=m\\ \alpha_1=\alpha_2=\alpha\end{aligned}\right\}\tag{10-11}$$

由上可知渐开线直齿圆柱齿轮的正确啮合条件是：两齿轮的模数和压力角分别相等。

2. 中心距

一对相啮合的齿轮副考虑到齿轮的热膨胀、润滑和安装等因素应有侧隙（即一轮节圆的齿宽与另一轮节圆上的齿厚之差），但在实际齿轮传动中，只需要有微量侧隙即可，此间隙通常由齿轮的负偏差来保证，因而在设计时仍按无侧隙计算。

因为标准齿轮分度圆的齿厚和齿槽宽相等，又知正确啮合的一对渐开线齿轮模数相等，故有 $s_1=e_1=s_2=e_2=\dfrac{\pi m}{2}$。

若分度圆和节圆重合（即两分度圆相切，如图 10-9 所示），则齿测间隙为零。一对标准齿轮分度圆相切时的中心距称为**标准中心距**（图 10-9），用 a 表示，即

$$a=r_1'+r_2'=r_1+r_2=\frac{m}{2}(z_1+z_2)\tag{10-12}$$

应当指出，分度圆和压力角是单个齿轮本身所具有的，而节圆和啮合角是一对齿轮啮合时才出现的。一对标准齿轮只有在分度圆和节圆重合时，压力角与啮合角才相等；否则，压力角与啮合角就不相等。

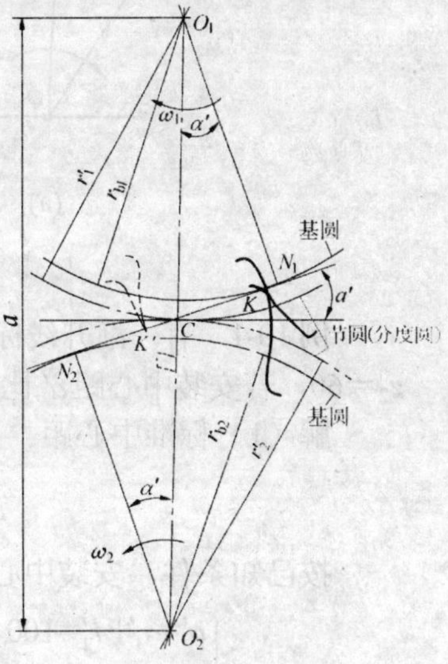

图 10-9　中心距和啮合角

3. 连续性条件和重合度

为了保证连续平稳传动还必须做到，当前一对轮齿尚未脱离啮合前，后一对轮齿已经进入实际啮合线 B_1B_2 区域内啮合（见图 10-10）。为此，必须使 $\overline{B_1B_2}>P_b$。齿轮连续传动的条件是：两轮齿的实际啮合线 $\overline{B_1B_2}$ 应大于或等于齿轮的基（法）节，即

$$\overline{B_1B_2} \geqslant p_b \quad 或 \quad \frac{\overline{B_1B_2}}{p_b} \geqslant 1$$

通常把 $\overline{B_1B_2}$ 与 p_b 的比值用 ε 来表示。ε 称为齿轮传动的**重合度**。

工程上考虑到齿轮的制造和装配的误差，因此必须保证 $\varepsilon>1$，一般取 $\varepsilon=1.1\sim1.4$。

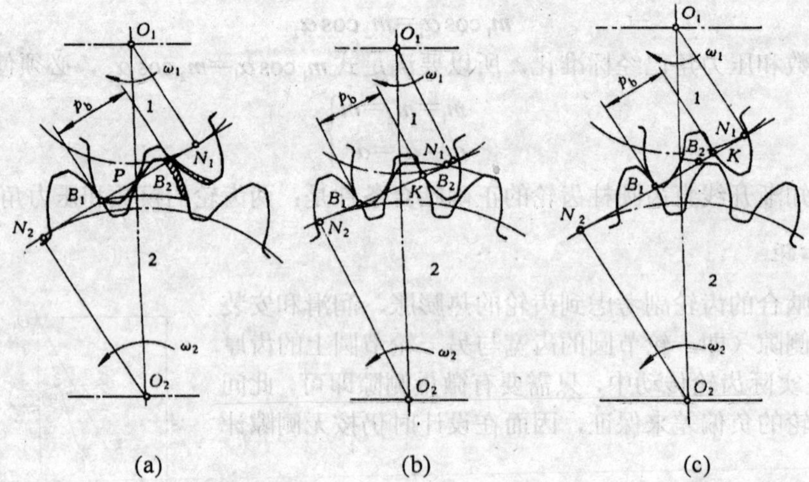

图 10-10　连续性传动条件

例 10-1　有一渐开线标准外啮合齿轮传动，已知 $m=2$ mm、$\alpha=20°$、$h_a^*=1$、$z_1=39$、$z_2=60$，若安装中心距 a' 比标准中心距大 1 mm，试计算传动时两节圆半径及传动啮合角。

解（1）标准中心距

$$a=\frac{m}{2}(z_1+z_2)=\frac{2}{2}(39+60)=99 \text{ mm}$$

按已知条件，安装中心距　$a'=a+1=(99+1)=100$ mm

（2）由 $\begin{cases} a'=r_1'+r_2'=100 \\ \dfrac{r_2'}{r_1'}=\dfrac{z_2}{z_1}=\dfrac{60}{39} \end{cases}$

得 $r_1'=39.394$ mm，$r_2'=60.606$ mm

而

$$r_1=\frac{1}{2}mz_1=\frac{1}{2}\times2\times39=39 \text{ mm}$$

$$r_2=\frac{1}{2}mz_2=\frac{1}{2}\times2\times60=60 \text{ mm}$$

可见 $a'>a$ 时，$d'>d$

（3）求啮合角

$$\cos\alpha' = \frac{a}{a'}\cos\alpha = \frac{99}{100}\cos 20° = 0.930\,30$$

$$\alpha' = 21°31'9''$$

说明：当 $a' > a$ 时，$\alpha' > \alpha$ 。

10.2.5　齿条与齿轮传动

1. 齿条及其特性

齿条是基圆为无穷大的渐开线齿轮，其齿廓为直线（如图 10-11 所示）。用以确定齿条尺寸的直线称为**中线**，中线上的齿厚等于齿槽宽，即 $s = e$ 。齿条与齿轮比较，有如下特点。

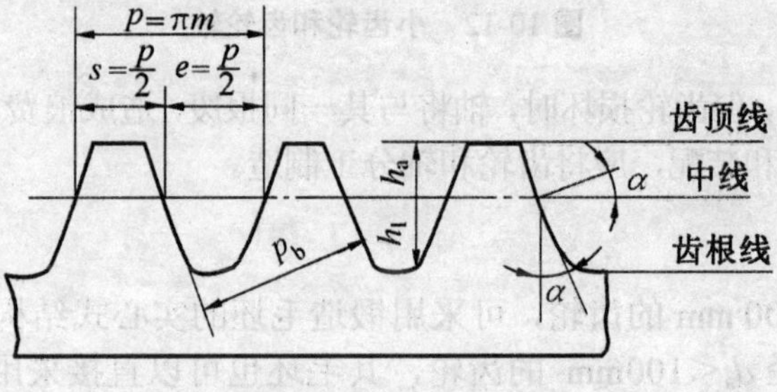

图 10-11　齿条

（1）同侧齿侧上各点法线平行，齿条运动为沿中线的平动，所以齿条上各点的压力角都相等，即 $\alpha_k = \alpha = 20°$ 。齿条的压力角又称为齿形角。

（2）同侧齿廓相互平行，所以齿条在不同高度上的齿距都相等，即 $p_k = p = \pi m$ 。

2. 齿条与齿轮的啮合特点

渐开线齿轮与齿条啮合传动，不论齿条的中线是否与齿轮的节圆相切（是否标准安装），啮合线总为固定直线、齿轮的节圆总是与分度圆重合、啮合角总是等于分度圆上的压力角。

10.2.6　圆柱齿轮的结构

齿轮的结构一般是指轮缘、轮毂、轮辐三部分，这部分结构除考虑强度和刚度要求外，还要考虑工艺和经济方面的因素，通常是按经验公式或经验数据来确定齿轮的各部分形状和尺寸，根据齿轮的尺寸、制造方法和生产批量的不同，齿轮的结构可分为齿轮轴式、实心式、腹板式、镶圈式和剖分式等。

1. 齿轮轴

对于小直径的齿轮，若齿根圆与轴径相差不大，从而使齿轮不便采用键与轴相联接，造成齿轮齿根到键槽根部的距离$\delta<(2\sim2.5)\,m$（m 为模数）时，则可将齿轮和轴制成一体，称为**齿轮轴**，如图 10-12 所示。

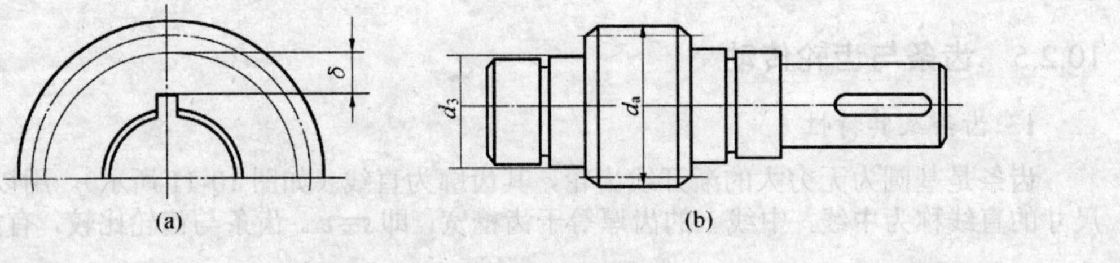

图 10-12 小齿轮和齿轮轴

齿轮轴的刚度较好，但齿轮损坏时，轴将与其一同报废，造成浪费。对直径较大（$d_a>2\,d_3$）的齿轮，为了便于制造和装配，应将齿轮和轴分工制造。

2. 实心式齿轮

齿顶圆直径 $d_a\leqslant200$ mm 的齿轮，可采用锻造毛坯的实心式结构，如图 10-13 所示。单件或小批量生产且直径 $d_a<100$mm 的齿轮，其毛坯也可以直接采用轧制圆钢。

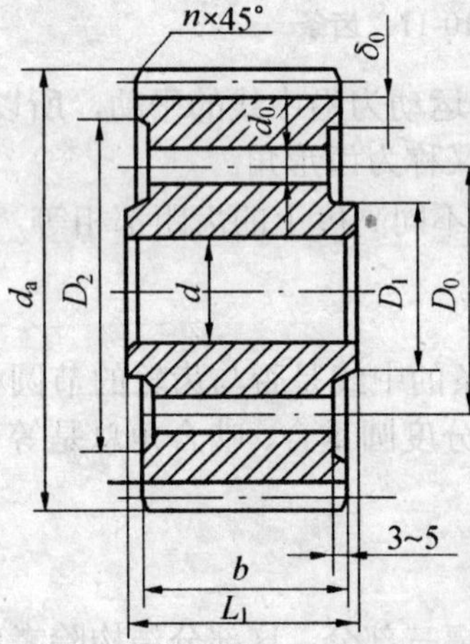

$D_1=1.6d$
$1.5d\geqslant L_1\geqslant b$
$\delta_0=2.5m\geqslant8$ mm
$D_2=d_a-2(h+\delta_0)$
$D_0=0.5(D_2+D_1)$
$d_0=0.25(D_2-D_1)$
当 $d_0<10$ mm 时不必做孔
$n=0.5m_n$

图 10-13 实心式齿轮

3. 腹板式齿轮

齿顶圆直径 $d_a\leqslant500$ mm 的齿轮，一般采用腹板式结构，如图 10-14 所示。为了减轻重量、节省材料和便于搬运，在腹板上常制出圆孔。

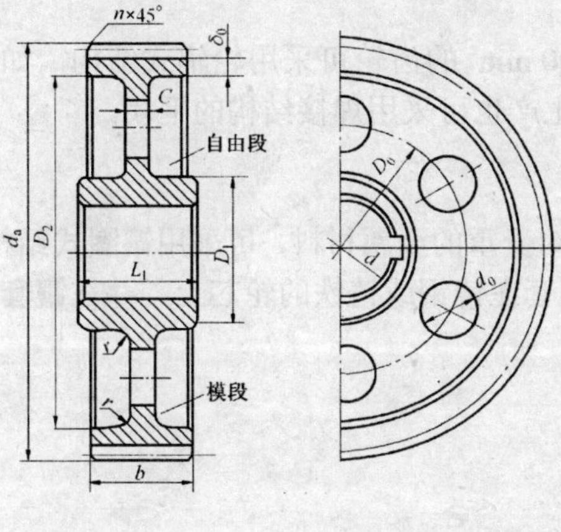

(a) 锻造齿轮 $C=0.3b$（自由段），$C=0.2b$（模段），$r=0.5C$

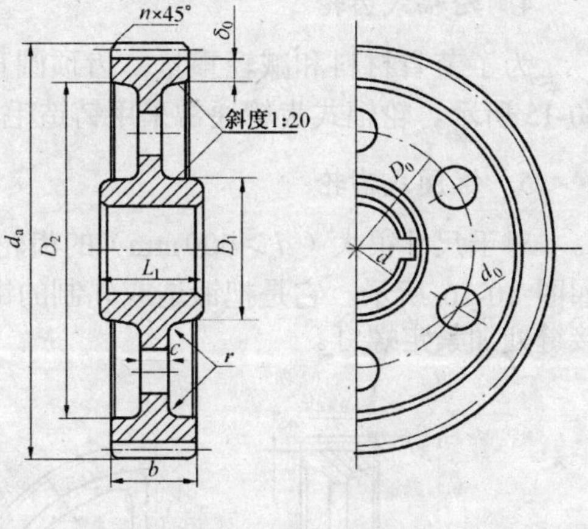

(b) 铸造齿轮 $C=0.2\geqslant 10\text{mm}$，$r\approx 0.5C$

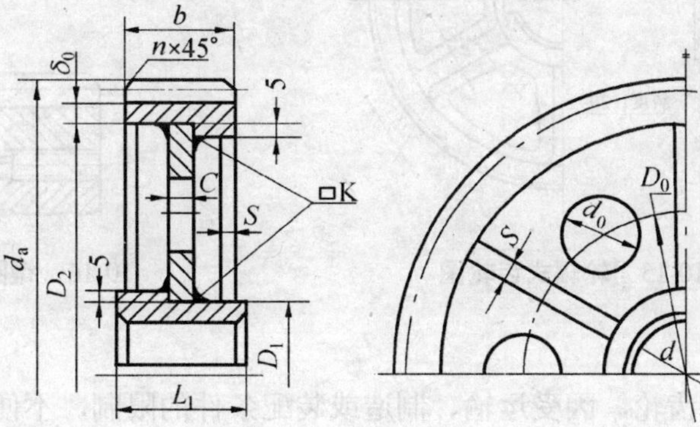

(c) 焊接齿轮 $C=(0.7\sim0.9)\delta_0$，$S=0.8C$，$K=\dfrac{2}{3}C$

$D_1=1.6d$（钢或铸钢），$D_1=1.8d$（铸铁），$1.5d\geqslant L_1\geqslant b$

$\delta_0=(3\sim4)m_n\geqslant 8\text{ mm}$，$D_0=0.5(D_2+D_1)$，

$d_0=(0.25\sim0.35)(D_2-D_1)$，$n=0.5m_n$

图 10-14　腹板式齿轮

图 10-14a 为锻造齿轮，单件小批量生产可采用自由锻；大批量生产则采用模锻。图 10-14b 为铸造齿轮，适用于齿顶圆直径 $d_a>400\text{ mm}$，因受毛坯不便或不能锻造的场合。图 10-14c 为焊接齿轮，适用于单件或小批量生产的大直径齿轮，其优点是可以减轻齿轮的重

量，缩短加工时间，节省加工费用。

4. 轮辐式齿轮

为了节省材料和减轻重量，齿顶圆直径 d_a>400 mm 的齿轮可采用轮辐式结构，如图 10-15 所示。轮辐式齿轮通常采用铸造毛坯，单件生产也可采用焊接结构的毛坯。

5. 镶圈式齿轮

对于尺寸很大（d_a>600mm）的齿轮，为了节约贵重的金属材料，可采用镶圈式结构，如图 10-16 所示。它是把锻造或轧制的钢质轮缘镶套在铸钢或铸铁的轮芯上，并在镶套的接缝处加紧定螺钉。

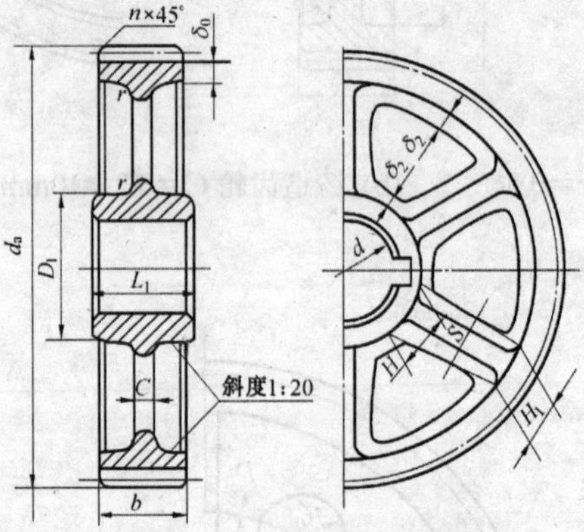

图 10-15 轮辐式齿轮图

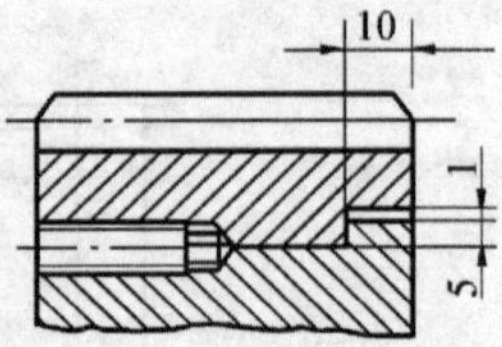

10-16 镶圈式齿轮结构

6. 剖分式齿轮

对于尺寸很大的齿轮，因受运输、制造或装配条件的限制，不便或不能采用整体式结构时，可采用剖分式齿轮，如图 10-17 所示。

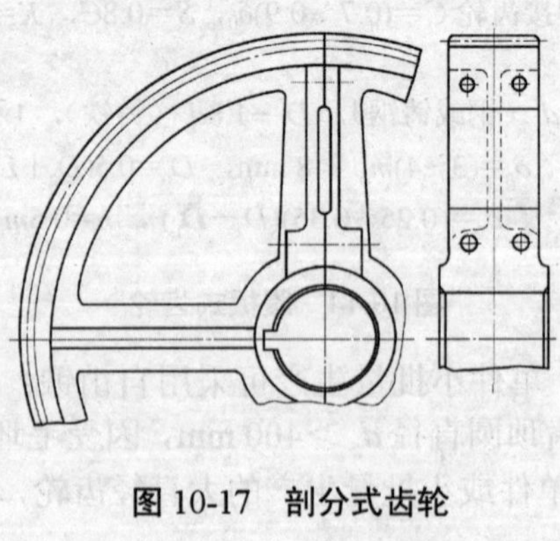

图 10-17 剖分式齿轮

10.2.7　根切现象和最少齿数

切制标准齿轮时，有时会发生被加工齿轮齿根部齿廓的渐开线被刀具的顶部切去一部分的状况，如图 10-18a 所示，这种现象称为**根切**。根切不仅削弱了轮齿根部的抗弯强度，还可能影响传动的平稳性，故应设法避免。

要避免发生根切，首先应了解产生根切的原因，可以齿条型刀具切制齿轮为例来分析轮齿被根切的机理。如图 10-18b 所示，齿条型插刀的中线与齿坯分度圆相切，展成运动中刀具切削刃由左至右移到位置 I 时，刀刃与被切齿廓相切于理论啮合线上的极限啮合点 N_1，渐开线齿廓被全部切出。如果刀具的齿顶线（不考虑切削顶隙的圆角刀顶）恰好通过 N_1 点（图中的虚线），则当展成运动继续进行时，该刀刃即与被切成的渐开线齿廓脱离，不发生根切。但如图所示，刀具顶线超过 N_1 点，切削运动连续进行时，刀具还将继续切削。刀具由位置 I 右移到位置 II 时，刀刃和啮合线交于 K 点，此时被加工的轮齿转过角度 φ，则刀具刀尖便将已加工好的渐开线齿廓切去一部分（图中阴影线所示），从而产生根切。

为了避免根切，刀具的顶线不应超过极限啮合点 N_1。但用齿条型刀具切削标准齿轮，刀具中线必须与被切齿轮的分度圆相切，在模数已定的条件下，需使刀具齿顶线不超过 N_1 点，就得设法提高 N_1 点的位置。由图 10-18 可以看出 N_1 点的位置与基圆半径 r_b 有关，r_b 愈小，则 N_1 点离刀具中线的距离 $e(e=\overline{CN_1})$ 愈近，根切的可能性就愈大。由式 $r_b=\dfrac{1}{2}mz\cos\alpha$ 可知，被切齿轮模数、压力角均与刀具相同，不能改变。

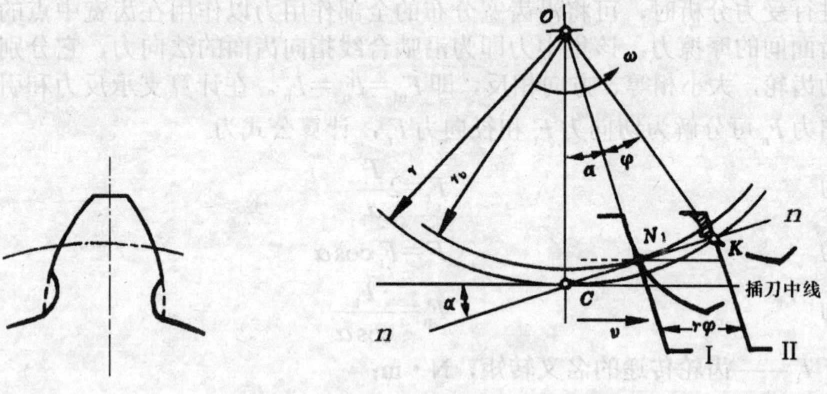

(a)　(b)

图 10-18　根切现象

由此可知，根切与否仅决定于被加工齿轮的齿数 z。z 值愈小，r_b 愈小，e 也愈小，根切愈严重。当 $e<m$ 时，点 N_1 移到刀具顶线下方，即发生根切；反之，$e>m$ 时，点 N_1 移到刀具顶线上方，不会发生根切。当 $e=m$ 时，刀具顶线正好通过 N_1 点，此时将存在不发生根切所要求的最小的基圆半径 r_b，其相应的齿数称为用齿条型刀具加工标准齿轮不发生根切的**最少齿数**，用 $z_{\min}$ 表示。这样，由图 10-18 几何关系可知要避免根切，应使

$$e=\overline{CN_1}\sin\alpha=r\sin^2\alpha=\frac{mz}{2}\sin^2\alpha\geqslant m,$$

可得

$$z\geqslant\frac{2}{\sin^2\alpha}$$

故切削标准齿轮时，不发生根切的最少齿数 $z_{\min}$ 为

$$z_{\min}=\frac{2}{\sin^2\alpha} \tag{10-13}$$

相应于 $\alpha=20°$ 的标准齿条型刀具，按上式求得 $z_{\min}=17$。在实际应用中，有时为了结构紧凑，允许微量根切，可取 $z_{\min}=14$。

10.3 直齿圆柱齿轮传动的强度计算

10.3.1 轮齿受力分析

为了计算齿轮的强度、设计轴和轴承，需要分析轮齿作用力。

图 10-19a 所示为标准直齿外啮合圆柱齿轮传动，主动齿轮上的转矩 T_1 通过轮齿传给从动齿轮。进行受力分析时，可将沿齿宽分布的全部作用力以作用在齿宽中点的集中力来代替。忽略齿面间的摩擦力，该集中力即为沿啮合线指向齿面的法向力，它分别作用于主动齿轮和从动齿轮，大小相等、方向相反，即 $F_{n1}=F_{n2}=F_n$。在计算支承反力和引力轴弯曲的力时，法向力 F_n 可分解为切向力 F_t 和径向力 F_r，计算公式为

切向力
$$F_t=2\frac{T_1}{d_1} \tag{10-14}$$

径向力
$$F_r=F_t\cos\alpha \tag{10-15}$$

法向力
$$F_n=\frac{F_t}{\cos\alpha} \tag{10-16}$$

式中，T_1——齿轮传递的名义转矩，N・m；

d_1——小齿轮分度圆直径，mm；

α——分度圆压力角，°。

主动齿轮的切向力 F_{t1} 的方向与作用点圆周速度方向相反，从动齿轮的切向力 F_{t2} 的方向与作用点圆周速度方向相同。主、从动齿轮的径向力 F_{r1}、F_{r2} 的方向指向各自的轮心。

图 10-19b 所示为将法向力 F_n 分别在两齿轮上分解成切向力 F_t 和径向力 F_r 后的空间受力简图。

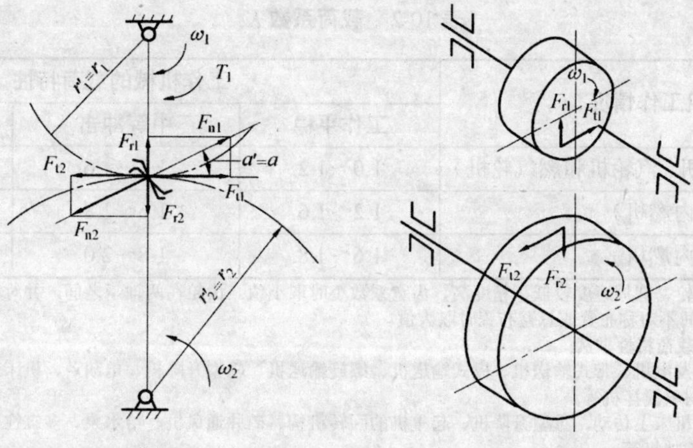

(a)　　(b)

图 10-19　轮齿受力分析

10.3.2　齿面接触疲劳强度计算

计算齿面接触疲劳强度的目的是为了防止齿面发生疲劳点蚀，实践证明，齿面疲劳点蚀一般发生在节线附近。因此，一般选取节点啮合时的接触应力作为计算依据。其强度条件要求齿面节线附近产生的最大接触应力 σ_H 小于齿轮的许用接触应力。经过推导整理，直齿圆柱齿轮传动齿面接触强度的校核公式为

$$\sigma_H = 112 Z_E \sqrt{\frac{KT_1}{bd_1^2} \cdot \frac{u \pm 1}{u}} \leqslant [\sigma]_H \tag{10-17}$$

式中：σ_H ——齿面工作时产生的接触应力，MPa；

$[\sigma]_H$ ——齿轮的许用接触应力，MPa；

T_1 ——小齿轮上名义转矩，N · m;

b ——轮齿宽度，mm;

u ——齿数比，即大齿轮齿数与小齿轮齿数之比 $u = \frac{z_2}{z_1} u$;

K ——载荷系数，其值见表 10-2;

d_1 ——小齿轮分度圆直径，mm;

Z_E ——齿轮的材料弹性系数（$\sqrt{MPa}$），其值见表 10-3;

± —— “+” 号用于外啮合，“－” 号用于内啮合。

表 10-2 载荷系数 K

原动机工作情况	工作机械的载荷特性		
	工作平稳	中等冲击	较大冲击
工作平稳（如电动机、汽轮机和燃气轮机）	1.0～1.2	1.2～1.6	1.6～1.8
轻度冲击（如多缸内燃机）	1.2～1.6	1.6～1.8	1.9～2.1
中等冲击（如单缸内燃机	1.6～1.8	1.8～2.0	2.2～2.4

注：1. 斜齿圆柱齿轮、圆周速度较低、精度高、齿宽系数小时取小值。齿轮在两轴承之间，并对称布置时取小值。齿轮在两轴承之间不对称布置或悬臂布置时取大值。

2. 工作机械的载荷特性举例：

工作平稳：发电机、带式输送机、板式输送机、螺旋输送机、轻型升降机、电葫芦、机床进给齿轮、通用机、鼓风机、匀密度材料搅拌机等。

中等冲击：机床主传动、重型升降机、起重机的回转机构、矿井通风机、给水泵、多缸往复式压缩机、球磨机、非匀密度材料搅拌机等。

较大冲击：冲床、剪切机、轧钢机、挖掘机、钻机、重型离心分离机、重型给水泵、矿石破碎机、压球成型机、捣泥机、单缸往复式压缩机等。

表 10-3 齿轮材料弹性系数

两轮材料组合	钢对钢	钢对铸铁	铸铁对铸铁
Z_E	189.8	165.4	143

令齿宽 $b=\psi_d d_1$，ψ_d 称为**齿宽系数**，代入式（10-17）可得直齿圆柱齿轮传动按齿面接触强度条件计算小齿轮直径的设计公式

$$d_1 \geqslant \sqrt[3]{\left(\frac{112Z_E}{[\sigma]_H}\right)^2 \cdot \frac{KT_1}{\psi_d} \cdot \frac{u \pm 1}{u}} \quad (\text{mm}) \tag{10-18}$$

一对齿轮工作时，由于两齿轮工作齿面上所受到的法向力 F_{n1} 和 F_{n2} 大小相同，所以由它们所产生的接触应力 σ_{H1} 和 σ_{H2} 也必然相等。但两齿轮的材料和热处理一般并不相等，因而它们的许用应力 $[\sigma]_{H1}$ 和 $[\sigma]_{H2}$ 也就不一定相等，故在应用上述的设计公式时，必须代入较小的 $[\sigma]_H$ 值。

10.3.3 齿根弯曲疲劳强度计算

轮齿的弯曲疲劳强度计算是为了防止轮齿折断，其计算准则是齿根弯曲疲劳应力 σ_F 不大于许用弯曲应力，即

$$\sigma_F \leqslant [\sigma]_F$$

在计算弯曲应力时，可近似地将轮齿视为宽度为 b 的悬臂梁，如图 10-20 所示。假定全部载荷作用在个轮齿的齿顶上，并认定危险载面是与轮齿齿廓对称线在 30° 角的两直线

与齿根圆角相切点连线的齿根截面。经过推导，可得齿根弯曲疲劳强度校核公式为

$$\sigma_F = \frac{2000KT_1}{bZ_1m^2}Y_F \leqslant [\sigma]_F \tag{10-19}$$

式中：σ_F——轮齿危险截面上的齿根最大弯曲应力，MPa；

$[\sigma]_F$——齿轮的许用弯曲应力，MPa；

Y_F——载荷作用于齿顶时的齿形系数见表 10-4。

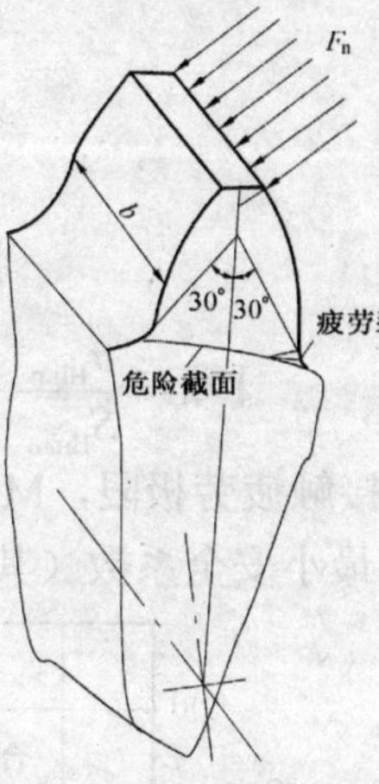

图 10-20　齿根弯曲应力计算简图

表 10-4　外啮合标准齿轮的齿形系数 Y_F

$z(z_v)$	14	16	17	18	20	22	25	28	30	35
Y_F	3.02	3.20	2.95	2.89	2.80	2.72	2.63	2.57	2.53	2.46
$z(z_v)$	40	45	50	60	80	100	100	200	400	∞
Y_F	2.40	2.36	2.33	2.28	2.23	2.19	2.10	2.13	2.10	2.063

注：当全齿高 $h \neq 2.25m$（如短齿或圆锥齿轮等），则应将表中查得 Y_F 值乘以比值 $h/(2.25m)$

由式（10-19）可知，由于一对啮合齿轮的齿数通常是不相等的因而它们的齿形系数也不相等，故由该式算出的齿根弯曲应力 σ_F 也不相等。两齿轮的材料一般不相同，许用应力 $[\sigma]_{F1}$ 和 $[\sigma]_{F2}$ 也不一样，究竟哪个齿轮的弯曲强度较弱，必须比较 $\dfrac{Y_{FS1}}{[\sigma]_{F1}}$ 和 $\dfrac{Y_{FS2}}{[\sigma]_{F2}}$ 才能判定。$\dfrac{Y_{FS}}{[\sigma]_F}$ 比值大的齿轮弯曲强度较弱，故强度校核应针对该比值大的齿轮进行。

在应用式（10-19）时，还必须注意，不论是计算小齿轮或大齿轮的齿根弯曲应力，都应用 T_1 和 z_1 代入。这是因为切向力 F_t 的计算是以小齿轮为依据的。

现令 $b=\psi_d d_1$，由式（10-19）可整理得按齿根弯曲疲劳强度条件计算齿轮模数的设计公式为

$$m \geqslant 12.6\sqrt[3]{\frac{KT_1}{\psi_d z_1^2}\cdot\frac{Y_F}{[\sigma]_F}} \tag{10-20}$$

进行设计计算时，上式应代入 $\max(\frac{Y_{F1}}{[\sigma]_{F1}},\frac{Y_{F2}}{[\sigma]_{F2}})$，得到的模数取标准值。

10.3.4 齿轮的许用应力

1. 许用接触应力

齿轮的接触应力按下式计算

$$[\sigma]_H=\frac{\sigma_{Hlim}}{S_{Hmin}} \tag{10-21}$$

式中：σ_{Hlim}——试验齿轮的齿面接触疲劳极限，MPa（其值按图 10-21 查取）；

S_{Hmin}——齿面接触强度的最小安全系数（其值可查表 10-5）。

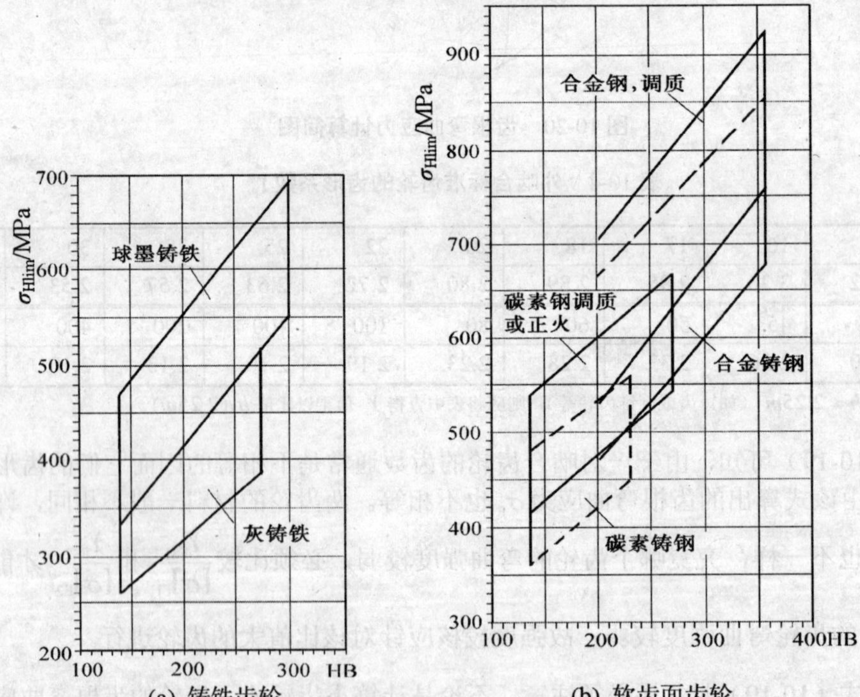

(a) 铸铁齿轮　　(b) 软齿面齿轮

图 10-21 齿轮的齿面接触疲劳极限 $\sigma_{H\lim}$

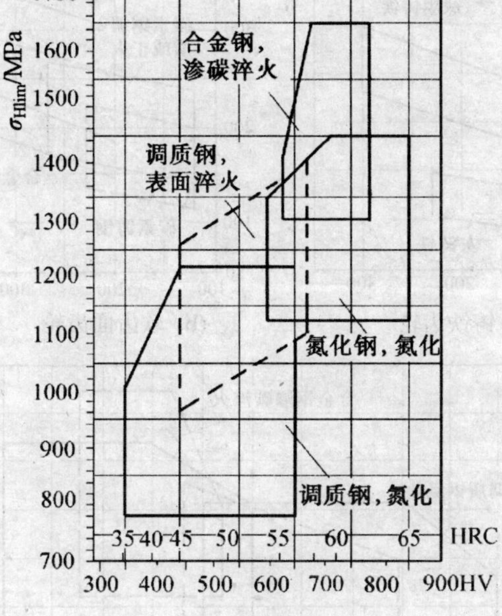

(c) 硬齿面齿轮

图 10-21　齿轮的齿面接触疲劳极限 $\sigma_{\mathrm{H\,lim}}$（续）

表 10-5　最小安全系数 $S_{\mathrm{H\,min}}$ 和 $S_{\mathrm{F\,min}}$

齿轮传动装置的重要性	$S_{\mathrm{H\,min}}$	$S_{\mathrm{F\,min}}$
一般	1	1
齿轮损坏会引起严重后果	1.25	1.5

2. 齿根的许用弯曲应力

齿根的许用弯曲应力按下式计算

$$[\sigma]_{\mathrm{F}}=\frac{\sigma_{\mathrm{Flim}}}{S_{\mathrm{Fmin}}Y_{\mathrm{sr}}} \tag{10-22}$$

式中：σ_{Flim}——试验齿轮的齿面弯曲疲劳极限（MPa），其值按图 10-22 查取；

S_{Fmin}——齿面弯曲强度的最小安全系数，其值可查表 10-5；

Y_{sr}——齿根危险截面处的相对应力集中系数。它是考虑计算齿轮的齿根应力集中与试验齿轮的齿根应力集中不相同时对 σ_{Flim} 的影响，标准直齿圆柱齿轮 Y_{sr} 的值可查表 10-6。

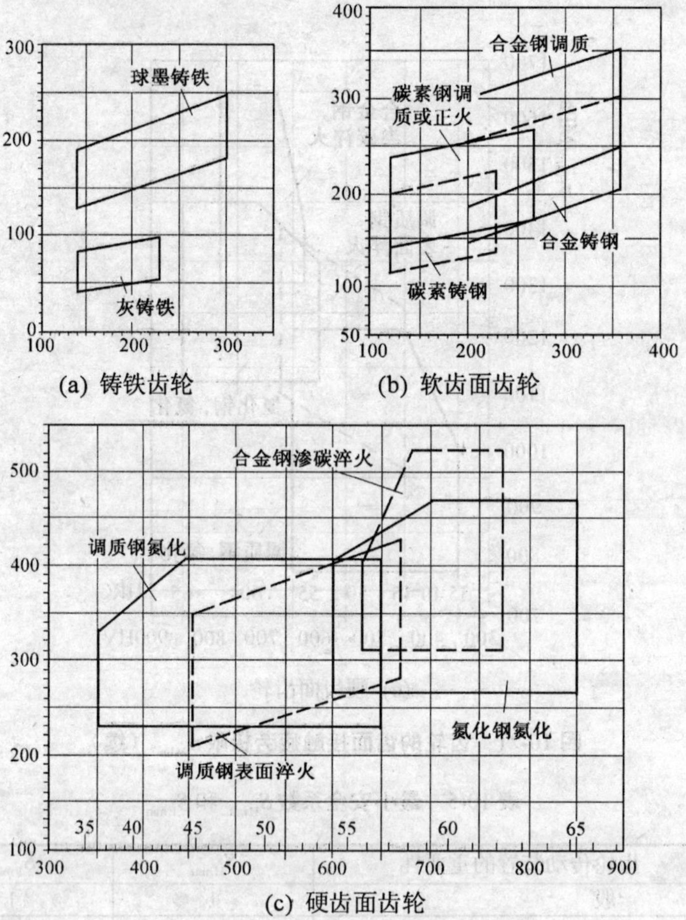

图 10-22 齿轮弯曲疲劳极限 σ_{Flim}

表 10-6 渐开线标准齿轮的相对应力集中系数

齿轮材料	齿数 $z(z_v)$											
	14	17	20	22	25	30	40	50	60	80	100	100
调质钢	0.81	0.83	0.85	0.86	0.88	0.90	092	0.94	0.95	0.96	0.98	1
渗碳钢	0.84	0.86	0.88	0.89	0.90	0.91	0.93	0.95	0.96	0.97	0.99	1
铸件	0.88	0.90	0.91	0.92	0.93	0.94	0.95	0.96	0.97	0.98	0.99	1

试验齿轮的齿面接触疲劳极限 σ_{Hlim}、弯曲疲劳极限 σ_{Flim} 是在一定的试验条件下测行的，由于齿轮材料的成分、性能和热处理质量以及加工方法等的差异；σ_{Hlim} 和 σ_{Flim} 具有较大的离散性，应用时一般取框图中的中间值，只有当材料和热处理的质量高，并经严格的检验时，方可取框图中上半部的值。在对称循环变应力下工作的齿轮（如中间齿轮、行星

齿轮等）其 σ_{Flim} 值应将从图 10-22 中查得的数值乘以 0.7。

10.3.5　齿轮传动主要参数的选择

1. 参数选择

（1）齿数 z 和模数 m

齿数多，齿轮传动的重合度大，传动平稳，同时可降低每对轮齿承担的载荷；当分度圆直径或中心距一定时，适当增加齿数减少模数，则齿顶圆直径减少，可节约材料、减轻重量，同时模数小齿槽小，可减少金属切削量，节省加工时间，降低成本。但是，模数小则轮齿的弯曲强度低。因此，模数也不能过小，一般是在满足弯曲强度条件下，齿数适当多一些，模数取小些。对于闭式硬齿面齿轮传动或开式传动，通常取 $z_1=17\sim30$。对于闭式软齿面齿轮传动，通常可以按经验公式初步确定模数，即按 $m=(0.01\sim0.02)a$，并取标准值。载荷平稳或中心距较大时取小值，载荷冲击或中心距较小时取大值。然后计算齿数，通常 $z_1=24\sim40$。

一对齿轮的齿数 z_1 和 z_2 以互为质数为好，以防止轮齿的磨损集中于某几个齿上。

对于传递动力的齿轮，模数不宜小于 1.5 mm～2 mm，以免因模数过小而发生意外断齿。

（2）齿宽系数 ψ_d

齿宽系数的大小表示齿宽的相对值，增大齿宽系数 ψ_d，能缩小分度圆直径，减小中心距。但齿宽过大，会使载荷沿齿宽分布不均匀，使载荷系数 K 加大，一般可参考表 10-7 选取 ψ_d。

表 10-7　齿宽系数

齿轮相对于支承的位置	软齿面（HB≤350）	硬齿面（HB＞350）
对称布置	0.8～1.4	0.4～0.9
非对称布置	0.6～1.2	0.3～0.6
悬臂布置	0.3～0.4	0.2～0.25

注：直齿轮取小值斜齿轮取大值。载荷稳定、轴刚度大时取大值，反之取小值。

为了便于加工、装配，通常取小齿轮的齿宽 b_1 大于大齿轮齿宽 b_2，即 $b_1-b_2=5\sim10$ mm。强度计算时取 $b=b_2$。

（3）齿数比 u

对于一般单级减速传动 $u\leqslant7$，当 $u>7$ 时宜采用多级传动；对于开式传动，u 可选更大些。一般齿轮传动，若对齿数比不作严格要求时，则实际齿数比 u 允许有±2.5%或±4%的误差。

例 10-2　试设计如图 10-23 所示的带式输送机用减速器中的一对标准直齿圆柱齿轮传动。已知小齿轮的转速 $n_1=420$ r/min，传递功率 $P=13$ kW，大轮的转速 $n_2=120$ r/min。

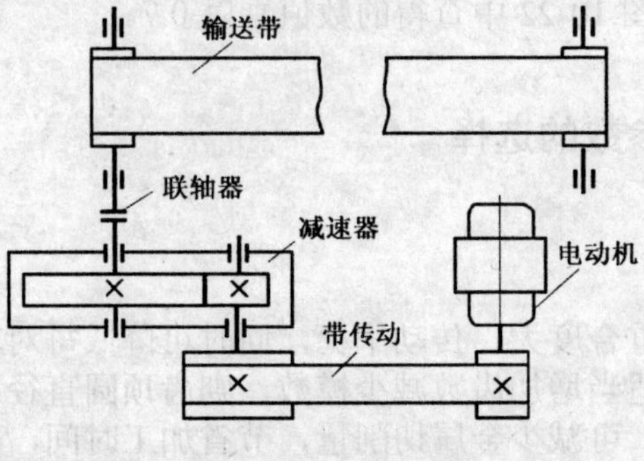

图 10-23 带式输送机

分析：由于该减速器是用于带式输送机的，所以对其外廓尺寸没有特殊限制，故可选用供应充足、价格低廉、工艺简单的钢制软齿面齿轮。

解 1. 选择材料和确定许用应力

（1）选用齿轮的材料为

小齿轮：35 钢调质 $HB_1=180\sim210$

大齿轮：35 钢正火 $HB_2=100\sim180$

（2）根据齿轮硬度的中间值（$HB_1=195$，$HB_2=165$）由图 10-21 查得齿轮的接触疲劳极限为

$$\sigma_{Hlim1}=550\,\text{MPa}\,,\quad \sigma_{Hlim2}=525\,\text{MPa}$$

（3）对一般装置，由表 10-5 查得齿面接触疲劳强度的最小安全系数为

$$S_{Hmin}=1$$

（4）由式（10-21）求得两齿轮的许用接触应力为

$$[\sigma]_H=\frac{\sigma_{Hlim1}}{S_{Hmin}}=\frac{550}{1}=550\text{（MPa）}$$

$$[\sigma]_H=\frac{\sigma_{Hlim2}}{S_{Hmin}}=\frac{525}{1}=525\text{（MPa）}$$

2. 按接触疲劳强度计算齿轮的主要尺寸

（1）计算小齿轮所需传递的转矩 T_1

$$T_1=9\,550\frac{p}{n_1}=9\,550\frac{13}{420}=295.6\text{（N·m）}$$

（2）选定载荷系数 K

根据原动机为电动机，工作机为带式输送机，载荷平稳，齿轮在两轴承间对称布置如图 10-23 所示，由表 10-2 取 $K=1.1$

（3）计算齿数比 u

$$u=\frac{z_2}{z_1}=\frac{n_1}{n_2}=\frac{420}{120}=3.5$$

（4）选择齿宽系数 ψ_d

根据齿轮为软齿面和齿轮在两轴承间为对称布置，由表 10-7 取

$$\psi_d=1$$

（5）选择材料弹性系数 Z_E

根据大、小齿轮的材料都是优质碳素钢，查表 10-3 取

$$Z_E=189.8$$

（6）计算小齿轮的分度圆直径 d_1

$$d_1 \geqslant \sqrt[3]{\left(\frac{112Z_E}{[\sigma]_H}\right)^2 \cdot \frac{KT_1}{\psi_d} \cdot \frac{u \pm 1}{u}}=768\sqrt[3]{\frac{KT_1}{\psi_d[\sigma]_H^2} \cdot \frac{u+1}{u}}$$

$$=768\sqrt[3]{\frac{1.1\times 295.6}{1\times 525^2}\times\frac{3.5+1}{3.5}}=88.24\ (\text{mm})$$

d_1 取 90 mm

（7）确定齿轮的模数：因中心距

$$a=\frac{d_1}{2}(1+u)=\frac{90}{2}(1+3.5)=202.5\ (\text{mm})$$

故 $m=(0.01\sim 0.02)a=2.02\sim 4.04$

取 $m=3$（mm）

（8）确定齿轮的齿数 z_1 和 z_2

$$z_1=\frac{d_1}{m}=\frac{90}{3}=30,\quad z_2=uz_1=3.5\times 30=105$$

考虑到中心距 $a=\frac{m}{2}(z_1+z_2)$ 取整数值，故取 $z_2=106$

实际齿数比

$$u=\frac{z_2}{z_1}=\frac{106}{30}=3.53333$$

齿数比相对误差 $\Delta u=\frac{u-u'}{u}=\frac{3.5-3.53333}{3.5}=-0.95\%<\pm 2.5\%$　允许。

（9）计算齿轮的主要尺寸

齿轮分度圆直径

$$d_1=mz_1=3\times 30=90\ (\text{mm})$$

$$d_2=mz_2=3\times 106=318\ (\text{mm})$$

齿转传动的中心距$a=\frac{d_1+d_2}{2}=\frac{90+318}{2}=204$（mm）

齿轮宽度

$$b_2=\psi_d d_1=1\times 90=90\text{（mm）}$$

$$b_1=b_2+(5\sim 10)=95\sim 100\text{（mm）}$$

取$b_1=95$ mm

（10）计算齿轮的圆周速度v并选择齿轮精度

$$v=\frac{\pi d_1 n_1}{60\times 1000}=\frac{3.14\times 90\times 420}{60\times 1000}=1.98\text{（m/s）}$$

选取齿轮精度等级为8级精度。

3. 校核两齿轮的许用应力

（1）确定两齿轮的许用应力

由图10-22查得两齿轮的弯曲疲劳极限为

$$\sigma_{\mathrm{Flim1}}=210\ \mathrm{MPa},\quad \sigma_{\mathrm{Flim2}}=200\ \mathrm{MPa}$$

由表10-5查得弯曲强度的最小安全系数为 $S_{\mathrm{Fmin}}=1$。

由表10-6查得两齿轮的相对应力集中系数为

$$Y_{\mathrm{sr1}}=0.90,\quad Y_{\mathrm{sr2}}=0.98$$

计算两齿轮的许用弯曲应力

$$[\sigma]_{\mathrm{F1}}=\frac{\sigma_{\mathrm{Flim1}}}{S_{\mathrm{Fmin}}Y_{\mathrm{sr1}}}=\frac{210}{1\times 0.9}=233.3\text{（MPa）}$$

$$[\sigma]_{\mathrm{F2}}=\frac{\sigma_{\mathrm{Flim2}}}{S_{\mathrm{Fmin}}Y_{\mathrm{sr2}}}=\frac{200}{1\times 0.98}=204\text{（MPa）}$$

（2）计算两轮齿根的弯曲应力

由表10-4查得两轮的齿形系数为$Y_{\mathrm{F1}}=2.53$，$Y_{\mathrm{F2}}=2.19$

比较$\frac{Y_{\mathrm{F}}}{[\sigma]_{\mathrm{F}}}$值

$$\frac{Y_{\mathrm{F1}}}{[\sigma]_{\mathrm{F1}}}=\frac{2.53}{233.3}=0.01084>\frac{Y_{\mathrm{F2}}}{[\sigma]_{\mathrm{F2}}}=\frac{2.19}{204}=0.010735$$

计算小齿轮齿根的弯曲应力为

$$\sigma_{\mathrm{F}}=\frac{2000KT_1}{b_2 Z_1 m^2}Y_{\mathrm{F}}=\frac{2000\times 1.1\times 295.6\times 2.53}{90\times 30\times 3^2}=67.7\ \mathrm{MPa}\leqslant[\sigma]_{\mathrm{H}}$$

4. 计算齿轮的全部几何尺寸（略）

5. 齿轮的结构设计和绘制工作图（略）

10.4　斜齿圆柱齿轮传动

直齿圆柱齿轮由于轮齿与轴线平行，在与另一个齿轮啮合时，沿齿宽方向的瞬时接触线是与轴线平行的直线如图 10-24a 所示。因此，直齿圆柱齿轮的传动过程中，一对轮齿沿整个齿宽同时进入啮合和脱离啮合，致使轮齿所受的力是突然加上或突然卸掉的，轮齿的变形也是突然产生或突然消失的，从而在高速传动中产生冲击、振动和噪声，传动的平稳性较差。为了适应机器速度提高、功率增大的需要，在直齿圆柱齿轮的基础上，设计产生了斜齿圆柱齿轮。

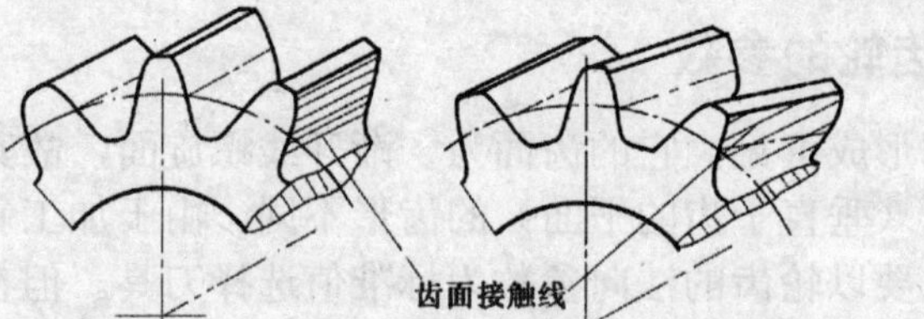

(a) 直齿轮的接触线　(b) 斜齿轮的接触线

图 10-24　齿面接触线

10.4.1　斜齿圆柱齿轮的形成及啮合特点

前面在讨论直齿圆柱齿轮的齿廓形成时，是仅就齿轮的端面来讨论的，认为轮齿的齿廓是发生线绕基圆作纯滚动时，其上一点 *K* 所形成的渐开线。如图 10-25a 所示，实际上齿轮总是有宽度 *b* 的，前述的基圆应是基圆柱，发生线应为发生面 *S*，而点 *K* 应为一条平行于基圆柱母线 *AA′*的直线 *KK′*，故直齿圆柱齿轮的齿廓是发生面上的直线 *KK′*在空间形成的渐开线齿廓。

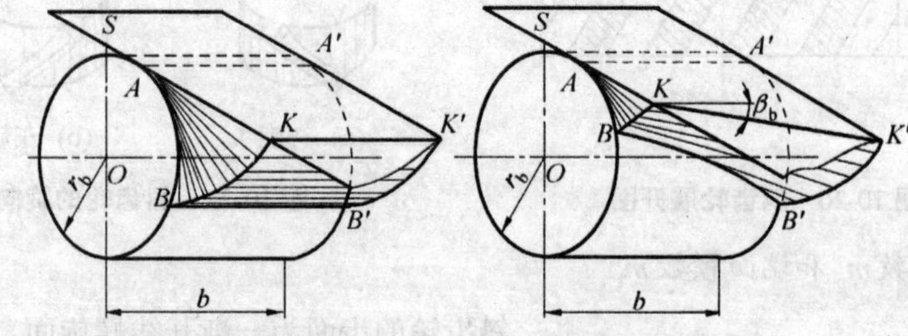

(a) 直齿轮齿廓曲面　(b) 斜齿轮齿廓曲面

图 10-25　渐开线齿廓曲面的形成

斜齿轮齿廓曲面的形成和直齿轮的一样，也是发生面 S 绕基圆柱作纯滚动，所不同的是形成渐开线齿廓的直线 KK' 不再与基圆柱母线 AA'平行，而是与基圆柱母线 AA'方向偏斜一个角度 β_b（基圆柱上的螺旋角）。如图 10-25b 所示，当发生面 S 绕基圆柱作纯滚动时，直线 KK' 上的各点所展成的渐开线形成了斜齿轮的齿廓曲面。

由斜齿轮的形成可知，一对斜齿轮啮合过程中，每个瞬时接触线都不与轴线平行，如图 10-25b 所示 KK' 是倾斜的。两轮轮齿开始啮合时，接触线长度由零逐渐增大；当到达某一个位置后，接触线长度又逐渐减短，直到脱离接触。另外，由于轮齿是倾斜的，同时啮合的齿数比直齿圆柱齿轮多，重合度也比直齿轮大。因此，斜齿轮比直齿轮传动平稳，承载能力较大，适用于高速和重载传动，但传动中存在轴向力。

10.4.2 斜齿圆柱齿轮的参数

从斜齿轮的齿廓形成可见，它的齿面为一渐开线螺旋面，故其端面（垂直于齿轮轴线的平面）和法向平面（垂直于齿的平面）的齿形不同。由于加工斜齿轮时，刀具是沿螺旋线方向进刀的，所以要以轮齿的法向参数为标准值选择刀具。但在计算斜齿轮的几何尺寸时，又要按端面的参数进行计算。因此，必须掌握斜齿轮端面与法向平面的参数换算关系。

为了便于讨论，现假想将斜齿轮的分度圆柱面展开，如图 10-26 所示。

1. 螺旋角 β

在展开平面上，斜齿轮的螺旋线变成斜直线，它与轴线的夹角称为分度圆上的**螺旋角**，简称螺旋角，用 β 表示。斜齿轮轮齿的旋向分为左旋和右旋两种，如图 10-27 所示。为了减小轴向力，螺旋角不宜过大，一般取 $\beta=8°\sim20°$。当用于高速大功率的传动时，为了消除轴向力，可以采用左右对称的人字齿轮，此时螺旋角可以增大，$\beta=25°\sim40°$

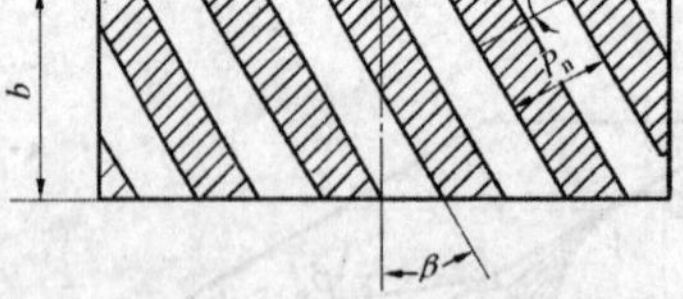

图 10-26 斜齿轮展开图

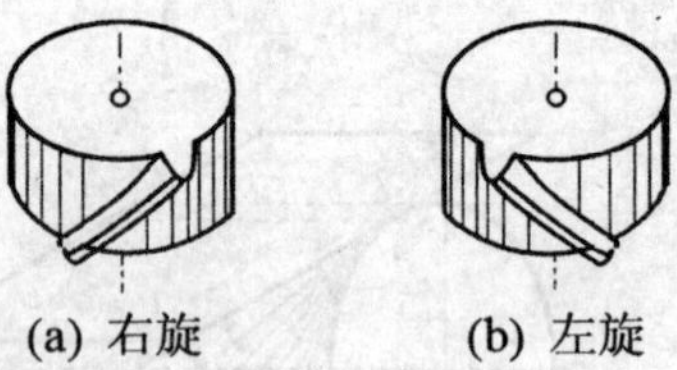

(a) 右旋 (b) 左旋

图 10-27 斜齿轮的旋向

2. 法向模数 m_n 和端面模数 m_t

斜齿轮的齿面为一渐开线螺旋面。因此，垂直于螺旋线的截面（法面）上的齿形与端面齿形不同。图 10-26 所示，阴影部分为轮齿，空白部分齿槽。从图中可见，法向齿距 p_n 与端面齿距 p_t 的关系为

$$p_n = p_t \cos\beta \tag{10-23}$$

因为 $p_n = \pi m$，所以，法向模数 m_n 与端面模数 m_t 的关系为

$$m_n = m_t \cos\beta \tag{10-24}$$

3. 压力角

斜齿轮在分度圆上的压力角也有法向压力角 α_n 和端面压力角 α_t 之分，两者之间的关系为

$$\tan\alpha_n = \tan\alpha_t \cos\beta \tag{10-25}$$

一般规定法向压力角取标准值，即 $\alpha_n = 20°$。

4. 斜齿圆柱齿轮的当量齿数

图 10-28 所示为垂直于齿面的法面，图示椭圆是法面 n—n 与分度圆柱的交线。以点 C 处的椭圆曲率半径为分度圆半径，以 m_n 为模数、α_n 为压力角的直齿圆柱齿轮的齿廓与斜齿圆柱齿轮的法向齿廓近似相同，称该直齿圆柱齿轮为斜齿轮的当量齿轮，其齿数 z_v 称为斜齿轮的**当量齿数**。经推导可知，当量齿数与实际齿数 z 的关系为

$$z_v = \frac{z}{\cos^3\beta} \tag{10-26}$$

5. 斜齿圆柱齿轮的正确啮合条件

一对平行轴外啮合斜齿圆柱齿轮的正确啮合，除要求他们的模数和压力角分别相等外，还要使螺旋角大小相等、旋向相反，即

$$\left.\begin{aligned} m_{n1} &= m_{n2} = m_n \\ \alpha_{n1} &= \alpha_{n2} = \alpha_n \\ \beta_1 &= \beta_2 \end{aligned}\right\} \tag{10-27}$$

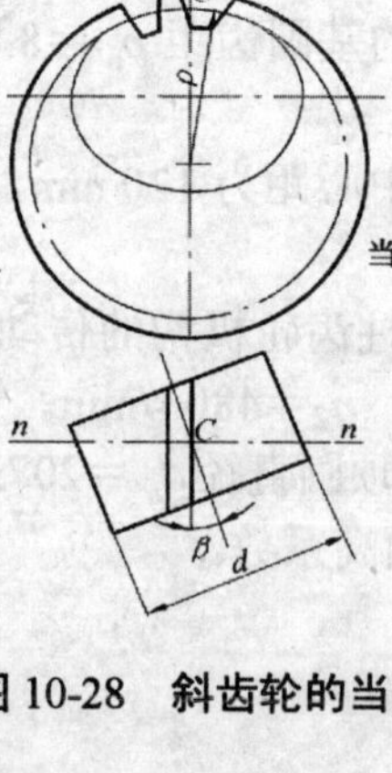

图 10-28　斜齿轮的当量齿数

10.5 小　结

1. 主要内容

渐开线圆柱直齿轮、斜齿轮传动的啮合原理、几何尺寸计算和直齿、斜齿轮传动的设计计算。

2. 重点、难点提示

直齿圆柱齿轮的啮合原理、基本参数、几何尺寸计算及设计计算方法。

10.5 复习思考题

1. 齿轮传动的类型有哪些？各用在什么场合？

2. 叙述齿廓啮合基本定律。一对齿廓应满足什么条件才能保证传动比为常数？

3. 齿轮的基本参数有哪些？决定渐开线形状的基本参数是什么？

4. 什么是标准齿轮？标准直齿圆柱齿轮的齿根圆是否都大于基圆？

5. 一对渐开线直齿圆柱齿轮要满足什么条件才能相互啮合正常运转？

6. 什么叫分度圆?什么是节圆?在什么条件下节圆等于分度圆?什么条件下没有节圆？

7. 何谓重合度?两对标准直圆柱齿轮，$m_1=m_2=5$ mm，$z_1=30, z_2=50$；$m_3=m_4=4$ mm，$z_3=40, z_4=60$。当安装中心距一样时，试问，这两对齿轮传动的重合度是否一样？

8. 轮齿折断通常发生在什么部位？如何提高抗弯曲疲劳折断的能力？

9. 一对相互啮合的齿轮，齿面接触应力和齿根弯曲应力是否分别相等，为什么？

10. 齿宽系数是什么？其值过大或过小对传动有何影响？

11. 今测得一标准直齿圆柱齿轮的基圆齿距 $p_b=8.850$ mm，齿数 $z=64$，试求该齿轮的几何尺寸。

12. 某标准直齿圆柱齿轮传动的中心距为 120 mm，模数为 $m=2$ mm，传动比 $i=3$，试求两齿轮的齿数及几何尺寸。

13. 如图 10-29 所示为一直齿圆柱齿轮机构的传动简图。已知 I、III 两轴同轴线，z_3 和 z_2 的模数为 5 mm，$n_1=1\,440$ r/min，$n_2=480$ r/min。试求 z_2 的齿数和 z_1、z_4 的模数。

14. 测得一标准直齿圆柱齿轮的齿顶圆直径 $d_a=207.9$ mm，齿根圆直径 $d_f=171.89$ mm，齿数 $z_1=24$，试求该齿轮的模数和齿顶高系数。

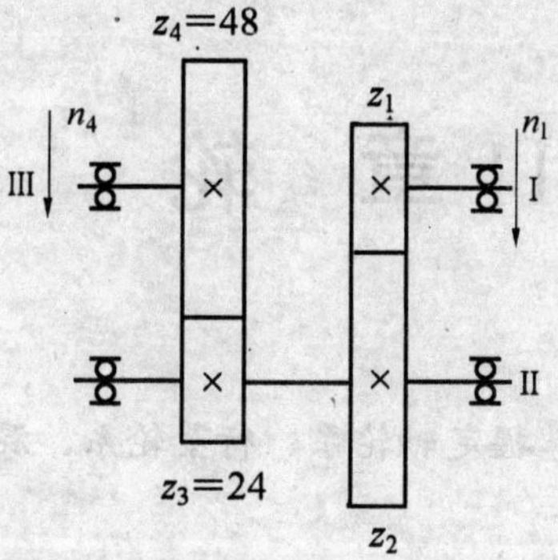

图 10-29　题 13 图

第 11 章　轮　　系

学习目标

理解轮系的功用和分类，掌握定轴轮系、行星轮系、混合轮系传动比的计算。

11.1　轮系的分类及功用

在机械传动中，仅用一对齿轮往往不能满足工作要求，须采用一系列相互啮合的齿轮来传动。这种由一系列齿轮所组成的传动装置，称为**齿轮系**，简称轮系。

11.1.1　轮系的类型

轮系有定轴轮系和行星轮系两种基本类型。

（1）定轴轮系。在轮系运转时，所有齿轮的几何轴线位置相对于机架的位置都是固定的轮系，称为**定轴轮系**，如图 11-1 所示。

（2）行星轮系。在轮系运转时，至少有一个齿轮的几何轴线位置相对于机架的位置是变化的轮系，称为**行星轮系**，如图 11-2 所示。

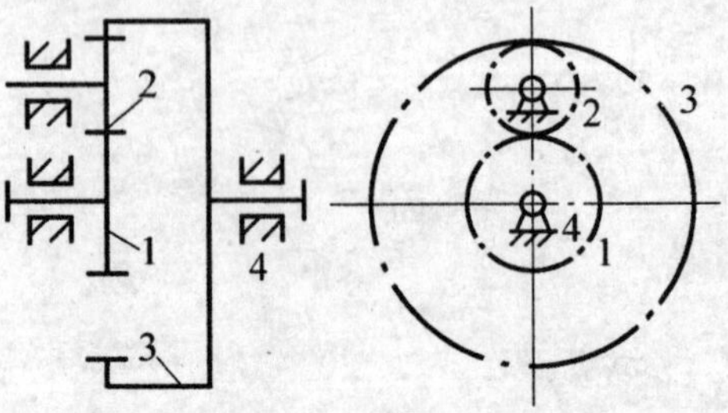

图 11-1　定轴齿轮系

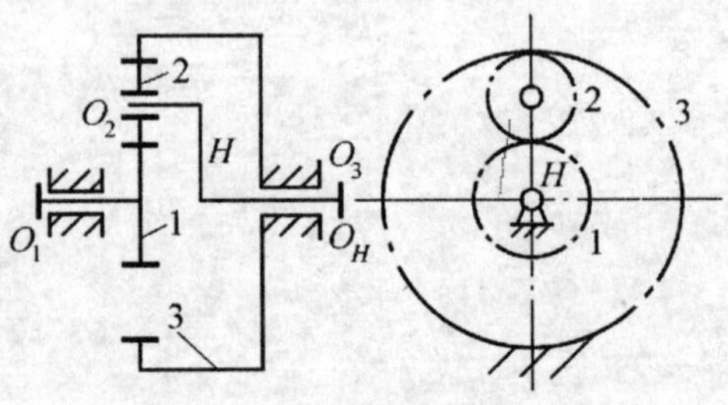

图 11-2　行星齿轮系

在工程实际中，除了采用单一的定轴轮系或行星轮系外，有时也采用既含有定轴轮系又含有行星轮系的复合轮系。通常把这种轮系称为**混合轮系**。

11.1.2　轮系的功用

轮系的用途很广泛，主要有以下几个方面。

（1）获得较大的传动比。

（2）实现较远距离传动。

（3）得到多种传动比。

（4）合成或分解运动。

11.2　定轴轮系传动比的计算

轮系中首末两轮的转速（或角速度）之比，称为轮系的**传动比**，用 i 表示。讨论定轴轮系的传动比时，既要计算传动比的数值，又要确定首末两轮的转向关系。

如图 11-3a 所示，一对直齿轮传动，外啮合时两轮转向相反，其传动比规定为负，以“－”号表示，即

$$i_{12}=\frac{n_1}{n_2}=-\frac{z_2}{z_1}$$

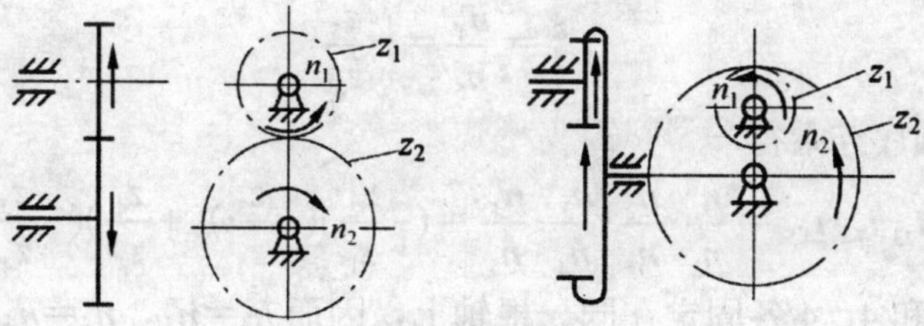

(a) 外啮合　　(b) 内啮合

图 11-3　圆柱齿轮传动

如图 11-3b 所示，一对内啮合直齿轮传动，两轮的转向相同，其传动比规定为正，以“＋”号表示，即

$$i_{12}=\frac{n_1}{n_2}=+\frac{z_2}{z_1}$$

因此，一对圆柱齿轮的传动比计算式为

$$i_{12}=\frac{n_1}{n_2}=\pm\frac{z_2}{z_1}$$

如图 11-4 所示，一定轴轮系，齿轮 1 为主动轮（首轮），齿轮 5 为从动轮（末轮）。下

面讨论该轮系传动比 i_{15} 的求法。

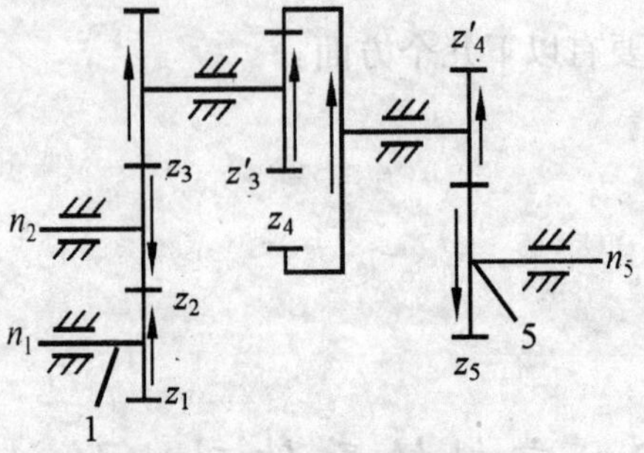

图 11-4 定轴轮系

由图可知各对齿轮的传动比分别为

$$i_{12}=\frac{n_1}{n_2}=-\frac{z_2}{z_1}$$

$$i_{23}=\frac{n_2}{n_3}=-\frac{z_3}{z_2}$$

$$i_{3'4}=\frac{n_{3'}}{n_4}=+\frac{z_4}{z_{3'}}$$

$$i_{4'5}=\frac{n_{4'}}{n_5}=-\frac{z_5}{z_{4'}}$$

将以上各式按顺序连乘得

$$i_{12}\ i_{23}\ i_{3'4}\ i_{4'5}=\frac{n_1}{n_2}\cdot\frac{n_2}{n_3}\cdot\frac{n_{3'}}{n_4}\cdot\frac{n_{4'}}{n_5}=(-\frac{z_2}{z_1})(-\frac{z_3}{z_2})(+\frac{z_4}{z_{3'}})(-\frac{z_5}{z_{4'}})$$

由于齿轮 3、3′和 4、4′各固定在同一根轴上，因而 $n_3=n_{3'}$，$n_4=n_{4'}$，故

$$i_{15}=\frac{n_1}{n_5}=i_{12}\ i_{23}\ i_{3'4}\ i_{4'5}=(-1)^3\ \frac{z_2z_3z_4z_5}{z_1z_2z_{3'}z_{4'}}$$

由上式可知此定轴轮系的传动比等于组成该轮系的各对齿轮传动比的连乘积；首末两轮的转向由轮系中外啮合齿轮的对数决定。上式中$(-1)^3$表示轮系中外啮合齿轮共有三对，$(-1)^3=-1$ 表示轮 1 与轮 5 转向相反。从图 11-4 可以看出，轮系中各轮的转向也可用箭头表示。此外，齿轮 2 在与齿轮 1 和齿轮 3 的啮合中，既为主动轮又为从动轮，z_2 在上式中可以消掉，它对轮系传动比的数值没有影响，只改变传动比的符号。这种仅影响末轮转向的齿轮，称为**惰轮**。

由以上分析可知，定轴轮系总传动比的计算式为

$$i_{1k}=\frac{n_1}{n_k}=(-1)^m\ \frac{\text{所有从动轮齿数的连乘积}}{\text{所有主动轮齿数的连乘积}} \tag{11-1}$$

式中：m ——外啮合圆柱齿轮的对数。

对于非平行轴传动，其传动比的大小仍用式（11-1）来计算，方向用箭头表示。

例 11-1　如图 11-5 所示定轴轮系中，$n_1=1\,470$ r/min，蜗轮 6 为输出构件，已知各轮齿数：$z_1=17$，$z_2=34$，$z_{2'}=19$，$z_4=57$，$z_{4'}=21$，$z_5=42$，$z_{5'}=1$，$z_6=35$。求：（1）轮系的传动比 i_{16}；（2）蜗轮的转速 n_6。

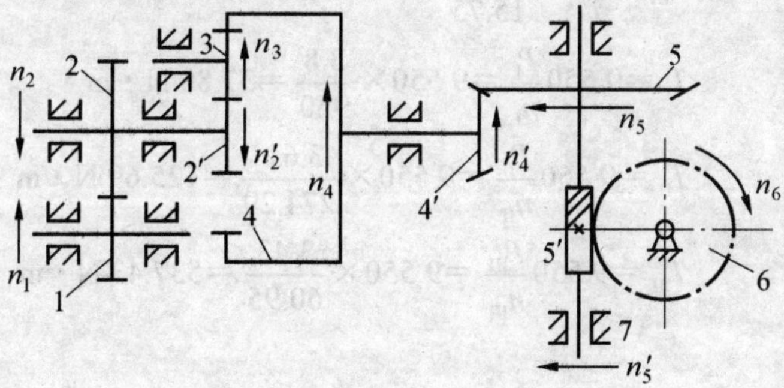

图 11-5　定轴轮系的传动比

解　（1）求轮系的传动比 i_{16}

对于蜗杆传动是非平行轴传动，用公式（11-1）求出传动比，方向如图 11-5 中箭头所示，可知蜗轮为顺时针转动

$$i_{16}=\frac{n_1}{n_6}=\frac{z_2z_3z_4z_5z_6}{z_1z_{2'}z_3z_{4'}z_{5'}}=\frac{34\times57\times42\times35}{17\times19\times21\times1}=420$$

（2）求蜗轮的转速 n_6

$$n_6=\frac{n_1}{i_{16}}=\frac{1\,470}{420}=3.5\ (\text{r/min})$$

例 11-2　已知某二级圆柱齿轮减速器（如图 11-6 所示）的输入功率 $P_1=3.8$ kW，转速 $n_1=960$ r/min，各轮齿数 $z_1=22$，$z_2=77$，$z_3=18$，$z_4=81$，齿轮传动效率 $\eta_c=0.97$，每对滚动轴承的效率 $\eta_g=0.98$。求（1）减速器的总传动比 $i_{\text{I III}}$；（2）各轴的功率、转速和转矩。

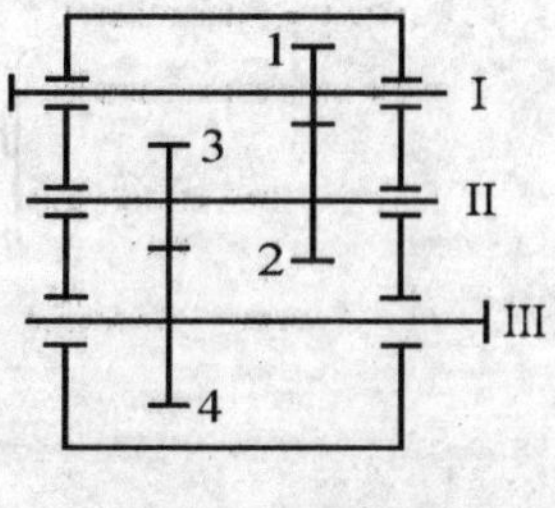

图 11-6　减速器

解　（1）求减速器的总传动比 $i_{\text{I III}}$

$$i_{\text{I III}}=\frac{n_1}{n_{\text{III}}}=\frac{n_1}{n_4}=(-1)^m\,\frac{z_2z_4}{z_1z_3}=(-1)^2\,\frac{77\times81}{22\times18}=15.75$$

齿轮 4 与齿轮 1 转向相同。

（2）求各轴的功率、转速及转矩

$$P_{\text{I}}=3.8\ \text{kW}$$

$$P_{\text{II}}=P_{\text{I}}\cdot\eta_g\cdot\eta_c=3.8\times0.98\times0.97=3.61\ (\text{kW})$$

$$P_{\text{III}}=P_{\text{II}}\cdot\eta_g\cdot\eta_c=3.61\times0.98\times0.97=3.43\ (\text{kW})$$

$$n_{\text{I}}=960\ \text{r/min}$$

$$n_{\text{II}}=-\frac{z_1}{z_2},\ n_{\text{I}}=-\frac{22}{77}\times960=-274.29\ (\text{r/min})$$

$$n_{\text{III}}=\frac{n_{\text{I}}}{i_{13}}=\frac{960}{15.75}=60.95\ (\text{r/min})$$

$$T_{\text{I}}=9\,550\frac{P_{\text{I}}}{n_{\text{I}}}=9\,550\times\frac{3.8}{960}=37.80\ \text{N}\cdot\text{m}$$

$$T_{\text{II}}=9\,550\frac{P_{\text{II}}}{n_{\text{II}}}=9\,550\times\frac{3.61}{274.29}=125.69\ \text{N}\cdot\text{m}$$

$$T_{\text{III}}=9\,550\frac{P_{\text{III}}}{n_{\text{III}}}=9\,550\times\frac{3.43}{60.95}=537.43\ \text{N}\cdot\text{m}$$

11.3 行星轮系传动比的计算

11.3.1 行星轮系的组成

如图 11-7 所示的行星轮系中，齿轮 2 由构件 H 支承，运转时除绕自身几何轴线 O_2 转动（自转）外，还随轴线 O_2 绕固定的几何轴线 O_1 转动（公转），故称其为**行星轮**。支承行星轮 2 的构件称为行星架，与行星轮相啮合且几何轴线固定不动的齿轮 1、3 称为太阳轮，内齿轮 3 也叫内齿圈。行星架 H 与太阳轮 1、3 的轴线相重合，称该轴线为主轴线。

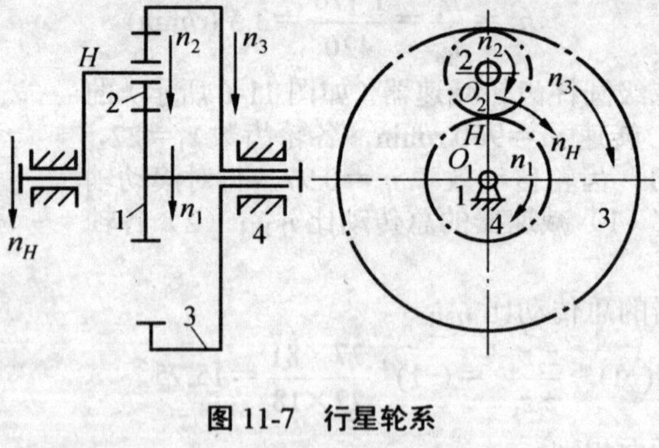

图 11-7 行星轮系

11.3.2 行星轮系传动比的计算

行星轮系传动比计算采用转化机构法。现假想给图 11-7 行星轮系加上一个与行星架的

转速 n_H 大小相等方向相反的公共转速（$-n_H$），则行星架 H 固定不动，而各构件间的相对运动关系并不变化。于是，所有齿轮的几何轴线位置都固定不动，得到了假想的定轴轮系，如图 11-8 所示。这种假想定轴轮系称为原行星轮系的**转化轮系**。转化轮系中，各构件的转速如表 11-1 所示。

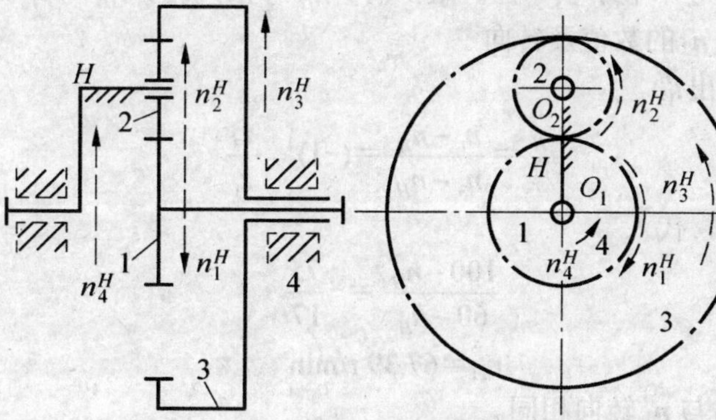

图 11-8　转化轮系

表 11-1　构件在转化轮系中的相对转速

构　　件	行星轮系中的转速	转化轮系中的转速
太阳轮 1	n_1	$n_1^H=n_1-n_H$
行星轮 2	n_2	$n_2^H=n_2-n_H$
太阳轮 3	n_3	$n_3^H=n_3-n_H$
行星架 H	n_H	$n_H^H=n_H-n_H=0$
机架 4	0	$n_4^H=n_4-n_H=-n_H$

转化轮系中齿轮 1 和齿轮 3 的传动比可以根据定轴轮系传动比计算方法得出：

$$i_{13}^H=\frac{n_1^H}{n_3^H}=\frac{n_1-n_H}{n_3-n_H}=(-1)^1\frac{z_2z_3}{z_1z_2}=-\frac{z_3}{z_1}$$

推广到一般情况，可得到如下结论。

行星轮系中，轴线与主轴线平行或重合的 a、b 两轮的传动比，可通过下式求解

$$i_{ab}^H=\frac{n_a-n_H}{n_b-n_H}=\pm\frac{\text{从}a\text{轮到}b\text{轮之间所有从动轮齿数的连乘积}}{\text{从}a\text{轮到}b\text{轮之间所有主动轮齿数的连乘积}} \quad (11\text{-}2)$$

运用式（11-2）时需注意的问题如下。

（1）转速 n_a、n_b 和 n_H 是代数量，代入公式时必须带正、负号。假定某一转向为正号，则与其同向的取正号，与其反向的取负号。

（2）若轮系中有圆锥齿轮和蜗杆蜗轮传动且首末轮的轴线平行时，传动比的大小仍用式（11-2）计算，而转向应当用箭头的方法确定。

（3）待求构件的实际转向由计算结果的正负号确定。

例 11-3 在图 11-7 所示的行星轮系中，已知 $n_1=100$ r/min，$n_3=60$ r/min，n_1 与 n_3 转向相同；齿数 $z_1=17$，$z_2=29$，$z_3=75$。求：（1）n_H 与 n_2；（2）i_{1H} 与 i_{12}。

解 （1）求 n_H 和 n_2 的数值及转向

由式（11-2），列出 i_{13}^H

$$i_{13}^H=\frac{n_1-n_H}{n_3-n_H}=(-1)^1\ \frac{z_3}{z_1}$$

取 n_1 的转向为正，代入

$$\frac{100-n_H}{60-n_H}=-\frac{75}{17}$$

$$n_{\mathrm{H}}=67.39\ \mathrm{r/min}$$

n_{H} 为正，表明 n_{H} 与 n_1 转向相同。

由式（11-2）列出 i_{12}^H 或 i_{23}^H 均可求出 n_2

$$i_{12}^H=\frac{n_1-n_H}{n_2-n_H}=(-1)^1\ \frac{z_2}{z_1}$$

$$\frac{100-67.39}{n_2-67.39}=-\frac{29}{17}$$

$$n_2=48.27\ \mathrm{r/min}$$

n_2 为正，表明 n_2 与 n_1 的转向相同。

（2）求 i_{1H} 和 i_{12}

$$i_{1H}=\frac{n_1}{n_H}=\frac{100}{67.39}=1.48$$

$$i_{12}=\frac{n_1}{n_2}=\frac{100}{48.27}=2.07$$

注：$i_{12}\neq-\frac{z_2}{z_1}$

11.4 复合轮系传动比的计算

在实际中，由行星轮系与定轴轮系或几个行星轮系组合在一起，这样的齿轮系称为复合齿轮系，简称复合轮系。

计算复合轮系传动比的步骤。

（1）区分齿轮系中的行星齿轮系和定轴齿轮系部分（关键是要找出行星轮，支持它转动的为行星架，与它啮合的轴线位置固定的齿轮为太阳轮）。

（2）分别列出轮系中各部分的传动比计算公式，再代入已知数据。

（3）根据齿轮系中各部分齿轮系之间的运动关系联立求解，进而求出复合轮系的传动比。

例 11-4　图 11-9 为机床变速传动装置简图，已知各轮齿数，A 为快速进给电动机，B 为工作进给电动机，齿轮 4 与输出轴相连。求：（1）当 A 不动时，工作进给传动比 i_{64}；（2）当 B 不动时，快速进给传动比 i_{14}。

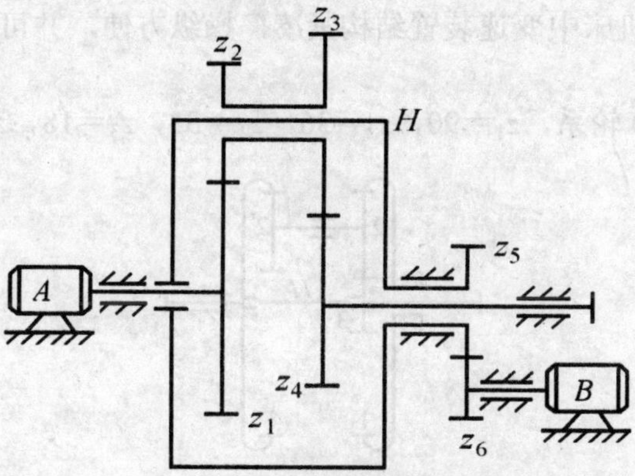

图 11-9　机床变速传动装置

解：（1）当 A 不动时即 $n_A=0$，双联齿轮 2 和 3 为行星轮，H 为行星架，齿轮 1 和齿轮 4 为太阳轮，它们一起构成行星轮系部分，齿轮 5 和齿轮 6 构成定轴轮系部分，该轮系组成复合轮系。

由式（11-2）可得行星轮系部分传动比

$$i_{41}^{H}=\frac{n_4-n_H}{n_1-n_H}=(-1)^2\frac{z_3z_1}{z_4z_2} \tag{a}$$

由式（11-1）可得定轴轮系部分传动比

$$i_{56}=\frac{n_5}{n_6}=(-1)^1\frac{z_6}{z_5} \tag{b}$$

因为 $n_1=n_A=0$，$n_H=n_5$，由式（b）得

$$n_5=-\frac{z_6}{z_5}n_6 \tag{c}$$

将（c）代入式（a），整理得

$$i_{64}=\frac{n_6}{n_4}=\frac{1}{\frac{z_6}{z_5}\left(\frac{z_3}{z_4}\frac{z_1}{z_2}-1\right)}$$

此为工作进给传动比。

（2）$n_B=0$ 时，快速进给传动比 i_{14}

当 $n_B=0$ 时，由于 $n_B=n_6=n_5=n_H=0$，所以齿轮 1、2、3、4 构成定轴轮系。由式（11-1）得

$$i_{14}=\frac{n_1}{n_4}=(-1)^2\cdot\frac{z_2z_4}{z_1z_3}$$

从本例可以看出，机床中变速装置结构紧凑，操纵方便，并可在运动中变速，有一定的优越性。

例 11-5　如图 11-10 轮系，$z_1=90$，$z_2=36$，$z_{2'}=33$，$z_3=18$，$z_4=87$，求传动比 i_{34}。

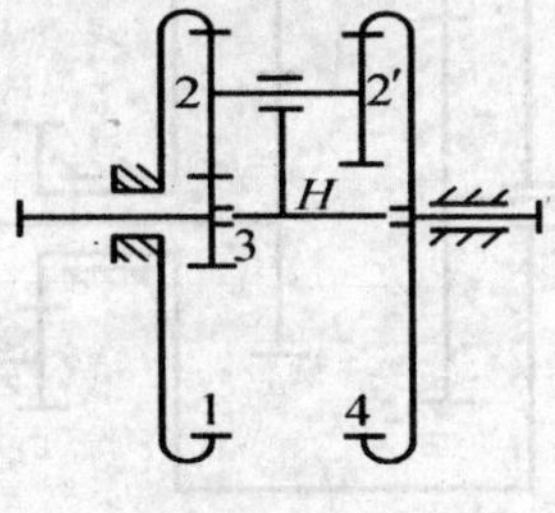

图 11-10　轮系

解：分析轮系为复合轮系，由两个行星轮系组成 1—2—2′—4—H 和 1—2—3—H（还有其他多种划分方法）

$$i_{14}^{H}=\frac{n_1-n_H}{n_4-n_H}=(-1)^2\frac{z_2z_4}{z_1z_{2'}}$$

即

$$\frac{0-n_H}{n_4-n_H}=\frac{36\times84}{90\times83}$$

$$\frac{0-n_H}{n_4-n_H}=\frac{2\times87}{5\times33} \tag{d}$$

$$i_{13}^{H}=\frac{n_1-n_H}{n_3-n_H}=(-1)^1\frac{z_3}{z_1}$$

$$\frac{0-n_H}{n_3-n_H}=-\frac{18}{90}$$

即

$$\frac{0-n_H}{n_3-n_H}=-\frac{1}{5} \qquad \text{(e)}$$

把（d）、（e）两式联立解得

$$i_{34}=\frac{n_3}{n_4}=116$$

11.5 小　结

1. 主要内容

轮系的类型及应用，轮系的传动比计算。

2. 重点、难点提示

重点为轮系传动比的计算和转向的确定。难点为混合轮系传动比的计算。

11.6 复习思考题

1．定轴轮系与行星轮系的主要区别是什么？试举例，绘出它们的机构运动简图。

2．如何计算定轴轮系的传动比？怎样确定它们的转向？

3．怎样计算行星轮系的传动比？i_{ab}^H 和 i_{ab} 各表示什么含义？i_{ab}^H 的正负号是否表示 a、b 齿轮的实际转向？为什么？

4．在行星轮系中，各构件的齿数确定后，其任意两构件间的传动比就可以确定吗？为什么？

5．什么是转化轮系？

6．标注如图 11-11 所示定轴齿轮系中蜗轮 6 的转向。

7．如图 11-12 所示为钟表指针机构，S、M、H 分别为秒、分、时针。已知各轮的齿数 $z_2=60$，$z_3=8$，$z_4=64$，$z_5=21$，$z_6=84$，$z_8=90$，试求 z_1 和 z_7。

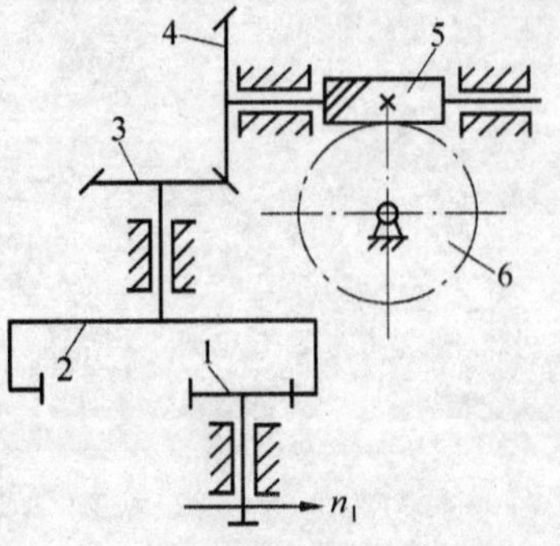

图 11-11

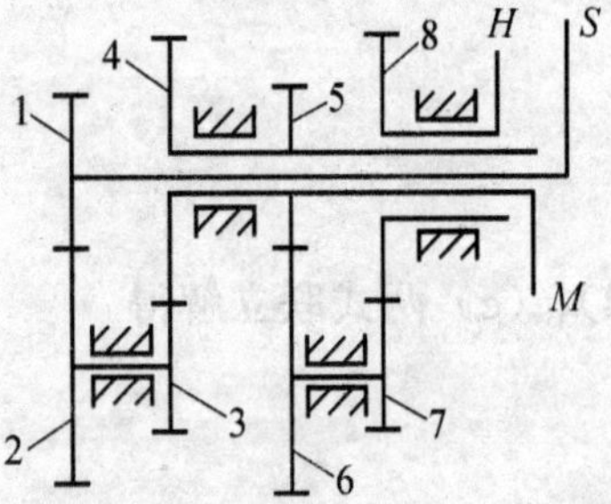

图 11-12

8．如图 11-13 所示齿条运行机构，已知 $z_1=18$，$z_2=32$，$z_3=21$，齿轮的模数 $m=3$ mm。若主动轮 1 的转速 $n_1=60$ r/min，试求齿条 4 的运行速度 v_4。

9．如图 11-14 所示为天车传动简图，由电动机经减速器驱动车轮。已知电动机转速 $n_1=960$ r/min，输出功率 $P_1=4$ kW；传动比 $i_{\text{II III}}=-5.6$，$i_{\text{III IV}}=-4.5$；联轴器效率 $\eta_1=0.98$，一对滚动轴承效率 $\eta_g=0.98$，一对齿轮啮合效率 $\eta_c=0.97$。求：①各轴的功率、转速和转矩（结果列表）；②若天车运行速度为 $v=0.8$ m/s，求车轮直径 D。

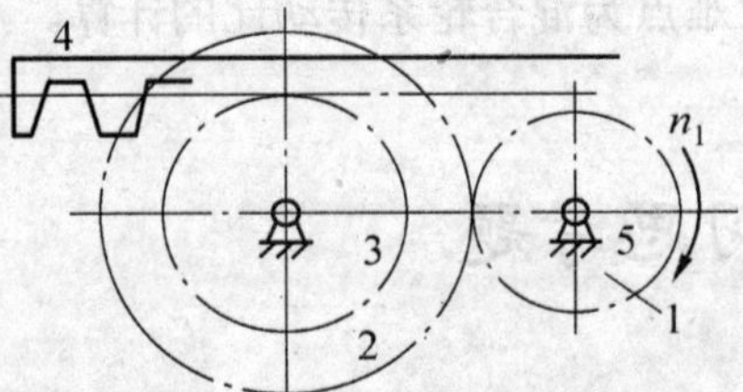

图 11-13

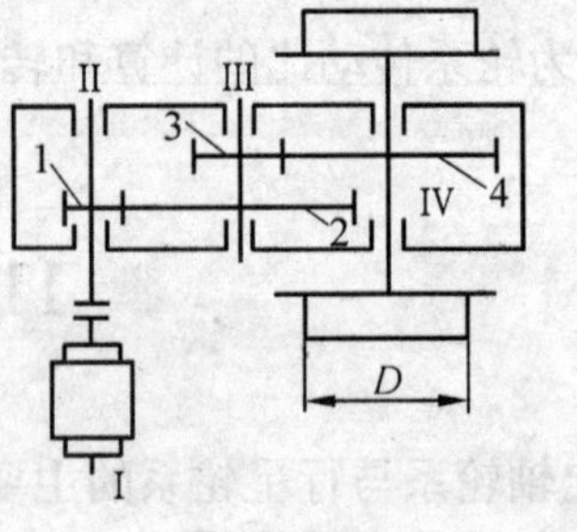

图 11-14

10．某车床的行星减速带轮如图 11-15 所示，带轮 H 为输入构件，太阳轮 4 与主轴相连为输出构件。已知各轮的齿数 $z_1=z_3=26$，$z_2=z_4=27$，求齿轮系的传动比 i_{H4}。

11．如图 11-16 所示为车床尾架套筒的进给机构，手轮 A 为输入构件，带动套筒的螺杆 B 为输出构件。A 处于图示位置时，B 作慢速进给；A 处于与内齿轮 4 啮合位置时，B 作快速退回。已知 $z_1=z_2=z_4=11$，$z_3=48$，单线螺杆 B 的螺距 $p=4$ mm。求手轮转动 1 周时，螺杆慢速移动和快速退回的距离各为多少？

12．如图 11-17 所示为液压回转台的传动机构，已知 $z_1=120$，$z_2=15$，液压泵转速 $n_M=12$r/min，求回转台 H 的转速 n_H 的数值及转向。

13．在如图 11-18 所示齿轮系中，已知 $z_1=48$，$z_2=42$，$n_{2'}=14$，$z_3=20$，$n_2=68$ r/min（↑），$n_3=-40$ r/min（↓），求 n_H 的数值及转向。

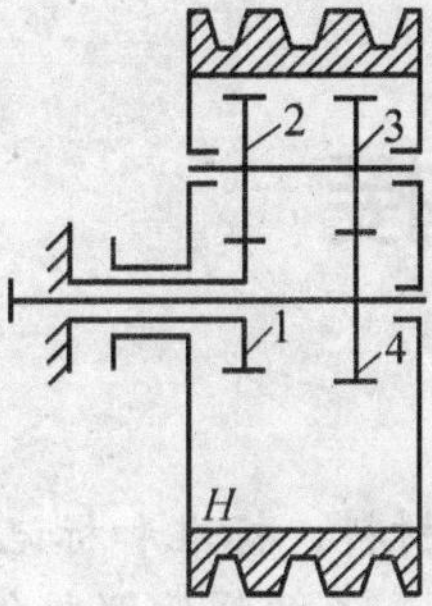

图 11-15

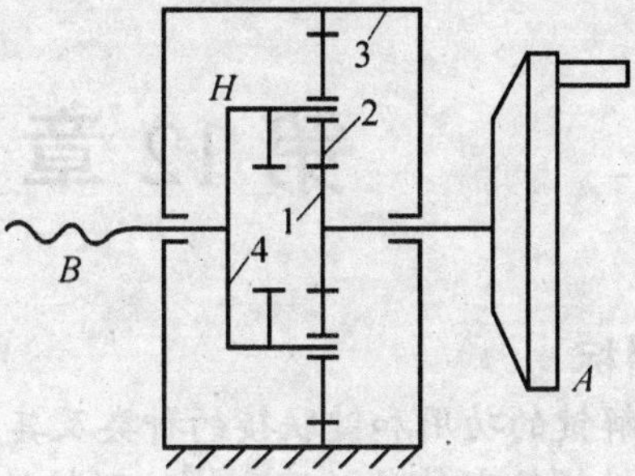

图 11-16

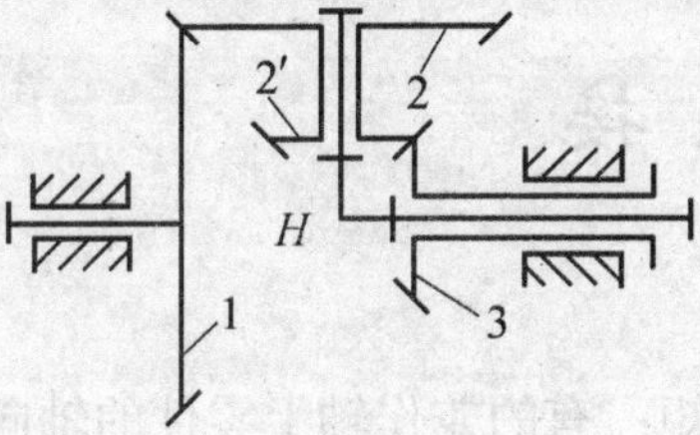

图 11-17

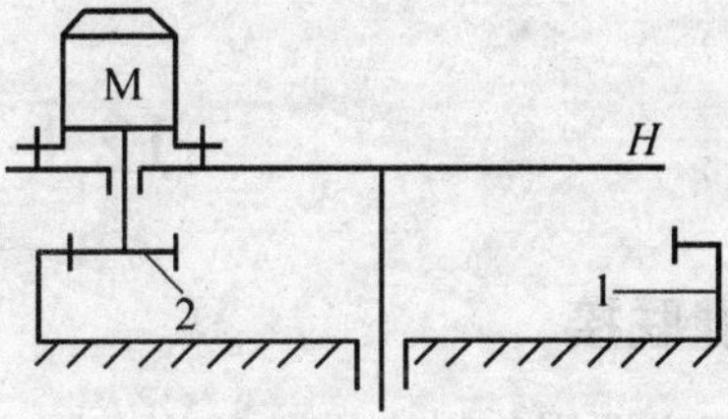

图 11-18

14．如图 11-19 所示为自行车里程表机构，C 为轮胎，有效直径 D＝0.7 m。已知车行 1 km 时，里程表指针 P 刚好转动 1 周。若 z_1＝17，z_3＝23，z_4＝19，$z_{4'}$＝20，z_5＝24，求 z_2。

15．如图 11-20 所示为链板输送机的减速箱，电动机转速 n_1＝1 460 r/min，箱内各轮齿数为 z_1＝17，z_2＝34，z_3＝85，z_4＝21，z_5＝63。求：①n_5；②当链轮的节距 P＝70 mm，链轮 6 的齿数 z_6＝17 时，求 v_6。

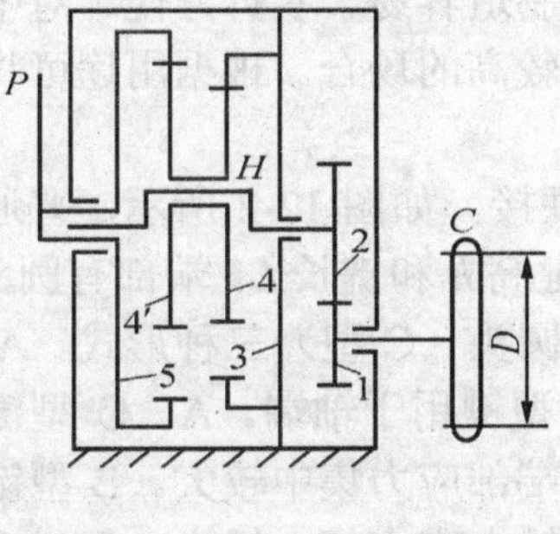

图 11-19

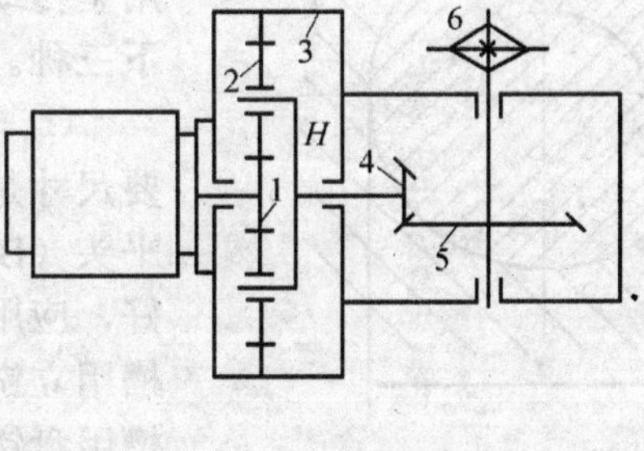

图 11-20

第 12 章　联　　接

学习目标

1. 理解键的功用和键联接的种类及其应用，了解平键的材料、标准和标记。

2. 掌握螺纹零件的功用和螺纹联接的主要形式及其应用，了解螺纹联接件的材料、标准和标记，掌握螺纹联接的防松方法。

3. 了解联轴器和离合器的功用、类型特点、应用和标记。

12.1　键 联 接

12.1.1　键联接

键联接主要用作轴上零件的周向固定并传递转矩；有的兼作轴上零件的轴向固定；还有的轴上零件沿轴向移动时起导向作用。

1. 键联接的类型

按结构特点和工作原理，键联接可分为平键联接、半圆键联接和楔键联接等。

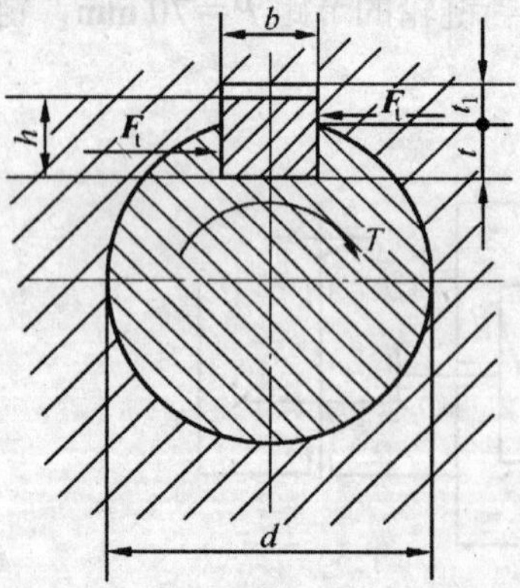

图 12-1　平键联接剖面图

（1）平键联接。平键联接的剖面图如图 12-1 所示。平键的下面与轴上键槽贴紧，上面与轮毂槽顶面留有间隙，两侧面为工作面，依靠键与键槽间的挤压力 F_t 传递转矩 T。平键联接制造容易、装拆方便、对中性良好，用于传动精度要求较高的场合。根据用途可将其分为如下三种。

① 普通平键联接。如图 12-2 所示，普通平键的主要尺寸是键宽 b、键高 h 和键长 L。端部有圆头（A 型）、平头（B 型）和单圆头（C 型）三种形式。A 型键定位好，应用广泛。C 型键用于轴端。A、C 型键的轴上键槽用立铣刀切制，端部应力集中较大。B 型键的轴上键槽用盘铣刀铣出，轴上应力集中较小。但对于尺寸较大的键，要用紧定螺钉压紧，以防松动。

② 薄型平键联接。薄型平键与普通平键比较，在键宽 b 相同时，键高 h 较小，薄型平键联接对轴和轮毂的强度削弱较小，用于薄壁结构和特殊场合。

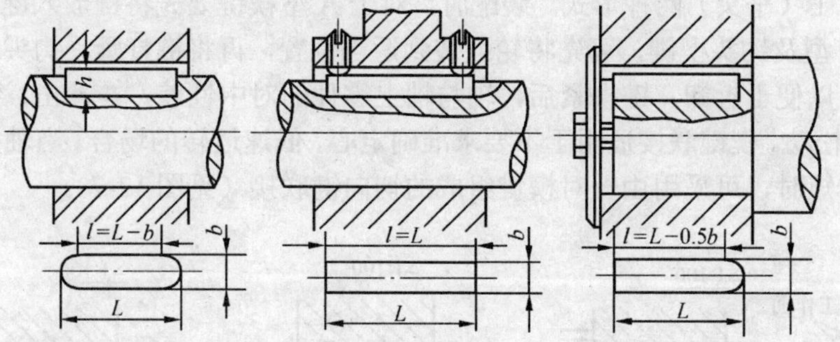

(a) 圆头（A 型）　(b) 平头（B 型）　(c) 单圆头（C 型）

图 12-2　普通平键联接

③ 导向平键与滑键联接。当零件需作轴向移动时，可采用导向平键联接（见图 12-3）。导向平键较普通平键长，为防止键体在轴中松动，用两个螺钉将其固定在轴上键槽中，键的中部设有起键螺孔，以便拆卸。轴上零件作短距离轴向移动时，键起导向作用，构成动联接。当轴上零件移动距离较长时，可采用图 12-4 所示的滑键联接。

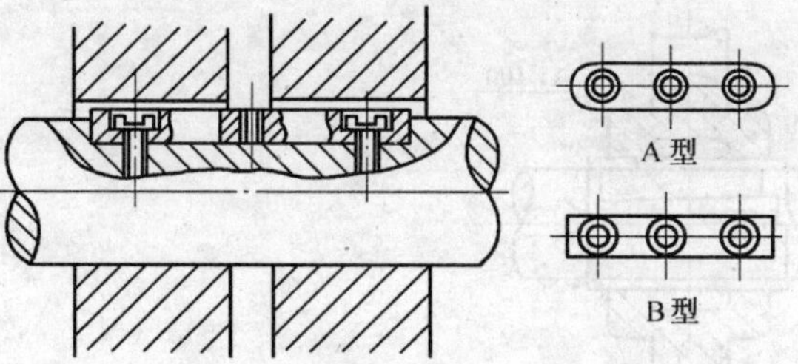

图 12-3　导向平键联接

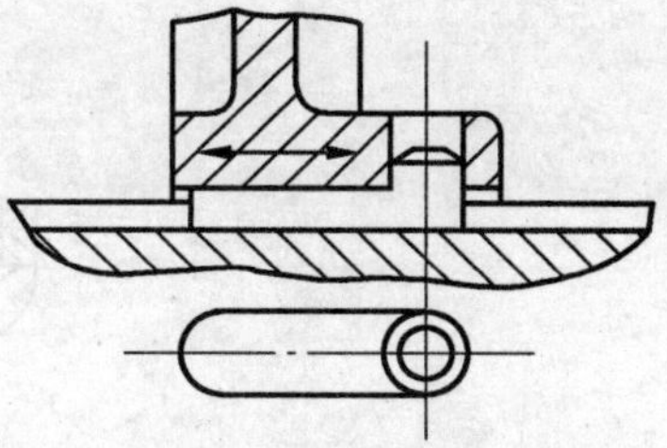

图 12-4　滑键联接

（2）半圆键联接。半圆键联接如图 12-5 所示。半圆键呈半圆形，轴槽也呈相应的半圆形，轮毂槽开通。工作时依靠两侧面传递转矩。键在轴槽中能绕其几何中心摆动，可以适应轮毂上键槽的斜度。但键槽窄而深，对轴的强度削弱较大，主要用于轻载联接，尤其适于锥形轴头与轮毂的联接。

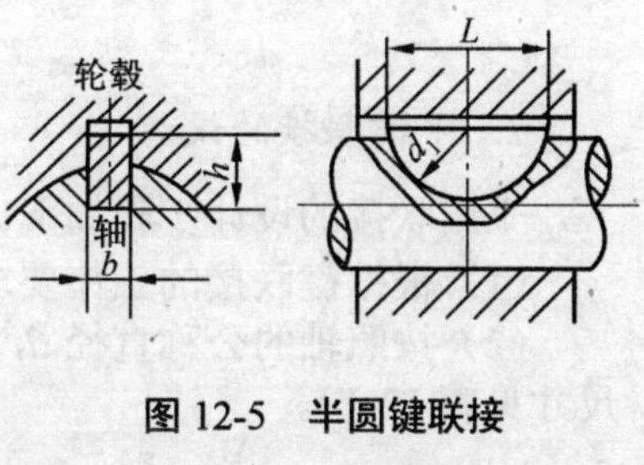

图 12-5　半圆键联接

（3）楔键联接。楔键联接如图 12-6 所示。楔键的上表面和轮毂槽底面均有 1∶100 的斜度，键楔紧在轴毂之间。工作时，键的上下表面为工作面，依靠压紧面的摩擦力传递转矩及单向轴向力。楔键分普通楔键和钩头楔键，前者有 A（圆头）、B（平头）两种形式。装配时，对于 A 型楔键要先将键放入键槽，然后打紧轮毂；对于 B 型及钩头楔键，可先将轮毂装到适当位置，再将键打紧。钩头与轮毂端面间应留有余地，以便于拆卸。键楔紧后，轴与轴上零件的对中性差，在冲击、振动或变载荷下，联接容易松动。楔键联接适用于不要求准确定心、低速运转的场合。当轴径 d>100 mm 且传递较大转矩时，可采用由一对楔键组成的切向键联接（见图 12-7）。

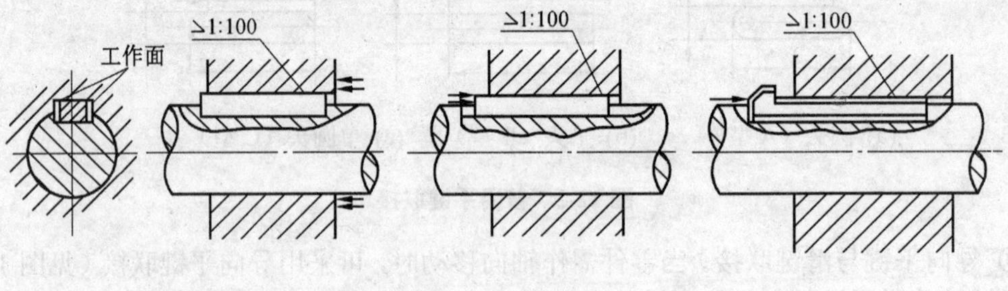

(a) A 型普通楔键　(b) B 型普通楔键　(c) 钩头楔键

图 12-6　楔键联接

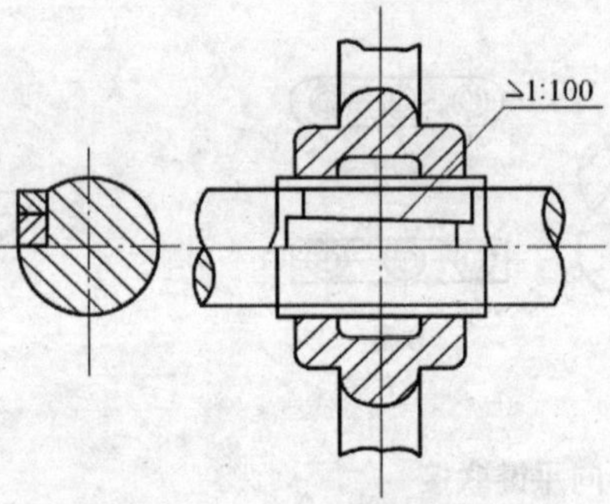

图 12-7　切向键联接

2. 平键联接的设计

平键联接的设计步骤如下。

（1）根据键联接的工作要求和使用特点，选择平键的类型。

（2）按照轴的公称直径 d，从国家标准中选择平键的尺寸 $b\times h$（普通平键和导向平键尺寸见表 12-1）。

表 12-1　普通平键联接键和键槽的截面尺寸及公差（GTB/T 1096—1979）

（mm）

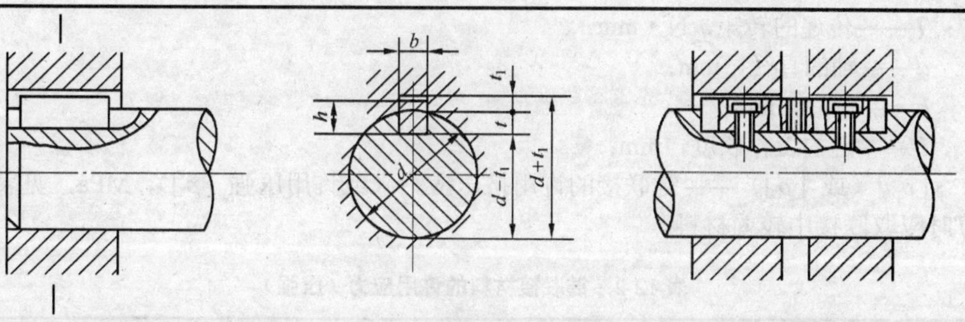

轴	键			键槽										
				宽度 b					深度				半径 r	
				极限偏差					轴 t		毂 t_1			
公称直径 d	b (h9)	h (h11)	L (h14)	较松键联接		一般键联接		较紧键联接						
				轴 H9	毂 D10	轴 N9	毂 Js9	轴和毂 P9	公称尺寸	极限偏差	公称尺寸	极限偏差	最小	最大
>10～12	4	4	8～45	+0.030 0	+0.078 +0.030	0 −0.030	+0.015 −0.015	−0.012 −0.042	2.5	+0.1 0	1.8	+0.1 0	0.08	0.16
>12～17	5	5	10～56						3.0		2.3		0.16	0.25
>17～22	6	6	14～70						3.5		2.8			
>22～30	8	7	18～90	+0.036 0	+0.098 +0.040	0 −0.036	+0.018 −0.018	−0.015 −0.051	4.0	+0.2 0	3.3	+0.2 0	0.25	0.40
>30～38	10	8	22～110						5.0		3.3			
>38～44	12	8	22～140	+0.043 0	+0.120 +0.050	0 −0.043	+0.021 −0.021	−0.018 −0.061	5.0		3.3			
>44～50	14	9	36～160						5.5		3.8			
>50～58	16	10	45～180						6.0		4.3			
>58～65	18	11	50～200						7.0		4.4			
>65～75	20	12	56～220	+0.052 0	+0.149 +0.065	0 −0.052	+0.026 −0.026	−0.022 −0.074	7.5		4.9		0.40	0.60
>75～85	22	14	63～250						9.0		5.4			
>85～95	25	14	70～280						9.0		5.4			
>95～110	28	16	80～320						10.0		6.4			
L 系列	6，8，10，12，14，16，18，20，25，28，32，36，40，45，50，56，63，70，80，90，100，110，125，140，160，180，200，220，250，280，320，360，400，450，500													

注：1. 在工作图中，轴槽深用 t 或（$d-t$）标注，但（$d-t$）的偏差应取负号；毂槽深用 t_1 或（$d+t_1$）标注；轴槽的长度公差用 H14。

2. 较松键联接用于导向平键；一般键联接用于载荷不大的场合；较紧键联接用于载荷较大、有冲击和双向转矩的场合。

3. 轴槽对轴的轴线和轮毂槽对孔的轴线的对称度公差等级，一般按 GB 1184—80 取为 7～9 级。

（3）根据轮毂长度 L_1 选择键长 L。静联接取 $L=L_1-(5\sim10)$ mm；动联接还要涉及移动距离。键长 L 应符合标准长度系列。

（4）校核平键联接的强度。键联接的主要失效形式是较弱工作面的压溃（静联接）或

过度磨损（动联接），因此应按挤压应力 σ_p 或压强 p 进行条件性的强度计算，校核公式为

$$\sigma_p\,(或\ p)=\frac{4T}{dhL}\leqslant[\sigma_p]\,(或\,[\,p\,]) \tag{12-1}$$

式中：T——传递的转矩，N·mm；

d——轴的直径，mm；

h——键高，mm；

L——键的工作长度，mm；

$[\sigma_p]$（或 $[p]$）——键联接的许用挤压应力（或许用压强 $[p]$），MPa，见表 12-2，计算时应取联接中较弱材料。

表 12-2　键联接材料的许用应力（压强）　　（MPa）

项 目	联 接 性 质	键或轴、毂材料	载荷性质		
			静载荷	轻微冲击	冲击
$[\sigma_p]$	静联接	钢	120～150	100～120	60～90
		铸铁	70～80	50～60	30～45
$[p]$	动联接	钢	50	40	30

注：如与键有相对滑动的被联接件表面经过淬火，则动联接件的许用压力[P]可提高 2～3 倍。

如果强度不足，在结构允许时可适当增加轮毂长度和键长，或者间隔 180° 布置两个键。考虑载荷分布不均匀性，双键联接的强度计算按 1.5 个键计算。

（5）选择并标注键联接的轴毂公差。

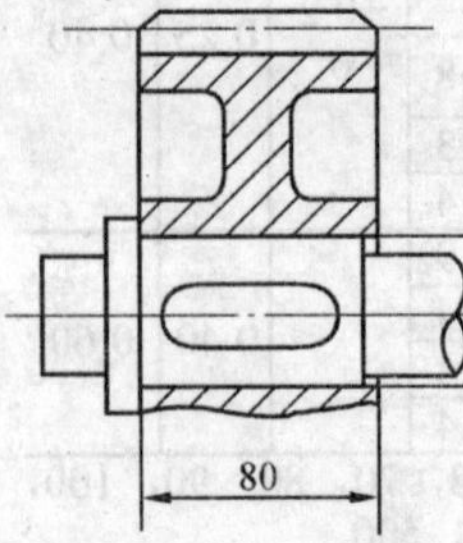

图 12-8　键联接

例 12-1　图 12-8 所示某钢制输出轴与铸铁齿轮采用键联接，已知装齿轮处轴的直径 $d=45$ mm，齿轮轮毂长度 $L_1=80$ mm，该轴传递的转矩 $T=2\,000$ N·m，载荷有轻微冲击。试设计该键联接。

解　① 选择键联接的类型。为保证齿轮传动啮合良好，要求轴毂对中性好，故选用 A 型普通平键联接。

② 选择键的主要尺寸。按轴径 $d=45$ mm，由表 12-1 查得键宽 $b=14$ mm，键高 $h=9$ mm，键长 $L=80-(5\sim10)=(75\sim70)$ mm，取 $L=70$ mm。标记为：键 14×70 GB 1096—79。

③ 校核键联接强度。由表 12-2 查铸铁材料 $[\sigma_p]=50\sim60$ MPa，由式（12-1）计算键联接的挤压强度

$$\sigma_p=\frac{4T}{\mathrm{d}hL}=\frac{4\times2000}{45\times9\times(70-14)}=35.27\ \text{MPa}\leqslant[\sigma_p]$$

所选键联接强度足够。

④ 标注键联接的公差。轴、毂公差的标注如图 12-9 所示。

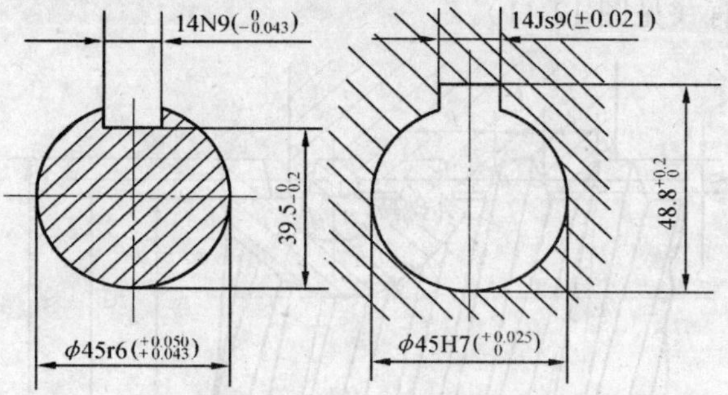

图 12-9　轴、毂公差标注

12.2　螺 纹 联 接

螺纹联接和螺旋传动都是利用螺纹零件工作的。螺纹联接结构简单、装拆方便、类型多样，是机械和结构中应用最广泛的紧固件联接。螺旋传动将回转运动变成直线运动，是一种常用的机械传动形式。

12.2.1　常用螺纹的类型和应用

1. 螺纹及其主要参数

在圆柱表面上，沿螺旋线切制出特定形状的沟槽即形成螺纹。在圆柱内、外表面上分别形成内、外螺纹，共同组成螺旋副使用。沿一条螺旋线形成的为**单线螺纹**（见图 12-10a），其自锁性好，常用于联接；沿两条或两条以上等距螺旋线形成的为**多线螺纹**（见图 12-10b），其效率较高，常用于传动。圆柱轴线竖立时，螺旋线向右上升的为**右旋螺纹**（见图 12-10a），向左上升的为**左旋螺纹**（见图 12-10b）。实际生产中常用右旋螺纹。

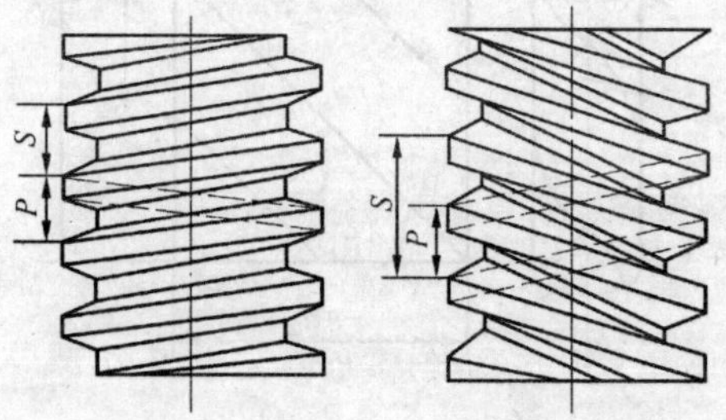

(a) 右旋螺纹（单线）　(b) 左旋螺纹（双线）

图 12-10　螺纹的旋向和线数

螺纹的主要参数有（见图 12-11）。

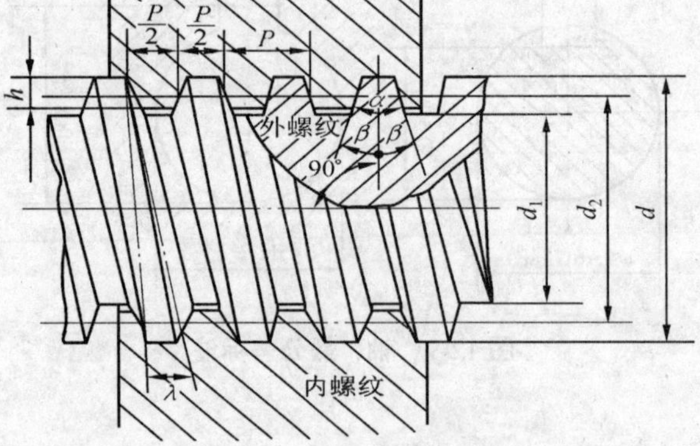

图 12-11 螺纹的主要参数

（1）大径 d ——螺纹的最大直径，标准中定为**公称直径**。

（2）小径 d_1——螺纹的最小直径，常作为强度计算直径。

（3）中径 d_2——螺纹轴向截面内，牙型上沟槽与凸起宽度相等处的假想圆柱面的直径，是确定螺纹几何参数和配合性质的直径。

（4）线数 n ——螺纹的螺旋线数目。

（5）螺距 P——螺纹相邻两个牙型在中径圆柱上对应两点间的轴向距离。

（6）导程 S——螺纹上任一点沿同一条螺旋线旋转一周所移动的轴向距离，$S = nP$。

（7）螺纹升角 λ——在中径圆柱上螺旋线的切线与垂直于螺纹轴的平面间的夹角，由图 12-12 可知

$$\tan\lambda = \frac{S}{pd_2} = \frac{nP}{pd_2} \tag{12-2}$$

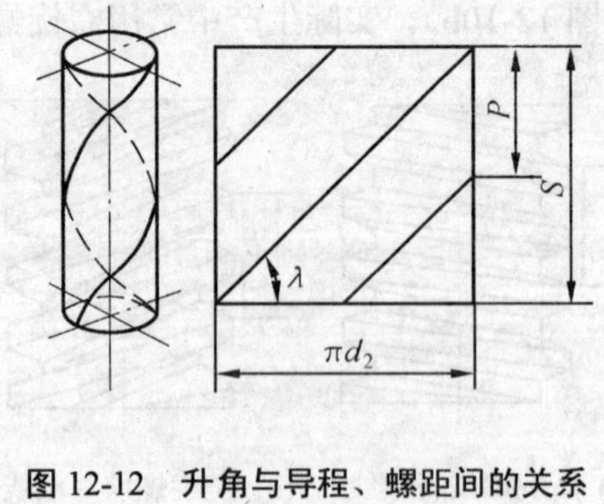

图 12-12 升角与导程、螺距间的关系

（8）牙型角 α ——螺纹轴向截面内，牙型两侧边的夹角。螺纹牙型的侧边与螺纹轴线的垂直平面的夹角，称为牙侧角 β 。

2. 螺纹的类型、特点及应用

按照牙型的不同，螺纹可分为普通螺纹、管螺纹、矩形螺纹、梯形螺纹、锯齿形螺纹等（见图 12-13）。除矩形螺纹外，其余均已标准化。除管螺纹采用英制（以每英寸牙数表示螺距）外，均采用米制。

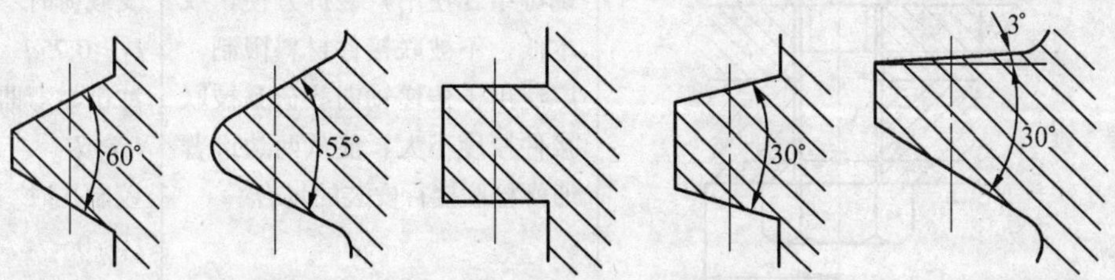

(a) 普通螺纹　(b) 管螺纹　(c) 矩形螺纹　(d) 梯形螺纹　(e) 锯齿形螺纹

图 12-13　螺纹的牙型

普通螺纹的牙型为等边三角形，$\alpha = 60°$ ，故又称为三角形螺纹。对于同一公称直径，按螺距大小分为粗牙螺纹和细牙螺纹。粗牙螺纹常用于一般联接；细牙螺纹自锁性好，强度高，但不耐磨，常用于细小零件、薄壁管件，或用于受冲击、振动和变载荷的联接，有时也作为调整螺纹用于微调机构。

管螺纹的牙型为等腰三角形，$\alpha = 55°$ ，内外螺纹旋合后无径向间隙，用于有紧密性要求的管件联接。

矩形螺纹的牙型为正方形，$\alpha = 0°$ ，其传动效率高，但牙根强度弱，螺旋副磨损后的间隙难以修复和补偿，使传动精度降低，因此逐渐被梯形螺纹所代替。

梯形螺纹的牙型为等腰梯形，$\alpha = 30°$ ，其传动效率略低于矩形螺纹，但牙根强度高，工艺性和对中性好，可补偿磨损后的间隙，是最常用的传动螺纹。

锯齿形螺纹的牙型为不等腰梯形，工作面的牙侧角 $\beta_1 = 3°$ ，非工作面 $\beta_2 = 30°$ ，兼有矩形螺纹传动效率高和梯形螺纹牙根强度高的特点，用于单向受力的传动或联接中。

12.2.2　螺纹联接的结构

1. 螺纹联接的主要类型

螺纹联接由联接件和被联接件组成。表 12-3 列出了螺纹联接的主要类型、构造、特点、应用及主要尺寸关系。

表 12-3 常用螺纹联接的主要结构

类型	构　　造	特点及应用	主要尺寸关系
螺栓联接	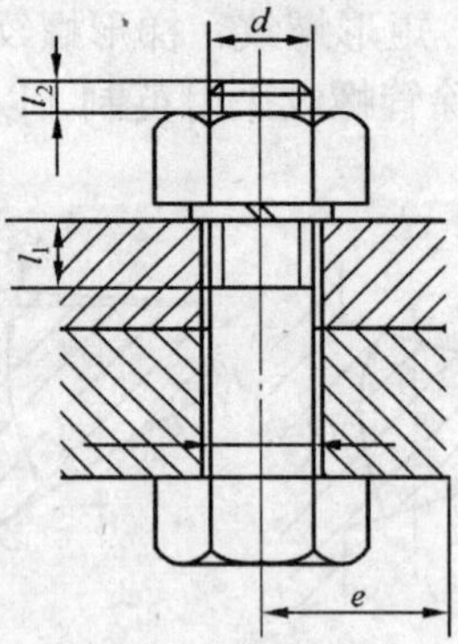	螺栓穿过被联接件的通孔，与螺母组合使用，装拆方便，成本低，不被联接件材料限制。广泛用于传递轴向载荷且被联接件厚度不大、能从两边进普通螺栓联接行安装的场合	1．螺纹余留长度 静载荷时 $l_1 \geqslant (0.3 \sim 0.5)d$ 变载荷时 $l_1 \geqslant 0.75d$ 冲击、弯曲载荷时 $l_1 \geqslant d$ 铰制孔时 $l_1 \approx 0$ 2．螺纹伸出长度 $l_2 \approx (0.2 \sim 0.3)d$ 3．旋入被联接件中的长度 被联接件的材料为钢或青铜时 $l_3 \approx d$ 铸铁时 $l_3 = (1.25 \sim 1.5)d$ 铝合金时 $l_3 = (1.5 \sim 2.5)d$
	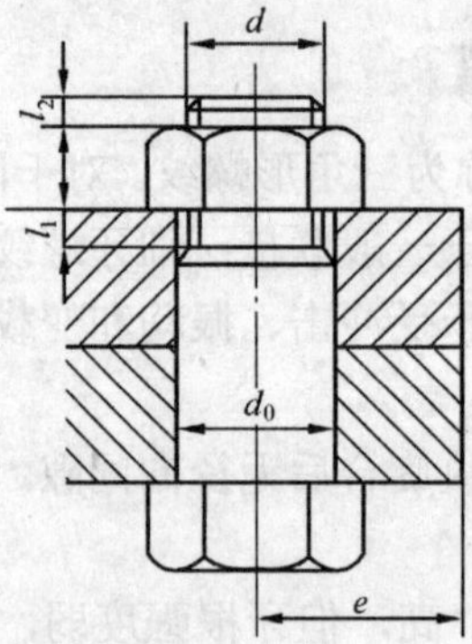	螺栓穿过被联接件的铰制孔并与之过渡配合，与螺母组合使用，适用于传递横向载荷或需要精确固定被铰制孔用螺栓联接联接件的相互位置的场合	
双头螺柱联接	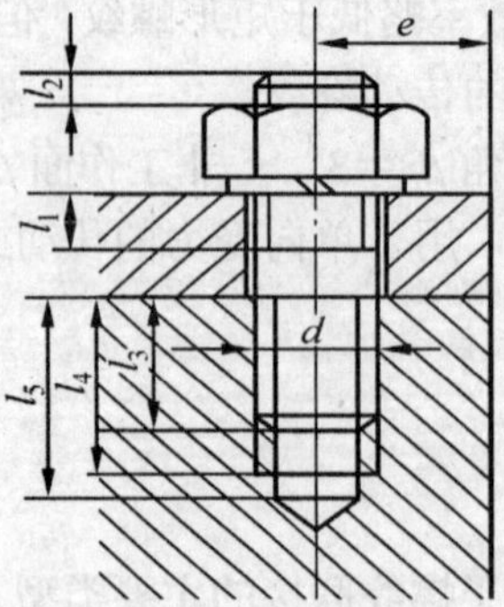	双头螺柱的一端旋入较厚被联接件的螺纹孔中并固定，另一端穿过较薄被联接件的通孔，与螺母组合使用，适用于被联接件之一较厚、材料较软且经常装拆，联接紧固或紧密程度要求较高的场合	

（续表）

类型	构　造	特点及应用	主要尺寸关系
螺钉联接	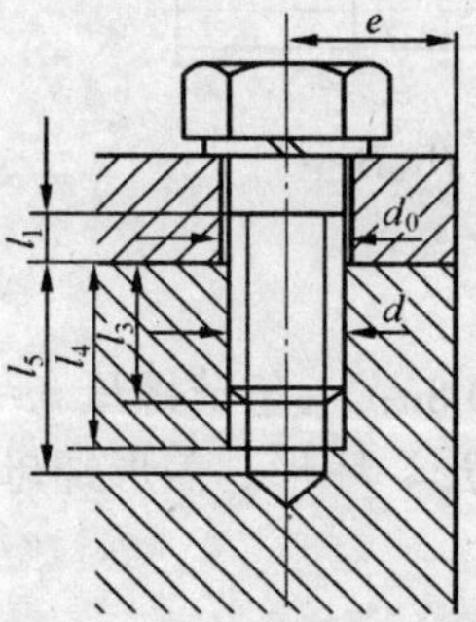	螺钉穿过较薄被联接件的通孔，直接旋入较厚被联接件的螺纹孔中，不用螺母，结构紧凑，适用于被联接件之一较厚、受力不大且不经常装拆，联接紧固或紧密程度要求不太高的场合	4．螺纹孔的深度 $l_4=L_3+(2\sim2.5)P$ 5．钻孔深度 $l_5=L_3+(3\sim3.5)P$ 6．螺栓轴线到被联接件边缘的距离 $e=d+(3\sim6)$mm 7．通孔直径 $d_0\approx1.1d$
紧定螺钉联接	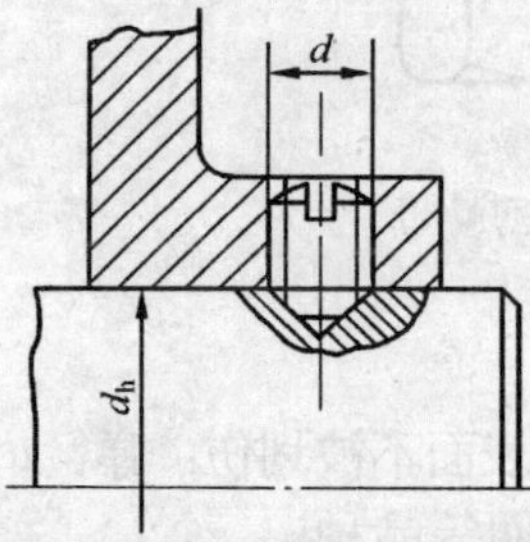	紧定螺钉旋入一被联接件的螺纹孔中，并用尾部顶住另一被联接件的表面或相应的凹坑中，固定它们的相对位置，还可传递不大的力或转矩	8．紧定螺钉直径 $d\approx(0.2\sim0.3)dh$

2．螺纹联接件

螺纹联接件品种繁多，已标准化。下面介绍常用的几种。

（1）螺栓（见图 12-14）。六角头螺栓最常用，有粗牙和细牙两种，杆部有部分螺纹和全螺纹两种。六角头铰制孔用螺栓的栓杆直径 d_s 大于公称直径 d 。T 型槽螺栓用于工艺装夹设备。地脚螺栓用于将机器设备固定在地基上。

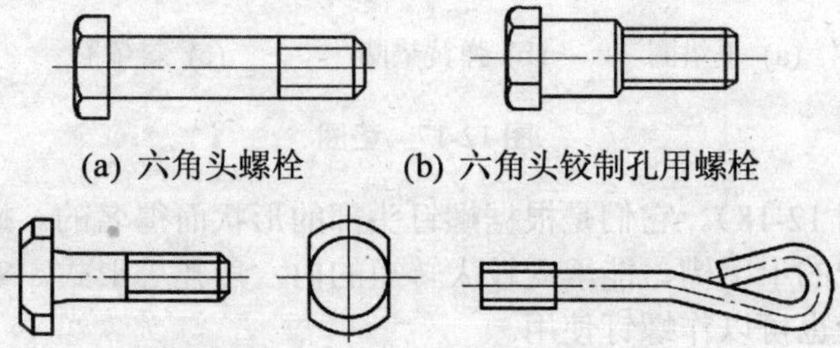

(a) 六角头螺栓　(b) 六角头铰制孔用螺栓

(c) T 型槽螺栓　(d) 地脚螺栓

图 12-14　螺栓

（2）双头螺柱（见图 12-15）。双头螺柱的两端螺纹有等长及不等长两种：A 型退刀槽，末端倒角；B 型制成腰杆，末端碾制。

(a) A 型 (b) B 型

图 12-15 双头螺柱

（3）螺母（见图 12-16）。六角螺母最常用，高 $m \approx 0.8d$；六角薄螺母 $m \approx (0.35 \sim 0.6)\,d$，用于铰制孔用螺栓或空间受限处。此外，还有方形、蝶形、环形、盖形螺母，以及圆螺母，锁紧螺母等品种。

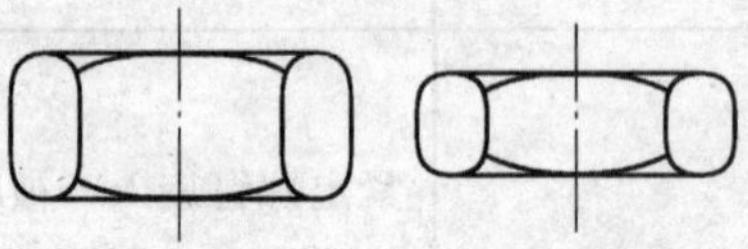

(a) 六角螺角 (b) 六角薄螺母

图 12-16 螺母图

（4）垫圈（见图 12-17）。平垫圈可保护被联接件的表面不被划伤；弹簧垫圈 65°～80°的左旋开口，用于摩擦防松。此外还有斜垫圈、止动垫圈等品种。

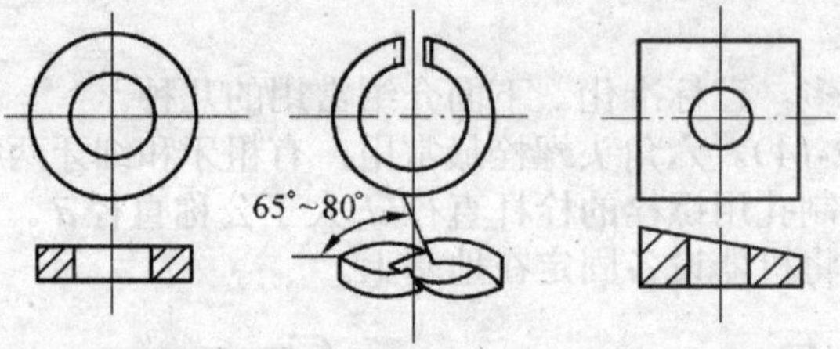

(a) 平垫圈 (b) 弹簧垫圈 (c) 斜垫圈

图 12-17 垫圈

（5）螺钉（见图 12-18）。它们是根据螺钉头部的形状而得名的。螺钉头部起子槽有一字槽、便于自动装配的十字槽、能承受较大转矩的内六角孔等形式。实际生产中机器上常设有吊环螺钉。螺栓也可以作螺钉使用。

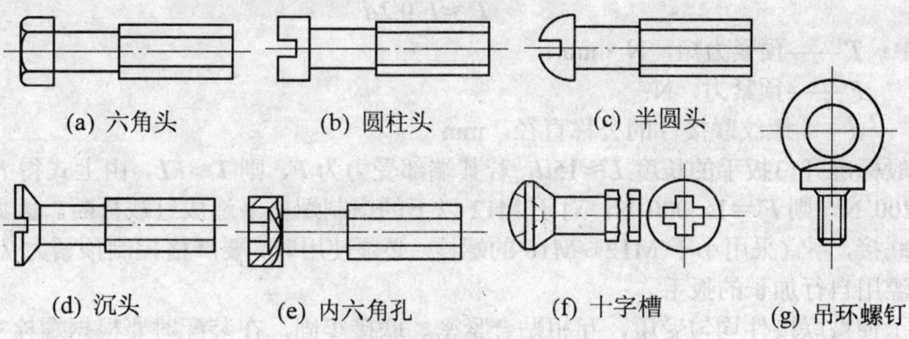

图 12-18　螺钉

（6）紧定螺钉（见图 12-19）。头部为一字槽的紧定螺钉最常用。尾部有平端（用于高硬度表面或经常拆卸处）、圆柱端（压入空心轴上的凹坑以紧定零件位置）、锥端（用于低硬度表面或不常拆卸处）3 种。

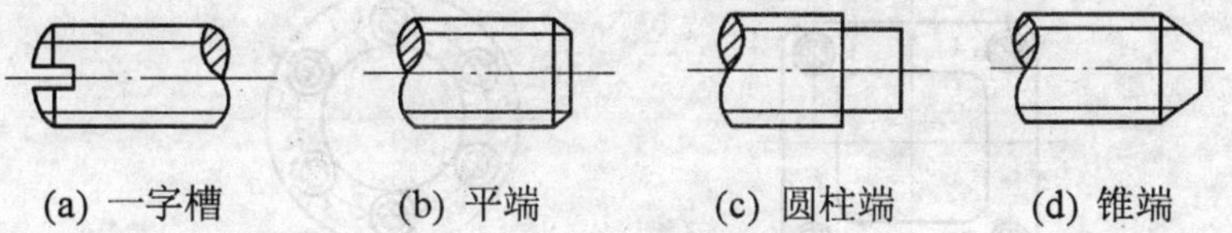

图 12-19　紧定螺钉

3. 螺纹联接的预紧

螺纹联接在承受工作载荷之前，一般需要预紧，这种联接称为**紧联接**；个别不需要预紧的联接，称为**松联接**。预紧可提高螺纹联接的紧密性、紧固性和可靠性。

预紧时螺栓所受拉力 F' 称为**预紧力**。预紧力要适度，通常的控制方法有：采用指针式扭力扳手或预置式的定力扳手（见图 12-20）；对重要的联接，可采用测量螺栓伸长法。

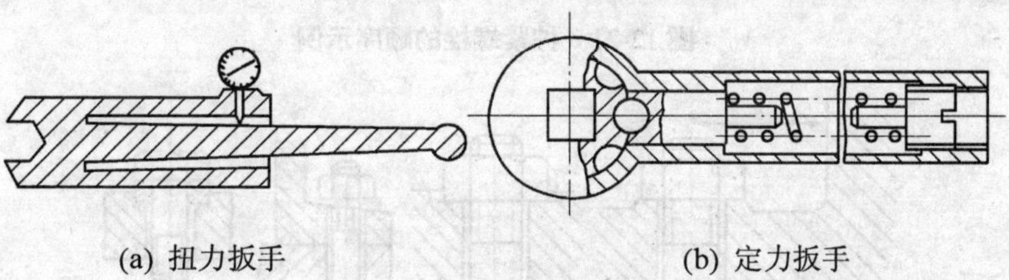

图 12-20　控制预紧力扳手

预紧力矩 T' 用来克服螺旋副及螺母支承面上的摩擦力矩，对 M10～M68 的粗牙普通螺纹，无润滑时，有近似公式

$$T' \approx F' 0.2d \tag{12-3}$$

式中：T'——预紧力矩，N·mm；

F'——预紧力，N；

d——螺纹联接件的公称直径，mm。

一般标准开口扳手的长度 $L \approx 15d$，若其端部受力为 F，则 $T \approx FL$，由上式得 $F'=75F$。设 $F=200$ N，则 $F'=15\ 000$ N，对于 M12 以下的钢制螺栓易造成过载折断。因此，对于重要的联接，不宜采用小于 M12～M16 的螺栓。必须使用时，要严格控制预紧力 T'。同理，不允许滥用自行加长的扳手。

为了使被联接件均匀受压，互相贴合紧密、联接牢固，在装配时要根据螺栓实际分布情况，按一定的顺序（见图 12-21）逐次（常为 2～3 次）拧紧。对于铸锻焊件等的粗糙表面，应加工成凸台、沉头座或采用球面垫圈；支承面倾斜时应采用斜面垫圈（见图 12-22）。这样可使螺栓轴线垂直于支承面，避免承受偏心载荷。图中尺寸 E 为要保证扳手所需活动的空间。

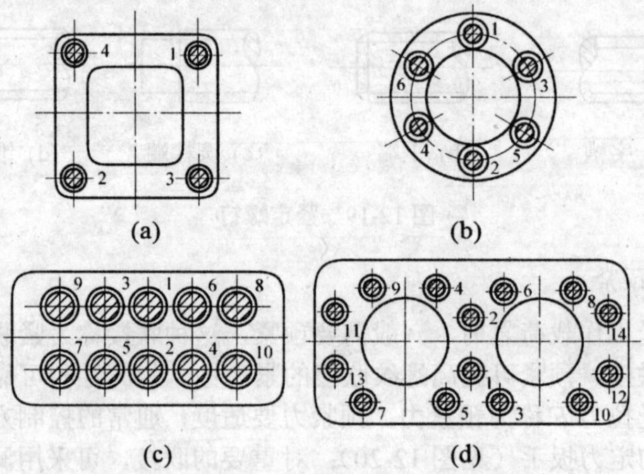

图 12-21　拧紧螺栓的顺序示例

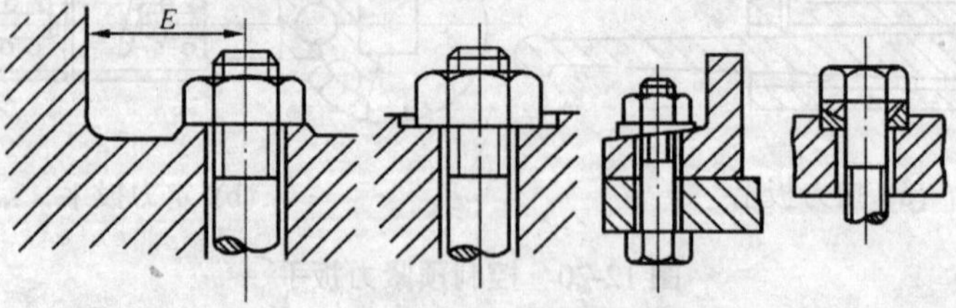

(a) 凸台　(b) 沉头座　(c) 斜面垫圈 (d) 球面垫圈

图 12-22　避免螺栓承受偏心载荷的措施

4. 螺纹联接的防松

螺纹联接件常为单线螺纹，满足自锁条件，螺纹联接在拧紧后，一般不会松动。但是，在变载荷、冲击、振动作用下，在工作温度急剧变化时，都会使预紧力减小，摩擦力降低，导致螺旋副相对转动，螺纹联接松动，其危害很大，必须采取防松措施。

常用的防松方法有三种。

（1）摩擦防松。摩擦防松的原理是，在螺旋副中产生不随外力变化的正压力，形成阻止螺旋副相对转动的摩擦力（见图 12-23）。其中，对顶螺母防松效果较好，金属锁紧螺母次之，弹簧垫圈效果较差。摩擦防松适用于机械外部静止构件的联接，以及防松要求不严格的场合。

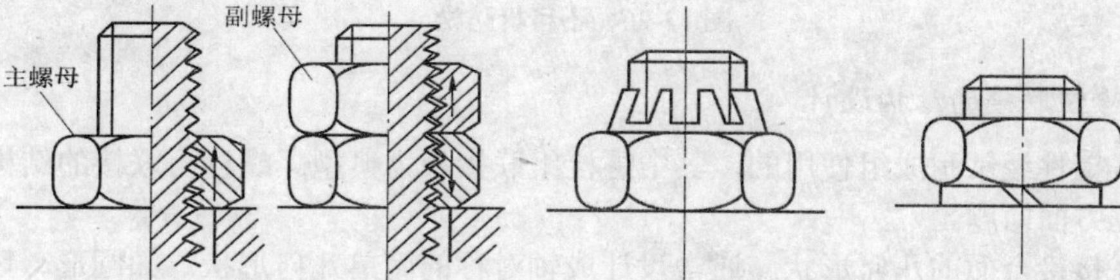

(a) 对顶螺母　(b) 金属锁紧螺母　(c) 弹簧垫圈

图 12-23　摩擦防松

（2）锁住防松。锁住防松是利用各种止动件（主要有开口销与槽形螺母、止动垫片、止动垫片与圆螺母、串联金属丝）机械地限制螺旋副相对转动的方法（见图 12-24）。这种方法可靠，但装拆麻烦，适用于机械内部运动构件的联接，以及防松要求较高的场合。

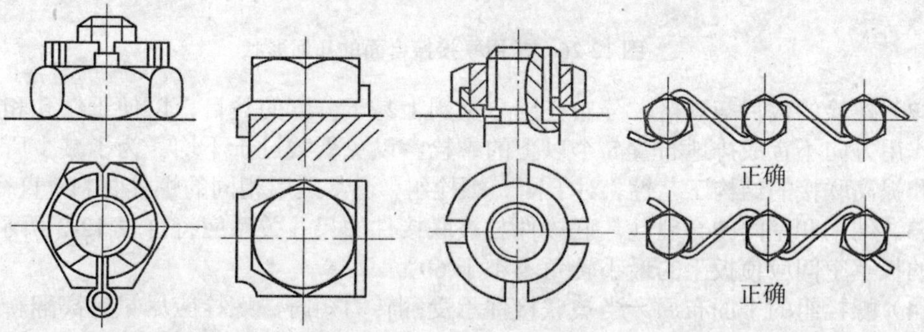

(a) 开口销与槽形螺母　(b) 止动垫片　(c) 止动垫片与圆螺母　(d) 串联金属丝

图 12-24　锁住防松

（3）不可拆防松。不可拆防松是在螺旋副拧紧后采用端铆、冲点、焊接、胶接等措施，使螺纹联接不可拆的方法（见图 12-25）。这种方法简单可靠，适用于装配后不再拆卸的联接。

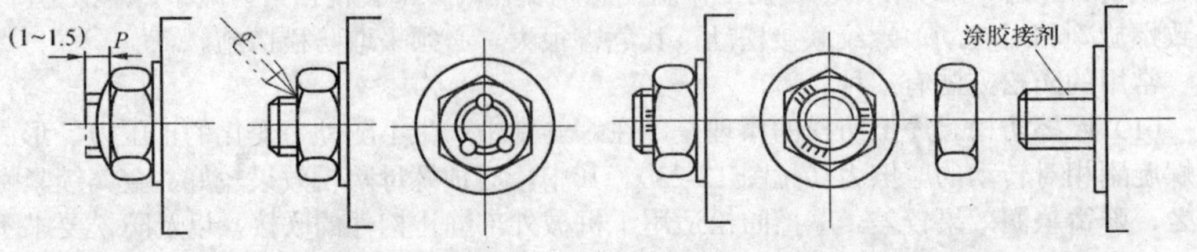

(a) 端铆　(b) 冲点　(c) 焊接　(d) 胶接

图 12-25　不可拆防松

5. 螺栓组联接的结构设计

螺纹联接件经常是成组使用的，其中螺栓组联接最为典型。螺栓组联接的结构设计应考虑以下几方面问题。

（1）联接接合面的几何形状。通常设计成轴对称的简单几何形状，如圆形、环形、矩形、框形、三角形等，使螺栓组的对称中心与联接接合面的形心重合，从而使联接接合面受力比较均匀，如图 12-26 所示。

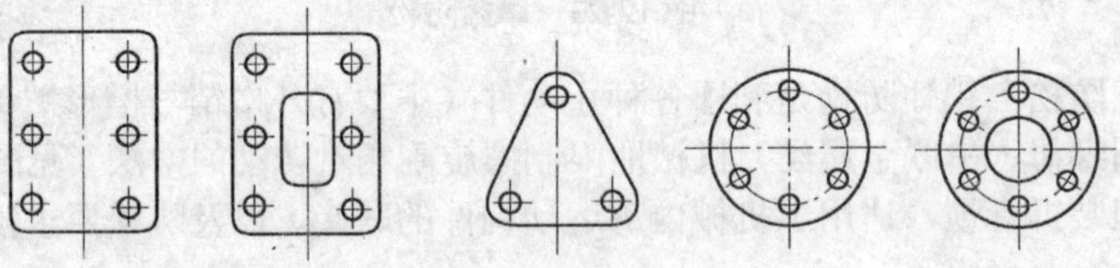

图 12-26　常用联接接合面的几何形状

（2）螺栓的数目与规格。分布在同一圆周上易于分度的数目，以便于钻孔和划线。沿外力作用方向不宜成排地布置 8 个以上的螺栓，以免受载过于不均。为了减少所用螺栓的规格和提高联接的结构工艺性，对于同一螺栓组，通常采用相同的螺栓材料、直径和长度。

（3）结构和空间的合理性。联接件与被联接件的尺寸关系应符合表 12-3 所示的规定。留有的扳手空间应使扳手的最小转角不小于 60°。

（4）螺栓组的平面布局。当被联接件承受翻转力矩时，螺栓应尽量远离翻转轴线。如图 12-27 所示的两种支架结构，图 12-27b 的布局比较合理。当被联接件承受旋转力矩时，螺栓应尽量远离螺栓组形心。例如图 12-28 所示的悬臂梁结构，处于螺栓组形心 O 点的螺栓没有充分发挥作用。

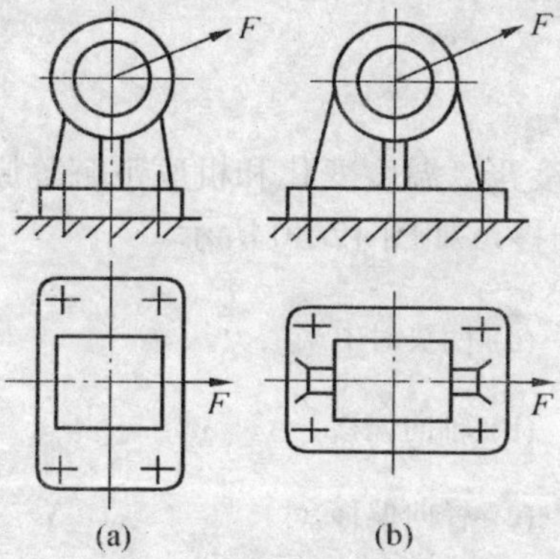

图 12-27　支架结构与螺栓布局

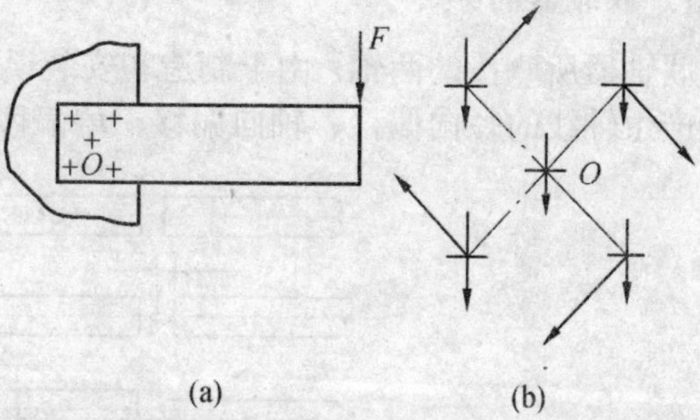

图 12-28　悬臂梁结构与螺栓布局

（5）采用卸荷装置。对于承受横向载荷的螺栓组联接，为了减小螺栓预紧力，可采用图 12-29 所示的卸载装置。

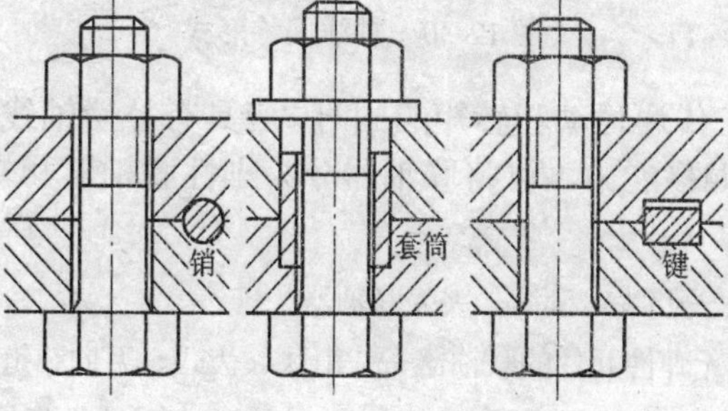

图 12-29　受横向载荷的螺栓联接的卸载装置

此外，前面提到的避免偏载和防松措施，也是螺栓组联接结构设计的内容。

12.3 联轴器和离合器

联轴器和离合器主要用于联接两轴，使两轴共同回转以传递运动和转矩。在机器工作时，联轴器始终把两轴联接在一起，只有在机器停止运行时，通过拆卸的方法才能使两轴分离；而离合器在机器工作时随时可将两轴联接和分离。

12.3.1 联轴器

1. 联轴器的分类

联轴器所联接的两轴，由于制造和安装误差、受载变形、温度变化和机座下沉等原因，可能产生轴线的径向偏移、轴向偏移、角偏移或综合偏移，如图 12-30 所示。

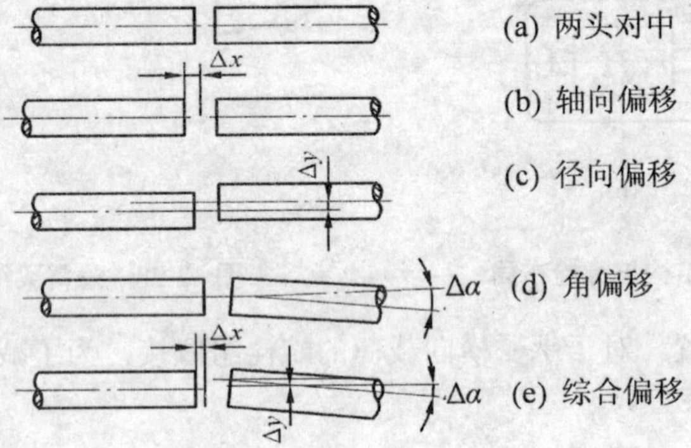

图 12-30 轴线偏移形式

因此，要求联轴器在传递运动和转矩的同时，应具有补偿轴线偏移和缓冲吸振的能力。

按照有无补偿轴线偏移能力，可将联轴器分为刚性联轴器和挠性联轴器两大类型，如下所示：

- 联轴器
  - 刚性联轴器——凸缘、套筒、夹壳联轴器
  - 挠性联轴器
    - 无弹性元件的联轴器——滑块、齿式、万向、链条联轴器
    - 有弹性元件的联轴器
      - 非金属弹性元件
        - 弹性套柱销、弹性柱销联轴器
        - 梅花形弹性联轴器
      - 金属弹性元件——蛇形弹簧联轴器

2. 常用联轴器

（1）刚性联轴器。刚性联轴器结构简单，制造方便，承载能力大，成本低，但没有补偿轴线偏移的能力。适用于载荷平稳、两轴对中良好的场合。

① 凸缘联轴器（GY、GYD 型）。如图 12-31 所示，凸缘联轴器由两个带有凸缘的半联轴器 1、3 分别用键与两轴相联接，然后用螺栓组 2 将 1、3 联接在一起，从而将两轴联接在一起。GY 型由铰制孔用螺栓对中，拆装方便，传递转矩大；GYD 型采用普通螺栓联接，靠凸榫对中，制造成本低，但装拆时轴需作轴向移动。

② 套筒联轴器（GT 型）。如图 12-32 所示，套筒联轴器利用套筒将两轴套接，然后用

键、销将套筒和轴联接。其特点是径向尺寸小，可用于启动频繁的传动中。

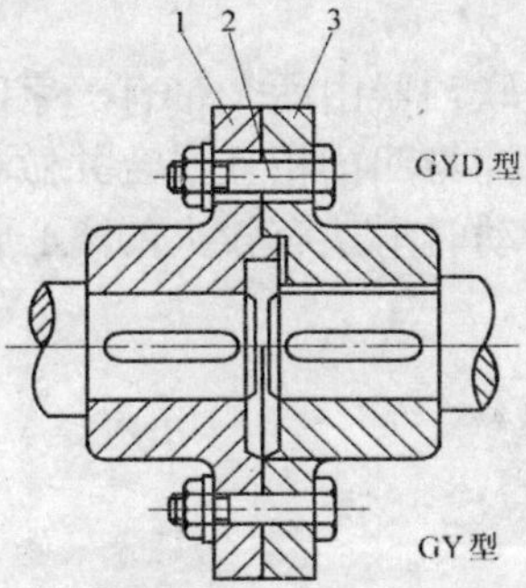

图 12-31　凸缘联轴器

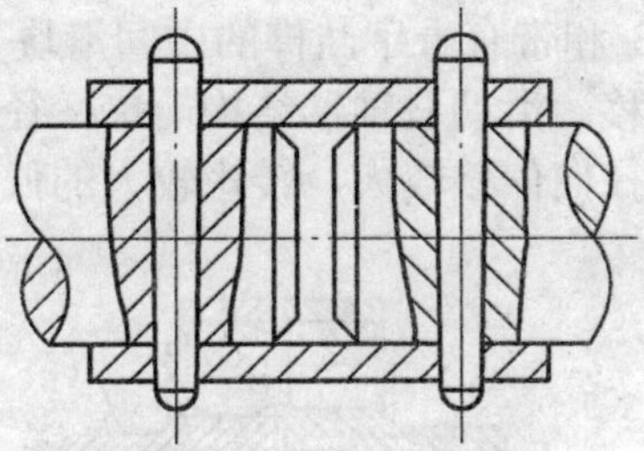

图 12-32　套筒联轴器

③ 夹壳联轴器（GJ 型）。如图 12-33 所示，夹壳联轴器由两个轴向剖分的夹壳组成，利用螺栓组夹紧两个夹壳将两轴联在一起，靠摩擦力传递转矩。其特点是装拆方便，常用于低速、载荷平稳的场合。

（2）挠性联轴器。挠性联轴器具有补偿轴线偏移的能力，适用于载荷和转速有变化及两轴线有偏移的场合。

① 弹性套柱销联轴器（LT 型）。如图 12-34 所示，1 和 4 分别是两半联轴器，3 是弹性套，2 为柱销。弹性套柱销联轴器的构造与凸缘联轴器相似，所不同的是用带有弹性套的柱销代替了螺栓，工作时用弹性套传递转矩。因此，可利用弹性套的变形补偿两轴间的偏移，缓和冲击和吸收振动。它制造简单，维修方便，适用于启动及换向频繁的高、中速的中、小转矩轴的联接。弹性套易磨损，为便于更换，要留有装拆柱销的空间尺寸 A。还要防止油类与弹性套接触。

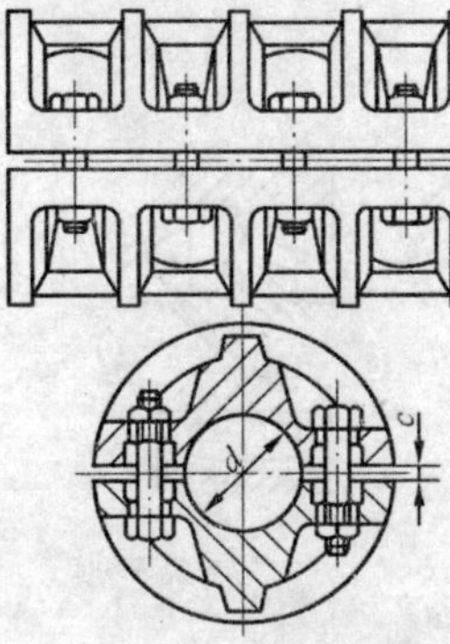

图 12-33　夹壳联轴器

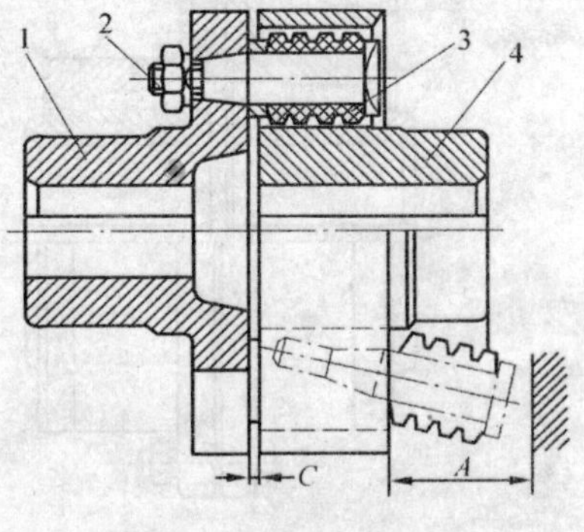

图 12-34　弹性套柱销联轴器

② 弹性柱销联轴器（LH 型）。如图 12-35 所示，弹性柱销联轴器利用尼龙柱销 2 将两

半联轴器 1 和 3 联接在一起。挡板是为了防止柱销滑出而设制的。弹性柱销联轴器适用于启动及换向频繁、转矩较大的中、低速轴的联接。

③ 滑块联轴器（WH 型）。如图 12-36 所示，滑块联轴器由两个带有一字凹槽的半联轴器 1、3 和带有十字凸榫的中间滑块 2 组成，利用凸榫与凹槽相互嵌合并做相对移动补偿径向偏移。滑动联轴器结构简单，径向尺寸小，但转动时滑块有较大的离心惯性力，适用于两轴径向偏移较大、转矩较大的低速无冲击的场合。

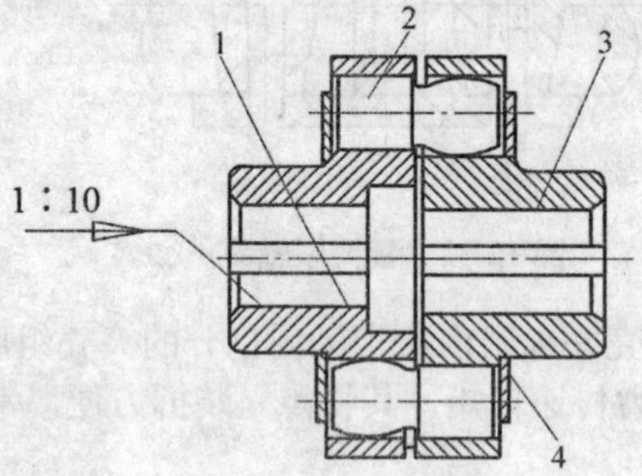

图 12-35 弹性柱销联轴器

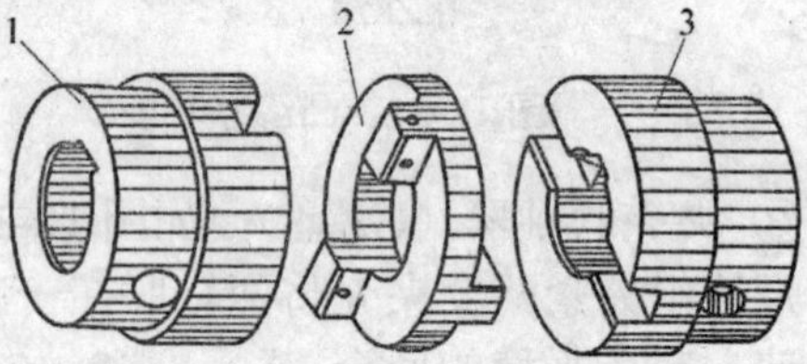

图 12-36 滑块联轴器

④ 齿式联轴器（WC 型）。如图 12-37 所示，齿式联轴器由两个带外齿的半联轴器 2、4 分别与主、从动轴相联，两个具有内齿的外壳 1、3 用螺栓联接，利用内、外齿啮合以实现两轴的联接。为补偿两轴的综合偏移，轮齿制成鼓形，且具有较大的侧隙和顶隙。齿式联轴器啮合齿数多，传递转矩大，具有良好的补偿综合偏移的能力，且外廓尺寸紧凑。但成本较高。齿式联轴器应用广泛，适用于高速、重载、启动频繁和经常正反转的场合。

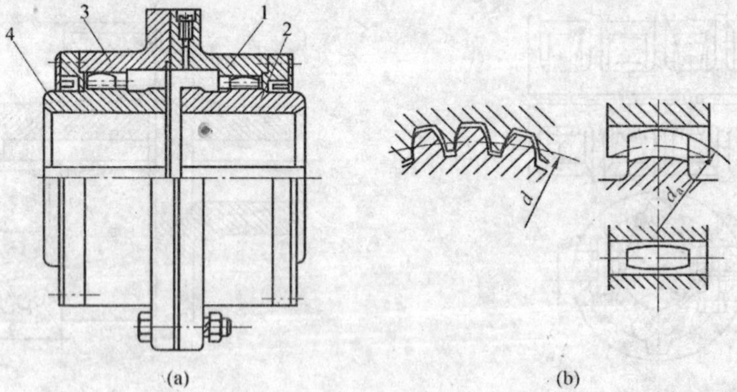

图 12-37 齿式联轴器

⑤ 万向联轴器（WS 型）。如图 12-38 所示，万向联轴器由两个固定在轴端的主动叉 1 和从动叉 3 以及一个十字柱销 2 组成。由于叉形零件和销轴之间构成转动副，因而允许两轴之间有较大的角偏移。角偏移可达 35°～45°。对于图示的单个万向联轴器，主动叉 1 以等角速度 ω_1 回转时，从动叉 3 的角速度 ω_3 将在 $\omega_1\cos\alpha \sim \omega_1/\cos\alpha$ 范围内作周期性变化，引起动载荷。为使 $\omega_3=\omega_1$，可将万向联轴器成对使用（如图 12-39 所示），且应满足 3 个条件：主、从动轴与中间轴夹角相等，即 $\alpha_1=\alpha_3$；中间轴两端的叉形零件应共面；主、从动轴与中间轴的轴线应共面。万向联轴器的特点是径向尺寸小，适用于联接夹角较大的两轴。

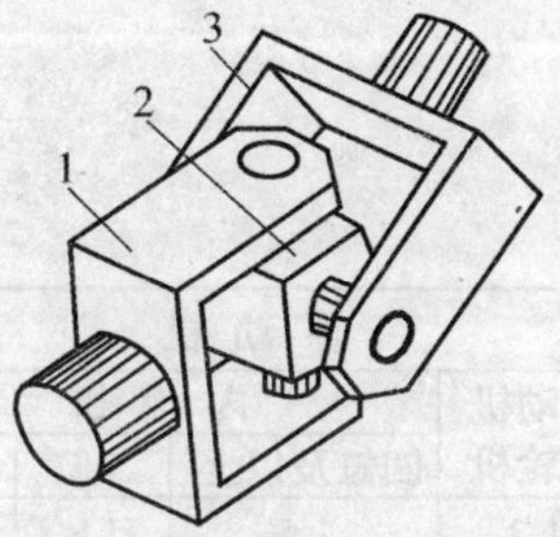

图 12-38 万向联轴器图

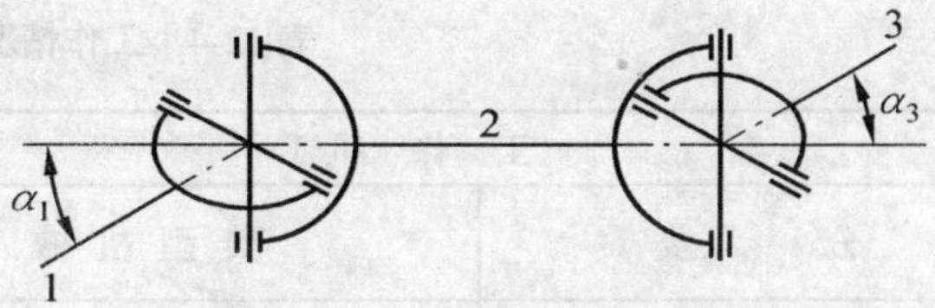

图 12-39 双万向联轴器

⑥ 链条联轴器（WZ 型）。如图 12-40 所示，链条联轴器由两个同齿数的链轮式半联轴器 1、3 和公共链条 2 组成，利用链条和链轮的啮合以实现两轴的联接，链条联轴器重量轻，维护方便，可补偿综合偏移，适用于高温、潮湿及多尘场合。但不宜用于高速和启动频繁及竖直轴间的联接。

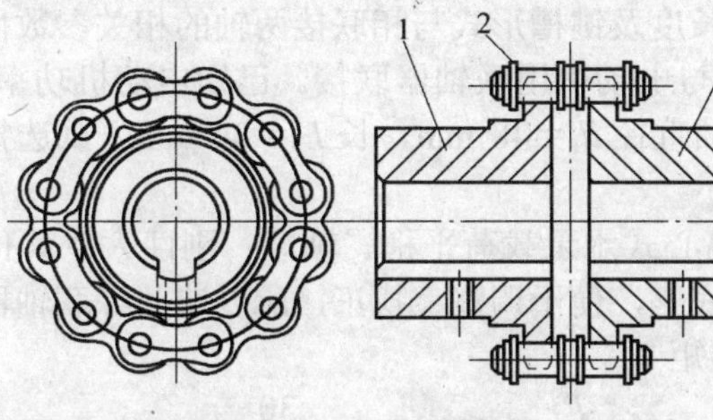

图 12-40 链条联轴器

3. 联轴器的选用

联轴器已经标准化，选用时根据工作条件选择合适的类型，然后根据转矩、轴径及转速选择型号。

（1）联轴器类型的选择。根据工作载荷的大小和性质、转速高低、两轴相对偏移的大小和形式、环境状况、使用寿命、装拆维护和经济性等方面的因素，选择合适的类型。例如，载荷平稳、两轴能精确对中、轴的刚度较大时可选用刚性凸缘联轴器；载荷不平稳，两轴对中困难，轴的刚度较差时，可选用弹性柱销联轴器；径向偏移较大、转速较低时可选用滑块联轴器；角偏移较大时，可选用万向联轴器。

（2）联轴器的型号选择。根据计算转矩、轴的直径和工作转速，确定联轴器的型号和相关尺寸。计算转矩 T_c 按下式计算

$$T_c = KT \tag{12-4}$$

式中：K——工作情况系数，见表 12-4；

T——联轴器的名义转矩。

表 12-4 工作情况系数 K

工作机		原动机			
分类	典型机械	电动机 汽轮机	内燃机		
			四缸及以上	二缸	单缸
转矩变化很小	发电机、小型通风机、小型水泵	1.3	1.5	1.8	2.2
转矩变化小	透平压缩机、木工机床、运输机	1.5	1.7	2.0	2.4
转矩变化中等	搅拌机、有飞轮压缩机、冲床	1.7	1.9	2.2	2.6
转矩变化和冲击载荷中等	织布机、水泥搅拌机、拖拉机	1.9	2.1	2.4	2.8
转矩变化和冲击载荷大	造纸机、挖掘机、起重机、碎石机	2.3	2.5	2.8	3.2
转矩变化大有强烈冲击载荷	压延机、无飞轮活塞泵、重型轧机	3.1	3.3	3.6	4.0

确定型号时，应使计算转矩不超过联轴器的公称转矩，工作转速不超过许用转速，联轴器的轴孔形式、直径、长度及键槽形式与相联接两轴的相关参数协调一致。

例 12-2 离心式水泵与电动机用联轴器联接。已知电动机功率 $P=30$ kW，转速 $n=$ 1 470 r/min；电动机外伸轴直径 $d_1=48$ mm，长 $L_1=84$ mm。试选择该联轴器的类型，并确定型号、写出标记。

解 （1）类型选择 离心式水泵载荷平稳、轴短、刚性大，其传递的转矩也较大。水泵和电动机通常共用一个底座，便于调整、找正，所以选凸缘联轴器。

（2）确定型号 名义转矩

$$T=9.550\times10^6\times\frac{P}{n}=9.550\times10^6\times\frac{30}{1470}=194\,898\ \text{N}\cdot\text{mm}$$

由表 12-4 查得联轴器的工作情况系数 $K=1.3$，由式（12-4）得

$$T_c=KT=1.3\times194898=253367.4\ \text{N}\cdot\text{mm}$$

查凸缘联轴器国家标准，选 GYD9 型有对中榫凸缘联轴器，其公称转矩为

$$T_N=400\times10^3\ \text{N}\cdot\text{mm}>T_c$$

两轴直径均与标准相符，故主动端选 Y 型轴孔，A 型键槽，从动端 J_1 型轴孔，A 型键槽。许用转速$[n]=6800\ \text{r/min}>n$

（3）标记 GYD9 联轴器$\dfrac{48\times112}{J_1 42\times112}$GB5843—86。

12.3.2　离合器

1. 离合器的功用和分类

离合器可根据需要使两轴接合或分离，以满足机器变速、换向、空载启动、过载保护等方面的要求。离合器应当接合迅速、分离彻底、动作准确、调整方便。一般采用操纵离合与自动离合两种方式，其分类如下：

离合器
- 操纵式离合器
  - 嵌合式——牙嵌、转键、齿轮离合器
  - 摩擦式——圆盘、圆锥、电磁摩擦离合器
- 自动式离合器——离心、超越、安全离合器等

2. 常用离合器

（1）嵌合式离合器。嵌合式离合器是利用特殊形状的牙、齿、键等相互嵌合来传递转矩的。图 12-41 所示为嵌合式离合器，离合器左半部分 1 固定在主动轴上，右半部分 2 用导键或花键与从动轴构成动联接，并借助操纵机械做轴向移动，使 1、2 端面的爪牙嵌合或分离。为便于两轴对中，设有对中环 3。嵌合式离合器的牙形有三角形、矩形、梯形等。三角形牙易接合，强度低，用于轻载；矩形牙嵌入与脱开难，牙磨损后无法补偿；梯形牙强度高，牙磨损后能自动补偿，冲击小，应用广。牙数一般取 3～60。牙数多，离合容易但受载不均，因此转矩大时，牙数宜少；要求接合时间短时，牙数宜多。

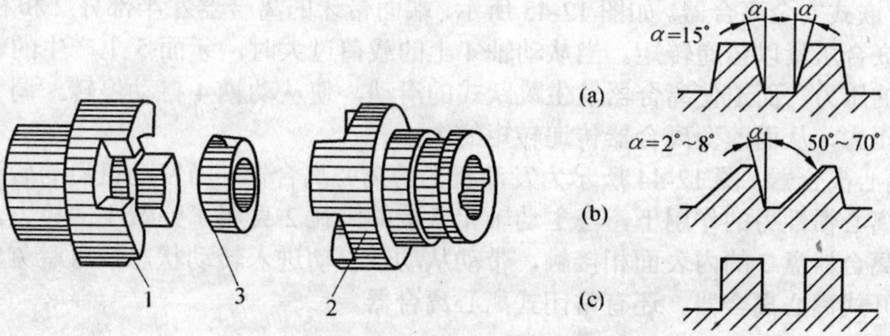

图 12-41　嵌合式离合器

嵌合式离合器结构简单，主、从动轴能同步回转，外形尺寸小，传递转矩大，在嵌合时有刚性冲击，适于在停机或低速时。

（2）摩擦式离合器。摩擦式离合器利用摩擦副的摩擦力传递转矩。图 12-42 所示为多片圆盘摩擦离合器，离合器左半部分 1 固定在主动轴Ⅰ上，右半部分 4 固定在从动轴Ⅱ上，1 与外摩擦片组 2 以及 4 与内摩擦片组 3 构成类似花键的联接。借助操纵机构向左移动锥形滑环 6，使压板 5 压紧交替安放的内外摩擦片，则两轴接合；若向右移动锥形滑环 6，则两轴分离。这种多片式离合器分离性差，散热不好，各片受力不均。但径向尺寸小，传递转矩大。摩擦片数 $z\leqslant25\sim30$（湿式）或 $z\leqslant7$（干式）。还有一种单片式离合器，分离彻底，散热良好，但径向尺寸大。

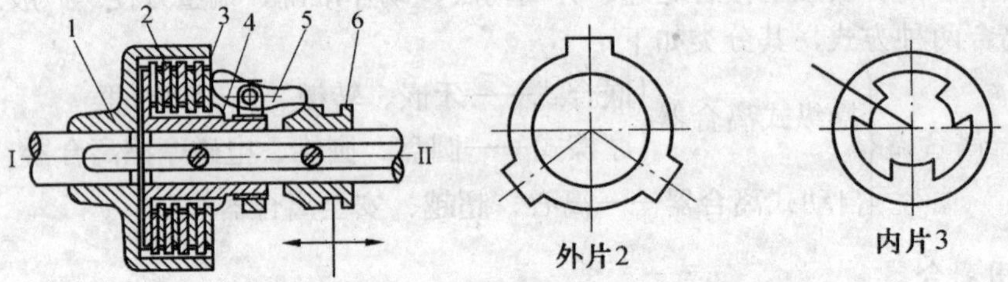

(a) 结构　　(b) 摩擦片

图 12-42　多片圆盘摩擦离合器

摩擦式离合器接合平稳，冲击与振动较小，有过载保护作用。但在离合过程中，主、从动轴不能同步回转，外形尺寸大。摩擦式离合器适用于在高速下接合，而主、从动轴同步要求低的场合。

（3）自动式离合器。自动式离合器利用离心力、弹力限定所传递转矩的数值，自动控制离合；或者利用特殊的楔形效应，在正反转时自动控制离合。

① 牙嵌式安全离合器。如图 12-43 所示，端面带牙的离合器左半部分 2 和右半部分 3，靠弹簧 1 嵌合压紧以传递转矩。当从动轴 4 上的载荷过大时，牙面 5 上产生的轴向分力将超过弹簧的压力，而迫使离合器发生跳跃式的滑动，使从动轴 4 自动停转。调节螺母 6 可改变弹簧压力，从而改变离合器传递转矩的大小。

② 离心离合器。图 12-44 所示为发动机上的离心离合器。当发动机启动后达到一定转速时，在离心惯性力的作用下，与主动轴相联接的闸瓦 2 克服了弹簧 1 的拉力，与装在从动轴上的离合器盘 3 的内表面相接触，带动从动轴自动进入转动状态，可避免启动过载。图示为常开式离心离合器。还有常闭式离心离合器。

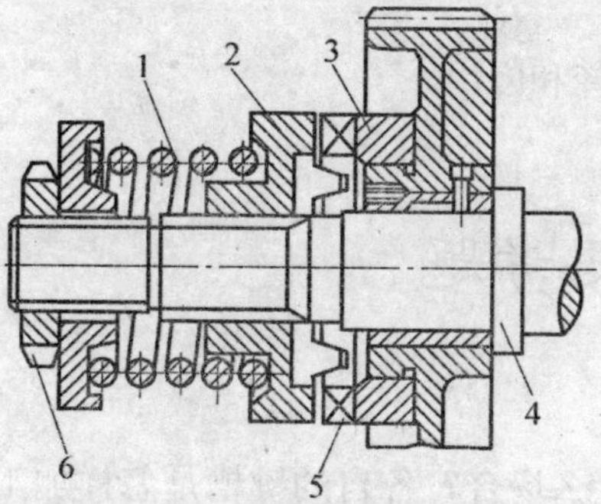

图 12-43　牙嵌式安全离合器

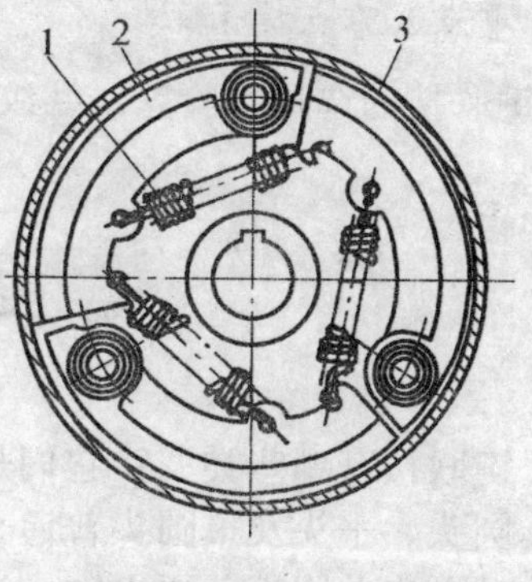

图 12-44　离心离合器

③ 超越离合器。如图 12-45 所示，超越离合器的星轮 1 与主动轴相联顺时针回转，滚柱 3 受摩擦力作用滚向狭窄部位被楔紧，外环 2 随星轮 1 同向回转，离合器接合。星轮 1 逆时针回转时，滚柱 3 滚向宽敞部位，外环 2 不与星轮 1 同转，离合器自动分离。滚柱一般为 3～8 个。弹簧 4 起均载作用。

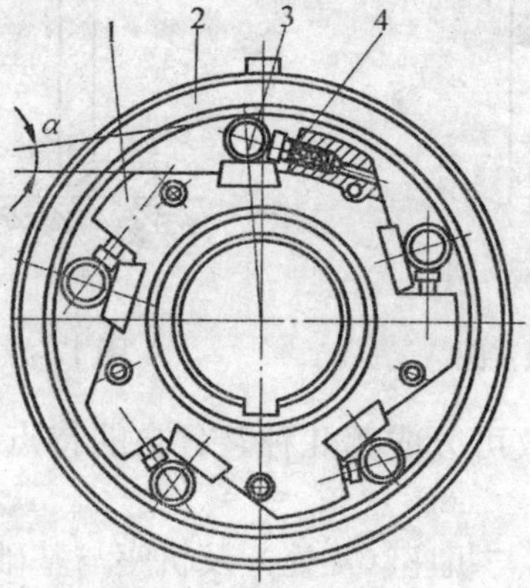

图 12-45　超越离合器

12.4　小　　结

1. 主要内容

联接在实际工作中的应用，常用联接方法的选择、验算和设计。

2. 重点、难点提示

平键联接的选择、验算，螺纹联接形式的选择和应用。

12.5 复习思考题

1．键联接有哪些类型？它们是怎样工作的？

2．圆头、平头及单圆头普通平键分别用于什么场合？各自的键槽是怎样加工的？

3．试画出并比较普通平键、半圆键和楔键的剖面示意图，指出各自的工作面。

4．如图 12-46 所示双联滑移齿轮与轴之间可采用哪些联接方式？各有哪些优缺点？

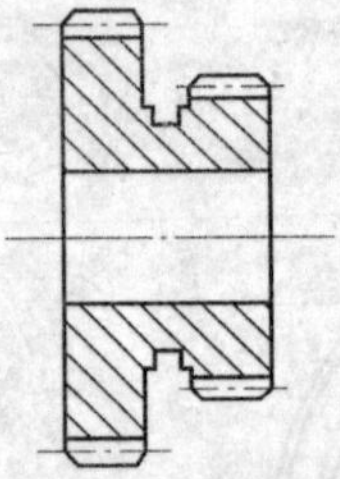

图 12-46 题 4 图

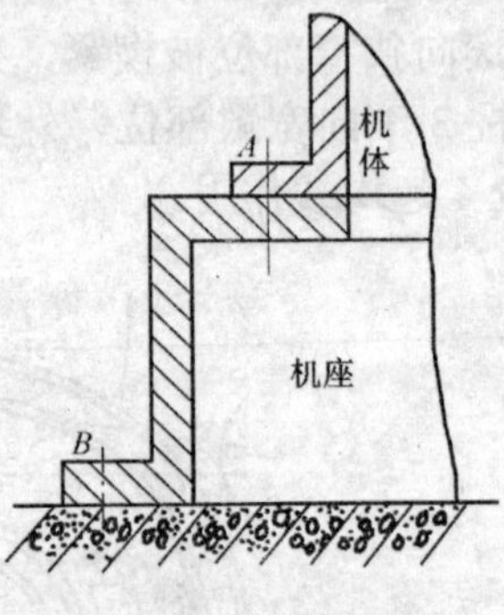

图 12-47 题 6 图

5．根据牙型的不同，螺纹可分成哪几种？各自的特点有哪些？常用的联接和传动螺纹都有哪些牙型？

6．如图 12-47 所示的机体与机座（*A* 处）及机座与基础（*B* 处）之间可采用哪些螺纹联接方式已知两处联接均受轴向及横向载荷，均不需经常拆卸，试选出较好的联接方案。

7．为使主动轴角速度 ω_1 等于从动轴角速度 ω_3，双万向联轴器应满足哪些条件？

8．查阅国家标准，解释下列标记的联轴器：

（1）GY5 联轴器 45×84 GB 5843—86；

（2）LT4 $\dfrac{J_1B20\times52}{JB_1\ 22\times38}$ GB 4323—84；

（3）LH5 联轴器 J70×107 GB 5014—85；

（4）LM3 联轴器 $\dfrac{Z30\times60}{B25\times62}$ GB 5272—85。

9．多片式圆盘摩擦离合器的内摩擦片与哪根轴同转？若将其制成碟形有什么效果？

10．嵌合式离合器与牙嵌式安全离合器有何区别？

11．如图 12-48 所示平带轮与轴可采用哪几种键联接？试选择某一种键的 b、h、L。

12．如图 12-49 所示单盘式摩擦离合器，左盘与轴固联，右盘可轴向移动，试问左、右两盘与轴可采用哪几种键联接？若工作时载荷有轻微振动，试选择键联接的尺寸。

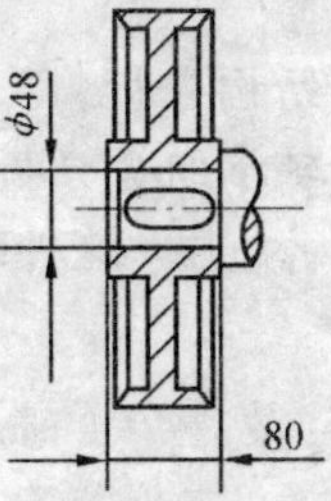

图 12-48　题 11 图

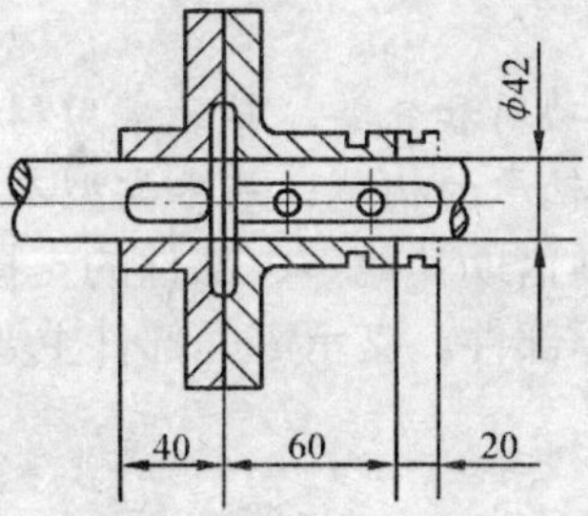

图 12-49　题 12 图

13．螺栓组联接的结构设计应考虑哪些问题？

14．为什么离合器的操纵环必须安装在与从动轴相联的半离合器上？

15．试分析自行车的飞轮应用了哪种离合器的工作原理？何时接合？何时分离？

第13章　支承零、部件

学习目标

1. 理解轴的功用和分类，轴的常用材料，了解转轴的结构分析；

2. 理解滚动轴承的构造、基本类型及代号，了解滚动轴承组合分析。

传动零件必须借助其他零、部件的支持才能传递运动与动力。这种起支持作用的零、部件称为**支承零、部件**。支承零、部件主要有轴和轴承。

13.1　轴

13.1.1　轴的功用与分类

轴是直接支持旋转零件（如齿轮、带轮、链轮、车轮等）并传递运动和动力的支承零件，是组成机器的重要零件之一。

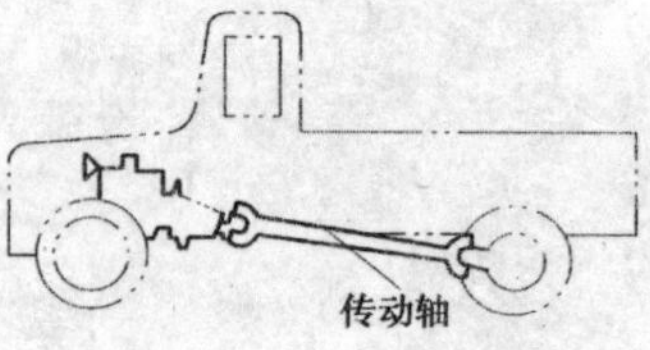

图13-1　汽车的传动轴

根据受载情况的不同，轴可分为：传动轴、心轴和转轴等。

（1）传动轴。以传递转矩（T）为主，不承受弯矩（M）或承受很小弯矩的轴，如汽车的传动轴（见图13-1）。

（2）心轴。承受弯矩（M），不传递转矩（T）的轴，如铁路机车的轮轴（见图13-2a）和自行车的前轮轴（见图13-2b）。

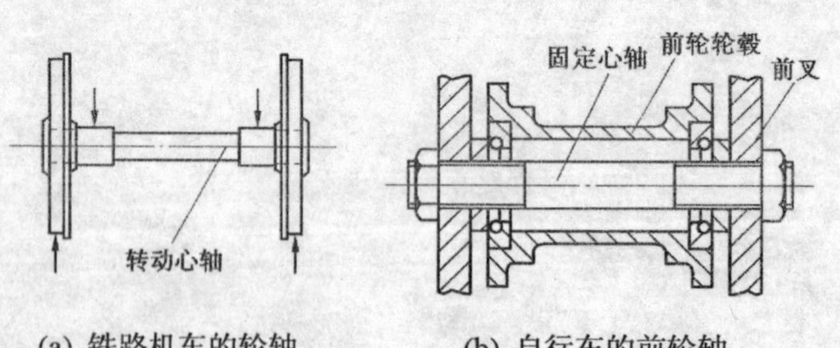

(a) 铁路机车的轮轴　　(b) 自行车的前轮轴

图13-2　心轴

（3）转轴。既传递转矩（T），又承受弯矩（M）的轴，如齿轮减速器的输出轴（见图 13-3）。

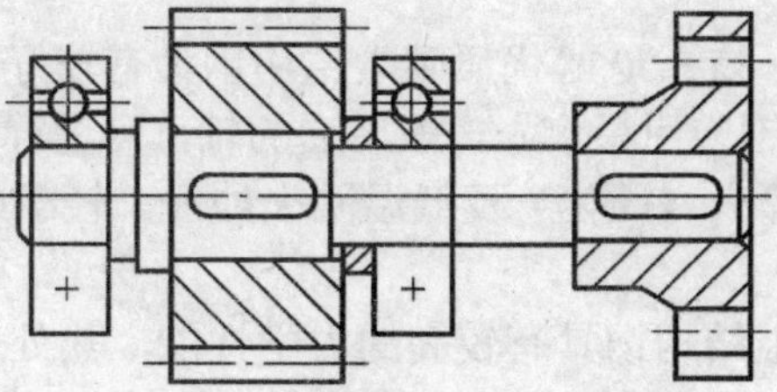

图 13-3　减速器的输出轴

根据轴线形状，轴又可分为直轴（见图 13-4）、曲轴（见图 13-5）和挠性轴（见图 13-6），其中直轴应用最广。根据外形，直轴可分为直径无变化的光轴和直径有变化的阶梯轴（见图 13-4a、b）。为提高刚度，有时也将直轴制成空心轴（见图 13-4c）。

(a) 光轴

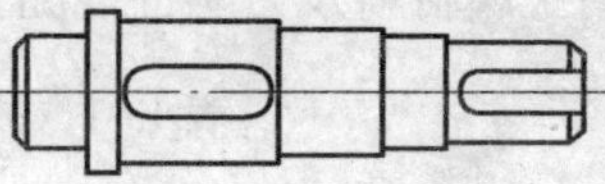

(b) 阶梯轴

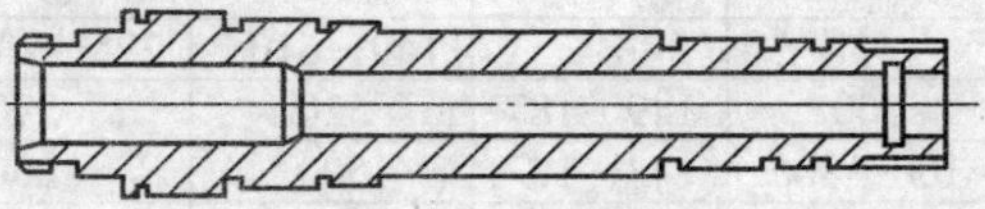

(c) 空心轴

图 13-4　直轴

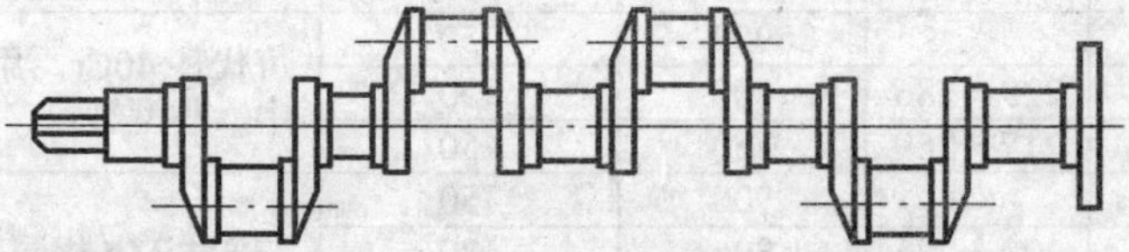

图 13-5　曲轴

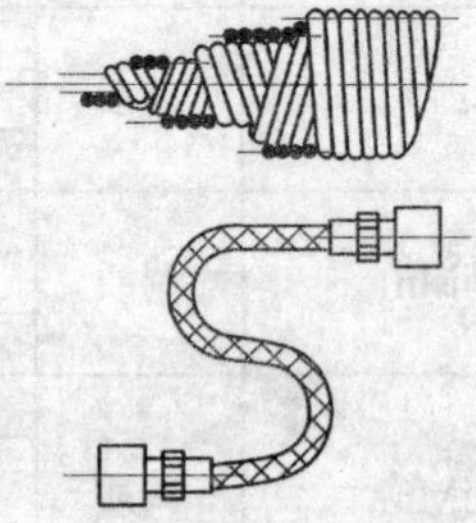

图 13-6　挠性钢丝轴

13.1.2 轴的材料

轴的主要失效形式为疲劳断裂，因此，轴的材料应具有较好的强度、韧性及一定的耐磨性。

（1）碳素结构钢。35、45、50 等优质碳素结构钢具有较好的综合力学性能，价格相对低廉，应用较广。其中 45 钢应用最广。一般用途的轴，可进行调质或正火处理；有耐磨性要求的轴段，应进行表面淬火（硬化）及低温回火处理。轻载或不重要的轴，可用 Q235、Q275 等普通碳素钢。

（2）合金结构。钢合金结构钢具有较高的力学性能，热处理变形小。但价格较贵，对应力集中比较敏感，多用于要求重量轻及有特殊要求的轴。例如，采用滑动轴承的高速轴，常用 20Cr、20CrMnTi 等合金渗碳钢经渗碳淬火，以提高轴颈耐磨性；汽轮发电机转子轴，要求在高速、高温重载下工作，常采用 27Cr2Mo1V、38CrMoAl 等合金结构钢。值得注意的是选用合金钢代替碳素钢并不能有效提高轴的刚度。

（3）球墨铸铁。球墨铸铁吸振性好，对应力集中不敏感，耐磨，价格低廉。但铸造品质不易控制，韧性差。球墨铸铁可用于制造外形较复杂的轴，如内燃机中的曲轴。

轴的常用金属材料及力学性能如表 13-1 所示。

表 13-1 轴的常用金属材料及力学性能

材料牌号	热处理类型	毛坯直径/mm	硬度/HBS	抗拉强度 σ_b/MPa	屈服点强度 σ_s/MPa	应用说明
Q275～Q235				149～610	275～235	用于不很重要的轴
35	正火	≤100	149～187	520	270	用于一般轴
		＞100～300	143～187	500	260	
	调质	≤100	156～207	560	300	
		＞100～300		540	280	
45	正火	≤100	170～217	600	300	用于强度高、韧性中等的较重要的轴
		＞100～300	162～217	580	290	
	调质	≤200	217～255	650	360	
40Cr	调质	25	≤207	1000	800	用于强度要求高、有强烈磨损而无很大冲击的重要轴
		≤100	241～286	750	550	
		＞100～300		700	500	
35SiMn	调质	25		900	750	可代替 40Cr，用于中、小型轴
		≤100	229～286	800	520	
		＞100～300	217～269	750	450	
42SiMn	调质	25		900	750	与 35SiMn 相同，但专供表面淬火之用
		≤100	229～286	800	520	
		＞100～300	217～269	750	470	
		＞200～300	217～255	700	450	
40MnB	调质	25		1000	800	可代替 40Cr，用于小型轴
		≤200	241～286	500	500	

（续表）

材料牌号	热处理类型	毛坯直径/mm	硬度/HBS	抗拉强度 σ_b/MPa	屈服点强度 σ_s/MPa	应用说明
35CrMo	调质	25	207～269	1000	350	用于重载的轴
		≤100		750	550	
		＞100～300		700	500	
38CrMnMo	调质	≤100	229～285	750	600	可代替 35CrMo
		＞100～300	217～269	700	550	

13.1.3　轴的结构

图 13-7 所示为圆柱齿轮减速器低速轴的结构图。

轴与轴承配合处的轴段称为**轴颈**，安装轮毂的轴段称为**轴头**，轴头与轴颈间的轴段称为**轴身**。此外，外伸的轴头又称**轴伸**。轴伸应取规定的系列值。

如图 13-7 所示，为了便于安装和拆卸，一般的转轴均为中间大、两端小的阶梯轴。阶梯轴上截面尺寸变化的部位称为**轴肩** 3 或**轴环** 10。轴肩和轴环常作为定位、固定的手段。图中齿轮 5 由左方装入，依靠轴环限定轴向位置；左端的联轴器 2 和右端的轴承 7 依靠轴肩得以定位。为了轴上零件的轴向固定，轴上还设有其他相应的结构，如左轴端制有安装轴端挡圈 1 用的螺纹孔。

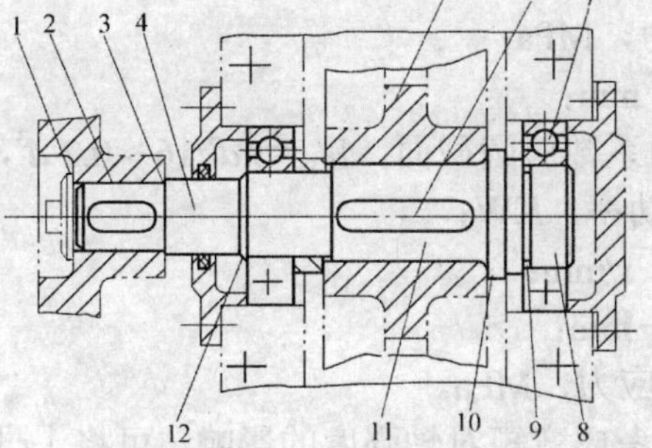

图 13-7　圆柱齿轮减速器低速轴

轴头上常开有键槽，通过键联接 6 实现传动件的周向固定。为便于装配，轴上还常设有倒角 12 和锥面。

从制造工艺性出发，轴的两端常设有中心孔以保证加工时各轴段的同轴度和尺寸精度。需切制螺纹和磨削的轴段，还应留有螺纹退刀槽和砂轮越程槽 9。

图 13-8 所示为螺纹退刀槽和砂轮越程槽的结构。

综上所述，轴的结构应满足如下几点。

（1）轴上零件的准确定位与固定。

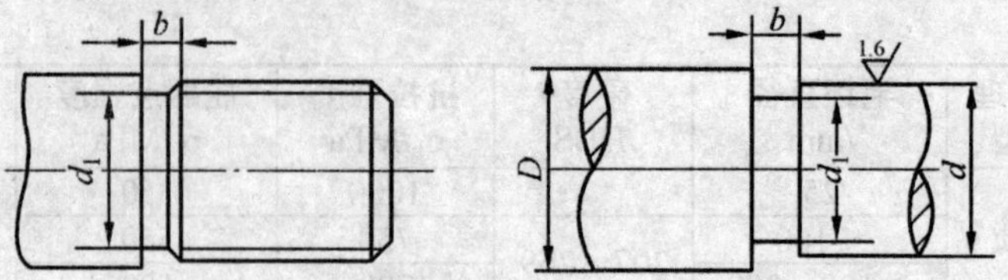

(a) 螺纹退刀槽 (b) 砂轮越程槽

图 13-8 螺纹退刀槽和砂轮越程槽

（2）轴上零件便于装拆和调整。

（3）良好的加工工艺性。

（4）尽量减小应力集中。

13.1.4 轴的强度计算

1. 按扭转强度初步设计阶梯轴外伸端直径

由实心圆轴扭转强度条件

$$\tau=\frac{T}{W_\rho}=\frac{9550P}{0.2d^3n}\times10^3\leqslant[\tau]$$

式中：τ——轴的剪应力，MPa；

T——扭矩，N·mm；

W_p——抗扭截面系数对圆截面，$W_p=\pi d^3/16\approx0.2\,d^3$，$mm^3$；

P——轴传递的功率，KW；

n——轴的转速，r/min；

d——轴的直径，mm；

$[\tau]$——许用切应力，MPa。

对于转轴，初始设计时考虑弯矩对轴强度的影响，可将$[\tau]$适当降低。将上式改写为设计公式

$$d\geqslant\sqrt[3]{\frac{9550\times10^3}{0.2[\tau]}}\sqrt[3]{\frac{P}{n}}=A\sqrt[3]{\frac{P}{n}} \qquad (13\text{-}1)$$

式中：A——由轴的材料和承载情况确定的常数。见表 13-2；

P——轴传递的功率，KW；

n——轴的转速，r/min；

d——轴径，mm。

表 13-2　常用材料的 [τ] 和 A 值

轴的材料	Q235，20 钢	35 钢	45 钢	40Cr，35SiMn，42SiMn，38SiMnMo，20CrMnTi
[τ] /MPa	12～20	20～30	30～40	40～52
A	160～135	135～118	118～107	107～98

注：1．轴上所受弯矩较小或只受转矩时，A 取较小值；否则取较大值。

2．用 Q235、35SiMn 时，取较大的 A 值。

3．轴上有一个键槽时，A 值增大 4%～5%；有两个键槽时，A 值增大 7%～10%。

可结合整体设计将由式（13-1）所得直径圆整为按优先数系制定的标准尺寸或与相配合零件（如联轴器、带轮等）的孔径相吻合，作为转轴的最小直径。

2．按弯扭组合强度计算

轴的结构拟定以后，外载荷和轴的支点位置就可确定，此时可用弯扭组合强度校核。如图 13-9a，装有齿轮的传动轴，切向力 P 作用在齿轮的节圆上，通过齿轮的受力分析（见图 13-9b，可知齿轮作用于轴上的是一个通过轴线并与之轴线垂直的力 P 和一个作用面垂直于轴线的力偶 $m=PR$（见图 13-9c）。力 P 使轴产生弯曲变形（见图 13-9d），力偶 $m=PR$ 则产生扭转变形（见图 13-9e），所以此轴是弯扭组合变形。

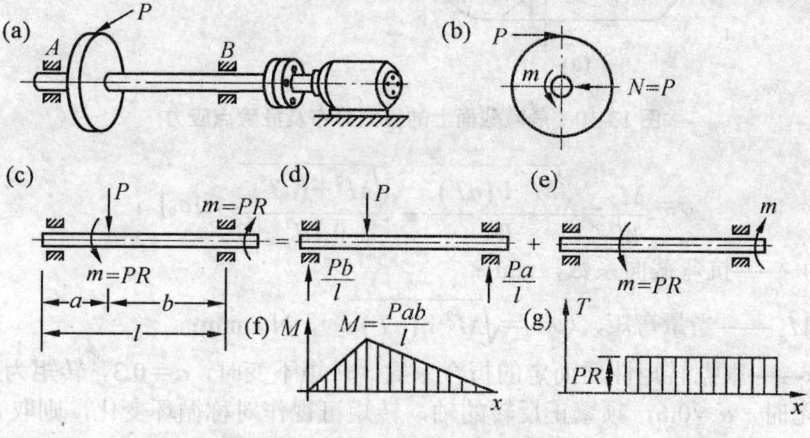

图 13-9　装有齿轮的传动轴

分别考虑力 P 与力偶 m 的作用，画出弯矩图（见图 13-9f）和扭矩图（见图 13-9g），其危险截面上的弯矩和扭矩值分别为

$$M=\frac{Pab}{l}$$

$$T=m=PR$$

危险截面上的弯曲正应力和扭转剪应力的分布情况如图 13-10a 所示，由于 C、D 两点是危险截面边缘上的点，扭转剪应力和弯曲正应力绝对值最大，故为危险点，其正应力和剪应力分别为

$$\sigma=\frac{M}{W}$$

$$\tau=\frac{T}{W_{\rho}}$$

危险点应力（如图 13-10b 所示），由于轴类零件一般都采用塑性材料——钢材，所以应按第三强度理论建立强度条件

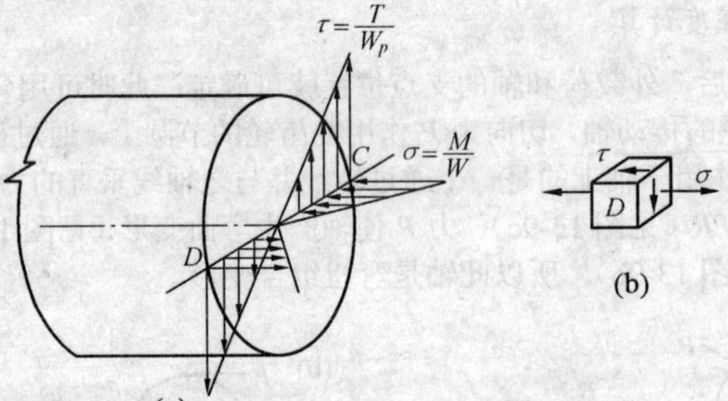

图 13-10　危险截面上的应力分布及危险点应力

$$\sigma=\frac{M_e}{W}=\frac{\sqrt{M^2+(\alpha T)^2}}{W}=\frac{\sqrt{M^2+(\alpha T)^2}}{0.1d^3}\leqslant[\sigma_b]_{-1} \tag{13-2}$$

式中：W——抗弯截面系数，mm^3；

M_e——当量弯矩，（$M_e=\sqrt{M^2+(\alpha T)^2}$），N·mm；

α——根据转矩性质而定的折合系数，转矩不变时，$\alpha=0.3$，转矩为脉动循环变化时，$\alpha\approx0.6$，频繁正反转的轴，转矩可视作对称循环变化，则取 $\alpha=1$；

$[\sigma_b]_{-1}$——循环状态下的许用弯曲应力，见表 13-3；

T——转矩，N·mm。

由于外载荷通常是一空间作用力（如斜齿轮的法向作用力 F_n），为简化问题，常把空间力分解为铅垂面V上的分力和水平面H上的分力，并在各分力作用平面内求出支点反力，绘制出水平弯矩M_H图、铅垂面弯矩M_V图，再绘制合成弯矩M图，这里合成弯矩M(N·mm)的计算式为$M=\sqrt{M_H^2+M_V^2}$。

表 13-3　轴的许用弯曲应力　N・mm

材　料	σ_b	$[\sigma_b]_{+1}$	$[\sigma_b]_0$	$[\sigma_b]_{-1}$
	MPa			
碳素钢	400	130	70	40
	500	170	75	45
	600	200	95	55
	700	230	110	65
合金钢	800	270	130	75
	900	300	140	80
	1 000	330	150	90
铸　钢	400	100	50	30
	500	120	70	40

计算轴的直径时，可将式（13-2）改写为

$$d \geqslant \sqrt[3]{\frac{M_e}{0.1[\sigma_b]_{-1}}} \tag{13-3}$$

当轴截面上开有一个键槽时，轴径应增大 3%左右；有两个键槽时，轴径应增大 7%左右。

13.2　滚动轴承的类型及选择

轴承是支承轴和轴上零件的部件。按摩擦性质，轴承可分为滑动轴承和滚动轴承。一般情况下，滚动摩擦力小于滑动摩擦力，因此滚动轴承应用很广泛。滚动轴承具有摩擦阻力小、起动灵敏、效率高、润滑简便、互换性好等优点。缺点是抗冲击能力较差，高速时易出现噪声。滚动轴承已标准化，由专业工厂大批量生产，因此熟悉标准、正确选用是使用者的主要任务。

13.2.1　滚动轴承的结构

滚动轴承一般由内圈 1、外圈 2、滚动体 3 和保持架 4 组成（见图 13-11）。当内、外圈相对旋转时，滚动体沿内、外圈滚道滚动。保持架的作用是把滚动体均匀隔开。滚动体与内、外圈的材料要求具有较高的硬度和接触疲劳强度、良好的耐磨性和抗冲击韧性。一般用滚动轴承钢制成，经淬火硬度可达 61～65HRC，工作表面

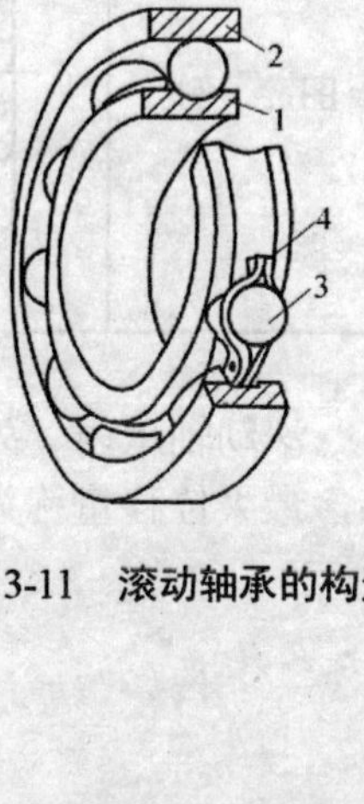

图 13-11　滚动轴承的构造

需经磨削和抛光。保持架一般用低碳钢板冲压制成，也可用有色金属或塑料制成。

13.2.2 滚动轴承的类型及应用

滚动轴承按受载方向分，有向心轴承与推力轴承两大类。向心轴承主要受径向载荷，推力轴承主要承受轴向载荷。

滚动体是滚动轴承中不可省略的关键零件。按滚动体形状，轴承可分为球轴承与滚子轴承两大类，它们的形状如图 13-18 所示。

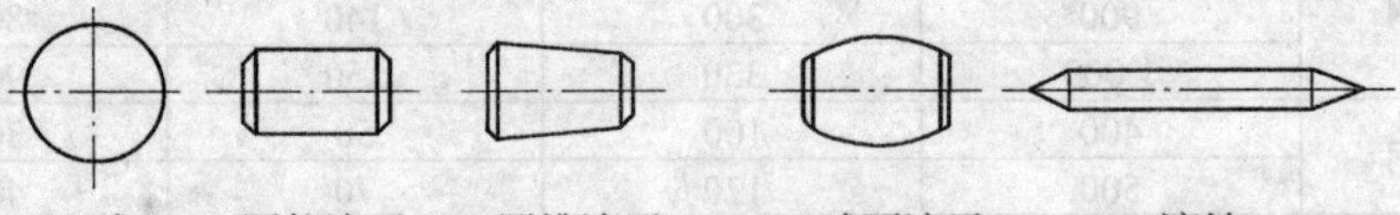

(a) 球 (b) 圆柱滚子 (c) 圆锥滚子 (d) 球面滚子 (e) 滚针

图 13-12 滚动体种类

各类轴承的公称接触角如表 13-4 图例所示，滚动体与套圈接触处的法线 *nn* 与轴承径向平面之间所夹的锐角 α 称为公称接触角。公称接触角 α 越大，轴承承受轴向载荷的能力就越大。一般规定，公称接触角为 $0° \leqslant \alpha \leqslant 45°$ 的称为**向心轴承**；公称接触角为 $45° < \alpha \leqslant 90°$ 的称为**推力轴承**；$\alpha=0°$ 的向心轴承称为径向接触轴承；通常只能承受径向载荷（深沟球轴承除外）；$\alpha=90°$ 的推力轴承称为**轴向接触轴承**，只能承受轴向载荷；$0° < \alpha < 90°$ 的轴承统称为**角接触轴承**。

表 13-4 各类轴承的公称接触角

轴承类型	向心轴承		推力轴承	
	径向接触轴承	角接触轴承		轴向接触轴承
公称接触角 α	$\alpha=0°$	$0° < \alpha \leqslant 45°$	$45° < \alpha < 90°$	$\alpha=90°$
图例	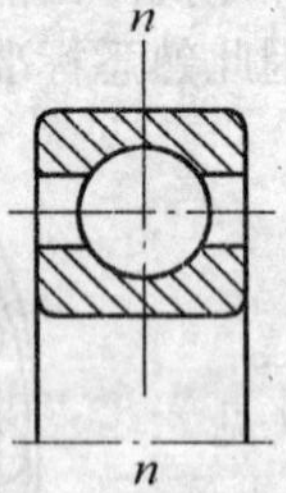	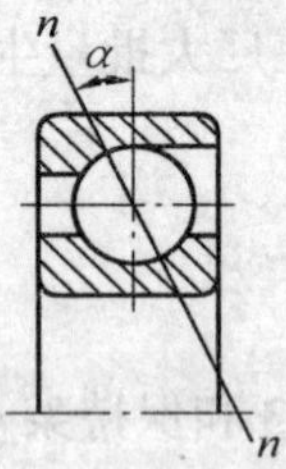	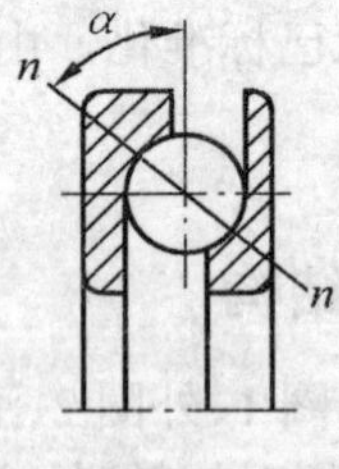	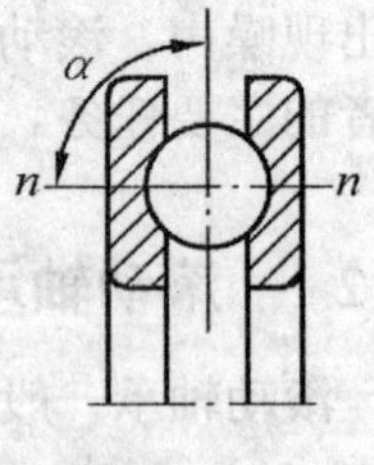

滚动轴承内、外套圈与滚动体之间存在一定的间隙，因此，内、外套圈可以有相对位移，最大位移量称为**轴承游隙**（见图 13-13）。沿轴向的相对位移量称为**轴向游隙**（Δa）；

沿径向的相对位移量称为**径向游隙**（Δr）。游隙的存在是边界润滑油膜形成的必要条件，它影响轴承的载荷分布、振动、噪声和寿命。

使用中，由于安装误差及轴和支承的变形等原因，将引起轴承内圈轴线与座孔轴线不同轴，从而易使轴承磨损失效。此时，应使用能适应这种轴线转角变化并保持正常工作性能的调心轴承（见图 13-14）。

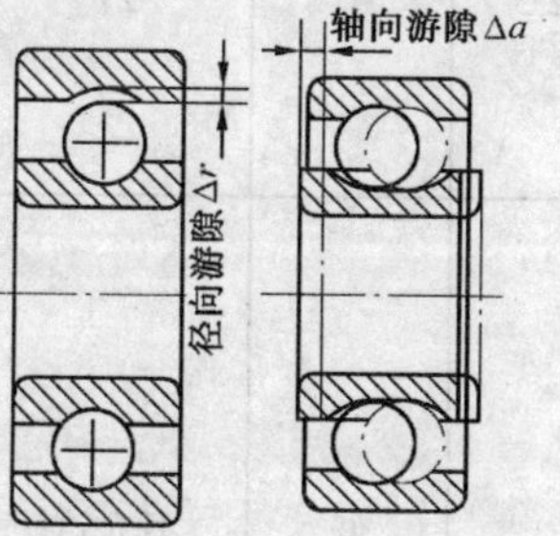

图 13-13　滚动轴承的游隙

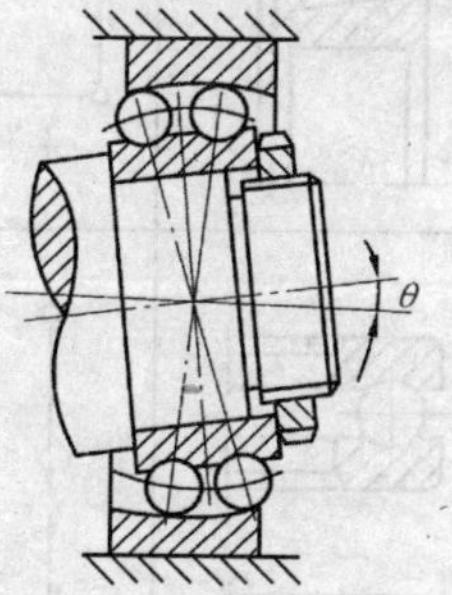

图 13-14　调心轴承

滚动轴承的基本类型及特性如表 13-5 所示。

表 13-5　滚动轴承的基本类型及特性

轴承类型及代号（GB/T 272—93）	结构简图	承载方向	基本额定动载荷比①	极限转速比②	允许用偏差	主要特性和应用
调心球轴承 1	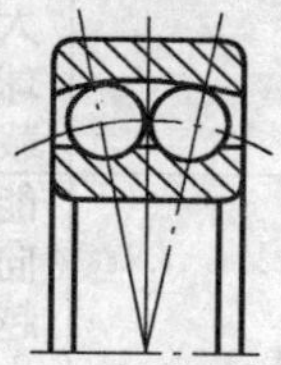	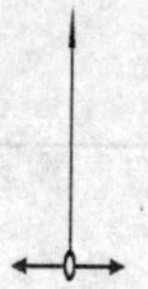	0.6～0.9	中	2°～3°	主要承受径向载荷，同时也能承受少量的轴向载荷。因为外圈滚道表面是以轴承中点为中心的球面，故能自动调心
调心滚子轴承 2	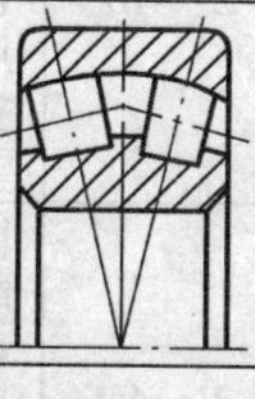		1.8～4	中	1°～2.5°	能承受很大的径向载荷和少量轴向载荷。承载能力大，具有自动调心性能
推力调心滚子轴承 2	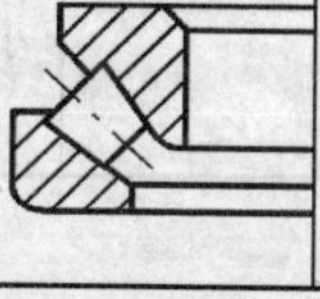		1.7～2.2	低	允许 2°～3°	允许滚道是球面形的，能适应两滚道轴线间的角偏差及角运动。具有可分离部件，故该轴承为可分离型

（续表）

轴承类型及代号（GB/T 272—93）	结构简图	承载方向	基本额定动载荷比①	极限转速比②	允许用偏差	主要特性和应用
圆锥滚子轴承 3	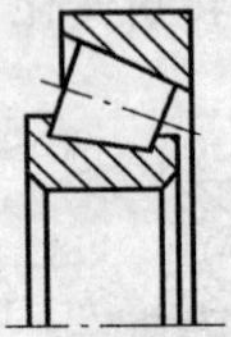		1.1～2.5	中	2′	能同时承受较大的径向、轴向联合载荷，因系线接触，承载能力大于“7”类轴承。内、外圈可分离，装拆方便，成对使用
推力球轴承 5	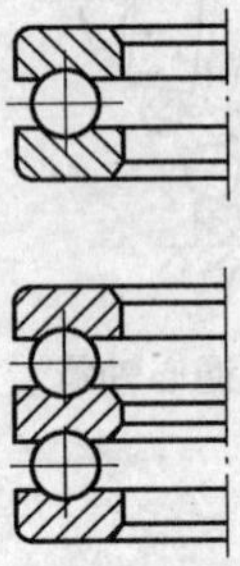		1	低	不允许	只能承受轴向载荷，而且载荷作用线必须与轴线相重合，不允许有角偏位。有两种类型：单列（承受单向推力）和双列（承受双向推力）；高速时，因滚动体离心力大，球与保持架摩擦发热严重，寿命较低，可用于轴向载荷大、转速不高之处
深沟球轴承 6	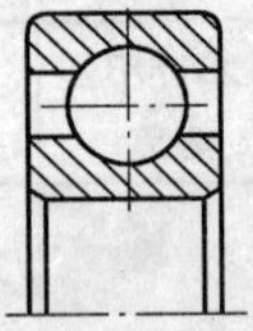		1	高	2′～10′	主要承受径向载荷，同时也可承受一定的轴向载荷。当转速很高而轴向载荷不太大时，可代替推力球轴承承受纯轴向载荷
角接触球轴承 7			1.0～1.4	高	2′～10′	能同时承受径向、轴向联合载荷，接触角越大，轴向承载能力也越大，通常成对使用，可以分装于两个支点或同装于一个支点上
圆柱滚子轴承 N	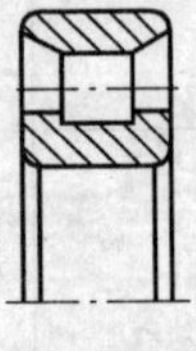		1.5～3	高	2′～4′	能承受较大的径向载荷，不能承受轴向载荷。因系线接触，内、外圈只允许有极小的相对偏转

（续表）

轴承类型及代号（GB/T 272—93）	结构简图	承载方向	基本额定动载荷比①	极限转速比②	允许用偏差	主要特性和应用
滚针轴承 NA	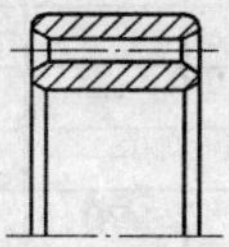		–	低	不允许	不允许只能承受径向载荷，承载能力大，径向尺寸小。一般无保持架，因而滚针间有摩擦，极限转速低。因系线接触，不允许有角偏位。可以不带内圈 F

注：① 基本额定动载荷比：指同一尺寸系列各种类型和结构形式轴承基本额定动载荷与深沟球轴承的基本额定动载荷之比。
② 极限转速比：指同一尺寸系列 0 级各类轴承脂润滑时的极限转速与深沟球轴承脂润滑的极限转速之比。高——90%～100%；中——60%～90%；低——60%以下。

13.2.3　滚动轴承的代号

按照 GB/T 272—93 规定，滚动轴承代号由基本代号、前置代号和后置代号三段构成。代号一般印刻在外圈端面上，排列顺序如下：

前置代号　　基本代号　　后置代号

1. 基本代号

基本代号表示轴承的基本类型、结构和尺寸，是轴承代号的基础。一般由五个数字或一个字母加四个数字表示。基本代号组成顺序及其意义如表 13-6 所示。

表 13-6　滚动轴承的基本代号

<table>
<tr><th rowspan="2">类型代号</th><th colspan="2">尺寸系列代号</th><th colspan="5" rowspan="2">内径代号</th></tr>
<tr><th>宽（高）度系列代号</th><th>直径系列代号</th></tr>
<tr><td rowspan="3">用一位数字或一至两个字母表示，见表 13-5</td><td>表示内径、外径相同宽（高）度不同的系列。用一位数字表示</td><td>表示同一内径不同外径的系列。用一位数字表示</td><td colspan="5">通常用两位数字表示
内径 d=代号×5 mm
d>500 mm、d<10 mm 及 d=22 mm、28 mm、32 mm 的内径代号查手册，10 mm≤d<20 mm 的内径代号如下：</td></tr>
<tr><td colspan="2" rowspan="2">尺寸系列代号连用，当宽（高）度系列代号为 0 时可省略，见表 13-7</td><td>内径代号</td><td>00</td><td>01</td><td>02</td><td>03</td></tr>
<tr><td>内径/mm</td><td>10</td><td>12</td><td>15</td><td>17</td></tr>
<tr><td colspan="8">例 1：基本代号 71108，表示角接触球轴承；尺寸系列 11；内径 d=40 mm
例 2：基本代号 N211，表示圆柱滚子轴承；尺寸系列(0)2；内径 d=55 mm
例 3：基本代号 6200，表示深沟球轴承；尺寸系列(0)2；内径 d=10 mm</td></tr>
</table>

表 13-7　滚动轴承尺寸系列代号

			向心轴承								推力轴承			
			宽度系列								高度系列			
			宽度尺寸依次递增→								高度尺寸依次递增→			
			8	0	1	2	3	4	5	6	7	9	1	2
直径系列	外径尺寸依次递增↓	7			17		37							
		8	—	08	18	28	38	48	59	68	—	—	—	—
		9	—	09	19	29	39	49	59	69	—	—	—	—
		0		00	10	20	30	40	50	60	70	90	10	
		1	—	01	11	21	31	41	51	61	71	91	11	—
		2	82	02	12	22	32	42	52	62	72	92	12	22
		3	83	03	13	23	33				73	93	13	23
		4	—	04	—	24	—	—	—	—	74	94	14	24
		5	—	—	—	—	—	—	—	—	—	95	—	—

2. 前置、后置代号

（1）前置代号。在基本代号段的左侧用字母表示。它表示成套轴承的分部件（如 L 表示可分离轴承的分离内圈或外圈；K 表示滚子和保持架组件），例如 LN207，表示(0)2 尺寸系列的单列圆柱滚子轴承的可分离外圈。

（2）后置代号。后置代号为补充代号。轴承在结构形状、尺寸公差、技术要求等有改变时，才在基本代号右侧予以添加。一般用字母（或字母加数字）表示，与基本代号相距半个汉字距离。后置代号共分八组。例如，第一组表示内部结构变化，以角接触球轴承的接触角变化为例，如公称接触角 $\alpha=40°$ 时，代号为 B；$\alpha=25°$ 时，代号为 AC；$\alpha=15°$ 时，代号为 C。第五组为公差等级，按精度由低到高依次代号为：/P0、/P6、/P6x、/P5、/P4、/P2。/P0 级为普通级，可省略不标注。

例 13-1　说明 62303、72211AC、LN308/P6x 及 59220 等代号的含义。

解　62303 为深沟球轴承，尺寸系列 23（宽度系列 2，直径系列 3），内径 17 mm，精度 P0 级。

72211AC 为角接触球轴承，尺寸系列 22（宽度系列 2，直径系列 2），内径 55 mm，接触角 $\alpha=25°$，精度 P0 级。

LN308/P6x 为单列圆柱滚子轴承，可分离外圈，尺寸系列(0)3（宽度系列 0，直径系列 3），内径 40 mm，精度 P6x 级。

59220 为推力球轴承，尺寸系列 92（高度系列 9，直径系列 2），内径 100，精度 P0 级。

13.2.4　滚动轴承的选择

滚动轴承的选择包括类型选择、精度选择和尺寸选择。

1. 类型选择

选择滚动轴承类型时，应根据轴承的工作载荷（大小、方向和性质）、转速、轴的刚度及其他要求，结合各类轴承的特点进行。

（1）当工作载荷较小、转速较高、旋转精度要求较高时宜选择球轴承；载荷较大或有冲击载荷、转速较低时，宜用滚子轴承。

（2）同时承受径向及轴向载荷的轴承，如以径向载荷为主时可选用深沟球轴承；径向载荷和轴向载荷均较大时可选用向心角接触轴承；轴向载荷比径向载荷大很多或要求轴向变形小时，可选用推力轴承和向心轴承组合的支承结构（见图 13-15）。

（3）跨距较大或难以保证两轴承孔的同轴度的轴及多支点轴，宜选用调心轴承。

（4）为便于安装、拆卸和调整轴承游隙，可选用内、外圈可分离的圆锥滚子轴承。

（5）从经济性角度考虑，一般地说，球轴承比滚子轴承价廉；有特殊结构的轴承比普通结构的轴承价格贵。

2. 精度选择

同型号的轴承，精度越高，价格也越高。一般机械传动宜选用普通（P0）精度。

3. 尺寸选择

根据轴颈直径，初步选择适当的轴承型号，然后进行轴承寿命计算或静强度计算。

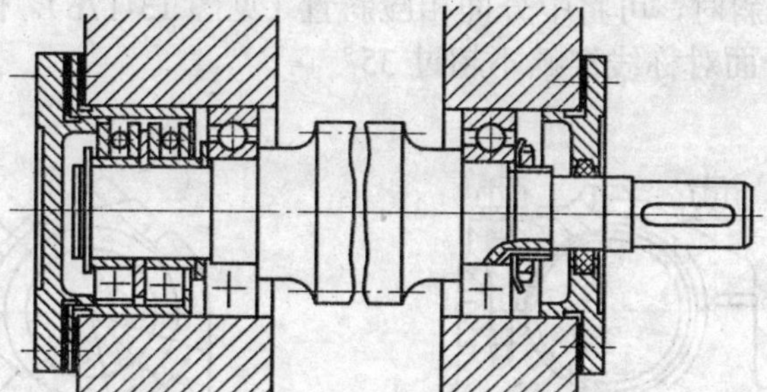

图 13-15　蜗杆支承结构

13.3　滑动轴承简介

滑动轴承在汽轮机、内燃机、大型电机、仪表、机床、航空发动机及铁路机车等高速、重载、高精度机械上被广泛应用。此外，在低速、伴有冲击的机械中，如水泥搅拌机、破碎机等也常采用滑动轴承。常用滑动轴承的结构形式及其尺寸已经标准化，应尽量选用标准形式。必要时也可以专门设计，以满足特殊需要。

按受载方向，滑动轴承可分为受径向载荷的径向轴承和受轴向载荷的止推轴承。

1. 径向滑动轴承的结构形式

图 13-16 所示为整体式滑动轴承，由轴承体 1、轴套 2、润滑装置等组成。这种轴承结构简单，但装拆时轴或轴承需轴向移动，而且轴套磨损后轴承间隙无法调整。整体式轴承多用于间歇工作和低速轻载的机械。

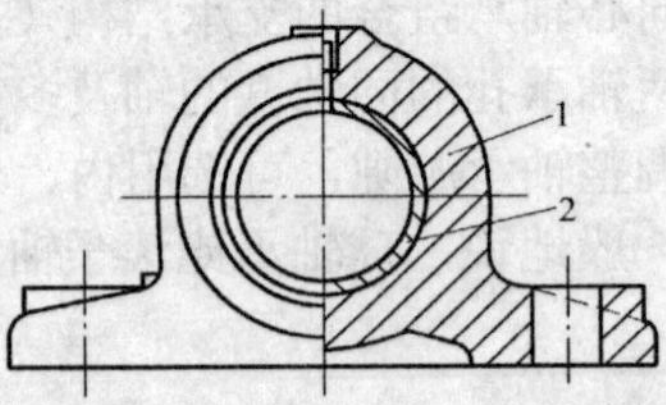

图 13-16　整体式径向滑动轴承

图 13-17a 所示为剖分式滑动轴承，由轴承座 1、轴承盖 2、轴瓦 3 和 4 以及双头螺柱 5 等组成。轴瓦直接与轴相接触。轴瓦不能在轴承孔中转动，为此轴承盖应适度压紧。轴承盖上制有螺纹孔，便于安装油杯或油管。为了提高安装的对心精度，在中分面上制出台阶形榫口。当载荷方向倾斜时，可将中分面相应斜置（见图 13-17b）。但使用时应保证径向载荷的实际作用线与中分面对称线摆幅不超过 35°。

(a) 水平式　　(b) 斜置式

图 13-17　剖分式径向滑动轴承

剖分式轴承装拆方便，轴承孔与轴颈之间的间隙可适当调整，当轴瓦磨损严重时，可方便地更换轴瓦，因此应用比较广泛。

径向滑动轴承还有其他许多类型。如轴瓦外表面和轴承座孔均为球面，从而能适应轴线偏转的调心轴承（见图 13-18）、轴承间隙可调的滑动轴承等。

2. 止推滑动轴承的结构形式

止推滑动轴承用来承受轴向载荷，如图 13-19e 所示。常用的止推面结构有：轴的端面（见图 13-19a、b）、轴段中制出的单环或多环形轴肩（见图 13-19c、d）等。

实心端面（见图 13-19a）为止推面的轴颈工作时，接触端外缘的滑动速度较大，因此端面外缘的磨损大于中心处，结果使应力集中于中心处。实际结构中多数采用空心轴颈（见图 13-19b），它不但能改善受力状况，且有利于润滑油由中心凹孔导入润滑并储存。图 13-19e 为空心型立式平面止推滑动轴承结构示意图，轴承座 1 由铸铁或铸钢制成，止推轴瓦 2 由青铜或其他减摩材料制成，限位销钉 3 限制轴瓦转动。止推轴瓦下表面制成球形，以防偏载。

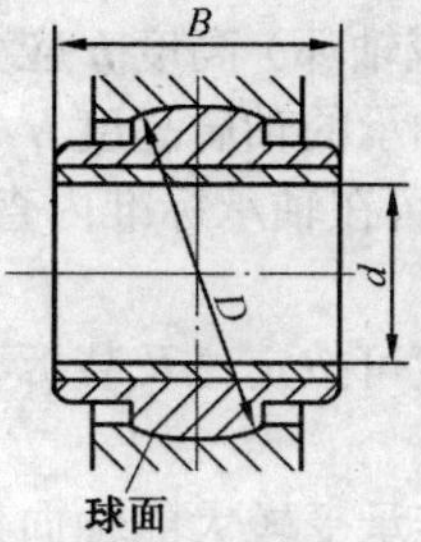

图 13-18　调心滑动轴承

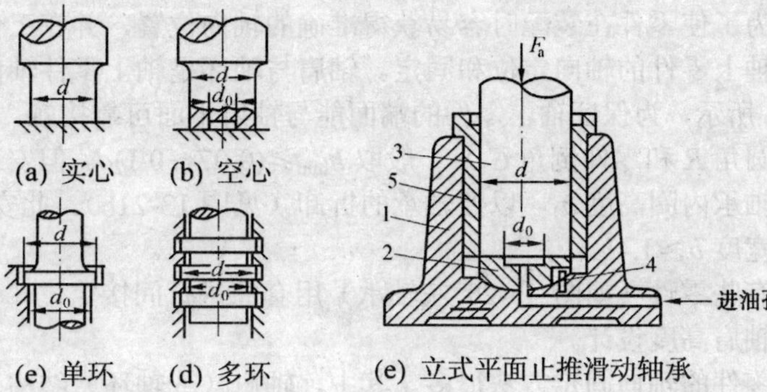

图 13-19　止推滑动轴承

13.4　轴系的结构设计

轴、轴承和轴上传动零件等组成的工作部件称为**轴系**。图 13-20 所示的轴系由轴端挡圈 1、键 2 与 8、半联轴器 3、轴承盖 4 与 10、滚动轴承 5 与 9、套筒 6、齿轮 7 以及轴等组成。

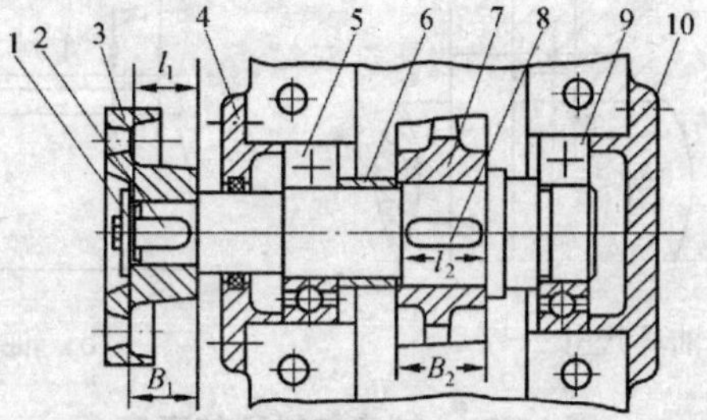

图 13-20　轴系部件

合理的轴系结构是保证传动实现的关键。影响轴系结构的因素很多，设计时灵活多变，没有一成不变的规律，应具体问题具体分析。合理的轴系结构必须满足下列基本要求。

（1）轴和轴承在预期寿命内不失效。

（2）轴上零件在轴上准确定位与固定，以及轴系在箱体上的可靠固定。

（3）轴系结构具有良好的工艺性。

（4）较好的经济性。

13.4.1 轴上零件的轴向定位和固定

为了使零件在装配时容易获得准确的轴向位置，并在工作时得到保持，轴系结构必须保证轴上零件的轴向定位和固定。轴肩与轴环是轴上零件轴向直接定位的常用手段。如图13-21所示，为保证轴上零件的端面能与轴肩平面可靠接触，轴肩（或轴环）高度 h 应大于轴的圆角 R 和零件倒角 C_1，一般取 $h_{min}\geqslant(0.07\sim0.1)d$。但安装滚动轴承的轴肩高度 h 必须小于轴承内圈高度 h_1，以便轴承的拆卸（见图13-21b）。此安装尺寸可在轴承标准内查取。轴环宽度 $b\approx1.4h$。

有些零件（如图 13-20 左轴承）用套筒进行间接定位。套筒厚度可按定位及装拆要求参照轴肩高度设计。

零件的轴向固定方法很多。其中，轴肩（或轴环）结构简单，能承受较大的轴向力；套筒能同时固定两个零件的轴向位置（见图13-22a），但不宜用于高转速轴；轴端挡圈用于外伸轴端上的零件固定（见图13-22b）；圆螺母固定可靠（见图13-22c），能实现轴上零件的间隙调整；弹性挡圈结构紧凑，装拆方便（见图13-22d），但受力较小；紧定螺钉多用于光轴上零件的固定，并兼有周向固定作用（见图13-22e），但受力小且不宜用于转速较高的轴。为了使套筒、圆螺母、轴端挡圈等可靠压紧轴上零件的端面，与零件轮毂相配的轴段长度 l 应略小于轮毂宽度，一般约短1～3 mm。

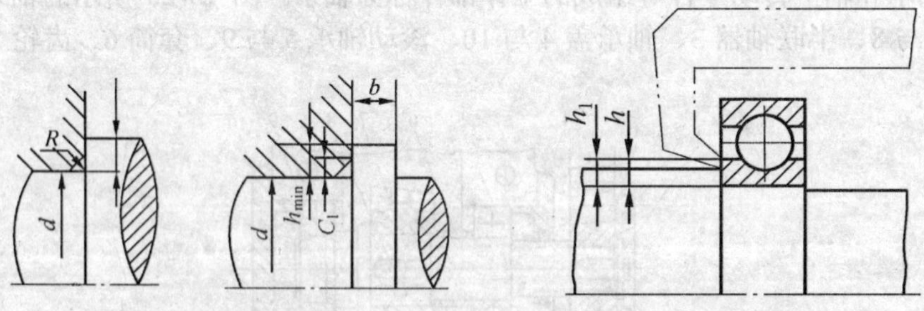

(a) 承肩与轴环尺寸　　(b) 轴承的拆卸

图 13-21　轴肩与轴环的高度

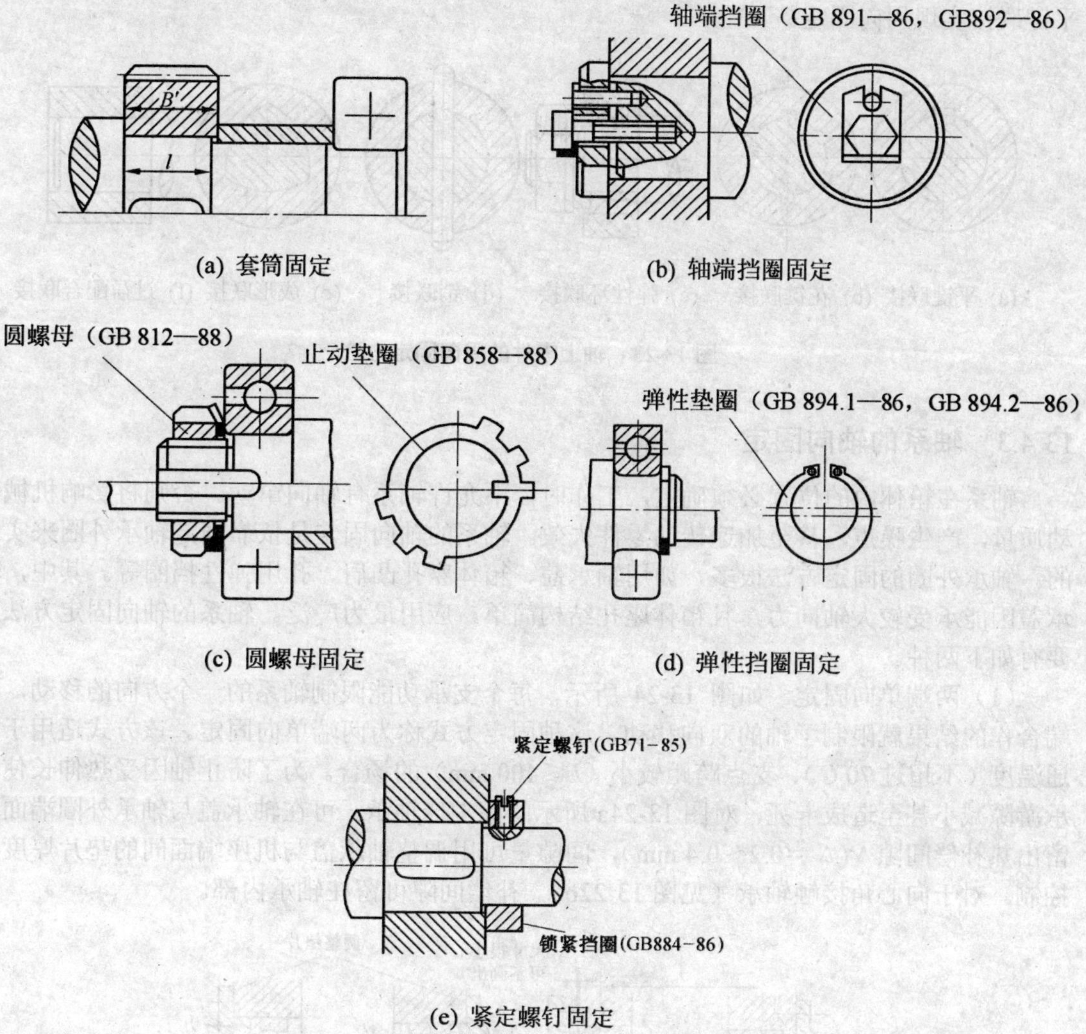

(a) 套筒固定　(b) 轴端挡圈固定

(c) 圆螺母固定　(d) 弹性挡圈固定

(e) 紧定螺钉固定

图 13-22　轴向固定方法

13.4.2　轴上零件的周向固定

运转时，为了传递转矩或避免与轴发生相对转动，零件在轴上必须周向固定。

如图 13-23 所示，轴上零件的周向固定多数采用键联接或花键联接，有时采用成形联接、销联接、弹性环联接、过盈配合联接等。例如，滚动轴承内圈与轴常常采用过盈配合实现周向固定（如 n6、m6、k6 等）；减速器中的齿轮与轴常同时采用过盈配合联接和普通平键联接实现周向固定。

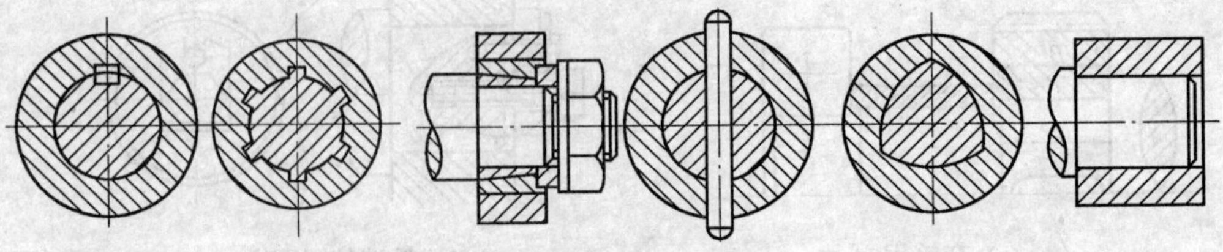

图 13-23 轴上零件的周向固定方法

13.4.3 轴系的轴向固定

轴系在箱体内的位置必须确定，工作时，不允许轴系有轴向窜动。否则将影响机械传动质量，产生噪声，甚至加速传动零件失效。轴系的轴向固定是依靠固定轴承外圈来实现的。轴承外圈的固定方法很多，如用轴承盖、箱体座孔凸肩、孔用弹性挡圈等。其中，轴承盖因能承受较大轴向力，且箱体座孔结构简单，应用最为广泛。轴系的轴向固定方法主要有如下两种。

（1）两端单向固定。如图 13-24 所示，每个支承功能限制轴系的一个方向的移动，两端合作的结果就限制了轴的双向移动，这种固定方式称为两端单向固定。该方式适用于普通温度（不超过 70℃）、支点跨距较小（$L \leqslant 400$ mm）的场合。为了防止轴因受热伸长使轴承游隙减小甚至造成卡死，对图 13-24a 所示的深沟球轴承，可在轴承盖与轴承外圈端面间留出热补偿间隙 Δ(Δ =0.2～0.4 mm)，间隙量可用调整轴承盖与机座端面间的垫片厚度来控制。对于向心角接触轴承（见图 13-22b），补偿间隙可留在轴承内部。

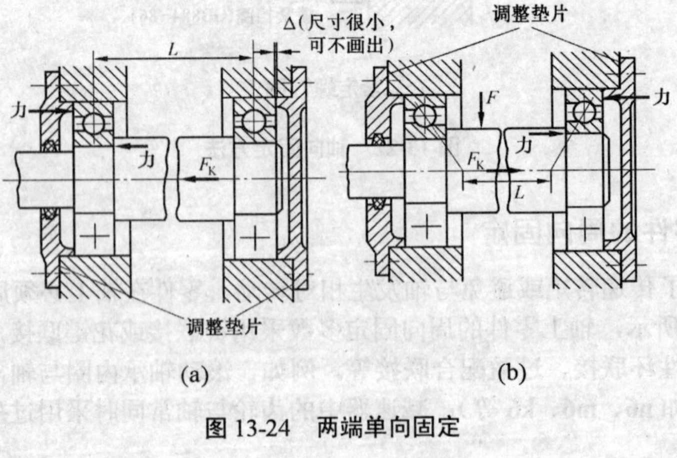

图 13-24 两端单向固定

（2）一端双向固定、一端游动。如图 13-25 所示，一支承的轴承内、外圈均双向固定，以限制轴的双向移动，另一支承的轴承可作轴向游动，这种方式称为一端双向固定、一端游动。选用深沟球轴承作为游动支承时，应在轴承外圈与端盖间留适当间隙 C（C=3～8 mm）；选用圆柱滚子轴承作游动支承时，游动发生在内、外圈之间，因此，轴承内、外圈应作双向固定（见图 13-25b）。这种固定方式适用于跨距较大、温度变化较大的轴。

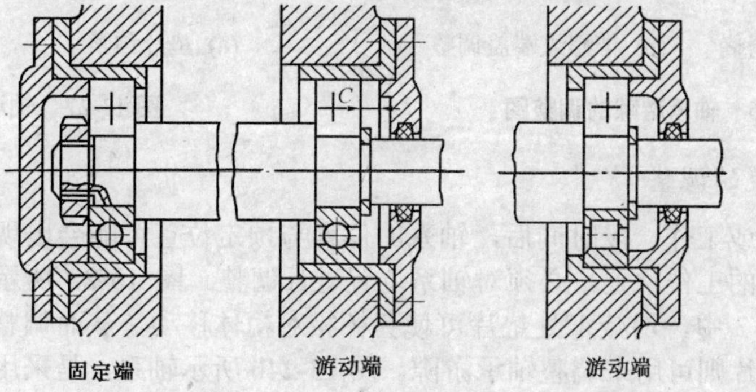

图 13-25　一端双向固定、一端游动

13.4.4　轴系的调整

轴系的调整包括两方面内容。

1. 轴承游隙的调整和轴承的预紧

恰当的轴承游隙是维持良好润滑的必要条件。有些轴承（如 6 类轴承）的游隙在制造时已确定；有些轴承（如 3 类、7 类轴承）装配时可通过移动轴承套圈位置来调整轴承游隙。移动轴承套圈，调整轴承游隙的方法如下。

（1）用增减轴承盖与机座间垫片厚度进行调整（见图 13-24）。

（2）用调整螺钉 1 压紧或放松压盖 3 使轴承外圈移动进行调整（见图 13-26a），调整后用螺母 2 锁紧防松。

（3）用带螺纹的端盖调整（见图 13-26b）。

（4）用圆螺母调整轴承内圈调整游隙。

对某些可调游隙的轴承，为提高旋转精度和刚度，常在安装时施加一定的轴向作用力（预紧力）消除轴承游隙，并使内、外圈和滚动体接触处产生微小弹性变形，这种方法称为轴承的**预紧**，它一般可采用前述移动轴承套圈的方法实现。对某些支承的轴承组合，还可采用金属垫片（见图 13-27a）或磨窄外圈（见图 13-27b）等方法获得预紧。

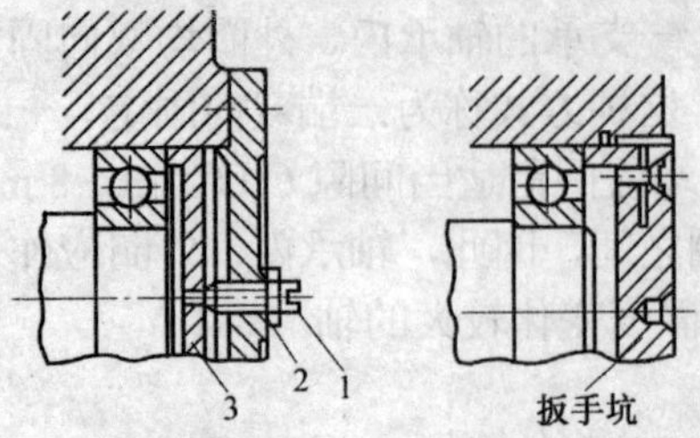

(a) 螺钉压板调整　(b) 带螺纹端盖调整

图 13-26　轴承游隙的调整图

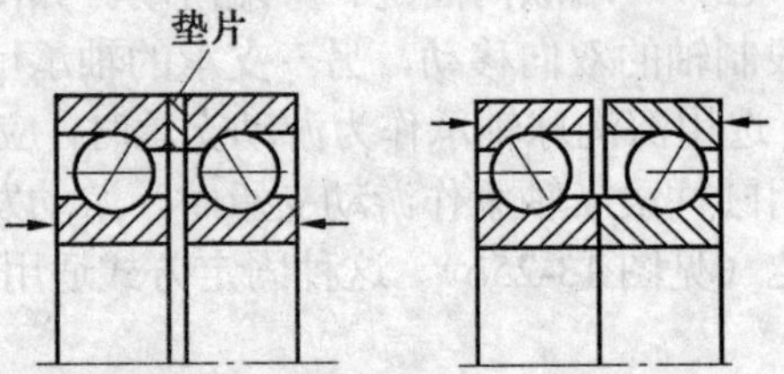

(a) 垫片预紧　(b) 磨窄外圈预紧

图 13-27　轴承的预紧

2. 轴系位置的调整

在初始安装或工作一段时间后，轴系的位置与预定位置可能会出现一些偏差，为使轴上零件具有准确的工作位置，必须对轴系位置进行调整。图 13-28 所示锥齿轮轴系的两轴承均安装在套杯 3 中，增减 1 处垫片可使套杯相对箱体移动，从而调整锥齿轮轴的轴向位置；增减 2 处垫片则可用来调整轴承游隙。图 13-24b 所示轴系，是采用协调增减两端轴承盖与机座间垫片的方法来调整轴系位置的。

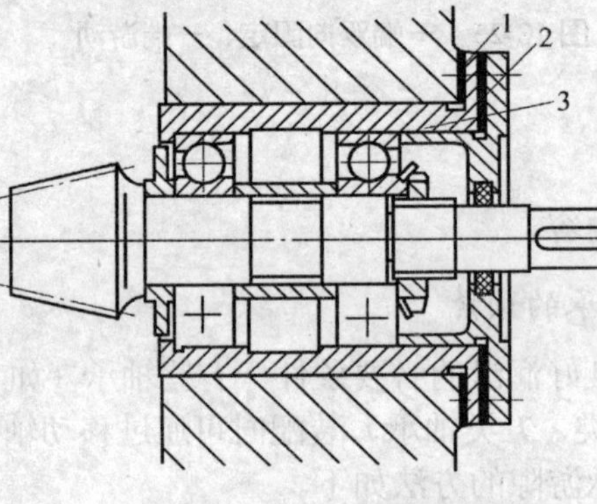

图 13-28　锥齿轮轴系

13.4.5　轴系结构的工艺性

轴系结构的工艺性，主要考虑轴的加工和轴系装配。

1. 轴的结构工艺性

在保证工作性能条件下，轴的形状要力求简单，减少阶梯数；同一轴上各处的过渡圆角半径应尽量一致；同一轴上有多个单键时，键宽应尽可能一致，并处在同一母线上，如图 13-29 所示；需要磨削或车制螺纹的轴段，应留出砂轮越程槽或退刀槽，如图 13-8 所示。

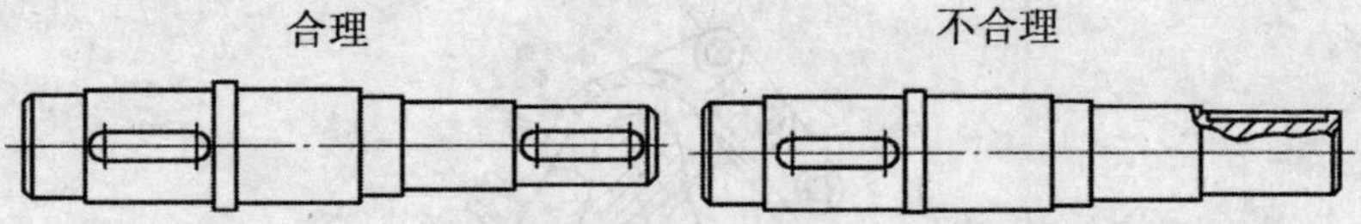

图 13-29　键槽合理位置

2. 轴系结构的装配工艺性

为了便于装配，安装时零件所经过的各轴段直径应小于零件的孔径，以保证自由通过；为避免损伤配合零件，各轴端需倒角，并尽可能使倒角尺寸相同；与传动零件过盈配合的轴段，可设置 10° 的导锥（见图 13-30）；对于轴承，轴系结构应考虑留出便于拆卸轴承的空间，如图 13-31 所示为便于拆卸圆锥滚子轴承外圈的结构；定位轴肩应低于轴承内圈高度，如果轴肩高度无法降低，则应在轴肩上开槽（见图 13-32），以便放入拆卸器的钩头。

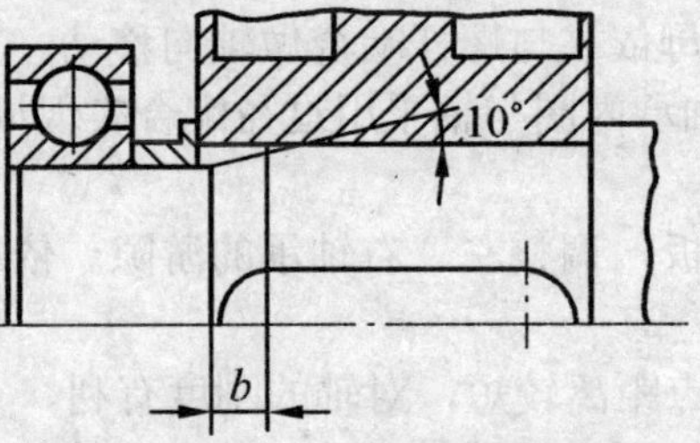

图 13-30　过盈配合的导锥

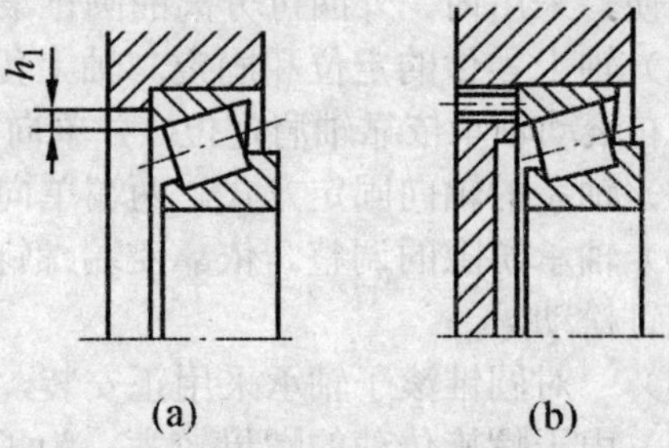

图 13-31　便于外圈拆卸的结构

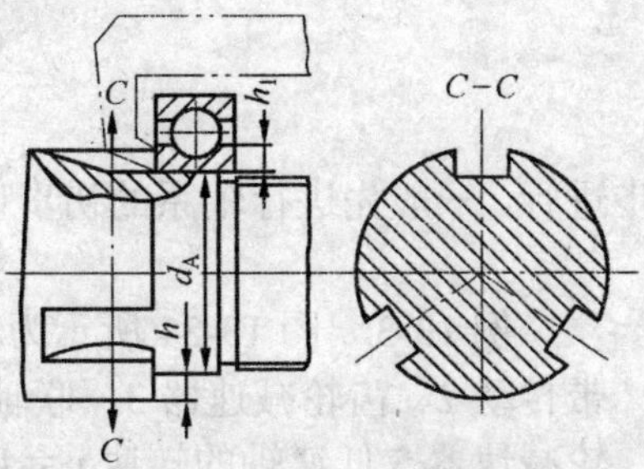

图 13-32　轴肩处开槽结构

例 13-2　试分析图 13-33 所示汽车转向机构中滚动螺旋轴系结构。

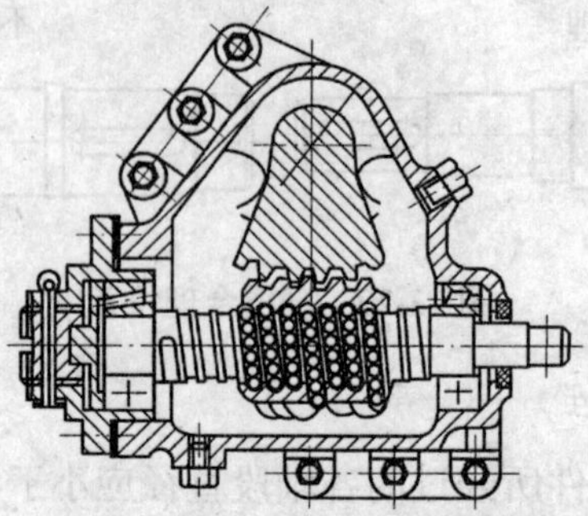

图 13-33　汽车转向机构中的滚动螺旋轴系

分析　滚动螺旋的螺杆转动，带动螺母移动，推动扇形蜗轮转动，操纵汽车转向。

（1）轴承选择。滚动螺旋轴系受到径向载荷和较大的轴向载荷，转速较低，同时为了装拆方便，采用内、外圈可分离的圆锥滚子轴承。

（2）轴上零件的定位和固定。轴上传动件螺母依靠与螺杆啮合做轴向移动。支承螺杆的左、右滚动轴承依靠轴肩定位，并单向固定。轴承内圈与轴采用过盈配合实现周向固定。

（3）轴系的轴向固定方式。两端单向固定。

（4）轴承游隙的调整。依靠左端螺钉移动压板，调整左、右轴承的游隙。依靠开口销防止螺钉松动。

（5）一对圆锥滚子轴承采用正安装，实际支点距离较短，对轴的刚度有利。

（6）由于螺旋传动的螺母较大，为了便于将轴系由左端轴承孔处装入，箱体左侧有较大的孔，且将左轴承安装在套柄内。这样的结构保证了装配工艺。

（7）轴系采用油浴润滑，轴的外伸处采用接触式密封。

13.4.6　轴的设计实例

轴的设计与轴系设计同步进行，一般先进行轴系的初步设计，继而进行轴的结构设计、强度校核。

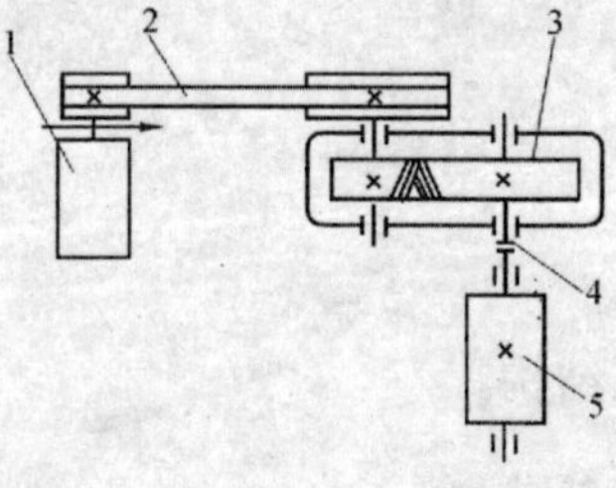

图 13-34　输送机传动装置

例 13-3　图 13-34 所示为输送机传动装置，由电动机 1、带传动 2、齿轮减速器 3、联轴器 4、滚筒 5 等组成，其中齿轮减速器 3 低速轴的转速 $n=140$ r/min，传递功率 $P=5$ kW。轴上齿轮的参数为：$z=58$，$m_n=3$ mm，$\beta=11°\ 17'13''$，左旋，齿宽 $b=70$ mm。电动机 1 的转向如图所示。试设计该低速轴。

解　（1）选择轴的材料，确定许用应力。

普通用途、中小功率减速器，选用 45 钢，正火处理。查

表 13-1 取 $\sigma_b = 600$ MPa，由表 13-3 得 $[\sigma_b]_{-1} = 55$ MPa。

（2）按扭转强度，初估轴的最小直径。

由表 13-2 查得 $A = 110$，按式（13-1）得

$$d \geqslant A\sqrt[3]{\frac{P}{n}} = 110 \times \sqrt[3]{\frac{5}{140}} = 36.22 \text{ mm}$$

轴伸安装联轴器，考虑补偿轴的可能位移，选用

弹性柱销联轴器。由 n 和转矩 $T_c = KT = 1.5 \times 9550 \times \dfrac{5}{140}$ N·m $= 511.6$ N·m。查 GB 5014—85 选用 LH3 弹性柱销联轴器，标准孔径 $d_1 = 38$ mm，即轴伸直径 $d_1 = 38$ mm。

（3）确定齿轮和轴承的润滑。

计算齿轮圆周速度

$$v = \frac{\pi dn}{60 \times 1000} = \frac{\pi m_n zn}{60 \times 1000 \cos\beta} = \frac{\pi \times 3 \times 58 \times 140}{60 \times 1000 \times \cos 11°17'13''} = 1.3 \text{ m/s}$$

齿轮采用油浴润滑，轴承采用脂润滑。

（4）轴系初步设计。

根据轴系结构分析要点，结合后述尺寸确定，按比例绘制轴系结构草图，如图 13-35 所示。

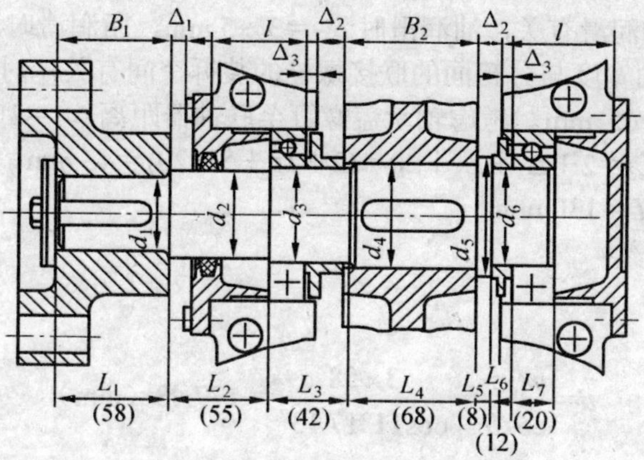

图 13-35　轴系结构草图

斜齿轮传动有轴向力，故采用角接触球轴承。采用凸缘式轴承盖实现轴系两端单向固定。半联轴器右端用轴肩定位和固定，左端用轴端挡圈固定，依靠 C 型普通平键联接实现周向固定。齿轮右端由轴环定位固定，左端由套筒固定，用 A 型普通平键联接实现周向固定。为防止润滑脂消失，采用挡油板内部密封。

绘图时，结合尺寸的确定，首先画出齿轮轮毂位置，然后考虑齿轮端面到箱体内壁的距离 Δ_2 确定箱体内壁的位置，选择轴承并确定轴承位置。根据分箱面螺栓联接的布置，设计轴的外伸部分。

（5）轴的结构设计。

轴的结构设计主要有三项内容：各轴段径向尺寸的确定；各轴段轴向长度的确定；其余尺寸（如键槽、圆角、倒角、退刀槽等）的确定。

① 径向尺寸确定。从轴段 $d_1=38$ mm 开始，逐段选取相邻轴段的直径：如图 13-35 所示，d_2 起定位固定作用，定位轴肩高度 h_{min} 可在(0.07～0.1)d 范围内经验选取，故 $d_2=d_1+2h \geqslant 38\times(1+2\times0.07)=43.32$ mm，该直径处将安装密封毡圈，标准直径应取 $d_2=45$mm；d_3 与轴承内径相配合，为便于轴承安装，故取 $d_3=50$ mm，选定 7210C；d_4 与齿轮孔径相配合，为了便于装配，按标准尺寸，取 $d_4=53$ mm；d_5 起定位作用，由 $h=(0.07\sim0.1)d=(0.07\sim0.1)\times53$ mm$=3.71\sim5.3$ mm，取 $h=4$ mm，$d_5=61$ mm；d_6 与轴承配合，取 $d_6=d_3=50$ mm。

② 轴向尺寸的确定。与传动零件（如齿轮、带轮、联轴器等）相配合的轴段长度，一般略小于传动零件的轮毂宽度。题中锻造齿轮轮毂宽度 $B_2=(1.2\sim1.5)d_4=(1.2\sim1.5)\times53$ mm$=63.6\sim79.5$ mm，取 $B_2=b=70$ mm，取轴段 $L_4=68$ mm；联轴器 LH3 的 J 型轴孔 $B_1=60$ mm，取轴段长 $L_1=58$ mm。取挡油板宽 L_6 为 12 mm，查轴承宽度 L_7 为 20 mm，与轴承相配合的轴段长度 $L_6+L_7=32$ mm。其他轴段的长度与箱体等设计有关，可由齿轮开始向两侧逐步确定。一般情况，齿轮端面与箱壁的距离 Δ_2 取 10～15 mm；轴承端面与箱体内壁的距离 Δ_3 与轴承的润滑有关，油润滑时 $\Delta_3=3\sim5$ mm，脂润滑时 $\Delta_3=5\sim10$ mm，本题取 $\Delta_3=5$ mm；分箱面宽度与分箱面的联接螺栓的装拆空间有关，对于常用的 M16 普通螺栓，分箱面宽 $l=55\sim65$ mm。考虑轴承盖螺钉至联轴器距离 $\Delta_1=10\sim15$ mm，初步取 $L_2=55$ mm。由图可见 $L_3=2+\Delta_2+\Delta_3+20=(2+15+5+20)=42$ mm。轴环宽度 $L_5=8$ mm。两轴承中心间的跨距 $L=130$ mm。

（6）轴的强度校核

① 计算齿轮受力

分度圆直径

$$d=\frac{m_n z}{\cos b}=\frac{3\times58}{\cos11°17'13''}=177.43\text{（mm）}$$

转矩

$$T=9\,550\frac{P}{n}=9\,550\times10^3\times\frac{5}{140}=341\,071\text{（N·mm）}$$

齿轮切向力

$$F_t=2\frac{T}{d}=\frac{2\times341\,071}{177.43}=3\,844\text{（N）}$$

齿轮径向力

$$F_r = \frac{F_t \tan\alpha}{\cos\beta} = \frac{2844 \tan 20°}{\cos 11°17'13''} = 1\ 427\,\text{N}$$

齿轮轴向力

$$F_x = F_t \tan\beta = 3\,844 \tan 11°17'13'' = 767\,\text{N}$$

② 绘制轴的受力简图

如图 13-36a 所示。

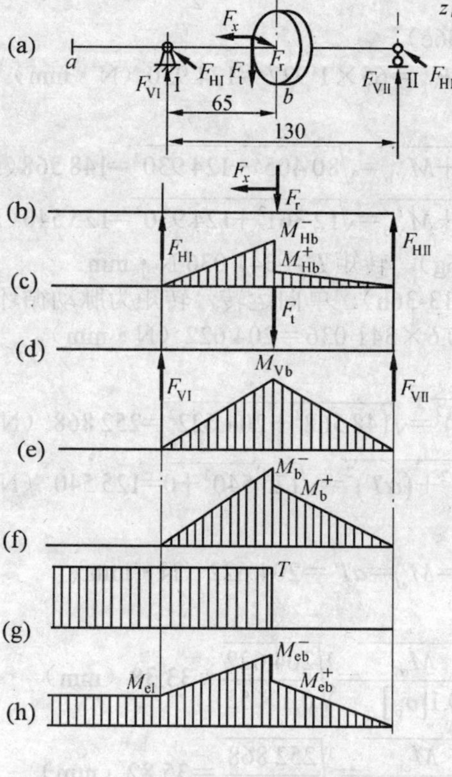

图 13-36　轴的强度校核图

③ 计算支承反力（见图 13-36b、d）

水平平面

$$F_{HI} = \frac{\frac{F_x d}{2} + 65F_r}{130} = \frac{767\times\frac{177.43}{2} + 65\times 1\,427}{130} = 1\,237\,\text{N}$$

$$F_{HII} = F_r - F_{HI} = 1\,427 - 1\,237 = 190\,(\text{N})$$

垂直平面

$$F_{VI}=F_{VII}=\frac{F_t}{2}=\frac{3\,844}{2}=1\,922(N)$$

④ 绘制弯矩图。水平平面弯矩图（见图 13-36c）

b 截面

$$M_{Hb}^{-}=65\,F_{HI}=65\times 1\,237=8\,0405\ (N\cdot mm)$$

$$M_{Hb}^{+}=M_{Hb}^{-}-\frac{F_x d}{2}=80\,405-767\times\frac{177.43}{2}=1\,2361\ (N\cdot mm)$$

垂直平面弯矩图（见图 13-36e）

$$M_{Vb}=65\,F_{VI}=65\times 1\,922=124\,930\ (N\cdot mm)$$

合成弯矩图（见图 13-36f）

$$M_b^{-}=\sqrt{M_{Hb}^{-\,2}+M_{Vb}^2}=\sqrt{80\,405^2+124\,930^2}=148\,568(N)$$

$$M_b^{+}=\sqrt{M_{Hb}^{+\,2}+M_{Vb}^2}=\sqrt{12\,361^2+124\,930^2}=125\,540(N)$$

⑤ 绘制转矩图（见图 13-36g）。转矩 $T=341\,036$ N · mm

⑥ 绘制当量弯矩图（见图 13-36h）。单向运转，转矩为脉动循环，$a=0.6$

$$aT=0.6\times 341\,036=204\,622\ (N\cdot mm)$$

b 截面

$$M_{eb}^{-}=\sqrt{M_b^{-\,2}+(aT)^2}=\sqrt{148\,568^2+204\,622^2}=252\,868\ (N\cdot mm)$$

$$M_{eb}^{+}=\sqrt{M_b^{+\,2}+(\alpha T)^2}=\sqrt{125\,540^2+0}=125\,540\ (N\cdot mm)$$

a 截面和 I 截面

$$M_{ea}=M_{eI}=aT=204\,622\ (N\cdot mm)$$

⑦ 分别校核 a 和 b 截面

$$d_a=\sqrt[3]{\frac{M_{ea}}{0.1[\sigma_b]_{-1}}}=\sqrt[3]{\frac{204\,622}{0.1\times 55}}=33.38\ (mm)$$

$$d_b=\sqrt[3]{\frac{M_{eb}}{0.1[\sigma_b]_{-1}}}=\sqrt[3]{\frac{252\,868}{0.1\times 55}}=35.82\ (mm)$$

考虑键槽，$d_a=105\%\times 33.38$ mm＝35 mm，$d_b=105\%\times 35.82$ mm＝37.6 mm。实际直径分别为 38 mm 和 53 mm，强度足够。（如所选轴承和键联接等经计算后确认寿命和强度均能满足，则该轴结构设计无须修改。）

（7）绘制轴的零件工作图。

如图 13-37 所示。

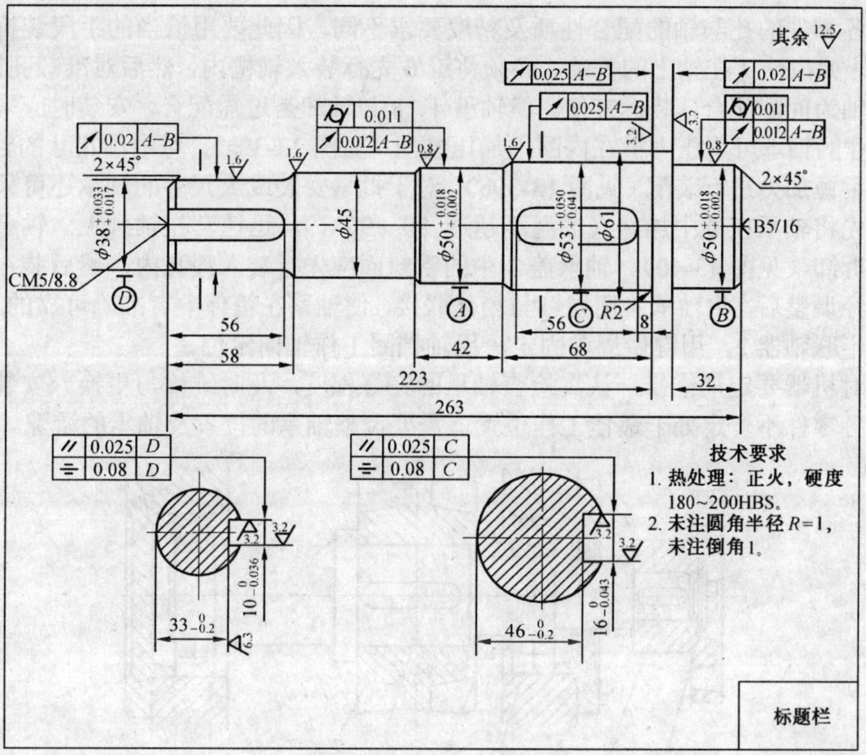

图 13-37　轴的工作图

注：① 轴上各轴段直径的尺寸公差：对配合轴直径（如轴承、齿轮、联轴器等）可根据配合性质决定；对非配合轴段轴径（如 d_2 及 d_5 两段直径），为未注公差。

② 各轴段长度尺寸差通常均为未注公差。

③ 为保证主要工作轴段的同轴度及配合轴段的圆柱度，一般用易于测量的圆柱度和径向圆跳动两项形位公差综合表示。

13.5　轴系的维护

13.5.1　轴系的维护

轴系的维护工作主要包括恰当方式的装配与拆卸；机器的定期维修和调整；润滑条件的维护三方面内容。

（1）恰当方式的装配与拆卸。如图 13-38 所示，轴上零件应按一定顺序进行装配或拆卸。由于各零件的孔与轴的配合性质及精度要求不同，因此要用恰当的手段装拆，以保证安装精度。如齿轮 7 在轴上的安装，必须将键 6 先行装入轴槽内，然后对准毂孔键槽推入；套筒 5 与轴为间隙配合，装拆方便。但轴承 4、8 与轴却是过盈配合，安装时应采用专门工具。大尺寸的轴承可用压力机在内圈上加压装配（见图 13-39a），对中小尺寸的轴承，可借助套筒用手锤加力进行装配（见图 13-39b），对于批量安装或大尺寸的轴承还可采用热套的方法，即先将轴承在油中加热（油温不超过 80～90℃），迅速套在轴颈上。轴承一般应用专门工具拆卸（见图 13-40）。轴承盖 3 中的密封圈应先行装入毂孔内，然后装在轴上。轴系的位置经调整后，将轴承盖用螺钉与箱体联接，使轴系在箱体中有准确可靠的工作位置。最后安装半联轴器 2，用键做周向固定，用轴挡圈 1 作轴向定位。

（2）对机器要定期维修，认真检查轴承的完好程度，及时维修与更换。安装基本完成后，轴上各零件不一定处于最佳工作位置，需要调整轴系的位置及轴承的游隙。

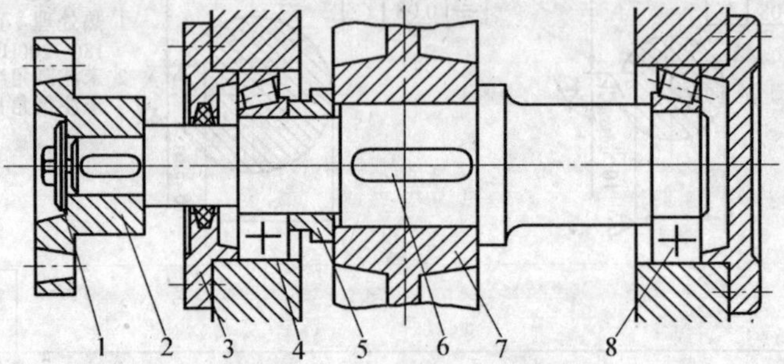

图 13-38　轴系零件的装配

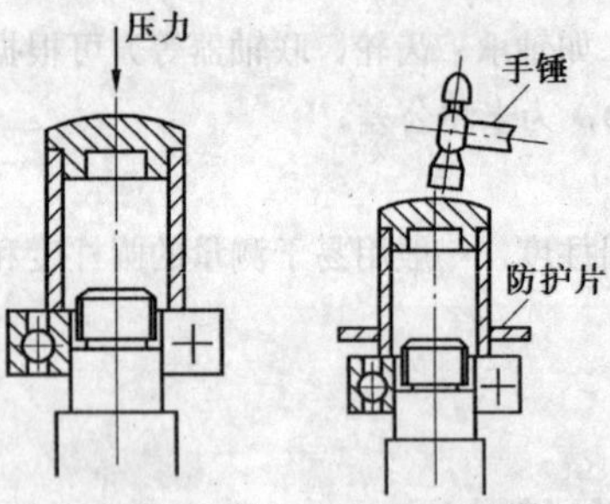

(a) 用压力机压入　(b) 用手锤压入

图 13-39　轴承的安装图

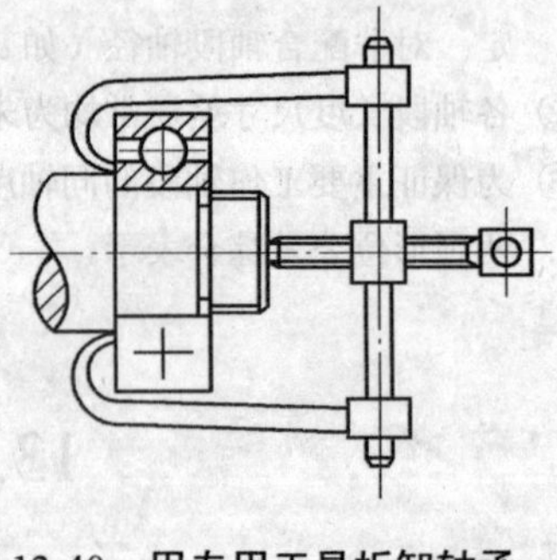

图 13-40　用专用工具拆卸轴承

（3）轴系上应重点保证润滑的零件是传动零件（如齿轮、链轮）和轴承。必须根据季节和地点。按规定选用润滑剂，并定期加注。要对润滑油系统的润滑油数量和质量进行及时检查、补充和更换。

13.5.2　轴和轴承的修理

普通精度的滑动轴承，当误差较小时(如滑动轴承外圆柱面与箱体孔接触率低于 70%)，允许用刮研法修理，但修后必须保证内孔尚有刮研调整余量，否则应予更换。大尺寸的轴瓦还可采用热喷涂（青铜）进行修复。轴颈和轴头是轴的重要工作部位，磨损和积累将影响其配合精度。对精度要求较高的轴，在磨损量较小时，可采用电镀（或刷镀）法在其配合表面镀上一层硬质合金层，并磨削至规定尺寸精度。对尺寸较大的轴颈和轴头，还可采用热喷涂（或喷焊）进行修复。如图 13-41 所示，对尺寸较大的轴头，还可以有过盈配合加配轴套的办法进行修复。为可靠地传递转矩，在配合处可对称增设若干卸载销。轴上花键、键槽损伤，可以用气焊或堆焊修复，然后再铣出花键或键槽。也可采用图 13-42 所示方法，焊补后铣制新键槽。

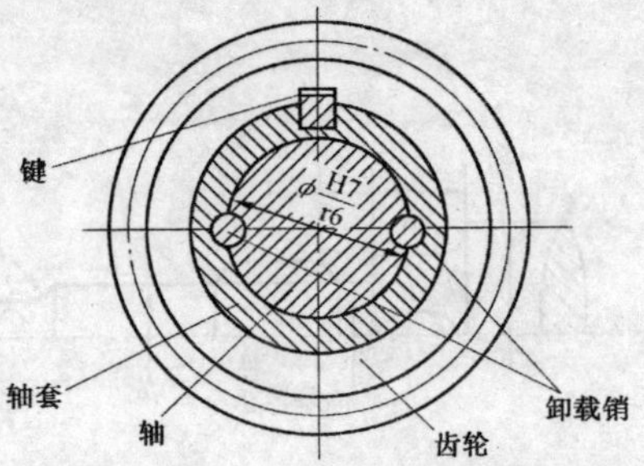

图 13-41　加配轴套修复轴头

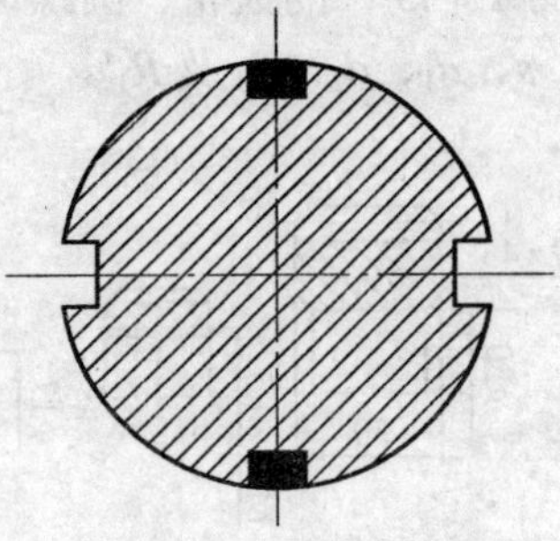

图 13-42　键槽的修复

13.6　小　结

1. 主要内容

轴的类型、应用，轴的结构设计以及工作能力的校核；轴承的类型、特点及应用。滑动轴承的材料、参数及结构。滚动轴承型号的确定及组合设计，轴承的安装和调整等。

2. 重点、难点提示

重点为轴的结构设计以及工作能力的校核；滚动轴承的寿命计算及组合设计。

13.7　复习思考题

1. 自行车的中轴和后轮轴是什么类型的轴？为什么？

2．试选择下列场合轴的材料：①食品机械螺旋输送机的输送轴；②普通机床齿轮箱中的转轴；③水电站发电机的转子轴。

3．多级齿轮减速器高速轴的直径总比低速轴的直径小，为什么？

4．轴上最常用的轴向定位结构是什么？轴肩与轴环有何异同？

5．轴上传动零件最常见的周向固定方式是什么？

6．滚动轴承的组成零件中，哪一零件是不可省略的关键零件？

7．按承受载荷方向的不同，滚动轴承可分为哪几类？各有何特点？

8．说明下列滚动轴承代号的含义。

60210/P6　612/32　N2313　70216AC　71311C

9．选择滚动轴承类型时要考虑哪些因素？

10．图 13-43 中的齿轮、圆螺母和深沟球轴承分别装在轴的 A、B、C 段上，试确定轴上尺寸 l、s、d_1、d_2、R_1 及 R_1'。

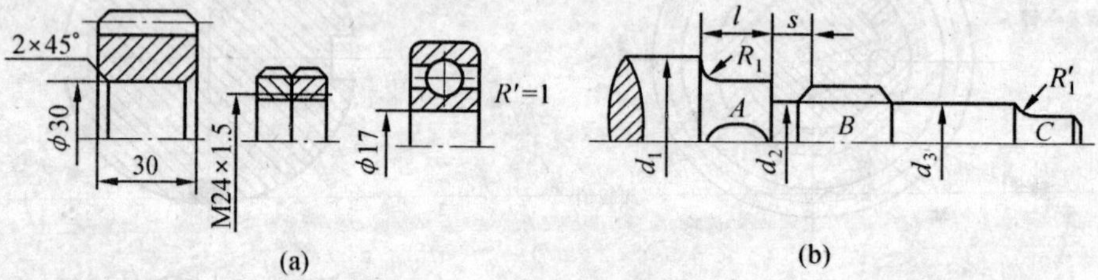

图 10-43　题 10 图

11．指出图 13-44 中轴的结构错误（错处用圆圈引出图外），说明原因并予以改正。

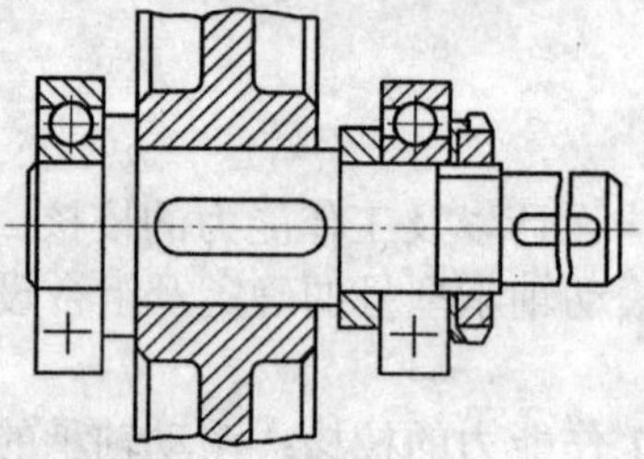

图 13-44　题 11 图

12．指出图 13-45a 和 b 轴承组合设计中的结构错误（错处用圆圈引出图外），说明原因并予以改正。

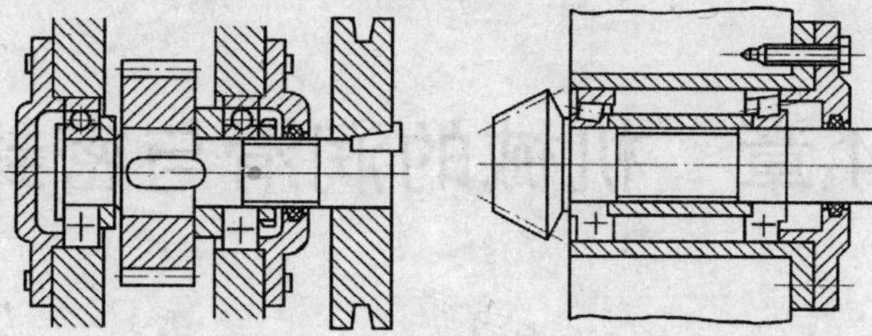

(a)　(b)

图 13-45　题 12 图

13．如图 13-46 所示的单级斜齿圆柱齿轮减速器的低速轴 2（含外伸端联轴器），已知电动机额定功率 $P=4\ \text{kW}$，转速 $n_1=720\ \text{r/min}$，低速轴转速 $n_2=125\ \text{r/min}$；大齿轮分度圆直径 $d_2=300\ \text{mm}$，宽度 $b_2=90\ \text{mm}$，斜齿轮螺旋角 $\beta=14°\ 4'12''$，法向压力角 $\alpha_n=20°$，设两支承处轴承选用 7210C 型。要求：①完成低速轴的全部结构设计；②根据弯扭组合强度，验算低速轴的强度。

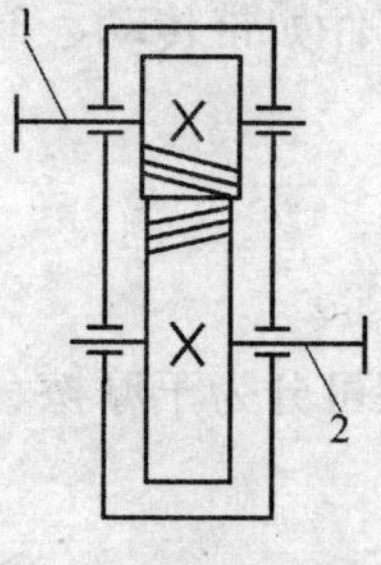

图 13-46　题 13 图

第 14 章　机械的润滑与密封

学习目标

了解润滑剂的种类、性能，润滑方式和装置，掌握常用机械的润滑方式和维护方法。

14.1　摩擦、磨损和润滑

在机械传动过程中，零、部件的相对运动会在接触表面产生摩擦，造成传动的能量损耗和机械磨损，影响机械运动精度和使用寿命。润滑则是减少摩擦、磨损的有效措施。当然，对一些靠摩擦原理工作的零、部件如带传动、摩擦离合器、制动器等，设计时应设法加大摩擦，减少磨损。

14.1.1　摩擦的类型

按相对运动表面润滑情况，摩擦可分为干摩擦、边界摩擦、液体摩擦和混合摩擦。其摩擦状态示意图如图 14-1 所示。

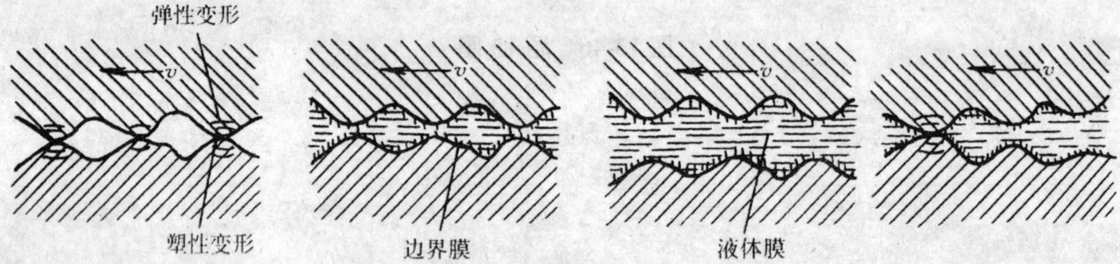

(a) 干摩擦　(b) 边界摩擦　(c) 液体摩擦　(d) 混合摩擦

图 14-1　摩擦状态

（1）干摩擦。两摩擦表面微观凸峰直接接触，中间不存在任何润滑剂的摩擦，称为干摩擦（如图 14-1a）。其摩擦性质取决于摩擦表面的材料。干摩擦的摩擦功损耗大，磨损严重，温度很高，零件使用寿命短。在机械传动零件接触中不允许出现干摩擦。

（2）边界摩擦。润滑剂在摩擦表面由吸附作用或化学反应（例如金属氧化物、硫化物）

生成一层边界膜。当两摩擦表面的边界膜直接接触传递载荷时，就处于边界摩擦状态（如图 14-lb）。边界膜厚度很薄，约为几个分子到 10^{-2} μm 数量级，厚度小于摩擦表面的不平度，因此摩擦表面仍会有一定的摩擦功耗和磨损。

（3）液体摩擦。如果油膜厚度较大，两摩擦表面被液体层完全隔开，表面微观凸峰不直接接触，形成液体摩擦（如图 14-lc）。此时可避免发生磨损，摩擦也只发生在油层液体内部，摩擦因数很小。

（4）混合摩擦。当摩擦表面间有润滑油，但不足以保证液体摩擦时，就可能有部分接触处是边界摩擦，其余部分是液体摩擦；也可能在局部粗糙凸峰接触处是干摩擦，其余部分则为边界摩擦与液体摩擦（见图 14-1d）。这两种状态，统称为混合摩擦。混合摩擦在机器中是很常见的。

14.1.2　磨损

摩擦表面在相对运动过程中，表层材料不断损失或转移的现象称为**磨损**、通常应当设法避免或减少磨损，以能较长时期保持机器的精度，延长使用寿命按照失效机理，可将磨损分为以下四种基本类型。

（1）黏着磨损。**黏着磨损**是当摩擦副表面的边界油膜被微凸体的峰尖刺破时，微凸体的峰尖便会发生黏着形成冷焊结点；当摩擦副相对滑动时，冷焊点遭到剪断。如果被剪断面不是原来的界面，则发生材料从一个表面转移到另一个表面的磨损现象。黏着磨损是金属摩擦副间较为普遍的一种磨损类型。特别在高温、重载和容易使接触表面润滑不良时，黏着磨损的程度比较严重。

（2）磨料磨损。摩擦面间落入游离的硬颗粉（如尘土或磨损的金属碎屑）或表面工具有硬质的突出物，由此而在摩擦面上造成不断的微切削而产生的磨损称为**磨料磨损**。

（3）疲劳磨损。反复作用的接触应力会使金属表面产生疲劳点蚀，点蚀使表层金属材料成屑脱落导致**疲劳磨损**。

（4）腐蚀磨损。大多数金属表层材料会与周围介质发生化学反应而在摩擦面上生成化学反应物，该化学反应物在摩擦表面相对运动中发生破碎导致脱落的过程称为**腐蚀磨损**。该磨损类型可随工作条件的改变而转化。实际上大多数的磨损是上述几种磨损类型的复合形式出现的。黏着磨损与疲劳磨损产生的磨屑若不及时从润滑剂中清除出去，将使摩擦表面产生磨料磨损。

14.1.3　润滑的作用

润滑的主要作用大致可归纳为以下几点。

（1）减少摩擦。加入润滑剂后，在摩擦表面形成一层薄膜，可防止金属直接接触，从而大大减少摩擦磨损和机械功率的损耗。

（2）降温冷却。摩擦表面经润滑后其摩擦因数大为降低，使摩擦发热率减少；对于液体润滑剂，润滑油流过摩擦表面带走部分摩擦热量，起散热降温作用，保证运动副的温度不会升温得过高。

（3）清洗作用。润滑油流过摩擦表面时，带走磨损落下的金属磨屑和污物。

（4）防止腐蚀。润滑剂中都含有防腐、防锈添加剂，吸附于零件表面的油膜，可避免或减少由腐蚀引起的损坏。

（5）缓冲减振作用。润滑剂都有在金属表面附着的能力，且本身的剪切阻力小，所以在运动副表面受到冲击载荷时，具有吸振的能力。

（6）密封作用。半固体润滑剂具有自封作用，一方面可以防止润滑剂流失，另一方面可以防止水分和杂质的侵入。

14.2 润滑剂及其选择

生产中常用的润滑剂可分为液体润滑剂、半固体润滑剂、固体润滑剂和气体润滑剂等。在一般机械设备中，多用前两类，且通常用润滑油或润滑脂来润滑。

14.2.1 润滑油及其选择

1. 润滑油的种类

工业用润滑油有合成油和矿物油两类。合成油为有机合成产品，具有优良的润滑性能，且化学稳定性好、耐高温或低温，但价格较高，目前多用于航天航空、原子工业等特殊场合。矿物油为石油分馏产品，润滑性能较好，适用性广，且来源充足，价格较低，应用最广。

矿物油类润滑油的种类繁多，一般按油品的特性和应用场合分类。国家标准 GB 7631—1—87 将工业润滑油和有关产品分为 18 个组别，如全损耗系统用油（A）、齿轮油（C）、压缩机油（D）、内燃机油（E）、液压油（H）、主轴、轴承和离合器油（F）等等。根据用途，每组又分为若干种类。例如，齿轮油分为工业闭式齿轮油、工业开式齿轮油和车辆齿轮油。每种润滑油又按质量、使用条件和用途分为几个等级。如工业闭式齿轮油又分为普通工业齿轮油、中载荷工业齿轮油、重载荷工业齿轮油、蜗轮蜗杆油等六个等级。每个等级润滑油有几种牌号。

润滑油的牌号是按照油的黏度来划分的。对于工业用润滑油，国家标准（GB/T 3141—94）把温度在 40℃时运动黏度在 1.98～3 520 mm^2/s 范围内的油分为 20 个牌号：2、3、5、7、10、15、22、32、46、68、100、150、220、320、460、680、1000、1 500、2 200、3 200。每个牌号表示黏度数字中心值的整数。牌号数字越大，油黏度越高，即越稠。工业常用润滑油的性质和用途如表 14-1 所示。

表 14-1　工业常用润滑油的性能和用途

类　别	品种代号	牌号	运动黏度①/($mm^2 \cdot s^{-1}$)	黏度指数不小于	闪点/℃不低于	倾点/℃不高于	主要性能和用途	说　明
工业闭式齿轮油（GB5903—95）	L-CKB 抗氧防锈工业齿轮油	46	41-4～50-6	90	180	−8	具有良好的抗氧化、抗腐蚀性、抗浮化性等性能，适用于齿面应力在 500 MPa 以下的一般工业闭式齿轮传动的润滑	L 为润滑剂类
		68	61-2～74-8					
		100	90～110					
		150	135～165					
		220	198～242		200			
		320	288～352					
	L-CKC 中载荷工业齿轮油	68	61-2～74-8	90	180	−8	具有良好的极压抗磨和热氧化安定性，适用冶金、矿山、机械、水泥等工业中载荷（500～1100MPa）闭式齿轮的润滑	
		100	90～110					
		150	135～165					
		220	198～242		200			
		320	288～352					
		460	414～506					
		680	612～748			−5		
	L-CKD 重载荷工业齿轮油	100	90～110	90	180	−8	具有更好的极压抗磨性、抗氧化性，适用于矿山、冶金、机械、化工等行业重载荷齿轮传动装置	
		150	135～165		200			
		220	198～242					
		320	288～352					
		460	414～506					
		680	612～748			−5		
	L-CKE 轻载荷蜗轮蜗杆油（SH0094-91）	220	198～242	90	200	−6	用于铜-钢配对的受轻载的圆柱蜗杆传动	L-CKE/P 为重载蜗轮蜗杆油
		320	288～352		200			
		460	414～506		220			
		680	612～718		220			
		1000	900～1100		220			
主轴油	L-FD 主轴油（SH0017-90）	2	2-0～2-4	-	60	凝点不高于−15	主要适用于精密机床主轴轴承的润滑及其他以油浴、压力、油雾润滑的滑动轴承和滚动轴承的润滑。N10 可作为普通轴承用油和缝纫机用油	SH 为石化部标准代号
		3	2-9～3-5		70			
		5	4-2～5-1		80			
		7	6-2～7-5	90	90			
		10	9-0～11-0		100			
		15	13-5～16-5		110			
		22	19-8～24-2		120			
全损耗系统用油	L-AN 全损耗系统用油	5	4-14～5-06		80	−5	不加或加少量添加剂，质量不高，适用于一次性润滑和某些要求较低、换油周期较短的油浴式润滑	全损耗系统用油包括 L-AN 全损耗系统油（原机械油）和车轴油（铁路机车轴油）
		7	6-12～7-48		110			
		10	9-00～11-00		130			
		15	13-5～16-5		150			
		22	19-8～24-2					
		32	28-8～35-2					
		46	41-4～50-6					
		68	61-2～74-8		160			
		100	90-0～110		180			
		150	135～165					

注：① 在 40℃条件下。

2. 润滑油的主要性能指标

(1) 黏度。**黏度**是润滑油最重要的性能指标，是选用润滑油的主要依据。它反映了液体内部产生相对运动时分子间内摩擦阻力的大小。润滑油黏度越大，承载能力也越大。润浴油的黏度并不是固定不变的，而是随着温度和压强而变化的。当温度升高时，黏度降低；压力增大时，黏度增高。润滑油的黏度分为动力黏度、运动黏度和相对黏度，各黏度的具体含义及换算关系可参照有关的标准。

① 动力黏度。长宽高各为 1 m 的油立方体，上下平面产生 1 m/s 的相对速度所需的切向力为 1N 时，该油品的动力黏度为 1 Pa·s（即 1 N•s/m^2）。动力粘度用 η 表示，主要用于流体动力计算。

② 运动黏度。运动黏度为液体动力黏度与其同温度下的密度之比值，用 γ 表示，即 $\gamma=\eta/\rho$，其法定计量单位为 m^2/s，常用 mm^2/s。

工业上通常采用运动黏度。

(2) 黏度指数。温度是影响油黏度的主要因素。温度升高，黏度会明显降低。**黏度指数**是衡量润滑油黏度温度变化大小的指标。黏度指数越大，油黏度受温度变化的影响越小，油品的**黏温性**能越好。

(3) 油性。**油性**是指润滑油湿润或吸附于干摩擦表面的性能，吸附能力越强，油性越好，有利于减少摩擦、磨损，防止产生胶合。

(4) 极压性能。**极压性能**是指润滑油中的活性分子与摩擦表面形成抗磨、耐高压化学反应膜的能力。重载机械设备，如大功率齿轮传动、蜗杆传动等，要采用极压性能好的润滑油。

(5) 闪点。润滑油在规定条件下加热，油蒸气和空气的混合气与火焰接触发生瞬间闪火时的最低温度称为**闪点**。这是一项使用安全指标。一般要求润滑油闪点高于工作温度 20℃～30℃，润滑油的闪点范围为 120℃～340℃。

(6) 凝点和倾点。润滑油在规定条件下冷却，失去流动性的最高温度称为**凝点**。它反映油品可用的最低温度。一般说来，润滑油的凝点应比工作环境的最低温度低 5℃～7℃。

国外较常采用倾点来表示油品的凝固温度。**倾点**为油品在给定条件下丧失流动性的温度以上 3℃（5°F）的温度。我国也已采用这一指标。

3. 润滑油添加剂

为了改善润滑油的使用性能，更好地满足不同使用场合的各种需要，常在润滑油中加入一定量的其他物质——添加剂。添加剂的种类很多，现介绍如下几种。

(1) 清净分散剂。主要作用是使内燃机内部保持清洁，不致形成积炭或油泥。

(2) 抗氧抗腐剂。用于工业润滑油、内燃机油，抑制油品氧化。

(3) 极压抗磨剂。多为氯、硫、磷等的有机化合物，主要用于齿轮油、导轨油等有极压要求的油中，以提高油品的极压抗磨性，用量约在 2%～4%。

（4）降凝剂。可降低油品的凝固点，使其在低温下保持流动性。

4. 选用润滑油的原则

选用润滑油主要是确定油品的种类和牌号（黏度）。一般根据机械设备的工作条件、载荷和速度，先确定合适的黏度范围，再选择适当的润滑油品种。选择的原则是，在下列情况下应选用黏度高的润滑油：① 高温重载、低速；② 机器工作中有冲击、振动、运转不平稳，并经常启动、停车、反转、变载变速；③ 轴与轴承间的间隙较大，加工表面粗糙等。在高速、轻载、低温、采用压力循环润滑、滴油润滑等情况下，可选用黏度低的润滑油。

14.2.2 润滑脂及其选择

润滑脂又称干油，俗称黄油，是由润滑油、稠化剂、添加剂和填充剂等在高温下混合而成的膏状润滑材料。润滑脂的润滑性能主要取决于所用的基础油——润滑油。润滑油用量占 70%～90%。稠化剂的作用是减少润滑油的流动性，提高其在摩擦表面的附着能力。添加剂或填充剂的作用是改善润滑脂的性能和使用寿命。

1. 润滑脂的种类

润滑脂品种繁多，性能各异，不断更新。按基础油可分为矿物油润滑脂和合成油润滑油。矿物油润滑脂通常按稠化剂分类和命名，分为皂基脂、烃基脂、无机脂和有机脂四大类组。目前，应用最多的是皂基脂（占润滑脂总量 90%左右）。常用润滑脂的性能和用途如表 14-2 所示。

表 14-2　常用润滑脂的性能及用途

润滑脂			针入度/10^{-1}mm	滴点/℃≥	性　能	主要用途
	名　称	牌号				
钙基	钙基润滑脂 GB 492—89	1 2 3 4	310～340 265～295 220～250 175～205	80 85 90 95	抗水性好，适用于潮湿环境，但耐热性差	目前尚广泛应用于工农业、交通运输等机械设备的中速中低载荷轴承的润滑，逐渐为锂基脂所取代
钠基	钠基润滑脂 GB 492—89	2 3	265～295 220～250	160 160	耐热性很好，黏附性强，但不耐水	适用于不与水接触的工农业机械的轴承润滑，使用温度不超过 110℃
锂基	通用锂基润滑脂 GB 7324—94	1 2 3	310～340 265～295 220～250	170 175 180	具有良好的润滑性能、机械安定性、耐热性和防锈性，抗水性好	为多用途、长寿命通用脂，适用于-20℃～120℃各种机械的轴承及其他摩擦部位的润滑
锂基	极压锂基润滑脂 GB 7323—94	00 0 1 2	400～430 355～385 310～340 265～295	165 170 170 170	具有良好的机械安定性、抗水性、极压抗磨性、防锈性和泵送性	为多效、长寿命通用脂，适用于温度范围为-20℃～120℃的重载机械设备齿轮轴承等的润滑

（续表）

润滑脂			针入度 /10^{-1}mm	滴点 /℃≥	性　　能	主要用途
名　称		牌号				
滚珠轴承润滑脂 SH 0386—92		2	250～290	120	具有良好的润滑性能、化学安定性、机械安定性	用于汽车、电动机、机车及其他机械滚动轴承的润滑
铝基	复合铝基润滑脂 SH 0378—92	0 1 2	355～385 310～340 265～295	235	耐热性、抗水性、流动性、泵送性、机械安定性等均好	称为“万能润滑脂”，适用于高温设备的润滑，0、1号脂泵送性好，适用于集中润滑，2 号适用于轻中载荷设备轴承
合成润滑脂	7412 号齿轮脂	00 00	400～430 445～475	200 200	具有良好的涂覆性、黏附性和极压润滑性，使用温度 -40℃～150℃	为半流体脂，适用于各种减速箱齿轮的润滑，解决了齿轮箱漏油问题

2. 润滑脂的性能指标

（1）针入度即脂的稠度。将重力为 1.5 N 的标准圆锥体放入 25℃的润滑脂试样中，经 5 s 后所沉入的深度称为该润滑脂的**针入度**，以 1/10 mm 为单位。润滑脂按针入度自大至小分为 0～9 号共 10 种，号数越大，针入度越小，润滑脂越稠，常用 0～4 号。

（2）滴点。在规定的加热条件下，润滑脂从标准量杯的孔口滴下第一滴油时的温度为**滴点**。滴点决定润滑脂的最高使用温度，一般应高于使用温度 20℃～30℃。

（3）机械安定性。**机械安定性**是指在机械工作条件下润滑脂抵抗稠度变化的能力。若受剪切后稠度变化小，说明其机械安定性好。此外，还有氧化安定性、抗压耐磨性等要求。

3. 润滑脂的特点和选用原则

润滑脂和润滑油都是优良的润滑材料，但因两者性能不同，各有特点，使用时不能完全相互代替。与润滑油相比，润滑脂有如下特点。

（1）黏度随温度变化小，因此使用温度范围较润滑油宽广。

（2）黏附能力强，油膜强度高，且有耐高压和极压性，故承载能力较大，在高温、极压、低速、冲击、振动、间歇运转、变换转向等苛刻条件下耐用。

（3）黏性大，不易流失，容易密封，故密封装置和使用维护都较简单。

（4）使用寿命长，消耗量少。

（5）因其流动性和散热能力差，摩擦阻力大，启动力矩较大，故不宜用于高速高温场合。

（6）不能带走摩擦表面的污物，脂中污物不易除去。润滑脂在一般转速、温度和载荷条件下应用较多，特别用在滚动轴承的润滑。

选择润滑脂时要综合考虑使用条件和润滑脂的性能，确定合适的润滑脂品种和牌号。

选择润滑脂最重要的是确定适当的稠度。选择润滑脂的原则如下。

（1）润滑脂的稠度应根据使用条件和润滑方法来确定。对于滚动轴承，若 dn＞75 000 mm・r/min 时，一般使用 3 号脂为宜；dn＜75 000 mm・r/min 时，用 1 号或 2 号脂；寒冬时，用 0 号脂。若集中润滑时，可用 1 号脂。

（2）机器在高温、高速、重载下工作时，应选择抗氧化性好、蒸发损失小、滴点高的润滑脂。

（3）转速高时，一般选用针入度较大的润滑脂。

（4）对于重载荷（单位面积压力大于 4.9×10^3 MPa），或有严重冲击振动时，选用针入度较小的润滑脂，以提高油膜的承载能力。若载荷特别高，要加极压添加剂；对于中（2.9×10^3～4.9×10^3 MPa）和低（2.9×10^3 MPa 以下）载荷，一般选 2 号脂。例如，机床主轴箱主轴轴承多选用 2 号锂基脂。

（5）对潮湿和有水环境，选用抗水性好的润滑脂。

14.2.3　固体润滑剂

固体润滑是利用固体粉末或固体润滑膜来润滑摩擦表面，以达到降低摩擦、减少磨损的目的。常用的固体润滑剂有二硫化钼、二硫化钨、氟化石墨、氮化硼、高分子材料（如聚四氟乙烯、尼龙、聚酰胺等）、软金属（如银、铟、锡等）及金属的氧化物、氟化物。

固体润滑剂具有附着力强、化学稳定性和耐热性好、承载能力高等特点，可用于极高载荷、极低速度等某些特殊工况和环境。

14.3　润滑方法和润滑装置

正确地选择了润滑剂后，还必须用适当的方法和装置将其输送到各摩擦部位，并对摩擦部位的润滑情况进行检查、监控、调节和报警，对润滑装置及时维护，以保证机器设备处于良好的润滑状态。

下面分别介绍油、脂的润滑方法和装置。

14.3.1　油润滑方法和装置

1. 手工加油润滑

操作人员用油壶或油枪将油注入设备的油孔、油嘴或油杯中，使油流至需要润滑的部位。这种润滑方法简单，但供油不均匀、不连续，只适用于低速、轻载和间歇工作的场合，如开式齿轮、链轮等处的润滑。

2. 滴油润滑

滴油润滑用油杯供油，利用油的自重滴流至摩擦表面。油杯多用铝合金制成骨架，杯壁和检查孔用透明塑料或玻璃制造，以便观察杯中油位。常用滴油油杯有如下几种。

（1）针阀式油杯（见图 14-2a）。供油时，将手柄 1 竖起，提起针阀 4，油通过针阀与阀座间的缝隙、油孔自动流出。供油量用螺母 2 控制针阀的开启高度来调节。停止供油时，可将手柄扳倒，针阀在弹簧 3 的压力下堵住油孔。这种方法供油可靠，但滴油量直接受油杯中油位高低的影响。

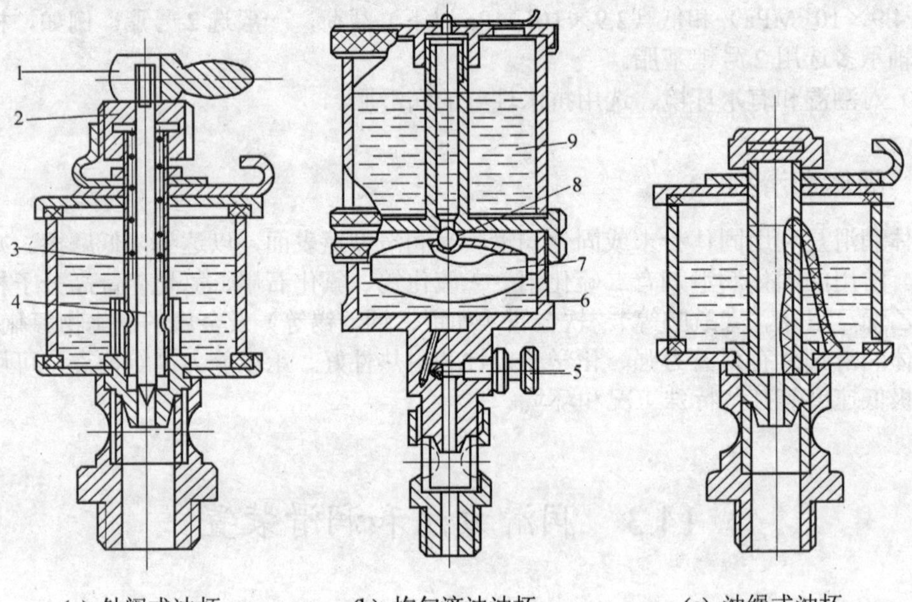

(a) 针阀式油杯　　(b) 均匀滴油油杯　　(c) 油绳式油杯

图 14-2　油杯的种类

（2）均匀滴油油杯（见图 14-2b）。油杯有上下两个油室 9 和 6，下油室中有浮子阀 7。当下油室的油面降低时，浮子阀下降，将中间油孔打开，油从上油室补充到下油室，待油面达到一定高度后，浮子阀浮起，钢球 8 堵住油孔，这样使下油室油面高度保持不变，均匀滴油。油量靠针阀 5 调节。

（3）油绳式油杯（见图 14-2c）。油绳的吸油端浸在油中，另一端悬垂在送油管中，利用毛细管虹吸作用吸油，滴落入轴承。油绳兼有过滤作用，每季度应清洗一次。油绳滴油自动连续。但供油量有限，不能调节。油绳滴油可用于低速轻载滑动轴承的润滑。

3. 油环润滑

油环润滑装置如图 14-3 所示。油环空套在轴上，下部浸入油中，依靠摩擦力被轴带动旋转，将油带至轴颈上，润滑轴承。这种润滑方法简单，适用于水平轴上轴承的润滑。

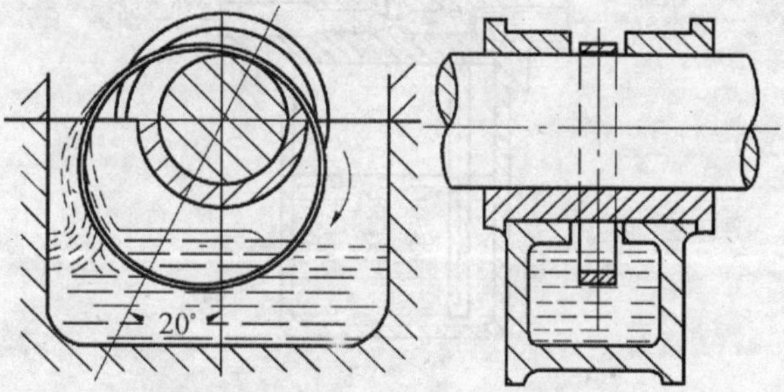

图 14-3　油环润滑

4. 油浴和飞溅润滑

对于闭式传动，转动件（如齿轮、油环等）的一部分浸入油池中，旋转时将油带到摩擦部位进行润滑为油浴润滑；将油溅起散布到其他零件上进行润滑为飞溅润滑。油浴和飞溅润滑简单可靠，连续均匀。但有搅油损失，易使油发热和氧化变质。常用于转速不高的齿轮传动、蜗杆传动中润滑齿轮、轴承等零件。

5. 喷油润滑

高速大功率闭式传动的啮合部位常用喷油润滑。压力油通过喷嘴喷至摩擦表面，既润滑又冷却。圆周速度大于 10 m/s 的齿轮传动，应采用喷油润滑。

6. 压力循环润滑

利用液压泵、阀和管路等装置将油箱中的油以一定压力输送到多个摩擦部位润滑，油循环使用，即为压力强制循环润滑。对于润滑点多而集中、负荷较大、转速较高的重要机械设备，如内燃机、机床主轴箱等，常采用这种润滑方法。

7. 油雾润滑

采用专门的油雾润滑装置（见图 14-4），以压缩空气为载体，将油雾化，油雾随压缩空气喷射到待润滑表面。油雾油膜薄而均匀，润滑效果好，且能起到很好的冷却、清洗作用。但排出的空气中含有油粒，污染环境。油雾润滑主要用于高速轴承、高速齿轮传动、导轨等的润滑。

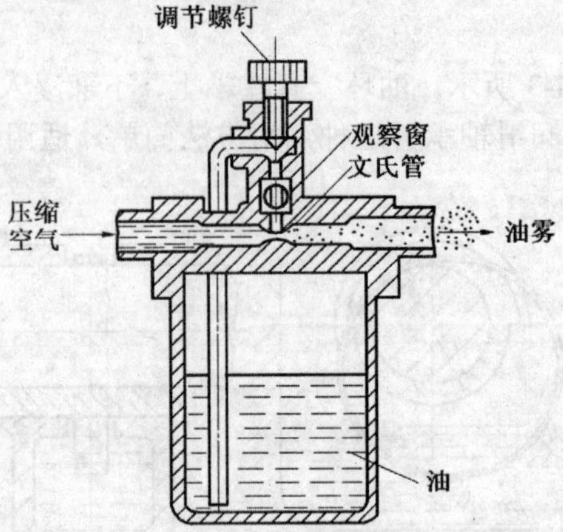

图 14-4 油雾润滑装置

14.3.2 脂润滑的加脂方法简介

润滑脂的加脂方式有人工加脂、脂杯加脂、脂枪加脂和集中润滑系统供脂等。对单机设备上的轴承、链条等部位，润滑点不多，大多采用人工加脂或涂抹润滑脂。对于润滑点多的大型设备，如矿山机械、船舶机械，采用集中润滑系统。集中供脂装置一般由润滑脂储罐、给脂泵、给脂管和分配器等部分组成。现代化的润滑系统，还有监控和报警装置。

14.3.3 润滑管理与维护

1. 润滑管理的基本任务

设备润滑管理是设备管理的一个重要组成部分，对促进企业生产发展和提高经济效益有着重要意义。润滑管理的基本任务如下。

（1）健全润滑管理机构，完善管理制度。

（2）编制各种润滑技术资料。

（3）实施润滑管理的“五定”（定人、定点、定期、定质、定量）。

（4）实行定额管理，落实用油计划。

（5）监测和维护设备的润滑。

（6）分析处理设备润滑事故。

（7）做好油器的安全技术工作。

（8）推广应用润滑新技术。

2. 润滑管理的“五定”

润滑管理的“五定”是设备维护和润滑管理的综合措施。“五定”的主要内容如下。

（1）定人。按照润滑卡片上的分工规定，明确有关人员在加油、添油、清洗换油和抽样化验等工作中各自的职责。

（2）定点。对于润滑卡片上指定的润滑部位、润滑点和检查点（油标、窥视孔等），实施定点加油、添油、换油，并检查液面高度及供油情况。

（3）定期。按照润滑卡片上规定的间隔时间进行加油、添油和换油。按规定时间进行抽样化验，以确定是否要清洗换油或循环过滤。

（4）定质。各润滑部位所用的润滑剂的品种、牌号和质量必须符合润滑卡片上的要求。采用代用材料时要有科学依据。润滑装置、器具要清洁，以免污染油料。

（5）定量。按照润滑卡片上规定的油、脂用量对各润滑部位进行日常润滑。

每台设备的“五定”内容各不相同，应根据设备使用说明书，由润滑管理人员制定。

3. 润滑油的更换

设备润滑系统在运行一定时间后，润滑系统中不免累积有水分、尘埃、锈皮、磨屑、纤维及不溶于油的变质产物等沉淀物。变质、有沉淀物的润滑油应按照计划进行更换。确定换油后，设备清洗换油工艺一般分为三个阶段。

（1）准备检查阶段。准备好清洗油、清洗工具、新油和回收废油的专用桶，清理干净设备周围场地，不得有明火，要切断设备电源。

（2）清洗换油阶段。在放油口上接上油盘，拧开放油塞，放尽废油。拆卸各级过滤器和各种润滑装置，卸下油窗、油标、油毡、油线，均认真清洗干净。然后，再把清洗用油倒入油箱和换油部位，仔细清洗。要求把箱内油垢、油泥、沉淀杂物清洗干净，金属面、油漆面显露本色。同时检查润滑系统中各元件是否完好，及时修配。最后擦干油箱，装好各种润滑用装置和零部件，按规定的油品牌号加至规定油量。注意：新加润滑油必须与原用润滑油同品种同牌号。

（3）检查调整阶段。加油后试车运转。认真检查润滑系统各部分中油路是否畅通，是否有漏油，油量是否符合要求，及时加以调整。

4. 添加润滑油的一般原则

添加润滑油的一般原则如下。

（1）储油部位每隔 5～7 天检查并加油一次，保证油量至规定的位置。

（2）人工加油的主要部位，如油杯、油眼、手按油阀、手泵和轴销油孔等，每班加油 2 次。

（3）作连续相对运动部位，如机床水平导轨表面、传动丝杠和光杠等，每班加油 2 次。

（4）用润滑脂杯时，每星期加脂一次，每班拧进 1～2 转。

（5）精密设备必须严格按照润滑卡片和说明要求加油。

（6）过滤器、油毡、油绳、油毡垫等每星期拆洗一次。

14.4 密封装置

任何润滑系统都设有密封装置。密封的目的在于阻止润滑剂和工作介质的泄漏，防止灰尘、杂物、水分等侵入机器。密封不仅能节约润滑剂，而且可防止环境污染，提高经济性。密封分为静密封和动密封。两零件结合面间没有相对运动的密封称为静密封，如减速器上、下箱凸缘处的密封、轴承闷盖与轴承座端面的密封等。实现静密封的方法有：靠接合面加工平整并有一定宽度、加垫片或密封胶（合成树脂、合成橡胶），或用 O 形圈等。动密封分为移动密封和转轴密封。现仅讨论旋转轴外伸端的密封方法。旋转轴密封可分为接触式和非接触式两类。

14.4.1 接触式密封

1. 毡圈密封

如图 14-5 所示，密封元件为毡圈，截面为矩形，尺寸已标准化。毡圈内径略小于轴的直径。将毡圈套在轴上并置于轴承盖的梯形槽中，利用其弹性变形后对轴表面的压力，封住轴与轴承盖间的间隙，起到密封作用。装配前，毡圈应先在黏度稍高的油中浸渍饱和。毡圈密封结构简单，易于更换，成本较低。但摩擦较大，易于吸潮而腐蚀轴颈，故只适用于轴线速度 v＜5 m/s、工作温度低于 100℃的低速、不太重要的轴上。轴颈表面粗糙度 R_a 值不大于 0.8 μm。毡圈密封主要用于脂润滑的密封。

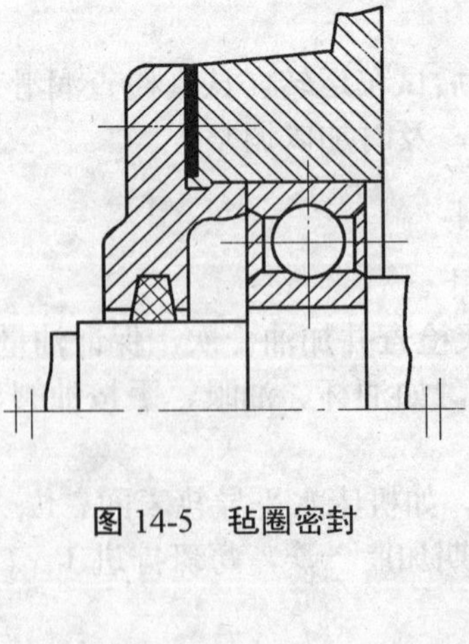

图 14-5 毡圈密封

2. 唇形密封圈密封

唇形密封圈（见图 14-6a）又称油封，一般由橡胶 1、金属骨架 2 和弹簧圈 3 三部分组成，依靠唇部 4 自身的弹性和环形圆柱螺旋弹簧的压力压紧在轴上实现密封。唇口对着轴承安装的（见图 14-6b），主要防止漏油；唇口朝外安装（见图 14-6c）的，主要防止外界灰尘侵入；图 14-6d 所示反向安装两个密封圈，既可防漏油，又可防尘；图 14-6e 所示密封圈带有副唇，主唇用于防油泄漏，副唇用以防尘。

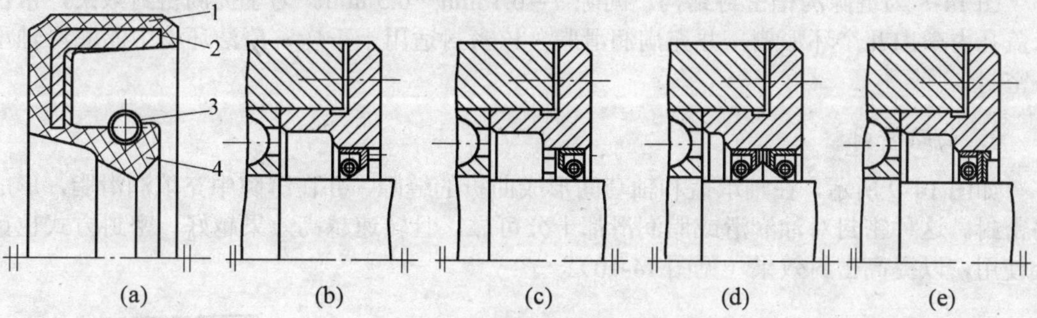

图 14-6　唇形密封圈密封

唇形密封圈密封效果好，易装拆，主要用于接触轴段线速度 $v<15$ m/s 的油润滑的密封。

3. 机械密封

机械密封的原理如图 14-7 所示。动环 1 固定在轴上，随轴转动。静环 2 固定于轴承盖内。动环与静环的端面在液体压力和弹簧压力下互相贴合，构成良好密封，故又称端面密封。

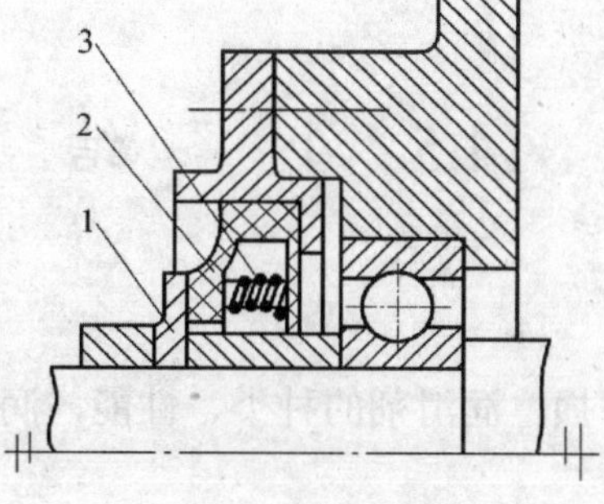

图 14-7　机械密封

机械密封的摩擦集中在密封元件上，对轴没有损伤，具有密封性好、使用寿命长、适用范围广等优点，用于高速、高压、高低温或腐蚀介质工作条件下的转轴密封。

14.4.2 非接触式密封

1. 缝隙沟槽密封

图 14-8 为缝隙沟槽密封结构。间隙 δ=0.1 mm～0.3 mm。为了提高密封效果，常在轴承盖孔内车出几个环形槽，并充满润滑脂。该密封适用于干燥、清洁环境中脂润滑轴承的外密封。

2. 曲路密封

如图 14-9 所示，在轴承盖和轴套间形成曲折的缝隙，并在缝隙中充填润滑脂，形成曲路密封。这种密封对油润滑或脂润滑都十分可靠，且转速越高效果越好。密封方式也可组合使用，以提高密封效果（见图 14-10）。

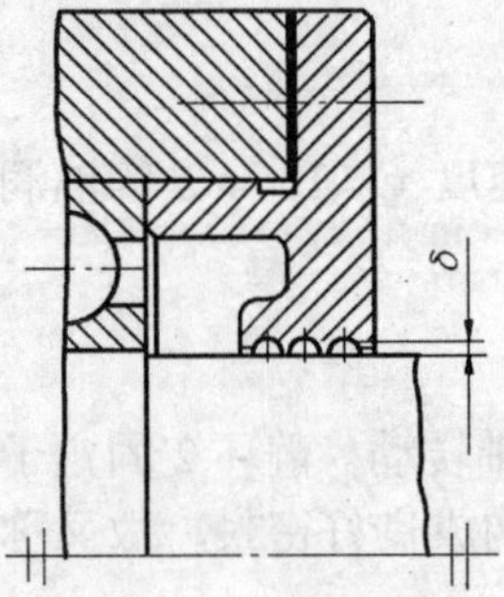

图 14-8 沟槽密封

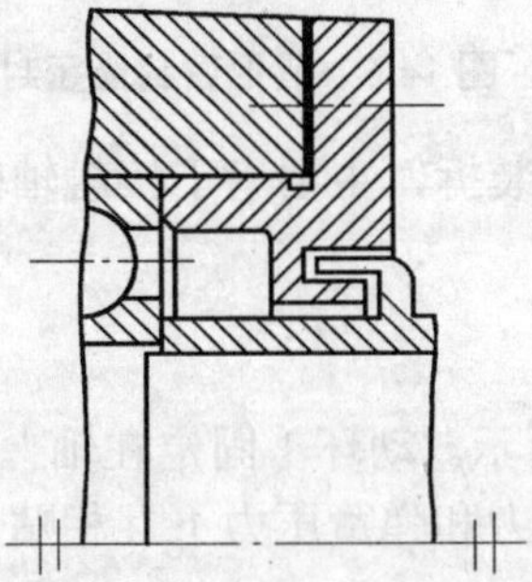

图 14-9 曲路密封

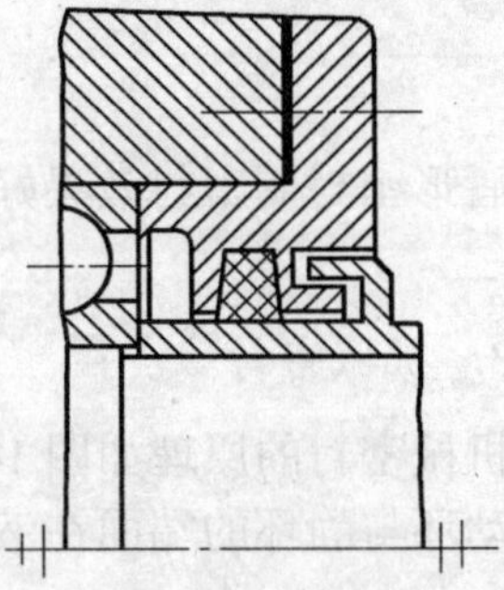

图 14-10 组合密封

14.5 小 结

1. 主要内容

零、部件的摩擦和机械磨损，润滑剂的种类、性能，润滑方式和装置，常用机械的润滑方式和维护方法。

2. 重点、难点提示

重点为常用机械的润滑方式和维护方法。

14.6　复习思考题

1．机械为什么要润滑?

2．润滑剂有哪几类？一般机械中多采用什么润滑剂来润滑?

3．润滑油有哪几类？各适用于什么场合？润滑油的牌号是如何划分的?

4. 润滑油的主要性能指标有哪些？选择润滑油所依据的性能指标是什么？怎样选用润滑油?

5. 润滑油中为什么要加入添加剂？油性添加剂和极压添加剂对润滑效果各有何影响?

6．两种黏度相同的润滑油是否可替换使用？为什么?

7．润滑脂通常按什么分类和命名？试说明常用润滑脂的性能特点。

8．如何选择润滑脂?

9．试述针阀式油杯、油绳式油杯的工作原理、使用特点。

10．试举出一些机器中采用飞溅润滑、压力喷油润滑、压力强制循环润滑的实例。

11．为什么润滑系统中要设有密封装置?

12．机器转轴上的滚动轴承用润滑脂润滑，试述转轴外伸端可采用的密封方法。

13．一中小功率减速器的轴颈直径 d =60 mm，转速 n =1460 r/min，工作温度不超过100℃，采用滚动轴承，试选择轴承润滑剂的种类和牌号。

14．一中小功率闭式齿轮传动，小齿轮分度圆直径 d_1 =80 mm，转速 n_1 =1470 r/min，σ_H <500 MPa，工作温度低于 120℃，试确定齿轮传动润滑方式、润滑剂种类和牌号。

15．到工厂调查 2～3 种机器的润滑情况，了解并记录润滑点部位、润滑方式和装置、润滑剂的种类和牌号。

第 15 章　机械设计基础综合实训

学习目标

1. 综合运用机械设计基础课程的理论和实际知识，开展实践训练。巩固、加深所学知识，培养分析和解决实际问题的能力；

2. 通过对通用机械零件和机械传动装置的设计训练，学习、掌握机械设计的一般方法与步骤，培养学生工程设计的能力；

3. 通过选材、计算、绘图、公差确定、运用资料、熟悉规范等实践，培养机械设计的基本技能。

15.1　机械的基本要求和一般设计程序

15.1.1　机械应满足的基本要求

1. 使用方面的要求

（1）满足机器预定的功能要求。包括运动性能、动力性能、基本技术指标及外形结构等方面。

（2）具有足够的寿命。在规定的工作期限内保持精度，可靠地工作而不发生各种损坏和失效。

（3）具有良好的保安措施和劳动条件。要便于操作，对环境的污染和公害尽可能小，外形美观。

2. 经济性要求

在满足使用要求的前提下尽可能做到经济合理，力求投入的费用少工作效率高，且维修简便等。

机械的经济性是一项综合指标，它与设计、制造和使用等各方面有关。在适合市场需要的前提下提高机械的功能，并降低总费用。为此，机械结构应力求简单、紧凑，具有良好的工艺性，高效和节能；尽量采用标准化、系列化、通用化的参数和零部件；注意采用新技术、新材料、新工艺以及新的设计理论和方法。

15.1.2　机械设计的一般程序

1. 机械设计常用的方法

机械设计是根据人们的某种需要，创建一种机械结构，合理地选择材料并确定其尺寸，使之能满足预期功能要求的一种活动。机械设计是一个创造过程，设计中要提出各种不同的构思和设想，反复进行协调、折衷和优化，以便最好地实现需求。

机械设计常用的方法可归纳为如下三种。

（1）内插式设计。借鉴现有的设计方案和成功的经验通过少量的试验研究，进行技术改进设计出新的产品。内插式设计是设计一般机械的常用方法。

（2）外推式设计。设计时虽有部分经验可以借鉴，但外推部分尚为未知领域，一旦某些设计参数超出通用设计的许用范围，有可能出现意想不到的后果。因此，对外推式设计要进行必要的技术研究、理论探索和科学实验。

（3）开发性设计。用新原理、新技术或开发新功能设计新的机械为开发性设计。

机械设计是一项复杂、细致和科学的工作。要想提供功能好、质量高、成本低、竞争力强、市场广的新机械，就应逐步深化机械设计方法的综合研究。

2. 机械设计的基本程序

机械设计的一般过程如下。

（1）明确设计任务，制定设计任务书。

（2）提供方案并进行评价。

（3）按照选定的方案进行各零件的总体布置，运动学、动力学和零件工作能力计算，结构设计和绘制总体设计图。

（4）施工设计。根据总体设计结果，考虑结构工艺性等要求，绘出零件工作图。

（5）审核图纸。

（6）整理设计文件，包括编写计算书、使用说明书。

15.2　机械设计基础实训的内容和步骤

机械设计基础实训是高等职业院校工程类专业学生的一次较全面的设计能力训练，是机械设计基础课程综合性与实践性教学环节。

15.2.1　机械设计基础实训的内容

机械设计基础实训内容安排为选择一般用途的机械传动装置设计。设计题目以减速器设计为主，其设计包括如下内容。

（1）机械系统传动方案的拟定。

（2）选择电动机。

（3）确定传动装置总传动比和分配传动比。

（4）计算传动装置的运动参数和动力参数。

（5）减速器外传动件的设计。包括带设计、减速器的附件设计等。

（6）减速器内传动件的设计。包括传动件和轴的设计计算；轴承、键的选择和校核计算及润滑和密封的选择等。

（7）绘制减速器装配图、零件图。

（8）编写设计计算说明书、准备答辩。

除减速器设计外，本书还简介了包括生产线上的步进式工件输送机的设计、斗式上料机设计、曲轴压力机设计、电动举高器设计、壁上手动绞车设计等内容，以拓展学生的设计能力。

机械设计基础设计的进行方式是在教师指导下由学生独立完成的。每个学生都应该明确设计任务和要求，并拟定设计计划，注意掌握进度，按时完成。设计分阶段进行，每个阶段的设计都要认真检查，没有原则错误时才能继续进行下一阶段的设计，以保证设计质量，循序完成设计任务。

设计过程中，提倡独立思考、深入钻研，主动地、创造性地进行设计，反对不求甚解、照抄照搬或依赖教师。要求设计态度严肃认真、有错必改，反对敷衍塞责、容忍错误的态度。只有这样，才能保证机械基础设计达到教学基本要求，在设计思想、设计方法和设计技能等方面得到良好的训练。

15.2.2 机械设计基础实训的步骤

与机械设计的一般过程相似，机械设计基础综合实训也大体从方案分析开始，进行必要的计算和结构设计，最后以图纸表达设计结果。由于影响因素较多，机械零件的结构尺寸不可能完全由计算确定，而需要借助于画图、初选参数或初估尺寸等手段，并通过边画图、边计算、边修改，即计算与画图交叉进行来逐步完成设计。

机械设计基础实训大体步骤如下。

（1）设计准备。任何一部新机械都要经过设计、研制、生产和使用等阶段。认真研究设计任务，制定设计任务书，明确设计要求、条件、内容和步骤；通过阅读有关资料、图纸、参观实物或模型以及进行减速器拆装实验等，以了解设计对象；复习课程有关内容，以熟悉有关零件的设计方法和步骤；准备好设计需要的图书、资料和用具；拟定设计计划等。

（2）传动装置的总体设计。决定传动装置的方案；选择电动机类型，计算电动机所需功率，确定电动机额定转速，选定电动机型号；计算传动装置的运动和动力参数（确定总传动比和分配各级传动比，计算各轴转速和转矩等）。

（3）装配图设计。计算和选择传动件参数；确定机体结构和有关尺寸；绘制装配图草图；设计轴并计算轴毂联接强度；选择计算轴承和进行支承结构设计；进行机体结构及其附件的设计；完成装配图的其他要求；审核图纸。

（4）零件工作图设计。

（5）整理和编写计算说明书。

（6）设计总结和答辩。

15.2.3　设计要求和注意事项

机械设计中要培养学生认真负责、踏实细致的工作作风和按时完成任务的习惯；培养学生具有比较熟练地运用手册、图集、标准、规范和其他参考资料的能力；培养学生全面地考虑使用、经济、安全等方面的设计要求，设计中小型机械或机械传动装置的能力。

机械设计这一教学环节和以往的理论课学习是有所不同的。他是学生将所学的有关机械设计的理论知识和技能综合运用的实践性环节。这一过程要求学生应将所设计的内容当成是“现场设计”——即设计出来的产品要能在实际中使用，因此设计过程中必须综合考虑强度、刚度、结构、工艺、装配、润滑、密封和经济性等多方面的问题。

1. 设计过程中要注意创新和参考的关系

任何设计都不可能是设计者独出心裁、凭空设想而不依靠任何资料所能实现的。设计是一项从现实出发、复杂细致的工作，设计质量是由长期经验积累而逐渐提高的，所以熟悉和利用已有资料，可减少重复工作，加快设计进度，继承和发展这些经验和成果，是提高设计质量的重要保证。善于掌握和使用各种资料，正是设计工作能力的重要体现。另一方面，任何新的设计任务，又是根据特定设计要求和具体工作条件提出的，因此必须具体分析，创造性地进行设计，而不是盲目地、机械地抄袭资料。所以，参考已有资料与创新二者不可偏废，而要很好地结合起来，这样才能不断地提高设计质量。认为设计必须全部是独创的看法是不现实的。同样，忽视设计者的设计技能也是不可取的。

2. 设计过程中应注意标准和规范的采用

设计中正确运用标准，有利于零件的互换性和加工工艺性，从而充分利用标准化的成果，收到良好的技术经济效果。因此对于国家标准或本部门的规范一般都要严格遵守和执行。因此在设计中是否采用标准和规范，是评价设计质量的一项指标。如遇到标准和规范与设计有矛盾时，经过必要手续也可以予以放弃而服从设计要求。

设计中采用标准件时，有些必须向外采购（例如专业化生产的滚动轴承、传动胶带，链和橡胶油封等），有些则自行制造（例如联轴器、键等）。

为了制造、测量和安装方便，许多非标准件的一些尺寸，也要求尽量圆整为标准数列（如标准直径和长度）或选用优先数列，例如轴承座凸缘外径要适当圆整为优先数列（一般圆整为 0 或 5 mm 的尾数）但对于一些有严格几何关系的尺寸，如齿轮传动的啮合尺寸参数，则必须保持其正确的几何关系，而不能随意圆整。例如 $m_n=3$ mm，$z=20$，$\beta=10°$ 的斜齿圆柱齿轮，其分度圆直径 $d=60.926$ mm，不应圆整为 $d=60$ mm。

3．设计过程中应注意强度、刚度、结构、工艺和装配诸要求的关系

在机械设计过程中必须建立一个较完整的设计概念，只有这样才能得到较好的设计结果。任何机械零件的尺寸，都不可能完全由理论计算确定，而应该综合考虑对零件本身及整个部件结构方面的要求，如加工和装配工艺、经济性和使用条件等。以轴为例，如图 15-1 所示，按强度计算，安装齿轮处的直径为 30 mm。如果只根据强度的要求，制成如图 15-1a 所示直径为 30 mm 的光轴结构，显然是不合理的。如果根据轴上零件的结构（如联轴器、滚动轴承、齿轮轮毂等的结构尺寸）、装配、拆卸和零件的固定（直径的变化、轴肩、倒角等）、加工（粗糙度要求、退刀槽）等综合要求，安装齿轮处轴的最终尺寸可能增加到 50 mm，结构设计的结果如图 15-1b，形成合理的尺寸和结构。

因此，不能把设计片面理解为就是理论计算（如强度计算），或者把这些计算结果看成是不可更改的，而应认为这种计算只是为确定零件尺寸提供了一个方面（如强度）的依据。在设计中还可以根据结构和工艺的要求确定尺寸，然后校核强度。而在有些场合，则利用一些经验公式确定尺寸，这种经验公式是综合考虑了结构、工艺和强度、刚度等要求，由经验得出的。例如减速器机体的壁厚、齿轮轮缘和轮毂的厚度等。经验公式不是严格的等式，只是在一定条件下的近似关系，由此计算得到的数值，有时还应该根据具体情况适当调整。总之，确定零件尺寸时，必须全面考虑强度、结构和工艺的要求。

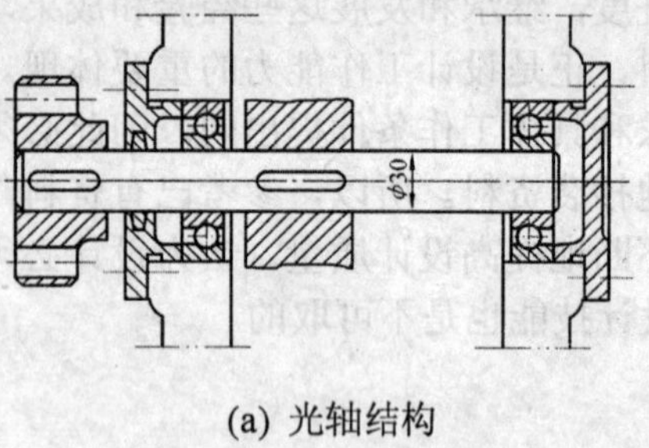

(a) 光轴结构

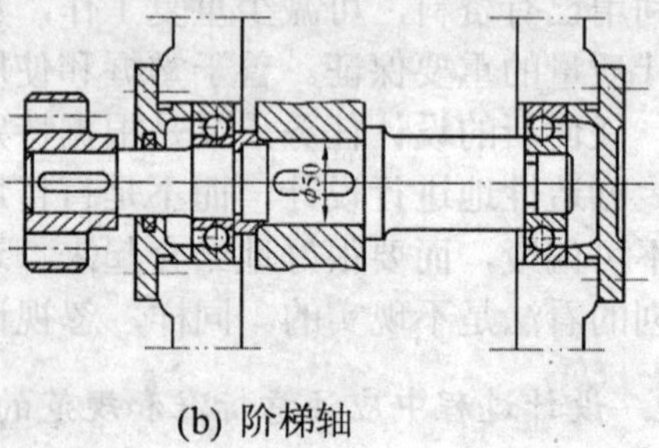

(b) 阶梯轴

图 15-1 轴结构图

4．设计过程中应正确处理计算与画图的关系

有些零件可以由计算得到尺寸后，画草图决定结构；而有些零件则需要先画草图，以取得计算所需的条件。例如设计轴时，常由画草图来确定支点、力点位置，才能作出弯矩

图，然后进行轴的强度计算；而由计算结果又可能需要修改草图。因此计算和画图并非经常截然分开，而是互相依赖、互相补充、交叉进行的。这种边计算、边画图、边修改是设计的正常过程。

零件的尺寸，以图纸上最后确定的为准，对尺寸作出修改后，并不一定要求再对零件进行强度计算；可以根据修改的幅度、原强度裕度以及计算准确程度等，来判断是否有必要再进行计算。

5. 设计过程中要始终考虑产品的成本即经济性这一因素

在如今市场经济的大潮中，成本低、经济性好是产品占领市场的一个首要因素，这一概念必须是每一设计者应具有的。故在机械基础设计的全过程中必须注意影响产品成本的诸多因素。例如在设计过程中尽可能地采用标准件，这是降低产品成本的一个首要原则。另外，在满足使用要求、强度、刚度、结构工艺性、安装等因素的条件下，尽可能使设计零件的毛坯种类少、形状合理、结构简单、易于加工、便于安装、便于拆卸和维修。这样既能减少材料的成本，又能降低制造、安装和维修的费用。

15.3　典型机械传动装置设计实例

下面通过对图 15-2 所示带式运输机传动装置的设计介绍，说明简单机械传动装置设计的主要内容、步骤及基本过程。

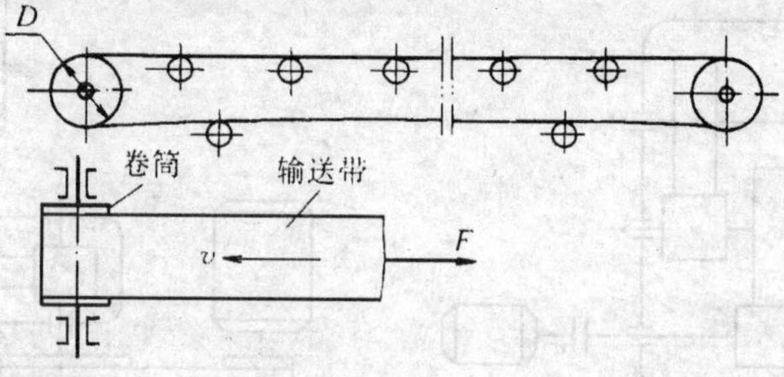

图 15-2　带式输送工作装置简图

原始条件和数据：运输机为两班制连续单向运转，空载起动，载荷变化不大；室内工作，有粉尘，环境温度 30℃左右；使用期限 8 年，4 年一次大修；动力来源为三相交流电；传动装置由中等规模机械厂小批量生产。

已知输送带的有效拉力 F_{ω} =2600 N，运输带的速度 v =1.6 m/s，滚筒的直径 D =450 mm；

运输机工作效率=0.96，送带速度容许误差±5%。

15.3.1 传动装置的总体设计

传动装置总体设计主要包括分析和拟定传动方案、选定电动机类型和型号、确定总传动比和各级传动比、计算各轴转速和转矩等。

1. 分析和拟定传动方案

本例传动装置可以有多种传动方案。如图 15-3 所示为带式输送机的四种传动方案。方案 a 结构最紧凑，但由于蜗杆传动效率较低，功率损失较大；方案 b 的宽度尺寸较方案 c 小，但圆锥齿轮加工比圆柱齿轮困难；方案 d 的长度和宽度尺寸较大，但能发挥带传动的过载保护作用。由于工作载荷不大，室内环境、布局尺寸没有严格限制，所以采用图 15-3d 所示的 V 带传动与一级减速器的组合传动方案，将带传动放在高速级，既可缓冲吸振又能减小传动的尺寸。

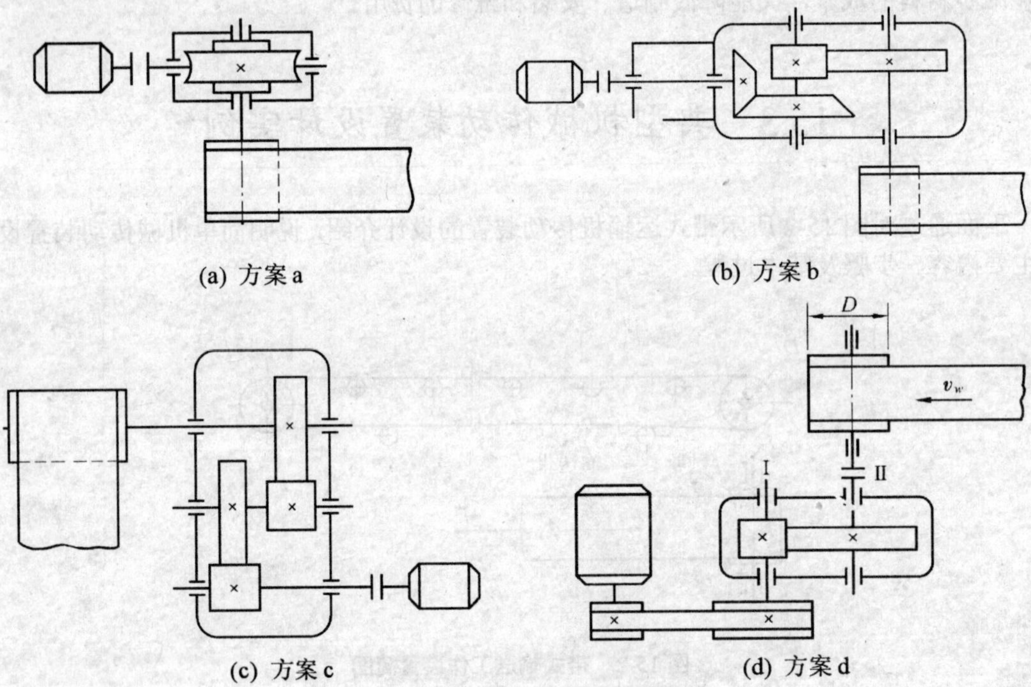

(a) 方案 a (b) 方案 b

(c) 方案 c (d) 方案 d

图 15-3 带式输送机的四种传动方案

2. 选择电动机

（1）确定电动机的类型。

按已知工作要求和条件选用 Y 系列一般用途的全封闭自扇冷鼠笼型三相异步电动机。

（2）确定电动机功率。

工作机所需功率 P_ω

$$P_\omega=\frac{F_\omega \cdot v_\omega}{1000\,\eta_\omega}\ (\text{kW}) \tag{15-1}$$

式中：$F_\omega=2600\text{N}$，$v=1.6\ \text{m/s}$ ，工作机的效率

$$\eta_\omega=0.94\sim0.96$$

对皮带运输机，取 $\eta_\omega=0.94$。

代入式（15-1）得

$$P_\omega=\frac{F_\omega \cdot v_\omega}{1000\,\eta_\omega}=\frac{2600\times1.6}{1000\times0.94}=4.43\ (\text{kW})$$

电动机的输出功率 P_0

$$P_0=\frac{P_\omega}{\eta}\ (\text{kW}) \tag{15-2}$$

式中：η ——电动机至滚筒轴的传动装置的总效率。

取 V 带传动效率 $\eta_{带}=0.96$ ；滚动轴承效率 $\eta_{滚}=0.995$；齿轮传动效率 $\eta_{齿}=0.97$；十字滑块联轴器效率 $\eta_{联}=0.98$，则

$$\eta=0.96\times0.97\times0.995\ 2\times0.98=0.90$$

故

$$P_0=\frac{P_\omega}{\eta}=\frac{4.43}{0.90}=4.92\ (\text{kW})$$

选取电动机额定功率 $P_m=(1\sim1.3)P_0$

因载荷平稳，电动机额定功率 P_m 只需略大于 P_0 即可，查《机械设计手册》选 Y 系列电动机额定功率 5.5 kW。

（3）确定电动机转速。滚筒的转速为

$$n_\omega=\frac{6\times10^4 v_\omega}{\pi D}=\frac{6\times10^4\times1.6}{\pi\times450}=67.94\ (\text{r}\cdot\text{min}^{-1})$$

V 带传动比范围 $i'_1=2\sim4$，单级圆柱齿轮传动比范围 $i'_2=3\sim5$，则总传动比范围为 $i'=2\times(3\sim4)\times5=6\sim20$，可见电动机转速可选择范围为

$$n'=i'\cdot n_\omega=(6\sim20)\times67.94=407.64\sim1\ 358.8\ (\text{r}\cdot\text{min}^{-1})$$

符合这一范围的同步转速有 750 $\text{r}\cdot\text{min}^{-1}$ 和 1000 $\text{r}\cdot\text{min}^{-1}$ 两种，为减少电动机的重量和价格，常选用同步转速为 1000 $\text{r}\cdot\text{min}^{-1}$ 的 Y 系列电动机 Y132M2—6，其满载转速为 $n_\omega=960\ \text{r}\cdot\text{min}^{-1}$。电动机的中心高、外形尺寸、轴伸尺寸等均可在《机械设计手册》中查

到。

3. 计算传动装置总传动比并分配各级传动比

（1）传动装置的总传动比

$$i=\frac{n_m}{n_\omega}=\frac{960}{67.94}=14.13$$

（2）分配各级传动比

由 $i=i_{带}\cdot i_{齿}$，为使 V 带传动的外部尺寸不致过大，取传动比 $i_{带}=3$，则 $i_{齿}$ 为

$$i_{齿}=\frac{i}{i_{带}}=\frac{14.13}{3}=4.71$$

4. 计算传动装置的运动参数和动力参数

（1）各轴转速。

I 轴 $$n_{I}=\frac{n_m}{i_{带}}=\frac{960}{3}=320\ (\mathrm{r\cdot min^{-1}})$$

II 轴 $$n_{II}=\frac{n_{I}}{i_{齿}}=\frac{320}{4.71}=67.94\ (\mathrm{r\cdot min^{-1}})$$

滚筒轴 $$n_\omega=n_{II}=67.94\ (\mathrm{r\cdot min^{-1}})$$

（2）各轴功率。

I 轴 $$P_{I}=P_0\eta_{带}=4.92\times0.96=4.72\ (\mathrm{kW})$$

II 轴 $$P_{II}=P_{I}\cdot\eta_{滚}\cdot\eta_{齿}=4.72\times0.995\times0.97=4.55\ (\mathrm{kW})$$

滚筒轴 $$P_\omega=P_{II}\cdot\eta_{滚}\cdot\eta_{联}=4.55\times0.995\times0.98=4.43\ (\mathrm{kW})$$

（3）各轴扭矩。

电机轴 $$T_0=9550\frac{P_0}{n_m}=9550\times\frac{4.92}{960}=48.94\ (\mathrm{Nm})$$

I 轴 $$T_{I}=9550\frac{P_{I}}{n_{I}}=9550\times\frac{4.72}{320}=140.86\ (\mathrm{Nm})$$

II 轴 $$T_{II}=9550\frac{P_{II}}{n_{II}}=9550\times\frac{4.55}{67.94}=639.57\ (\mathrm{Nm})$$

滚筒轴 $$T_\omega=9550\frac{P_\omega}{n_\omega}=9550\times\frac{4.43}{67.94}=622.70\ (\mathrm{Nm})$$

为了方便下一阶段的设计计算，将以上算得的运动和动力参数列表，如表 15-1 所示。

表15-1　计算结果

参　数	电动机轴	I	II	滚筒轴
转速 n /（r·min^{-1}）	960	320	67.94	67.94
功率 P /（kW）	4.92	4.72	4.55	4.43
扭矩 T /（N·m）	48.94	140.86	639.57	622.70
传动比 i	3.00	4.71	1.00	
效率 η	0.96	0.965	0.975	

15.3.2　传动件的设计计算

传动件的设计计算包括设计计算各级传动件的参数和主要尺寸，以及选择联轴器的类型和型号等。

（1）带传动的设计计算

为了使减速器设计的原始条件比较准确，首先进行减速器箱体外传动零件的设计。

根据前面设计获得的数据：P_0、n_0、i_{0I}，参照 V 带传动设计力法，可得如下设计结果（设计具体过程略）。

传动带：B 型 V 带，z＝3，基准长度 L_d＝2 800 mm(B-2800　GB/T 11544-1997)。

带轮：小带轮采用实心式结构，d_{d1}＝140 mm，大带轮采用腹板式结构，d_{d2}＝400 mm，两轮材料均用铸铁 HT200，轮槽尺寸按 GB/T 13575—1992 确定。

两轮中心距 a≈985 mm，轴上压力 Q＝1516 N。

（2）减速器齿轮传动设计计算

由于该传动载荷不大，结构尺寸没有特殊要求，为了方便加工，采用软齿面齿轮传动。根据已有设计数据，参照直齿圆柱齿轮传动的设计方法，获得设计结果如下（设计具体过程略）。

小轮：45 号钢调质 220HBS，z_1＝27，m＝2.5 mm，b_1＝85 mm，采用齿轮轴结构，其余几何尺寸略。

大轮：45 号钢调质 190HBS，z_2＝133，m＝2.5 mm，b_2＝85 mm，采用腹板式结构，其余几何尺寸略。

齿轮传动精度等级取为 8 级，采用浸油润滑。

（3）输出轴联轴器选择

由于输出轴转速较低，为便于安装，选择滑块联轴器。根据轴上计算载荷的大小，由设计手册确定选用 KL7 型号，额定转矩 900 N·m，轴孔直径为 40～55 mm。

15.3.3　装配图设计

包括绘制装配草图（轴系零、部件设计和支承结构设计）；轴系承载能力计算（轴的强度计算、轴承寿命计算、键联校核等)；进行箱体及其附件的设计；完成装配图的其他要求(标注尺寸、配合，技术要求，零件明细表和标题栏等)。本例该阶段获得的减速器装配图如图 15-4 所示。

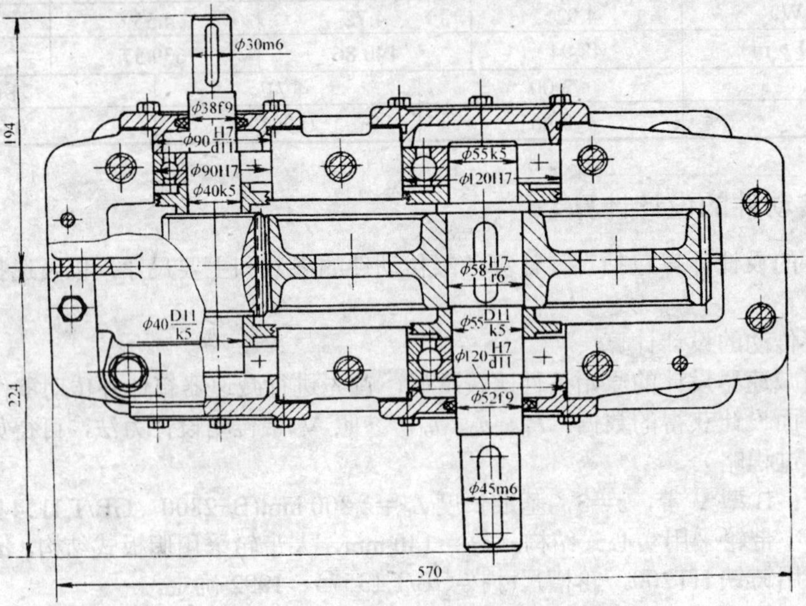

图 15-4 减速器装配图(俯视)

15.3.4 零件工作图设计

包括传动零件工作图、箱体、轴承盖等非标准零件的工作图。(略)

15.3.5 编写设计说明书

设计说明书是设计计算的整理和总结，是图样设计的理论依据，也是审核设计的重要技术文件。设计说明书应围绕力学计算、材料选择、机械设计、公差选择等内容展开，包括设计课题说明、有关分析、计算、结构确定的说明、小结、参考资料等内容。(略)

15.4 机械设计基础综合实训选题

根据机械设计基础课程的教学内容、教学要求，机械设计基础综合训练可以选择简易机械传动装置作为训练题目，采用一级减速器与其他传动相组合的传动方案进行设计训练。也可根据实际需要，选择其他传动方案作为训练作业。下面是带式运输机的设计选题，供教学选用。

选题 1　设计一带式输送机传动用的 V 带传动及直齿圆柱齿轮减速器。传动简图如图 15-5 所示，设计参数见表 15-2。(表中 A、B、C、D 表示四组不同的设计参数，以下各选题同此)

表 15-2　带式输送机传动的设计参数

题　号 / 参　数	1-A	1-B	1-C	1-D
输送带牵引力 F / kN	2	1.25	1.5	1.8
输送带速度 v / (m.s^{-1})	1.3	1.8	1.7	1.5
输送带鼓轮直径 D / mm	180	250	260	220

注：① 带式输送机运送散粒物料，如谷物、型砂、煤等；
② 输送机运转方向不变，工作载荷稳定；
③ 输送带鼓轮的传动效率为 0.97；
④ 工作寿命 15 年，每年 300 个工作日，每日工作 16 h。

选题 2　如图 15-6 所示，设计一混料机传动用的 V 带传动及直齿圆锥齿轮减速器。设计参数见表 15-3。

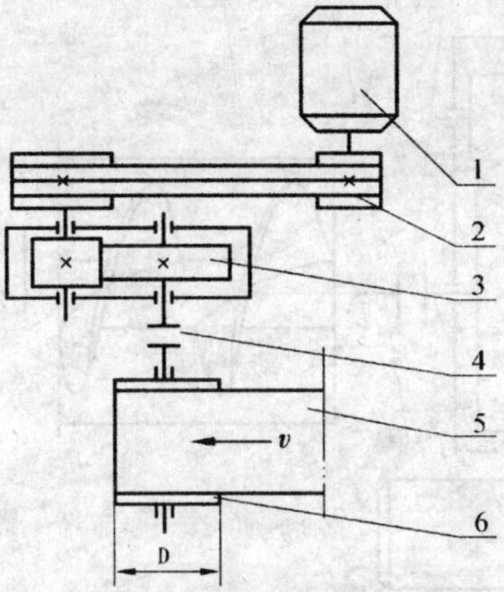

图 15-5　带式输送机传动简图

1—电动机　2—V 带传动　3—减速器
4—联轴器　5—输送带　6—输送带鼓轮

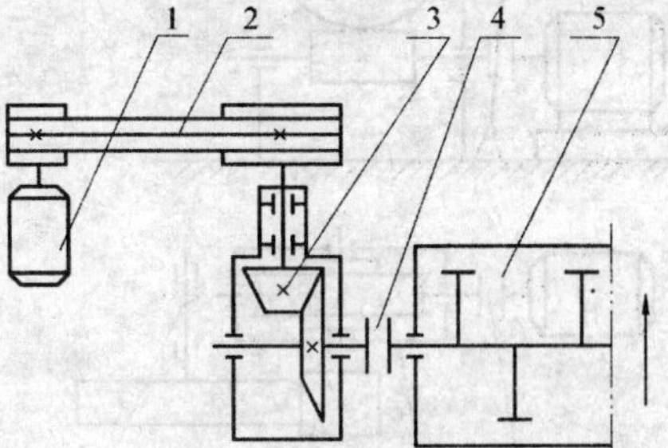

图 15-6　混料机传动简图

1—电动机　2—V 带传动　3—减速器
4—联轴器　5—混料机

表 15-3 混料机的设计参数

题号 参数	2-A	2-B	2-C	2-D
减速器输出轴转矩 $T/(\mathrm{N \cdot m})$	37	52	70	80
减速器输出轴转速 $n/(\mathrm{r \cdot min^{-1}})$	240	160	153	140

注：① 混料机运转方向不变，工作载荷稳定；

② 工作寿命 20 年，每年 300 个工作日，每日工作 8 h。

选题 3 设计一加热炉推料机传动用蜗杆减速器。传动简图如图 15-7 所示，设计参数见表 15-4。

表 15-4 推料机的设计参数

题号 参数	3-A	3-B	3-C	3-D
大齿轮轴（件 5）传递功率 $P/(\mathrm{kW})$	1.1	1.2	1.2	1.3
大齿轮轴转速 $n/(\mathrm{r \cdot min^{-1}})$	38	30	35	36

注：① 推料机运转方向不变，工作载荷变动不大；

② 工作寿命 10 年，每年 300 个工作日，每日工作 16 h。

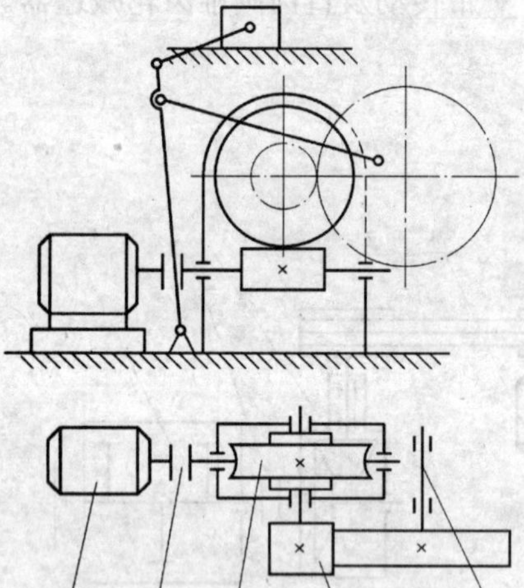

图 15-7 加热炉推料机传动简图

1—电动机 2—联轴器 3—减速器

4—齿轮传动 5—大齿轮轴

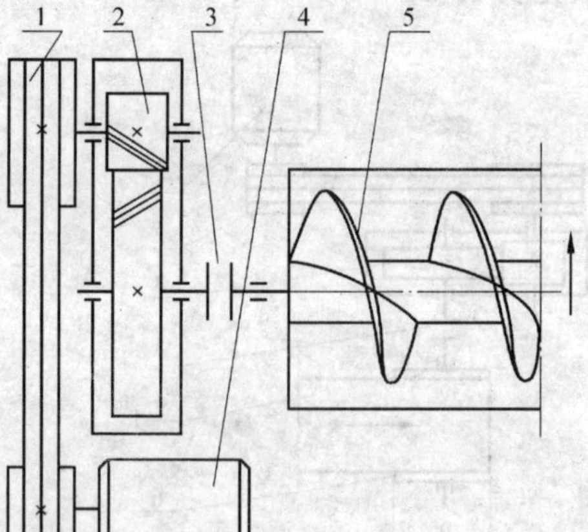

图 15-8 螺旋输送机传动简图

1—V 带传动 2—减速器 3—联轴器

4—电动机 5—螺旋输送机

选题 4 设计一螺旋输送机用的 V 带传动及斜齿圆柱齿轮减速器。传动简图如图 15-8

所示，设计参数见表 15-5。

表 15-5　螺旋输送机的设计参数

题　号 参　数	4-A	4-B	4-C	4-D
减速器输出轴转矩 $T/(N\cdot m)$	80	95	100	150
减速器输出轴转速 $n/(r\cdot mm^{-1})$	180	150	170	115

注：① 螺旋输送机运送粉状或碎粒物料，如面粉、灰、糖、砂、谷物等，运转方向不变，工作载荷稳定；

② 工作寿命 8 年，每年 300 个工作日，每日工作 8 h。

选题 5　设计一斗式提升机传动用的二级斜齿圆柱齿轮同轴式减速器。传动简图如图 15-9 所示，设计参数见表 15-6。

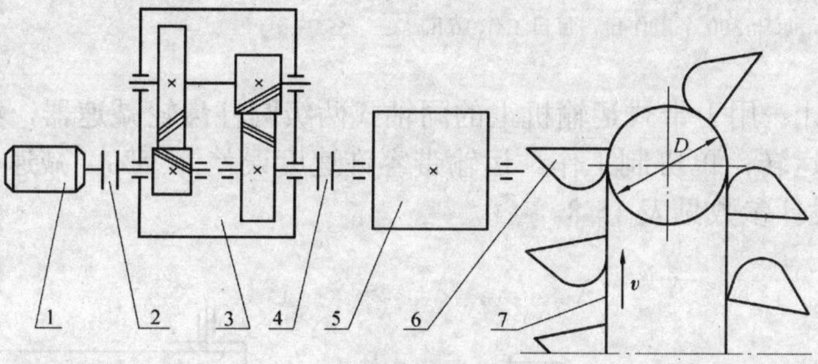

图 15-9　斗式提升机传动简图

1—电动机　2—联轴器　3—减速器　4—联轴器　5—驱动鼓轮　6—运料斗　7—提升带

表 15-6　斗式提升机的设计参数

题　号 参　数	6-A	6-B	6-C	6-D
生产率 $Q/(t\cdot h^{-1})$	15	16	20	24
提升带的速度 $\upsilon/(m\cdot s^{-1})$	1.8	2	2.3	2.5
提升高度 H/m	32	28	27	22
提升的直径 D/mm	400	400	450	500

注：① 斗式提升机用来提升谷物、面粉、水泥、型砂等物品；

② 提升机驱动鼓轮所需功率为

$$P_W = \frac{QH}{367}(1+0.8v)\ kW;$$

③ 斗式提升机运转方向不变，工作载荷稳定，传动机构中装有保安装置（如安全联轴器）；

④ 工作寿命 8 年，每年 300 个工作日，每日工作 16 h。

选题 6　设计一带式输送机传动用的二级圆柱齿轮展开式减速器。传动简图如图 15-10 所示，设计参数见表 15-7。

表 15-7　带式输送机传动的设计参数

参数 \ 题号	7-A	7-B	7-C	7-D
输送带牵引力 F/kN	2	1.25	1.5	1.8
输送带速度 $v/(\mathrm{m\cdot s^{-1}})$	1.3	1.8	1.7	1.5
输送带鼓轮直径 D/mm	180	250	260	220

注：① 带式输送机用以运送谷物、型砂、碎矿石、煤等；
② 输送机运转方向不变，工作载荷稳定；
③ 输送带鼓轮的传动效率取为 0.97；
④ 工作寿命 15 年，每年 300 个工作日，每日工作 16 h。

选题 7　设计一用于带式运输机上的同轴式两级圆柱齿轮减速器，如图 15-11 所示。工作平稳，单向运转，单班制工作。运输带容许速度误差为 5%。减速器成批生产，使用期限为 10 年。设计参数见表 15-8。

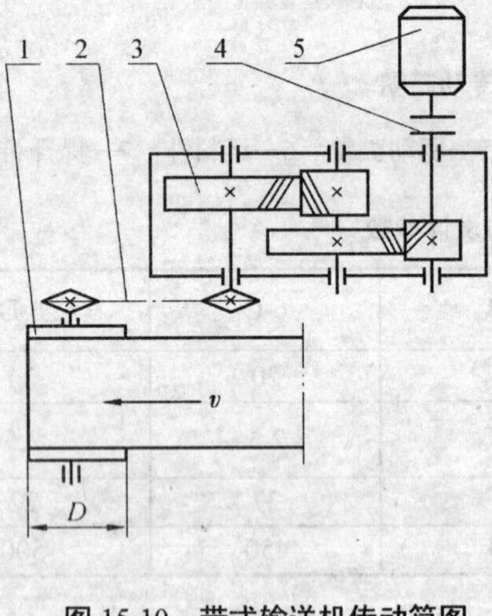

图 15-10　带式输送机传动简图

1—输送带鼓轮　2—链传动　3—减速器
4—联轴器　5—电动机

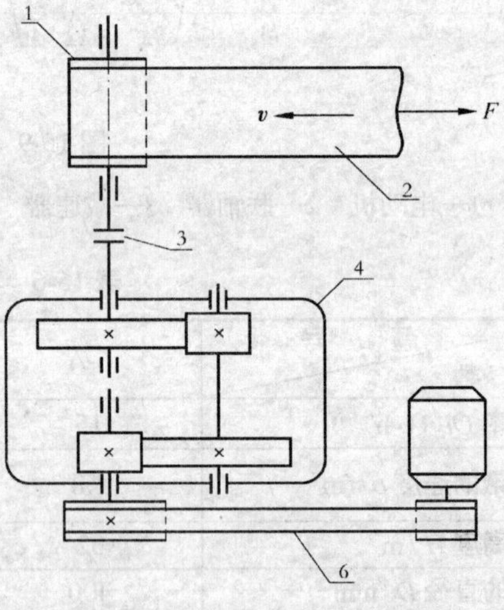

图 15-11 带式运输机简图

1—卷筒　2—带式运输机　3—联轴器
4—减速器　5—电动机　6—三角带传动

表 15-8　带式运输机设计参数

参数 \ 题号	8-A	8-B	8-C	8-D	8-E	8-F	8-G
运输机工作轴扭矩 T/N.m	1300	1350	1400	1450	1500	1550	1600
运输带速度 υ/(m.s^{-1})	0.65	0.70	0.75	0.80	0.85	0.90	0.80
卷筒直径 D/mm	300	320	350	350	350	400	350

选题 8　设计如图 15-12 所示用于带式运输机上的圆锥圆柱齿轮减速器。工作常满载，空载起动，工作有轻振，不反转。单班制工作。运输机卷筒直径 D=320 mm，运输带允许速度误差为 5%。减速器为小批量生产，使用期限 10 年。设计参数见表 15-9。

表 15-9　选题 8 设计参数

参数 \ 题号	9-A	9-B	9-C	9-D	9-E	9-F	9-G
运输带工作拉力 F/kN	2	2.1	2.2	2.3	2.4	2.5	2.6
运输带工作速度 υ/(m.s^{-1})	1.2	1.3	1.4	1.5	1.55	1.6	1.7

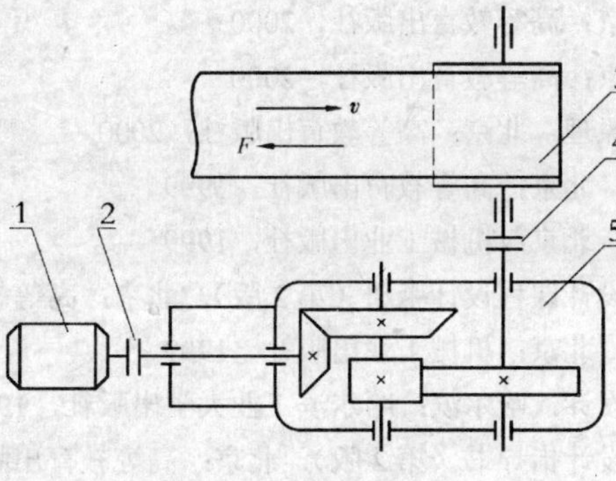

图 15-12　选题 8 简图

1—电动机　2—联轴器　3—带式运输机　4—联轴器　5—减速器

参 考 文 献

1．陈长生，霍振生．机械基础．北京：机械工业出版社，2003

2．陈立德．机械设计基础．北京：高等职业教育出版社，2003

3．孙宝钧．机械设计课程设计（第 1 版）．北京：机械工业出版社，2003

4．南景富．机械基础．哈尔滨：哈尔滨工业大学出版社，2002

5．吴宗泽． 机械设计师手册． 北京：机械工业出版社，2002

6．《现代机械传动手册》编委会. 现代机械传动手册（第 2 版）．北京：机械工业出版社，2002

7．张鄂．机械设计学习指导．西安：西安交通大学出版社，2002

8．胡家秀．机械设计基础．北京：机械工业出版社，2001

9．吴宗泽. 机械设计．北京：高等教育出版社，2001

10．张久成．机械设计基础．北京：机械工业出版社，2001

11．徐锦康．机械设计．北京：高等教育出版社，2001

12．陈位宫．工程力学．北京：高等教育出版社，2000

13．黄纯颖．机械设计．北京：高等教育出版社，2000

14．王知行，刘廷荣．机械原理．北京：高等教育出版社，2000

15．杨可桢．机械设计基础．北京：高等教育出版社，1999

16．孙宝钧．机械设计基础．北京：机械工业出版社，1999

17．吴宗泽，罗圣国．机械设计课程设计手册（第 2 版）．北京：高等教育出版社，1999

18．汪德涛．润滑技术手册．北京：机械工业出版社，1999

19．陈铁鸣，王连明．机械设计．哈尔滨：哈尔滨工业大学出版社，1998

20．龚溎义．机械设计课程设计指导书（第 2 版）．北京：高等教育出版社，1995

21．何小柏．机械设计基础课程设计（第 1 版）．北京：高等教育出版社，1995

22．王定国．机械原理与机械零件．北京：高等教育出版社，1994

23．哈尔滨工业大学．机械零件课程设计指导书（第 1 版）．北京：人民教育出版社，1992

24．《机械工程手册》编委会．机械工程手册．北京：机械工业出版社，1992

25．孙桓，傅则绍．机械原理．北京：高等教育出版社，1989

26．邱宣怀．机械设计（第 3 版）．北京：高等教育出版社，1989